Ebene euklidische Geometrie

Max Hoffmann · Joachim Hilgert · Tobias Weich

Ebene euklidische Geometrie

Algebraisierung, Axiomatisierung und Schnittstellen zur Schulmathematik

Max Hoffmann
Institut für Mathematik
Universität Paderborn
Paderborn, Deutschland

Joachim Hilgert
Institut für Mathematik
Universität Paderborn
Paderborn, Deutschland

Tobias Weich
Institut für Mathematik
Universität Paderborn
Paderborn, Deutschland

ISBN 978-3-662-67356-0   ISBN 978-3-662-67357-7   (eBook)
https://doi.org/10.1007/978-3-662-67357-7

Die Deutsche Nationalbibliothek verzeichnet diese Publikation in der Deutschen Nationalbibliografie; detaillierte bibliografische Daten sind im Internet über ▶ http://dnb.d-nb.de abrufbar.

Planung/Lektorat: Andreas Ruedinger
Springer Spektrum ist ein Imprint der eingetragenen Gesellschaft Springer-Verlag GmbH, DE und ist ein Teil von Springer Nature.
Die Anschrift der Gesellschaft ist: Heidelberger Platz 3, 14197 Berlin, Germany

Einleitung

Die rigorose Beschäftigung mit ebener euklidischer Geometrie hat in der Geschichte der Mathematik eine lange Tradition, an deren Anfang die berühmten *Elemente* von Euklid stehen. Das verwendete Axiomen-basierte Vorgehen steht prototypisch für den deduktiven Aufbau mathematischer Theorien, wie er noch heute – in elaborierterer Weise – Standard ist. In diesem Buch beschäftigen wir uns mit euklidischer ebener Geometrie auf zwei unterschiedliche Weisen: *analytisch,* unter Verwendung der Theorie reeller Vektorräume und *axiomatisch,* aufbauend auf geometrischen Grundannahmen. Diese zwei Zugänge korrespondieren mit den beiden unterschiedlichen Arten, wie Geometrie üblicherweise im Mathematikunterricht der Sekundarstufen I und II in Deutschland behandelt wird. Wir stellen jeweils rigorose mathematische Hintergründe bereit und arbeiten verschiedene Schnittstellen zur Schulgeometrie heraus.

Der Hauptteil dieses Buches gliedert sich in drei Teile. In Teil I behandeln wir die ebene euklidische Geometrie unter Verwendung von Konzepten und Methoden der linearen Algebra; in den Teilen II und III stellen wir einen axiomatischen Zugang vor, der auf dem Konzept des *metrischen Raumes* aufbaut. Gemeinsam haben alle Abschnitte, dass ein wesentliches Werkzeug für den Theorieaufbau die Verwendung abstandserhaltender Bijektionen (sogenannter *Isometrien*) ist.

Dieses Buch ist sowohl zum Selbststudium als auch als Veranstaltungsgrundlage gedacht und geeignet. Um die Nutzung im Kontext einer Vorlesung oder eines Seminars zu vereinfachen, ist die Struktur so gewählt, dass die Kapitel in verschiedener Weise kombiniert werden können. So bilden ▶ Kap. 4, 5, 8 und 9 eine für sich abgeschlossene Axiomatisierung der ebenen euklidischen Geometrie, die mit der Definition metrischer Räume startet und mit der zentralen Aussage, dass das vorgestellte Axiomensystem bis auf Isomorphie den euklidischen Raum $\mathbb{R}^2$ beschreibt, endet; ▶ Kap. 6, 7 und 10 sind optionale Vertiefungen dazu. Der gesamte Abschn. I (Ebene Geometrie mit Mitteln der linearen Algebra) behandelt den euklidischen Raum $\mathbb{R}^2$ in einer Weise, die bewusst anschlussfähig an die axiomatische Behandlung in den Abschn. II und III ist. Dadurch können die Inhalte sowohl als Vorlesungsgegenstand (im Sinne eines analytischen Einstiegs in die ebene Geometrie) genutzt werden als auch als Fundus für Übungsaufgaben, in denen die axiomatische Theorie am Beispiel $\mathbb{R}^2$ diskutiert wird. Die beiden Kapitel des Anhangs können ebenfalls als eine solche Grundlage für Übungsaufgaben genutzt werden.

Es ist uns ein besonderes Anliegen, deutlich zu machen wie eng die mathematischen Studieninhalte mit den Begründungen für die in der Schule diskutierten geometrischen Sachverhalte zusammenhängen. Dazu haben wir an verschiedenen Stellen im Buch solche Verknüpfungen zum Geometrieunterricht in der Schule herausgearbeitet; diese Stellen sind in Kästen abgesetzt und mit dem Stichwort *Schnittstelle* gekennzeichnet. Eine Übersicht über alle Schnittstellen findet sich im Index am Ende des Buches. Besonders ausführlich behandeln wir dabei die mathematischen Hintergründe zu den schulrelevanten geometrischen Konzepten *Kongruenz* (▶ Kap. 3) und *Symmetrie* (▶ Kap. 7), denen wir jeweils ein ganzes Kapitel widmen.

Wir möchten verschiedenen Personen danken, die durch ihre Anmerkungen, Vorschläge und kritischen Rückmeldungen zum Entstehungsprozess dieses Buches beigetragen haben: Rolf Biehler, Sarah Ivenz, Klaus Volkert sowie bei den zahlreichen Studierenden, die über viele Semester hinweg hilfreiche Rückmeldungen zu dem Vorlesungsskript gegeben haben auf dem dieses Buch basiert. Unser besonderer Dank gilt Andreas Rüdinger, der dieses Projekt von Verlagsseite begleitet und unterstützt hat.

Inhaltsverzeichnis

Teil III   Das Parallelenaxiom: Geometrie in der euklidischen Ebene

Abbildungsverzeichnis

Ebene Geometrie durch die Brille der linearen Algebra

Vorwort zu Teil I: „Ebene Geometrie durch die Brille der Linearen Algebra"

Eine Möglichkeit, Phänomene der ebenen (euklidischen) Geometrie zu untersuchen, besteht in der Einbettung der zu betrachtenden geometrischen Objekte in den *Koordinatenraum* $\mathbb{R}^2$. Im Mathematikunterricht findet ein solcher Zugang zur ebenen Geometrie schon in der Unterstufe statt, indem geometrische Situationen über die Angabe von Koordinaten kommuniziert werden. Im Oberstufenunterricht werden solche koordinatisierten Situationen dann mithilfe der algebraischen Methoden der „Vektorrechnung" weiter untersucht. Dabei geht es nicht darum, eine axiomatische Fundierung der ebenen Geometrie zu liefern, sondern darum, diese mithilfe der Konzepte und Kalküle der linearen Algebra algebraisch zu beschreiben. Dies setzt das Vorhandensein von Intuitionen zur „fertigen" ebenen euklidischen Geometrie voraus. Natürlich ist auch dieser Zugang in dem Sinne *axiomatisch,* als dass er die erwähnten Intuitionen nicht als Argumentationsgrundlage nutzt und stattdessen logisch auf den Vektorraumaxiomen fußt; letztere sind hier nur Hilfsmittel und nicht im Fokus der Betrachtung.

Genau diesen Weg wollen wir im ersten Teil dieses Buches beschreiten. Hierzu fassen wir den ebenen Koordinatenraum $\mathbb{R}^2$ als reellen Vektorraum auf. Die Stärke des Zugangs zur Geometrie mittels linearer Algebra besteht darin, dass *geometrische Sachverhalte* in *algebraische Gleichungen* übersetzt werden können und *geometrische Probleme* durch *Rechnungen* gelöst werden können. Dies hat gleich zwei Vorteile: Erstens gibt es häufig klare Algorithmen, um die auftretenden Rechenprobleme zu lösen. Das geometrische Problem des Auffindens eines Schnittpunktes zweier Geraden führt zum Beispiel auf ein lineares Gleichungssystem, welches mit dem Gauß-Verfahren gelöst werden kann. Zweitens erhält man durch das konkrete Lösen der Gleichungen nicht nur qualitative Ergebnisse, sondern auch quantitative Ergebnisse (zum Beispiel weiß man nicht nur *dass* sich zwei Geraden schneiden, sondern auch *wo*).

Wir beginnen die Betrachtungen der ebenen Geometrie mit Mitteln der linearen Algebra, indem wir exemplarisch einen wichtigen Satz der Mittelstufengeometrie beweisen: Den Kongruenzsatz SSS. Dabei bauen wir auf elementaren Konzepten der linearen Algebra auf, um verschiedene geometrische Konzepte der ebenen Geometrie zu formalisieren. Wesentlich ist der Begriff der *Isometrie,* mit dem Abbildungen bezeichnet werden, die Abstände erhalten. Kongruenz von Figuren beschreiben wir über die Existenz solcher Isometrien. Für den Beweis des Kongruenzsatzes nutzen wir dann eine spezielle Klasse von Isometrien, die Spiegelungen. Dabei erhalten wir automatisch einen Beweis des wichtigen *Dreispiegelungssatzes.* Im Anschluss werden wir uns mit der Frage beschäftigen wie man die Isometrien der euklidischen Ebene klassifizieren kann, wie man also die Menge aller Isometrien in bestimmte Gruppen (Geradenspieglungen, Drehungen, Translationen, etc.) ordnen kann. Diese Fragestellung eignet sich hervorragend, um Stärken der linearen Algebra zu veranschaulichen. So lassen sich zum Beispiel zuerst sehr effizient die linearen Isometrien klassifizieren und im nächsten Schritt dann auch die affin linearen.

Der Zugang zur Geometrie mittels linearer Algebra bringt aber auch Probleme mit sich: Problematisch ist vor allem wie der Zugang fundiert wird. Selbstverständlich ist ein rein deduktiver Aufbau der Geometrie mittels linearer Algebra möglich. Die zu treffenden Annahmen sind aber sehr umfassend und für sich gesehen häufig geometrisch nicht offensichtlich. Zum Beispiel ist schon die Grundannahme, dass der geometrische Raum die Struktur eines Vektorraumes hat, dass wir also Punkte addieren und mit einem Skalar multiplizieren können und diese Operationen noch alle Vektorraumaxiome erfüllen, alles andere als eine elementare geometrische Annahme. Auch sind die Definitionen geometrischer Begriffe in der Sprache der linearen Algebra häufig a priori wenig offensichtlich. So werden wir zum Beispiel Rotationen um den

Ursprung als diejenigen linearen Abbildungen einführen, deren Darstellungsmatrix orthogonal ist und Determinante +1 hat. Um zu rechtfertigen, dass diese Abbildungen Rotationen genannt werden, bedarf es entweder geometrischer Heuristiken, die die Definition motivieren. Oder man rechtfertigt die Definition a posteriori, in dem man prüft, dass die auf algebraische Weise definierten Abbildungen tatsächlich die geometrischen Eigenschaften besitzen, die unserer geometrischen Intuition von Rotationen entsprechen. In beiden Fällen wird jedoch das Vorhandensein einer geometrischen Intuition zur euklidischen Geometrie vorausgesetzt, die auf eine andere (elementarer) Weise gewonnen wurde. Aufgrund dieser Charakteristika des Zugangs mittels linearen Algebra werden wir im zweiten Teil des Buches einen rigorosen Zugang zur Geometrie vorstellen, der auf elementareren und rein geometrisch motivierten Annahmen beruht.

Die Tatsache, dass auch schon im Vorwort mögliche Nachteile des Zugangs zu Geometrie mittels linearer Algebra beleuchtet wurden, sollten den Leser aber keinesfalls entmutigen, sich mit der Thematik intensiv auseinander zu setzen. Gerade wenn die Übersetzung von geometrischen Ideen in (linear) algebraische Objekte und Gleichungen einmal vorgenommen und verinnerlicht wurden, bietet die lineare Algebra einen sehr effizienten Rahmen zur Untersuchung geometrischer Situationen. Dabei können viele der zu führenden Beweise im Wesentlichen durch Rechnungen erledigt werden; durch entsprechende Randnotizen haben wir diejenigen hervorgehoben, die wir selbst schon als Übungsaufgaben zu diesem Thema in der Lehre eingesetzt haben.

Für die Lektüre des ersten Teiles gehen wir davon aus, dass unsere Leser Kenntnisse der linearen Algebra auf Hochschulniveau haben und dabei insbesondere mit grundlegenden Konzepten wie Vektorraum, Basis, lineare Abbildungen, Darstellungsmatrix, Determinante und Eigenwerte vertraut ist. Da wir im Kontext der ebenen Geometrie ausschließlich im $\mathbb{R}^2$ arbeiten, wird keine Theorie abstrakter Vektorräume benötigt.

Inhaltsverzeichnis

Kongruenz, Spiegelung und SSS

Inhaltsverzeichnis

© Der/die Autor(en), exklusiv lizenziert an Springer-Verlag GmbH, DE, ein Teil
von Springer Nature 2024
M. Hoffmann et al., *Ebene euklidische Geometrie*,
https://doi.org/10.1007/978-3-662-67357-7_1

1

?!

Welche geometrischen Objekte verbergen sich hinter den Mengen F_1, F_2 und F_3?

Wir betrachten geometrische Objekte als Mengen von Punkten, wobei jeder Punkt durch zwei reellwertige Koordinaten eindeutig festgelegt ist. Zur Visualisierung kann man diese Punkte entsprechend ihrer Koordinaten in bekannter Weise in ein kartesisches Koordinatensystem eintragen. Für komplexere geometrische Objekte (Strecken, Kreise, Geraden, ...) können die Punktmengen nicht explizit und aufzählend angegeben werden. Oft ist es aber möglich, sie durch einen bestimmten algebraischen Zusammenhang zu beschreiben, dem die Koordinaten der enthaltenen Punkte genügen müssen:

$$F_1 := \left\{ P = (x_1, x_2) \in \mathbb{R}^2 \mid x_1^2 + x_2^2 = 1 \right\}$$

$$F_2 := \left\{ P = (x_1, x_2) \in \mathbb{R}^2 \mid x_1 + x_2 = 1 \right\}$$

$$F_3 := \left\{ P = (x_1, x_2) \in \mathbb{R}^2 \mid \exists \lambda \in [0, 1] \text{ mit} \right.$$
$$\left. x_1 = 2\lambda \text{ und } x_2 = 3\lambda \right\}$$

Bei F_1 handelt es sich um einen Kreis mit Radius 1 um den Koordinatenursprung, F_2 beschreibt die Gerade durch die Punkte $(1,0)$ und $(0,1)$ und F_3 die Strecke mit den Endpunkten $(0,0)$ und $(2,3)$. Wir möchten an dieser Stelle betonen, dass innerhalb der Definitionen nur algebraische Zusammenhänge auf der Ebene der einzelnen Koordinaten und damit auf den reellen Zahlen genutzt werden. Ein „Rechnen mit Punkten des $\mathbb{R}^2$" findet nicht statt.

Zum Treiben von Geometrie im Koordinatenraum $\mathbb{R}^2$ hat es sich als nützlich herausgestellt, diesen „in natürlicher Weise" mit einem zweidimensionalen reellen Vektorraum zu identifizieren und damit mit einer algebraischen Struktur zu versehen, die das „Rechnen mit Punkten des $\mathbb{R}^2$" ermöglicht. Die Formulierung „in natürlicher Weise" meint, dass die *Null* des Vektorraums mit dem Punkt $(0,0)$ und die Basisvektoren mit den Punkten $(1,0)$ und $(0,1)$ identifiziert werden. Zur formalen Darstellung der Elemente des Vektorraums können wir dann alle Punkte in kanonischer Weise mit Spaltenvektoren identifizieren: $(x_1, x_2) \cong \begin{pmatrix} x_1 \\ x_2 \end{pmatrix}$. Entsprechend der bekannten Vektorraumstruktur kann man solche Spaltenvektoren addieren, Skalarprodukte bilden, mit einer reellen Zahl skalarmultiplizieren oder eine lineare Abbildung (bzw. Matrix) auf den Spaltenvektor anwenden. Wir werden im Folgenden konsequent mit Spaltenvektoren arbeiten. Diese Wahl der Notation ändert jedoch nichts an den geometrischen Konfigurationen, die wir beschreiben, da sie in oben beschriebener Weise sehr einfach als Punkte im Koordinatensystem interpretiert werden können.[1]

Wie bereits in der Einleitung beschrieben, beginnen wir die Betrachtungen der ebenen Geometrie mit Mitteln der linearen Algebra indem wir exemplarisch den Kongruenzsatz SSS beweisen. Dazu werden wir in den nächsten Abschnitten wesentliche geometrische Konzepte wie Abstände, Winkel, Spiegelungen und Mittelsenkrechten beschreiben. Eine wichtige Grundlage für all dies sind *Geraden*. Diese formalisieren wir (analog zum Oberstufenunterricht) als Mengen der Bauart $g = \left\{ X \in \mathbb{R}^2 \mid X = \lambda v + A \text{ mit } \lambda \in \mathbb{R} \right\}$, wobei $v \neq 0$ und A fest gewählte Vektoren in $\mathbb{R}^2$ sind (in der Sprache der linearen Algebra sind solche Mengen die eindimensionalen affinen Untervektorräume des $\mathbb{R}^2$). Kurz schreiben wir auch $g = \mathbb{R}v + A$. In diesem Sinne definieren wir:

Definition 1.0.1 (Euklidische Gerade | Euklidische Stecke | Euklidischer Strahl)

Seien $A, B \in \mathbb{R}^2$ verschieden. Dann nennen wir

- $g_{AB} := \mathbb{R}(B - A) + A$ die **euklidische Gerade** durch A und B,
- $\mathbb{R}_{\geqslant 0}(B - A) + A$ und $\mathbb{R}_{\leqslant 0}(B - A) + A$ die beiden **eukl. Strahlen mit Ursprung** A auf g_{AB},
- $[A, B] := [0, 1](B - A) + A$ die **euklidische Strecke** zwischen A und B.

An dieser Stelle wird deutlich, was wir mit der oben erwähnten algebraischen Beschreibung der bekannten ebenen euklidischen Geometrie meinen: Wir haben Intuitionen dazu, was eine *Gerade* sein soll und konstruieren dann mit den zur Verfügung stehenden Mitteln ein Objekt, das diese Intuitionen umsetzt und sich in verschiedenen späteren Kontexten so verhält, wie man es von einer Gerade in der ebenen Geometrie erwartet (z. B. bezogen auf Lagebeziehungen oder Schnittverhalten). Ein Beispiel hierfür ist, dass zwei so definierte euklidische Geraden genau dann identisch sind oder keinen gemeinsamen Punkt haben, wenn die Richtungsvektoren linear abhängig sind (siehe Satz B.4.1 für den Beweis). Die Lagebeziehung wird als **parallel** bezeichnet und stellt sogar eine Äquivalenzrelation im $\mathbb{R}^2 \setminus \{0\}$ dar.[2]

Unterscheidung: Gerade, Strecke, Strahl

► https://www.geogebra.org/ m/ddx5yqqd

---

1 Im Kontext von Formeln in Fließtexten nutzen wir aus Layoutgründen statt $\begin{pmatrix} x_1 \\ x_2 \end{pmatrix}$ auch $(x_1, x_2)^{\mathsf{T}}$. Dabei steht das „T" im Exponenten für „transponiert". Mit diesem Begriff wird in der Mathematik üblicherweise die Vertauschung der Rollen von Zeilen und Spalten bei Vektoren und Matrizen beschrieben.

2 Jeder Vektor ist zu sich selbst linear abhängig *(Reflexivität)*, lineare Abhängigkeit ist offensichtlich *symmetrisch* und aus $b = \lambda a$ und $c = \mu b$ folgt sofort $c = \mu \lambda a$ *(Transitivität)*.

1

1.1 Abstände und Winkel im euklidischen Raum $\mathbb{R}^2$

Wir werden zunächst die wesentlichen Messkonzepte der ebenen Geometrie formalisieren: Abstände zwischen Punkten sowie Winkel und ihre Größen. Wir beginnen mit dem Messen von Abständen zweier Elemente des $\mathbb{R}^2$ und nutzen dazu – analog zur ebenen Geometrie in der Schulmathematik – den Ansatz des *Satzes von Pythagoras.* Dabei liefert die kartesische Koordinatisierung jeweils das passende rechtwinklige Dreieck ($\blacksquare$ Abb. 1.1).

Für einen einzelnen Vektor kann dessen Länge (in der Schule *Betrag* genannt) als Abstand des identifizierten Punktes zum Koordinatenursprung beschrieben werden. Auf diese Weise erhält man die bekannte 2-Norm ($\|\cdot\|_2$). Diese Norm ist darüber hinaus durch ein Skalarprodukt (das sogenannte Standardskalarprodukt) induziert. Insgesamt erhalten wir damit die folgenden konsistenten Abstandskonzepte für den $\mathbb{R}^2$ (siehe auch Satz B.1.2 in Anhang B).

$$d_2 : \mathbb{R}^2 \times \mathbb{R}^2 \to \mathbb{R}, \qquad d_2(u,v) = \|u - v\|_2$$
$$(\textit{euklidischer Abstand})$$

$$\|\cdot\|_2 : \mathbb{R}^2 \to \mathbb{R}, \qquad \|v\|_2 := \sqrt{\langle v, v \rangle} = \sqrt{v_1^2 + v_2^2}$$
$$(\textit{euklidsche Norm})$$

$$\langle \cdot, \cdot \rangle : \mathbb{R}^2 \times \mathbb{R}^2 \to \mathbb{R}, \qquad \left\langle \begin{pmatrix} v_1 \\ v_2 \end{pmatrix}, \begin{pmatrix} w_1 \\ w_2 \end{pmatrix} \right\rangle := v_1 w_1 + v_2 w_2$$
$$(\textit{euklidisches Skalarprodukt})$$

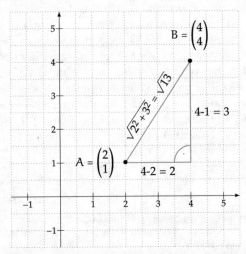

$B = \begin{pmatrix} 4 \\ 4 \end{pmatrix}$

$\sqrt{2^2 + 3^2} = \sqrt{13}$

$4-1 = 3$

$A = \begin{pmatrix} 2 \\ 1 \end{pmatrix}$ $4-2 = 2$

$\blacksquare$ **Abb. 1.1** Abstandsmessung mithilfe des Satzes von Pythagoras

An dieser Stelle muss betont werden, dass wir hier die Gültigkeit des Satzes von Pythagoras zwar nicht voraussetzen, die Definitionen des Abstandes aber auf der Idee des Satzes von Pythagoras fußt[3]:

Konkret haben wir bei der Wahl des Abstandsbegriffs den *Satz von Pythagoras* für Dreiecke mit achsenparallelen Katheten als Definition in unseren Theorieaufbau hineingesteckt. Es kann sofort gezeigt werden, dass dieser auch für beliebige drei Punkte gilt, die ein rechtwinkliges Dreieck bilden. Zuvor bedarf es zunächst des Konzepts der *Orthogonalität,* da wir ansonsten in unserem Ansatz keine rechtwinkligen Dreiecke formalisieren können. Dafür benötigen wir noch keinen Winkelbegriff:

Definition 1.1.1 (Euklidische Orthogonalität)

Wir nennen $v, w \in \mathbb{R}^2 \setminus \{0\}$ **euklidisch orthogonal,** wenn gilt $\langle v, w \rangle = 0$. Zwei euklidische Geraden $g = \mathbb{R}v + A$ und $h = \mathbb{R}w + B$ nennen wir **euklidisch orthogonal,** wenn v und w euklidisch orthogonal sind.

Proposition 1.1.2 (Existenz eines orthogonalen Vektors)
Sei $v \in \mathbb{R}^2 \setminus \{0\}$. Dann gibt es immer $a \in \mathbb{R}^2 \setminus \{0\}$ sodass a orthogonal zu v ist.

Beweis Sei $v = \begin{pmatrix} v_1 \\ v_2 \end{pmatrix}$. Wählt man $a = \begin{pmatrix} -v_2 \\ v_1 \end{pmatrix}$ so ist wegen $\langle v, a \rangle = v_1(-v_2) + v_2 v_1 = 0$ der Vektor a nach ▶ Definition 1.1.1 orthogonal zu v. $\qquad \square$

Der Satz des Pythagoras ist nun eine leichte Folgerung:

Korollar 1.1.3 (Satz des Pythagoras)
Seien $A, B, C \in \mathbb{R}^2$ drei Punkte und $a, b, c \in \mathbb{R}^2$ definiert durch $a = B - C$, $b = C - A$, $c = B - A$ (◘ Abb. 1.2). Sind a, b euklidisch orthogonal, dann gilt

$$\|a\|_2^2 + \|b\|_2^2 = \|c\|_2^2.$$

Beweis Da a, b orthogonal sind, gilt nach ▶ Definition 1.1.1 $\langle a, b \rangle = \langle b, a \rangle = 0$. Damit erhalten wir

Hands On …
…und probieren Sie den Beweis zunächst selbst!

---

3   Wir werden uns in späteren Teilen dieses Buches (insb. ▶ Kap. 4, Anhang A) damit auseinander setzen, welche Konsequenzen es hat, wenn wir den $\mathbb{R}^2$ mit einem Abstandsbegriff versehen, der nicht auf dem Satz von Pythagoras beruht.

1

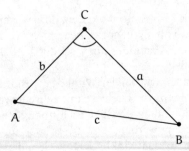

◘ Abb. 1.2 Skizze zur Ausgangssituation in ▶ Korollar 1.1.3 (Satz des Pythagoras)

$$\|c\|_2^2 = \|a + b\|_2^2 = \langle a + b, a + b \rangle$$
$$= \langle a, a \rangle + \underbrace{\langle a, b \rangle}_{=0} + \underbrace{\langle b, a \rangle}_{=0} + \langle b, b \rangle = \|a\|_2^2 + \|b\|_2^2.$$

$\square$

Im nächsten Schritt widmen wir uns einer Beschreibung von Winkeln und ihrer Größe. Wir klären zunächst, in welcher Weise wir den Begriff des Winkels formalisieren wollen. Wir folgen dabei der Idee, dass ein Winkel eindeutig durch zwei Strahlen (den sogenannten *Schenkeln*) mit gemeinsamem Ursprung (dem sogenannten *Scheitel*) festgelegt ist (◘ Abb. 1.3).

Da jeder Strahl durch seinen Ursprung und einen enthaltenen Punkt bereits eindeutig festgelegt ist, können wir einen Winkel auch durch ein Tripel aus paarweise disjunkten Punkten (Scheitelpunkt und zwei weitere Punkte auf den jeweiligen Schenkeln) eindeutig festlegen. Wir fassen diese Überlegungen in der folgenden Definition zusammen.

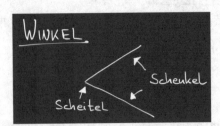

◘ Abb. 1.3 Ein Winkel ist durch zwei Schenkel und einen Scheitel festgelegt

---

Definition 1.1.4 (Euklidischer Winkel)

Zwei euklidische Strahlen g_+, h_+ mit gemeinsamem Ursprung $S \in \mathbb{R}^2$ legen eindeutig den **euklidischen Winkel** $\angle\{g_+, h_+\}$ fest. Dieser Winkel ist auch durch S, $A \in g_+ \setminus \{S\}$ und $B \in h_+ \setminus \{S\}$ eindeutig festgelegt. Wir schreiben dann $\angle\{g_+, h_+\} = \angle ASB = \angle BSA$.

Um die Größe euklidischer Winkel zu definieren, behandeln wir im Detail den Fall, dass der Scheitel im Koordinatenursprung liegt. Wir werden anschließend erklären, wie das Messen jedes anderen Winkels durch Subtraktion aller beteiligten Punkte um die Koordinaten des Scheitels auf diesen Fall zurückgeführt werden kann.

Seien im folgenden Abschnitt $A, B \in \mathbb{R}^2 \setminus \{0\}$. Unsere Idee für die Berechnung des Winkels, den die beiden Punkte mit dem Koordinatenursprung einschließen (◘ Abb. 1.4 (links)), baut auf der aus der Schule bekannten Identität „Kosinus = Ankathete geteilt durch Hypotenuse" auf. Dabei ergänzen wir die Situation zu dem in ◘ Abb. 1.4 (rechts) dargestellten rechtwinkligen Dreieck $\triangle OB'A$. In diesem soll dann $\alpha = \arccos\left(\frac{a_b}{a}\right)$ gelten.

Wenn wir in der Figur aus ◘ Abb. 1.4 ein weiteres Dreieck ergänzen (unten), dann können wir mit Hilfe des Satzes von Pythagoras (▶ Korollar 1.1.3) einen Term für α ausrechnen, der nur von A und B abhängt. Wir beginnen damit, einen Term für a_b aufzustellen:

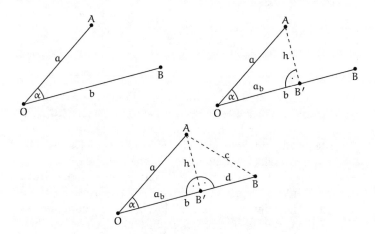

◘ **Abb. 1.4**   Skizzen zur Definition der Winkelgröße α des Winkels $\angle BOA$. Die Kleinbuchstaben bezeichnen die jeweiligen Streckenlängen, es gilt also z. B. $a := \|A\|_2$.

1

$$a_b^2 = a^2 - h^2 = a^2 - c^2 + d^2$$

$$\Leftrightarrow \quad a_b^2 = a^2 - c^2 + (b - a_b)^2$$

$$\Leftrightarrow \quad a_b^2 = a^2 - c^2 + b^2 - 2a_b b + a_b^2$$

$$\Leftrightarrow \quad 2a_b b = a^2 + b^2 - c^2$$

$$\Leftrightarrow \quad a_b = \frac{a^2 + b^2 - c^2}{2b}$$

Damit ist dann

$$\cos \alpha = \frac{a_b}{a} = \frac{\|A\|_2^2 + \|B\|_2^2 - \|B - A\|_2^2}{2 \|A\|_2 \|B\|_2}.$$

?!

Nutzen Sie Ihr Wissen über Skalarprodukte um die Formel selbst zu beweisen.

Den Bruch kann man wegen der sogenannten *Polarisationsformel* $(2 \langle A, B \rangle = \|A\|_2^2 + \|B\|_2^2 - \|B - A\|_2^2)$[4] vereinfachen:

$$\cos \alpha = \frac{\langle A, B \rangle}{\|A\|_2 \|B\|_2} = \left\langle \frac{A}{\|A\|_2}, \frac{B}{\|B\|_2} \right\rangle. \quad (\star)$$

In der Schreibweise ganz rechts sieht man, dass der Kosinus des Winkels dem Skalarprodukt der normierten Vektoren A und B entspricht.

Entsprechend dieser Vorüberlegungen definieren wir die Größe der euklidischen Winkel aus ► Definition 1.1.4 wie folgt.

Definition 1.1.5 (Größe euklidischer Winkel)

Für einen euklidischen Winkel $\angle ASB$ definieren wir die **euklidische Winkelgröße** durch

$$\angle ASB := \arccos \left(\frac{\langle A - S, B - S \rangle}{\|A - S\|_2 \|B - S\|_2} \right) \in [0, \pi]$$

Wir möchten zu dieser Definition einige Dinge anmerken:

- Die obigen Vorüberlegungen zur Definition haben lediglich den Status einer Erklärung, warum diese Definition konsistent zum Winkelbegriff der Dreiecksgeometrie ist. Die Definition selbst ist davon logisch unabhängig.

- Im Vergleich zu $(\star)$ wird in der Definition auch die Größe von Winkeln, deren Scheitel nicht im Ursprung liegt, definiert. Dabei wird dieser Fall durch Verschiebung um $-S$ auf den Ursprungsfall zurückgeführt. Das ist insoweit sinnvoll, als die Winkelgröße nicht von der Lage des Winkels im Koordinatensystem abhängen soll.

---

4   *Beweis der Polarisationsformel:* $\|A\|_2^2 + \|B\|_2^2 - \|B - A\|_2^2 = \langle A, A \rangle + \langle B, B \rangle - \langle B - A, B - A \rangle = \langle A, A \rangle + \langle B, B \rangle - \langle B, B \rangle + 2 \langle A, B \rangle - \langle A, A \rangle = 2 \langle A, B \rangle.$ $\square$

— Die Winkelgröße ist in dem Sinne wohldefiniert, als sie durch die Normierung für jede Wahl von Punkten auf den beiden Schenkeln den gleichen Wert hat.

— Aus den obigen Rechnungen zum Term für a_b folgt durch einfaches Umstellen insbesondere der *Kosinussatz:* In einem Dreieck mit den Seitenbenennungen wie in ◘ Abb. 1.4 gilt: $c^2 = a^2 + b^2 - 2ab \cos \alpha$.

1.2 Kongruenz und euklidische Isometrien

Wie bereits erwähnt, ist das Ziel dieses Kapitels, den Kongruenzsatz SSS im euklidischen Raum $\mathbb{R}^2$ mit Mitteln der linearen Algebra zu formulieren und zu beweisen. Der vorangegangene Abschnitt stellt uns dabei Definitionen zur Verfügung, die es uns erlauben, Abstände zwischen Eckpunkten und Winkel in Dreiecken zu beschreiben. Wir haben allerdings noch nicht erklärt, was wir unter dem Begriff *Kongruenz* verstehen wollen. Als Ansatzpunkt dafür soll uns die intuitive Vorstellung des „Ausschneidens und zur Deckung bringens" dienen (◘ Abb. 1.5). Wenn man ein Dreieck aus einem Blatt Papier ausschneidet und an einer anderen Stelle wieder flach auf dieses Papier legt, so stellt man fest, dass die Länge und die Winkel des Dreiecks invariant bleiben. Wir wollen, die Längeninvarianz als Ausgangspunkt für eine Klasse von Abbildungen nehmen, die das „Ausschneiden und an einer anderen Stelle hinlegen" formalisiert. Da über die Polarisationsformel die euklidische Winkelgröße aus ▶ Definition 6.2.2 auch vollständig durch Abstände ausgedrückt werden kann, ist durch die Längeninvarianz insbesondere auch die Winkelinvarianz gegeben. Da das Dreieck auch ohne Weiteres wieder zurück in seine Ausgangsposition gelegt werden kann, ergibt sich als zweite sinnvolle Forderung die Bijektivität der Abbildung, die das „zur Deckung bringen" beschreibt. Die an dieser Stelle aufkommende Frage, ob nicht aus der Längeninvarianz eventuell schon die Bijektivität resultiert, wird später in Kontext des axiomatischen Zugangs zur Geometrie (▶ Satz 5.4.18) noch genauer diskutiert.

> **Definition 1.2.1 (Euklidische Isometrie)**
>
> Eine Abbildung $\varphi : \mathbb{R}^2 \to \mathbb{R}^2$ nennen wir eine **euklidische Isometrie,** falls φ bijektiv ist und für alle $A, B \in \mathbb{R}^2$ gilt:
>
> $$\|\varphi(A) - \varphi(B)\|_2 = \|A - B\|_2 .$$
>
> Abstände zwischen Bildpunkten stimmen also mit den Abständen zwischen den entsprechenden Urbildern überein.

1

Definition

Ausschneiden und
zur Deckung brin-
gen

⬛ **Abb. 1.5**   Ausschneiden und zur Deckung bringen

Ein typisches Beispiel für eine solche Abbildung ist die Verschiebung (Translation) eines Punktes in eine bestimmte Richtung um eine bestimmte Länge:

Beispiel 1.2.2 (Euklidische Translation)
Für $v \in \mathbb{R}^2$ definieren wir die **euklidische Translation** durch $\tau_v : \mathbb{R}^2 \to \mathbb{R}^2, \quad X \mapsto X + v$. Dann gilt: τ_v ist eine euklidische Isometrie.

Hands On ...
...und probieren Sie den Beweis
zunächst selbst!

Beweis Für $A, B \in \mathbb{R}^2$ ist $\|\tau_v(A) - \tau_v(B)\|_2 = \|A + v - B - v\|_2 = \|A - B\|_2$. Die Bijektivität ist evident.

$\square$

Definition 1.2.3 (Kongruenz von Teilmengen im euklidischen Raum $\mathbb{R}^2$)

Seien $F, G \subset \mathbb{R}^2$. Wir nennen F **kongruent** zu G (Notation: $F \cong G$), falls es eine euklidische Isometrie φ mit $\varphi(F) = G$ gibt.

Wichtige Objekte für Kongruenzbetrachtungen im Mathematikunterricht sind Dreiecke. Wir geben nachfolgend eine formale Definition für Dreiecke an und liefern zum Abschluss dieses Abschnitts ein einfaches Beispiel für den Nachweis von Kongruenz entsprechend der vorigen Definition.

Definition 1.2.4 (Euklidisches Dreieck)

Seien paarweise verschiedene $A, B, C \in \mathbb{R}^2$, die nicht auf einer gemeinsamen euklidischen Geraden liegen. Dann heißt $\triangle ABC := \{A, B, C\} \subset \mathbb{R}^2$ das **euklidische Dreieck.**

Es mag überraschend sein, dass wir die Figur des Dreiecks nur als die Menge seiner Eckpunkte definieren. Mit gleichem Recht könnte man ein Dreieck als die Figur definieren, die durch die

Vereinigung der Strecken [A, B] ∪ [B, C] ∪ [C, A] gegeben ist, oder durch die Menge aller Punkte im Inneren des Dreiecks. Abgesehen davon, dass man im letzteren Fall erst einmal einiges an Aufwand betreiben müsste, diese inneren Punkte präzise zu definieren, ist es so, dass auch mit diesen beiden alternativen Definitionsmöglichkeiten zwei Dreiecke genau dann gleich sind (als Teilmengen von $\mathbb{R}^2$), wenn die Menge der Eckpunkte übereinstimmt. Da es in Beweisen wesentlich handlicher ist, mit lediglich drei Punkten zu argumentieren, haben wir obige Definition gewählt.

Beispiel 1.2.5

Die durch ihre Eckpunkte festgelegten Dreiecke $\triangle \begin{pmatrix} 3 \\ 1 \end{pmatrix} \begin{pmatrix} 5 \\ 0 \end{pmatrix}$ $\begin{pmatrix} 4 \\ 3 \end{pmatrix}$ und $\triangle \begin{pmatrix} 0 \\ 3 \end{pmatrix} \begin{pmatrix} 2 \\ 2 \end{pmatrix} \begin{pmatrix} 1 \\ 5 \end{pmatrix}$ (siehe ◘ Abb. 1.6) sind kongruent, denn die Isometrie $\varphi = \tau_v$ mit $v = \begin{pmatrix} -3 \\ 2 \end{pmatrix}$ erfüllt

$$\varphi\left(\left\{\begin{pmatrix} 3 \\ 1 \end{pmatrix}, \begin{pmatrix} 5 \\ 0 \end{pmatrix}, \begin{pmatrix} 4 \\ 3 \end{pmatrix}\right\}\right) = \left\{\begin{pmatrix} 0 \\ 3 \end{pmatrix}, \begin{pmatrix} 2 \\ 2 \end{pmatrix}, \begin{pmatrix} 1 \\ 5 \end{pmatrix}\right\}.$$

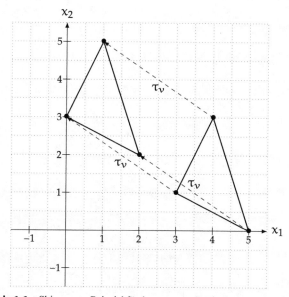

◘ **Abb. 1.6**   Skizze zum Beispiel für kongruente Dreiecke

1

1.3 Euklidische Geradenspiegelungen

Um den Kongruenzsatz SSS zu beweisen (also um zu zeigen, dass es für zwei Dreiecke mit gleichen Seitenlängen immer eine Isometrie gibt, die das eine Dreieck auf das andere abbildet) werden wir mit Translationen als einziger Klasse von Isometrien nicht auskommen. Aus diesem Grund führen wir in diesem Abschnitt euklidische (Geraden-) Spiegelungen als eine weitere Art von Isometrie ein. Wir werden aus einer geometrischen Motivation heraus Spiegelungen definieren und zeigen, dass es sich bei diesen Spiegelungen tatsächlich um euklidische Isometrien handelt. In ▶ Abschn. 1.5 wird dann deutlich werden, dass unsere Spiegelungen tatsächlich der Schlüssel zum Beweis des Kongruenzsatzes SSS sind.

Wieder algebraisieren wir einen geometrischen Begriff auf der Basis elementargeometrischer Intuitionen und beginnen dabei mit einer Konstruktionsmethode, die aus dem Mathematikunterricht bekannt ist: Um zu einem gegebenen Punkt-Geraden-Paar einen Spiegelpunkt zu konstruieren, kann man ein Geodreieck so mit der Mittellinie auf der Spiegelgeraden platzieren, dass dessen Grundseite genau durch den zu spiegelnden Punkt geht (◘ Abb. 1.7). Den Spiegelpunkt erhält man

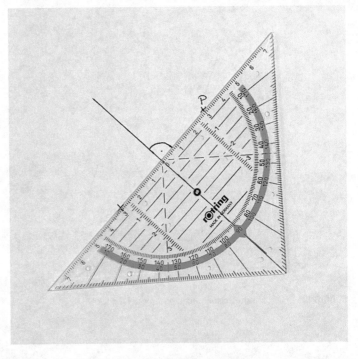

◘ **Abb. 1.7**   Konstruktion von Spiegelpunkten mit dem Geodreieck

als denjenigen Punkt auf der „anderen Seite" der Geraden, der auf dem Geodreieck dieselbe Abstandsmarkierung hat. Geometrisch gesehen steht die Grundkante des Geodreiecks *senkrecht* zur Spiegelachse, der Schnittpunkt von Spiegelachse und Grundkante ist die *orthogonale Projektion* des Spiegelpunktes auf die Spiegelachse, und Punkt und Spiegelpunkt haben beide zur orthogonalen Projektion den gleichen Abstand.

Während eine zeichnerische Konstruktion mithilfe eines Geodreiecks einfach möglich ist, hängt die Komplexität der Berechnung der Koordinaten eines Spiegelpunktes davon ab, wie „schön" die Situation im Koordinatensystem eingebettet ist. Wir betrachten nun zunächst zwei entsprechende Beispiele und stellen darauf aufbauend einen allgemeinen Ansatz vor.

Beispiel 1.3.1 (Spiegelung an einer Koordinatenachse)

Angenommen, wir wollen einen Punkt $(x_1, x_2)^T \in \mathbb{R}^2$ an der ersten Koordinatenachse, also an $g = \mathbb{R}(1, 0)^T$ spiegeln (◘ Abb. 1.8). Wir bestimmen zunächst die (orthogonale) Projektion $p_g(x)$ des Punktes x auf die Gerade g und gehen dann auf der Geraden durch x und $p_g(x)$ weiter, bis zu dem Punkt $\sigma_g(x)$ für den gilt: $\|p_g(x) - x\|_2 = \|p_g(x) - \sigma_g(x)\|_2$. Aufgrund der günstigen Lage im Koordinatensystem ist klar

$$\sigma_g\left(\begin{pmatrix} x_1 \\ x_2 \end{pmatrix}\right) = \begin{pmatrix} x_1 \\ -x_2 \end{pmatrix}.$$

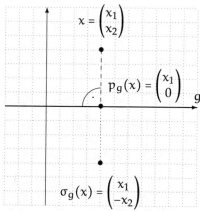

◘ **Abb. 1.8** Spiegelung an der ersten Koordinatenachse

1

Beispiel 1.3.2 (Spiegelung an der ersten Winkelhalbierenden)
Angenommen, wir wollen einen Punkt $(x_1, x_2)^\mathsf{T} \in \mathbb{R}^2$ an der ersten Winkelhalbierenden, also an $g = \mathbb{R}(1, 1)^\mathsf{T}$ spiegeln (◘ Abb. 1.9).

Mit ähnlichem Vorgehen wie in ▶ Beispiel 1.3.1 erhalten wir

$$\sigma_g\left(\begin{pmatrix} x_1 \\ x_2 \end{pmatrix}\right) = \begin{pmatrix} x_2 \\ x_1 \end{pmatrix}.$$

Bei ungünstigeren Lagen im Koordinatensystem, lassen sich die Spiegelpunktkoordinaten allerdings nicht so einfach ablesen. Folgende Strategie wäre zwar für die Anwendung in den ▶ Beispielen 1.3.1 und 1.3.2 unnötig kompliziert gewesen, hätte dort aber auch funktioniert (Übung!) und lässt sich für die Spiegelung eines beliebigen Punktes X an einer Ursprungsgeraden g verallgemeinern:

Schritt 1: Bestimme die orthogonale Projektion $p_g(X)$ von X auf g.

Schritt 2: Der gesuchte Punkt $\sigma_g(X)$ liegt auf der Geraden durch X und $p_g(X)$ und hat denselben Abstand zu $p_g(X)$ wie X. In Formeln bedeutet dies:

$$\sigma_g(X) = X + 2(p_g(X) - X) = 2p_g(X) - X.$$

Es gilt also, die orthogonale Projektion eines Punktes auf eine gegebene Gerade algebraisch zu beschreiben. Vor dem Hintergrund der in ◘ Abb. 1.10 dargestellten Heuristik, treffen wir die nachfolgende Definition.

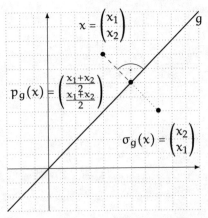

◘ **Abb. 1.9**   Spiegelung an der ersten Winkelhalbierenden

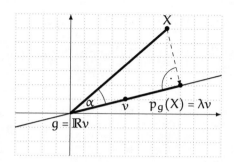

◘ Abb. 1.10 Heuristik zur algebraischen Beschreibung der orthogonalen Projektion: Gesucht ist ein Punkt $p_g(X) = \lambda v$ auf der Geraden g sodass die Gerade durch X und $p_g(X)$ senkrecht zu g steht. Folglich fordern wir $\langle X - \lambda v, v \rangle = 0$, was auf $\lambda = \frac{\langle X, v \rangle}{\|v\|_2^2}$ führt. Dass dieses rein algebraische Resultat auch geometrisch sinnvoll ist, sieht man, wenn man die quadrierte Norm im Nenner aufteilt: $p_g(X) = \frac{\langle X, v \rangle}{\|v\|_2^2} \cdot v = \frac{\langle X, v \rangle}{\|v\|_2} \cdot \frac{v}{\|v\|_2}$. Da $\frac{v}{\|v\|_2}$ normiert ist, entspricht der Betrag des Bruchs $\frac{\langle X, v \rangle}{\|v\|_2}$ der „Länge der Projektion". Dies ist konsistent mit der Elementargeometrie, denn mit der Formel für die Winkelgröße aus ▶ Definition 1.1.5 und mit der Formel für den Kosinus im rechtwinkligen Dreieck gilt $\frac{\langle X, v \rangle}{\|X\|_2 \|v\|_2} = \cos \alpha = \frac{\|p_g(X)\|_2}{\|x\|_2}$. Es folgt $\|p_g(X)\|_2 = \frac{\langle X, v \rangle}{\|v\|_2}$

Orthogonale Projektionen auf beliebige Geraden.

▶ https://www.geogebra.org/m/fvq8s8wk

Definition 1.3.3 (Euklidische orthogonale Projektion)

Seien $v \in \mathbb{R}^2 \setminus \{0\}$ und $g = \mathbb{R}v$ eine Ursprungsgerade. Dann nennen wir

$$p_g : \mathbb{R}^2 \to g \subset \mathbb{R}^2, \quad X \mapsto \frac{\langle X, v \rangle}{\|v\|_2^2} v$$

die **euklidische orthogonale Projektion** von $\mathbb{R}^2$ auf $g = \mathbb{R}v$. Für $A \in \mathbb{R}^2$ definieren wir die euklidische orthogonale Projektion auf die (allgemeine) Gerade $h = \mathbb{R}v + A$ durch

$$p_h : \mathbb{R}^2 \to h, \quad X \mapsto p_g(X - A) + A = \frac{\langle X - A, v \rangle}{\|v\|_2^2} v + A.$$

wobei $g = \mathbb{R}v$ die Ursprungsgerade ist, die den gleichen Richtungsvektor wie h besitzt.

Bemerkung 1.3.4 (Wohldefiniertheit der euklidischen orthogonalen Projektion)

In ▶ Definition 1.3.3 ist die Darstellung von h durch v und A nicht eindeutig. Seien w, B ein weiteres Paar von Richtungsvektor und Stützpunkt, das dieselbe Gerade h beschreibt. Dann

1

muss $w = \lambda v$ und $B = A + \mu v$ für $\lambda, \mu \in \mathbb{R}$ gelten. Wir rechnen:

$$\frac{\langle X - B, w \rangle}{\|w\|_2^2} w + B = \frac{\langle X - A - \mu v, \lambda v \rangle}{\|\lambda v\|_2^2} \lambda v + A + \mu v$$

$$= \frac{\langle X - A, v \rangle}{\|v\|_2^2} v - \frac{\langle \mu v, v \rangle}{\|v\|_2^2} v + A + \mu v$$

$$= \frac{\langle X - A, v \rangle}{\|v\|_2^2} v + A.$$

Es folgt die Wohldefiniertheit der Definition.

□

Bemerkung 1.3.5 (Eigenschaften der euklidischen orthogonalen Projektion)

Die in ► Definition 1.3.3 definierte Abbildung erfüllt verschiedene Eigenschaften, die man aus der elementargeometrischen Intuition heraus von einer orthogonalen Projektion erwarten würde.

(i)   Wegen $p_g(X) = \frac{\langle X, v \rangle}{\|v\|_2^2} \cdot v \in \mathbb{R}v$ bildet p_g tatsächlich auf g ab.

(ii) Punkte, die bereits auf g liegen, sind invariant unter p_g:

$$X \in \mathbb{R}v \quad \Rightarrow \quad \exists \lambda \in \mathbb{R} : X = \lambda v$$

$$\Rightarrow \quad p_g(X) = \frac{\langle \lambda v, v \rangle}{\|v\|_2^2} v = \lambda \frac{\langle v, v \rangle}{\|v\|_2^2} v = \lambda v = X.$$

(iii) Aus den ersten beiden Punkten folgt sofort $p_g^2 = p_g$.

(iv) Die Gerade durch X und $p_g(X)$ steht in der Tat senkrecht auf g (vergleiche ► Definition 1.1.1):

$$\langle X - p_g(X), v \rangle = \langle X, v \rangle - \left\langle \frac{\langle X, v \rangle}{\|v\|_2^2} v, v \right\rangle$$

$$= \langle X, v \rangle - \langle X, v \rangle \frac{\langle v, v \rangle}{\|v\|_2^2} = 0.$$

□

Schnittstelle 1 (Geometrische Interpretation des euklidischen Skalarprodukts)

Formal ist das euklidische Skalarprodukt als Produktsumme der Koordinateneinträge definiert (vgl. ► Abschn. 1.1):

$$\langle \cdot, \cdot \rangle : \mathbb{R}^2 \times \mathbb{R}^2 \to \mathbb{R}, \quad \left\langle \begin{pmatrix} v_1 \\ v_2 \end{pmatrix}, \begin{pmatrix} w_1 \\ w_2 \end{pmatrix} \right\rangle := v_1 w_1 + v_2 w_2.$$

Auf diese Weise wird zwei Vektoren eine reelle Zahl zugeordnet. Mit ► Definition 1.1.5 wird bereits klar, dass die Zahl eng mit dem Winkel zwischen den beiden Vektoren zusammenhängt und damit offenbar eine Art von Verhältnis der beiden Vektoren zueinander beschreibt. Die Überlegungen zur Definition der orthogonalen Projektion (► Definition 1.3.3 und ◘ Abb. 1.10) liefern uns nun die Möglichkeit zur geometrischen Interpretation des Skalarprodukts in einer Weise, die auch im Mathematikunterricht oft genutzt wird. Direkt aus der ► Definition 1.3.3 folgt für $v, w \in \mathbb{R}^2 \setminus \{0\}$ nämlich durch einfache Umformung

$$|\langle v, w \rangle| = \|p_{\mathbb{R}v}(w)\|_2 \cdot \|w\|_2.$$

Damit lässt sich $|\langle v, w \rangle|$ als die Maßzahl des Flächeninhalts eines Rechtecks interpretieren. Stehen v und w so zueinander, dass die Projektion von w auf v auf dem anderen Strahl von $\mathbb{R}v$ landet, ist das Skalarprodukt negativ.

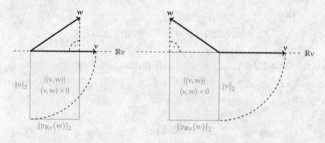

Mit dieser Darstellung lassen sich verschiedene Eigenschaften des euklidischen Skalarprodukts veranschaulichen. Einige Beispiele haben wir in der am Seitenrand verlinkten dynamischen Visualisierung umgesetzt.

Zusammen mit der oben beschriebenen Spiegelungsstrategie können wir nun den Bogen zur eigentlichen Definition einer euklidischen Spiegelung schließen:

Dynamische Erkundungen zum eukl. Skalarprodukt

► https://www.geogebra.org/m/fuawhrd7

Definition 1.3.6 (Euklidische Spiegelung)

Sei $g = \mathbb{R}v + A$ mit $v, A \in \mathbb{R}^2$ und $v \neq 0$ eine euklidische Gerade. Wir definieren die **euklidische Spiegelung** σ_g **an** g durch

$$\sigma_g : \mathbb{R}^2 \to \mathbb{R}^2, \quad X \mapsto 2p_g(X) - X.$$

Wir bezeichnen g auch als **Spiegelgerade** von σ_g.

1

Wir zeigen im folgenden zwei Eigenschaften der Spiegelung, die man heuristisch so auch erwarten würde, nämlich, dass Punkte auf der Geraden durch die Spiegelung invariant gelassen werden und dass zweifaches Ausführen der Spiegelung an einer Gerade die Identität ergibt:

Proposition 1.3.7 (Fixpunkte euklidischer Spiegelungen)
Sei $g \subset \mathbb{R}^2$ eine euklidische Gerade. Dann sind die Fixpunkte der Spiegelung σ_g genau die Punkte von g.

Hands On ...
...und probieren Sie den Beweis zunächst selbst!

Beweis Seien $v, A \in \mathbb{R}^2$, $v \neq 0$ mit $g = \mathbb{R}v + A$ und $P = \lambda v + A \in g$ mit $\lambda \in \mathbb{R}$.

Wegen Bemerkung ▶ 1.3.5(ii) gilt $p_g(P) = P$ und mit ▶ Definition 1.3.6 erhalten wir sofort $\sigma_g(P) = 2p_g(P) - P = 2P - P = P$. Also ist g in der Tat eine Fixpunktgerade von σ_g.

Sei umgekehrt $Q \subset \mathbb{R}^2$ ein Fixpunkt von σ_g. Dann muss wegen

$$\sigma_g(Q) = Q \Leftrightarrow 2p_g(Q) - Q = Q \Leftrightarrow p_g(Q) = Q$$

Q ein Fixpunkt von p_g sein. Da nun aber $p_g(\mathbb{R}^2) = g$ ist, bleibt nur $Q \in g$. Damit ist die Aussage gezeigt.   □

Proposition 1.3.8 (Euklidische Spiegelungen als Involutionen)
Sei $g \subset \mathbb{R}^2$ eine euklidische Gerade. Dann ist σ_g eine Involution, d. h. es gilt $\sigma_g \circ \sigma_g = \mathrm{id}_{\mathbb{R}^2}$.

Hands On ...
...und probieren Sie den Beweis zunächst selbst!

Beweis Seien $v, A \in \mathbb{R}^2$, $v \neq 0$ mit $g = \mathbb{R}v + A$. Wir rechnen zuerst nach, dass für beliebiges $X \in \mathbb{R}^2$, $p_g(\sigma_g(X)) = X$ gilt:

$$p_g(\sigma_g(X)) = p_g(2p_g(X) - X)$$

$$= p_g\left(2\left(\frac{\langle X - A, v\rangle}{\|v\|_2^2}v + A\right) - X\right)$$

$$= \frac{1}{\|v\|_2^2}\left\langle 2\frac{\langle X - A, v\rangle}{\|v\|_2^2}v - X + A, v\right\rangle v + A$$

$$= \frac{\langle X - A, v\rangle}{\|v\|_2^2}v + A = p_g(X).$$

Damit folgt $\sigma_g \circ \sigma_g(X) = 2p_g(\sigma_g(X)) - (2p_g(X) - X) = 2p_g(X) - 2p_g(X) + X = X$, wie gewünscht.   □

Da euklidische Spiegelungen im Allgemeinen nicht die Null fixieren, sind sie insbesondere nicht linear. Es gilt der folgende Zusammenhang:

Proposition 1.3.9

Eine euklidische Gerade $g \subset \mathbb{R}^2$ ist genau dann eine Ursprungsgerade, wenn σ_g linear ist.

Beweis Sei g eine Ursprungsgerade. Dann folgt die Linearität von σ_g durch direktes Nachrechnen. Ist umgekehrt σ_g linear, so ist $0 \in \mathbb{R}^2$ ein Fixpunkt. Mit ▸ Proposition 1.3.7 ist dann $0 \in g$, also g eine Ursprungsgerade. $\qquad\square$

Auch wenn man verschiedene Eigenschaften euklidischer Spiegelungen auch direkt für beliebige Spiegelgeraden rechnerisch beweisen kann, ist es aus technischer Perspektive oft einfacher, zunächst einen Beweis für Spiegelungen an Ursprungsgeraden zu führen. Über den Zusammenhang aus dem nachfolgenden Lemma können Aussagen für beliebige Spiegelungen durch Konjugation mit einer Translation um den Richtungsvektor der Spiegelgeraden auf den (einfacheren) linearen Fall zurückgeführt werden. Dies bedeutet anschaulich: Statt einen Punkt P an der Geraden $\mathbb{R}v + A$ zu spiegeln, wird $P - A$ an $\mathbb{R}v$ gespiegelt und das Ergebnis wieder um A verschoben.

Lemma 1.3.10

Seien $v, A \in \mathbb{R}^2$ mit $v \neq 0$. Dann kann die Spiegelung an $h = \mathbb{R}v + A$ auf die Spiegelung an der Ursprungsgeraden $g = \mathbb{R}v$ zurückgeführt werden. Es gilt $\sigma_h(X) = \sigma_g(X - A) + A$.

Beweis Sei $X \in \mathbb{R}^2$ mit den ▸ Definitionen 1.3.3 und 1.3.6 folgt:

$$\sigma_h(X) = 2p_h(X) - X = 2\left(p_g(X - A) + A\right) - X = \sigma_g(X - A) + A.$$

$\qquad\square$

Für den Beweis, dass euklidische Spiegelungen tatsächlich euklidische Isometrien (▸ Definition 1.2.1) sind, können wir die Aussage aus ▸ Lemma 1.3.10 anwenden und dies zunächst für Spiegelungen an Ursprungsgeraden zeigen.

Proposition 1.3.11

Lineare euklidische Spiegelungen sind euklidische Isometrien.

Hands On ...
...und probieren Sie den Beweis zunächst selbst!

Beweis Die Bijektivität der euklidischen Spiegelungen folgt direkt aus ▸ Proposition 1.3.8. Sei nun $g = \mathbb{R}v \subset \mathbb{R}^2$ eine Ursprungsgerade (siehe ▸ Proposition 1.3.9) und $P, Q \in \mathbb{R}^2$. Dann gilt

1

$$\|\sigma_g(P) - \sigma_g(Q)\|_2^2 = \|\sigma_g(P - Q)\|_2^2$$
$$= \langle \sigma_g(P - Q), \sigma_g(P - Q) \rangle$$
$$= \left\langle 2\frac{\langle P - Q, v \rangle}{\|v\|_2^2}v - (P - Q), 2\frac{\langle P - Q, v \rangle}{\|v\|_2^2}v - (P - Q) \right\rangle$$
$$= 4\frac{\langle P - Q, v \rangle^2}{\|v\|_2^4}\langle v, v \rangle - 4\frac{\langle P - Q, v \rangle^2}{\|v\|_2^2} + \langle P - Q, P - Q \rangle$$
$$= \langle P - Q, P - Q \rangle = \|P - Q\|_2^2.$$

Wurzelziehen liefert die gewünschte Aussage. □

Die Verallgemeinerung auf beliebige Geraden bedarf jetzt keines weiteren Aufwandes.

Satz 1.3.12
Euklidische Spiegelungen sind euklidische Isometrien.

Hands On ...
...und probieren Sie den Beweis
zunächst selbst!

Beweis Seien $v, A \in \mathbb{R}^2$ mit $v \neq 0$. Dann gilt mit ▶ Lemma 1.3.10 für $h = \mathbb{R}v + A$ und $g = \mathbb{R}v$:

$$\sigma_h(X) = \sigma_g(X - A) + A = \sigma_g(X) + (A - \sigma_g(A)), \quad \text{für alle } X \in \mathbb{R}^2.$$

σ_h ist also als Verknüpfung der euklidischen Isometrie σ_g (siehe ▶ Proposition 1.3.11) mit einer Translation (um $A - \sigma_g(A)$) (nach ▶ Beispiel 1.2.2 auch eine euklidische Isometrie) eine euklidische Isometrie.

□

1.4 Mittelsenkrechten

Wir wissen nun, wie wir die Abbildungsvorschrift für die Spiegelung an einer bestimmten Geraden bestimmen. Es schließt sich die Frage danach an, welche Gerade zu nehmen ist, wenn eine Spiegelung eine bestimmte Eigenschaft erfüllen soll. Ein wesentlicher Fall ist hierbei das Finden einer Geraden, an der die Spiegelung einen gegebenen Punkt auf einen anderen gegebenen Punkt abbildet. Die Konstruktionsstrategie für Spiegelungen legt nahe, dass die gesuchte Gerade die Mittelsenkrechte der beiden aufeinander abzubildenden Punkte ist. Diese werden wir nun formal als die Gerade definieren, die durch den Mittelpunkt der beiden Punkte geht und senkrecht zur Geraden durch die beiden Punkte steht.

Definition 1.4.1 (Euklidische Mittelsenkrechte)

Seien $A, B \in \mathbb{R}^2$ verschieden und $v \in \mathbb{R}^2 \setminus \{0\}$ mit $\langle v, B - A \rangle = 0$. Dann nennen wir

$$m_{AB} = \mathbb{R}v + \frac{1}{2}(A + B)$$

die **euklidische Mittelsenkrechte** von A und B.

Bemerkung 1.4.2 (Euklidischer Mittelpunkt)
Dass es sich in ▶ Definition 1.4.1 bei $\frac{1}{2}(A + B)$ tatsächlich um den Mittelpunkt von A und B handelt (also um den Punkt, der die Strecke $[A, B]$ halbiert), zeigt die folgende Identität:

$$\frac{1}{2}(B - A) + A = \frac{1}{2}B - \frac{1}{2}A + A = \frac{1}{2}B + \frac{1}{2}A = \frac{1}{2}(A + B).$$

$\square$

Proposition 1.4.3 (Eindeutigkeit der euklidischen Mittelsenkrechten)
Seien $g \subset \mathbb{R}^2$ eine euklidische Gerade, $P \in \mathbb{R}^2$ ein beliebiger Punkt und h eine zu g senkrechte Gerade durch P. Dann ist h eindeutig bestimmt.

Insbesondere ist die in ▶ Definition 1.4.1 definierte euklidische Mittelsenkrechte zu zwei verschiedenen Punkten $A, B \in \mathbb{R}^2$ eindeutig bestimmt.

Beweis Seien $A, B \in g$ zwei verschiedene Punkte. Angenommen, es gäbe zwei unterschiedliche Geraden $h = P + \mathbb{R}v$ und $h' = P + \mathbb{R}v'$ die zu g senkrecht sind, dann müssten v und v' linear unabhängig sein. Dann gibt es für $X \in \mathbb{R}^2$ Zahlen $\lambda, \mu \in \mathbb{R}$ mit $X = \lambda v + \mu v'$. Daraus folgt

$$\langle X, B - A \rangle = \langle \lambda v + \mu v', B - A \rangle$$
$$= \lambda \langle v, B - A \rangle + \mu \langle v', B - A \rangle = 0 + 0 = 0.$$

Da $X \in \mathbb{R}^2$ beliebig war, folgt $B - A = 0$, was im Widerspruch zur Annahme steht, dass A und B verschieden sind.

$\square$

Proposition 1.4.4 (Eigenschaften der euklidische Mittelsenkrechten)
Seien $A, B \in \mathbb{R}^2$ verschieden und $g = A + \mathbb{R}(B - A)$ die Gerade durch A und B, sowie $M := \frac{1}{2}(A + B)$ der Mittelpunkt zwischen A und B. Dann gelten folgende Eigenschaften:

1

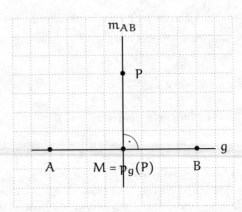

◘ Abb. 1.11   Skizze zu ▶ Proposition 1.4.4 1. und 2. über euklidische Mittelsenkrechten: Alle Punkte der Mittelsenkrechten haben die selbe Projektion auf g

1. Für alle $P \in m_{AB}$ ist $p_g(P) = M$ (vgl. ◘ Abb. 1.11)
2. Für alle $X \in g$ ist $p_{m_{AB}}(X) = M$ (vgl. ◘ Abb. 1.11)
3. $\sigma_{m_{AB}}$ vertauscht A und B.
4. $P \in m_{AB} \Leftrightarrow \|P - A\|_2 = \|P - B\|_2.$ *(Ortslinieneigenschaft)*

Beweis   Nach ▶ Proposition 1.1.2 können wir $v \in \mathbb{R}^2 \setminus \{0\}$ wählen mit $\langle v, A - B \rangle = 0$.

1. Sei $P = \lambda v + M \in m_{AB}$. Wir stellen fest, dass $g = A + \mathbb{R}(B - A) = M + \mathbb{R}(B - A)$ gilt. Dann gilt nach ▶ Definition 1.3.3

$$p_g(P) = \frac{\langle (\lambda v + M) - M, B - A \rangle}{\|B - A\|_2^2}(B - A) + M = 0 + M = M.$$

2. Sei $X = A + \lambda(B - A) \in g$. Dann gilt

$$p_{m_{AB}}(X) = \frac{\langle A + \lambda(B - A) - M, v \rangle}{\|v\|_2^2}v + M$$

$$= \frac{\left\langle \lambda(B - A) - \frac{1}{2}(B - A), v \right\rangle}{\|v\|_2^2}v + M = M$$

3. Es gilt

$$\sigma_{m_{AB}}(A) = 2p_{m_{AB}}(A) - A = 2M - A = B.$$

Für B funktioniert das Argument analog.

4. „$\Rightarrow$": Für $P \in m_{AB}$ gilt

$$\|P - A\|_2 = \|\sigma_{m_{AB}}(P) - \sigma_{m_{AB}}(A)\|_2 = \|P - B\|_2.$$

„$\Leftarrow$": (vgl. auch ◘ Abb. 1.12) Für $P \in \mathbb{R}^2$ können wir die Abstände zu den Punkten A und B wie folgt ausdrücken.

$$\|P - A\|_2^2 = \|P - M + M - A\|_2^2$$

$$= \left\| P - M + \frac{1}{2}(B - A) \right\|_2^2$$

$$= \|P - M\|^2 + 2\left\langle P - M, \frac{1}{2}(B - A) \right\rangle + \left\| \frac{1}{2}(B - A) \right\|_2^2$$

$$\|P - B\|_2^2 = \|P - M + M - B\|_2^2$$

$$= \left\| P - M - \frac{1}{2}(B - A) \right\|_2^2$$

$$= \|P - M\|^2 - 2\left\langle P - M, \frac{1}{2}(B - A) \right\rangle + \left\| \frac{1}{2}(B - A) \right\|_2^2$$

Nach Voraussetzung gilt $\|P - A\|_2 = \|P - B\|_2$, also $\|P - A\|_2 - \|P - B\|_2 = 0$. Mit den beiden obigen Gleichungen folgt dann $\langle P - M, B - A \rangle = 0$ (Nachrechnen!). Nach ► Definition 1.4.1 der Mittelsenkrechte ist damit $M + \mathbb{R}(P - M) = m_{AB}$. Also liegt P auf der Mittelsenkrechten, wie gewünscht. $\square$

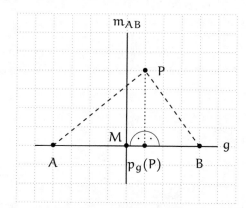

◘ **Abb. 1.12** Geometrische Interpretation zur Rechnung im Beweis von ► Proposition 1.4.4 4. In Beweisschritt „$\Leftarrow$" wissen wir, dass $\|P - A\|_2 = \|P - B\|_2$ und $\|A - M\|_2 = \|B - M\|_2$ und wir wollen zeigen, dass $\angle AMP = \angle PMB = \frac{\pi}{2}$ gilt. Die obige Rechnung lässt sich geometrisch mit Hilfe des *Kosinussatzes* (► Abschn. 1.1) interpretieren: Wendet man den Kosinussatz auf die Dreiecke $\triangle AMP$ und $\triangle PMB$ an, so lassen sich die Länge der Seiten durch A und P bzw. durch B und P durch die Längen $\|M - A\|_2$ bzw. $\|M - B\|_2$ und $\|P - M\|_2$ sowie den Winkel $\angle AMP$ bzw. $\angle PMB$ ausdrücken. Weil M der Mittelpunkt von A und B ist, gilt bereits $\|M - B\|_2 = \|M - A\|_2 = \left\| \frac{1}{2}(B - A) \right\|_2$. Da sich $\angle AMP$ und $\angle PMB$ zu $180° = \pi$ ergänzen, sind die Seiten genau dann gleich lang, wenn beide Winkel gleich groß (also gleich 90° bzw. $\frac{\pi}{2}$) sind

1

1.5 Beweise zum Kongruenzsatz SSS

Die Charakterisierung der Mittelsenkrechten über die Orts-linieneigenschaft (▶ Proposition 1.4.4) erlaubt einen sehr in-struktiven Beweis für den Kongruenzsatz SSS (▶ Satz 1.5.1).

Satz 1.5.1 (Kongruenzsatz SSS)

Zwei euklidische Dreiecke $\triangle ABC$ und $\triangle RST$ sind genau dann kongruent, wenn (bis auf Umbenennung der Punkte eines Drei-ecks) folgende Gleichheiten gelten:

$$\|A - B\|_2 = \|R - S\|_2, \|A - C\|_2 = \|R - T\|_2$$
$$\text{und } \|B - C\|_2 = \|S - T\|_2. \quad (\star)$$

Beweis Die Notwendigkeit von $(\star)$ für die Kongruenz der Drei-ecke ist evident, da Isometrien Abstände erhalten. Sei umge-kehrt $(\star)$ erfüllt. Um die Kongruenz zu zeigen, konstruieren wir eine euklidische Isometrie $\varphi : \mathbb{R}^2 \to \mathbb{R}^2$ mit $\varphi(A) = R$, $\varphi(B) = S$ und $\varphi(C) = T$.

Konstruktionsidee: Wir wissen, dass die Spiegelung an der Mittelsenkrechten einen Punkt auf einen gegebenen anderen Punkt abbildet. Wir wollen nun durch maximal drei Spiegelun-gen an passenden Mittelsenkrechten die drei Punkte A, B, C auf die Punkte R, S, T abbilden. Dabei müssen wir darauf achten, dass die bereits zur Deckung gebrachten Punkte nicht wieder verändert werden (◼ Abb. 1.13).

Schritt 1: Falls $A \neq R$, betrachten wir zunächst die Spiegelung $\sigma_{m_{AR}}$ an der Mittelsenkrechten von A und R. Dann gilt $\sigma_{m_{AR}}(A) = R$ und wir definieren $\sigma_{m_{AR}}(B) =: B'$ sowie

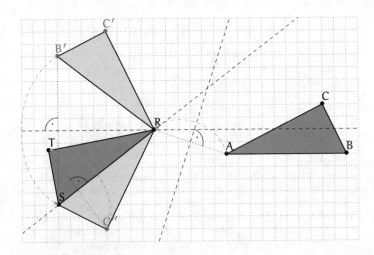

◼ **Abb. 1.13**   Konstruktionsidee zum Beweis von SSS

$\sigma_{m_{AR}}(C) =: C'$. Im Fall $A = R$ setzen wir $\sigma_{m_{AR}} := \text{id}$. Auf diese Art und Weise erhalten wir ein neues Dreieck $\triangle RB'C'$, das in (mindestens) einem Punkt mit $\triangle RST$ übereinstimmt.

Schritt 2: Falls $B' \neq S$, betrachten wir die Spiegelung $\sigma_{m_{B'S}}$ an der Mittelsenkrechten von B' und S. Dann gilt $\sigma_{m_{B'S}}(B') = S$ und wir definieren $\sigma_{m_{B'S}}(C') =: C''$. Außerdem gilt $\sigma_{m_{B'S}}(R) = R$, denn man folgert mithilfe der Ortslinieneigenschaft der Mittelsenkrechte (▸ Proposition 1.4.4):

$$\|R - B'\|_2 = \|\sigma_{m_{AR}}(A) - \sigma_{m_{AR}}(B)\|_2 = \|A - B\|_2$$
$$= \|R - S\|_2 \overset{1.4.4}{\Rightarrow} R \in m_{B'S}.$$

Im Fall $B' = S$ setzen wir $\sigma_{m_{B'S}} = \text{id}$. Auf diese Art und Weise erhalten wir ein neues Dreieck $\triangle RSC''$, dass in (mindestens) zwei Punkten mit $\triangle RST$ übereinstimmt.

Schritt 3: Falls $C'' \neq T$, betrachten wir die Spiegelung $\sigma_{m_{C''T}}$ an der Mittelsenkrechten von C'' und T. Dann gilt $\sigma_{m_{C''T}}(C'') = T$. Außerdem gelten $\sigma_{m_{C''T}}(R) = R$ und $\sigma_{m_{C''T}}(S) = S$, denn aus

$$\|R - C''\|_2 = \|\sigma_{m_{B'S}}(\sigma_{m_{AR}}(A)) - \sigma_{m_{B'S}}(\sigma_{m_{AR}}(C))\|_2$$
$$= \|A - C\|_2 = \|R - T\|_2$$

$$\|S - C''\|_2 = \|\sigma_{m_{B'S}}(\sigma_{m_{AR}}(B)) - \sigma_{m_{B'S}}(\sigma_{m_{AR}}(C))\|_2$$
$$= \|B - C\|_2 = \|S - T\|_2$$

folgt mit der Ortslinieneigenschaft (▸ Proposition 1.4.4), dass $R, S \in m_{C''T}$. Im Fall $C'' = T$ setzen wir $\sigma_{m_{C''T}} = \text{id}$. Auf diese Art und Weise erhalten wir das Dreieck $\triangle RST$.

Insgesamt haben wir also mit $\varphi = \sigma_{m_{C''T}} \circ \sigma_{m_{B'S}} \circ \sigma_{m_{AR}}$ eine Abbildung gefunden, für die $\varphi(A) = R$, $\varphi(B) = S$ und $\varphi(C) = T$ gilt. Damit ist die Dreieckskongruenz gezeigt. □

Wie bereits beschrieben, ist der Beweis sehr geometrisch und verwendet algebraische Argumentationen vor allem im Hintergrund. Alternativ ist es möglich, den Beweis komplett algebraisch zu führen und die Suche nach der Isometrie auf ein Gleichungssystem zurückzuführen. Wir haben diesen Beweis zum Vergleich in der folgenden ▸ Bemerkung 1.5.2 angefügt.

Bemerkung 1.5.2 (Alternativer algebraischer Beweis von SSS)
Wir betrachten zunächst den Fall $A = R = 0$ und $B = (b_1, b_2)^T, C = (c_1, c_2)^T, S = (s_1, s_2)^T, T = (t_1, t_2)^T$ vier weitere Punkte. Die Voraussetzungen des Kongruenzsatzes SSS liefern uns dann $\|B\|_2 = \|S\|_2$, $\|C\|_2 = \|T\|_2$ und $\|B - C\|_2 = \|S - T\|_2$. Wir zeigen, dass es eine lineare Abbildung $\varphi : \mathbb{R}^2 \mapsto$

1

$\mathbb{R}^2$ mit $\varphi(B) = S$ und $\varphi(C) = T$ gibt, indem wir die Darstellungsmatrix D_φ bezüglich der Standardbasis angeben. Allgemein ist

$$D_\varphi = \begin{pmatrix} x & y \\ z & w \end{pmatrix}, \text{ mit } x, y, z, w \in \mathbb{R}.$$

Aus den Identitäten $D_\varphi B = S$ und $D_\varphi C = T$ erhalten wir die folgenden Zusammenhänge zwischen den Matrixeinträgen und den Koordinaten der Punkte.

$$\begin{aligned}
\text{(I)} \quad s_1 &= xb_1 + yb_2, \\
\text{(II)} \quad s_2 &= zb_1 + wb_2, \\
\text{(III)} \quad t_2 &= xc_1 + yc_2, \\
\text{(IV)} \quad t_2 &= zc_1 + wc_2.
\end{aligned}$$

Wir nutzen (I) und (III) um Terme für x und y zu bestimmen.

$$\begin{bmatrix} b_1 & b_2 & s_1 \\ c_1 & c_2 & t_2 \end{bmatrix} \overset{-\frac{c_1}{b_1}}{\underset{+}{\rightharpoondown}} \quad \Leftrightarrow \quad \begin{bmatrix} b_1 & b_2 & s_1 \\ 0 & \frac{b_1c_2 - b_2c_1}{b_1} & \frac{b_1t_2 - c_1s_1}{b_1} \end{bmatrix} \Big| \cdot \frac{b_1}{b_1c_2 - b_2c_1}$$

$$\Leftrightarrow \begin{bmatrix} b_1 & b_2 & s_1 \\ 0 & 1 & \frac{b_1t_2 - c_1s_1}{b_1c_2 - b_2c_1} \end{bmatrix} \Big| \cdot \frac{1}{b_1} \quad \Leftrightarrow \quad \begin{bmatrix} 1 & \frac{b_2}{b_1} & \frac{s_1}{b_1} \\ 0 & 1 & \frac{b_1t_2 - c_1s_1}{b_1c_2 - b_2c_1} \end{bmatrix} \overset{+}{\underset{-\frac{b_2}{b_1}}{\rightharpoondown}}$$

$$\Leftrightarrow \begin{bmatrix} 1 & 0 & \frac{c_2s_1 - b_2t_2}{b_1c_2 - b_2c_1} \\ 0 & 1 & \frac{b_1t_2 - c_1s_1}{b_1c_2 - b_2c_1} \end{bmatrix} \quad \Leftrightarrow \quad \begin{cases} x &= \frac{c_2s_1 - b_2t_2}{b_1c_2 - b_2c_1}, \\ y &= \frac{b_1t_2 - c_1s_1}{b_1c_2 - b_2c_1}. \end{cases}$$

Analog nutzen wir (II) und (IV) um Terme für z und w zu bestimmen.

$$\begin{bmatrix} b_1 & b_2 & s_2 \\ c_1 & c_2 & t_2 \end{bmatrix} \overset{-\frac{c_1}{b_1}}{\underset{+}{\rightharpoondown}} \quad \Leftrightarrow \quad \begin{bmatrix} b_1 & b_2 & s_2 \\ 0 & \frac{b_1c_2 - b_2c_1}{b_1} & \frac{b_1t_2 - c_1s_2}{b_1} \end{bmatrix} \Big| \frac{b_1}{b_1c_2 - b_2c_1}$$

$$\Leftrightarrow \begin{bmatrix} b_1 & b_2 & s_2 \\ 0 & 1 & \frac{b_1t_2 - c_1s_2}{b_1c_2 - b_2c_1} \end{bmatrix} \Big| \frac{1}{b_1} \quad \Leftrightarrow \quad \begin{bmatrix} 1 & \frac{b_2}{b_1} & \frac{s_2}{b_1} \\ 0 & 1 & \frac{b_1t_2 - c_1s_2}{b_1c_2 - b_2c_1} \end{bmatrix} \overset{+}{\underset{-\frac{b_2}{b_1}}{\rightharpoondown}}$$

$$\Leftrightarrow \begin{bmatrix} 1 & 0 & \frac{c_2s_2 - b_2t_2}{b_1c_2 - b_2c_1} \\ 0 & 1 & \frac{b_1t_2 - c_1s_2}{b_1c_2 - b_2c_1} \end{bmatrix} \quad \Leftrightarrow \quad \begin{cases} z &= \frac{c_2s_2 - b_2t_2}{b_1c_2 - b_2c_1}, \\ w &= \frac{b_1t_2 - c_1s_2}{b_1c_2 - b_2c_1}. \end{cases}$$

Insgesamt ergibt sich damit die Darstellungsmatrix:

$$D_\varphi = \begin{pmatrix} \frac{s_1c_2 - t_2b_2}{b_1c_2 - c_1b_2} & \frac{b_1t_2 - c_1s_1}{b_1c_2 - c_1b_2} \\ \frac{c_2s_2 - b_2t_2}{b_1c_2 - c_1b_2} & \frac{b_1t_2 - c_1s_2}{b_1c_2 - c_1b_2} \end{pmatrix}$$

Es bleibt zu begründen, dass der Nenner $b_1c_2 - b_2c_1$ nicht Null sein kann. Ohne Einschränkung ist $c_2 \neq 0$ (ansonsten wäre $b_2 \neq 0$, da B und C linear unabhängig sind). Wäre $b_1c_2 - b_2c_1 = 0$, dann hätten wir $b_1 = \frac{b_2}{c_2}c_1$ und offensichtlich $b_2 =$

$\frac{b_2}{c_2}c_2$. Es folgte $B = \frac{b_2}{c_2}C$ und damit die lineare Abhängigkeit von B und C. Widerspruch.

Wir zeigen nun, dass die lineare Abbildung φ orthogonal ist, also die Spaltenvektoren von D_φ orthonormal sind. Wegen

$$\|\varphi(v)\| = \sqrt{\langle \varphi(v), \varphi(v)\rangle} \overset{\varphi \text{ orthogonal}}{=} \sqrt{\langle v, v\rangle} = \|v\|$$

ist φ dann nämlich eine Isometrie. Wir beginnen mit dem Beweis der Orthogonalität der Spaltenvektoren. Für deren Skalarprodukt ergibt sich

$$xy + zw = \frac{(s_1c_2 - t_1b_2)(b_1t_1 - c_1s_1)}{(b_1c_2 - c_1b_2)^2}$$
$$+ \frac{(c_2s_2 - b_2t_2)(b_1t_2 - c_1s_2)}{(b_1c_2 - c_1b_2)^2}$$

Wir zeigen, dass der Zähler und damit der gesamte Ausdruck gleich Null ist.

$$(s_1c_2 - t_1b_2)(b_1t_1 - c_1s_1) + (c_2s_2 - b_2t_2)(b_1t_2 - c_1s_2)$$
$$= b_1c_2s_1t_1 - c_1c_2s_1^2 - b_1b_2t_1^2 + b_2c_1s_1t_1 + b_1c_2s_2t_2$$
$$\quad - c_1c_2s_2^2 - b_1b_2t_2^2 + b_2c_1s_2t_2$$
$$= b_1c_2(s_1t_1 + s_2t_2) + b_2c_1(s_1t_1 + s_2t_2) - c_1c_2(s_1^2 + s_2^2)$$
$$\quad - b_1b_2(t_1^2 + t_2^2)$$
$$= (b_1c_2 + b_2c_1)(s_1t_1 + s_2t_2) - c_1c_2(s_1^2 + s_2^2) - b_1b_2(t_1^2 + t_2^2)$$
$$= (b_1c_2 + b_2c_1)(\langle S, T\rangle) - c_1c_2(\|S\|_2^2) - b_1b_2(\|T\|_2^2)$$
$$= (b_1c_2 + b_2c_1)(\langle S, T\rangle) - c_1c_2(\|B\|_2^2) - b_1b_2(\|C\|_2^2)$$
$$= (b_1c_2 + b_2c_1)(\langle S, T\rangle) - c_1c_2(b_1^2 + b_2^2) - b_1b_2(c_1^2 + c_2^2)$$
$$= (b_1c_2 + b_2c_1)(\langle S, T\rangle) - c_1c_2b_1^2 - c_1c_2b_2^2 - b_1b_2c_1^2 - b_1b_2c_2^2$$
$$= (b_1c_2 + b_2c_1)(\langle S, T\rangle) - b_1c_2(b_1c_1 + b_2c_2) - b_2c_1(b_1c_1 + b_2c_2)$$
$$= (b_1c_2 + b_2c_1)(\langle S, T\rangle) - (b_1c_2 + b_2c_1)(\langle B, C\rangle)$$

Für den Nachweis der Orthogonalität reicht es jetzt zu zeigen, dass $\langle B, C\rangle = \langle S, T\rangle$ gilt.

Nach den Voraussetzungen des Kongruenzsatzes SSS gelten $\|B\| = \|S\|$ und $\|C\| = \|T\|$ sowie $\|B - C\| = \|S - T\|$. Daraus folgt die Gleichheit $\langle B, C\rangle = \langle S, T\rangle$ mit folgender Rechnung:

$$
\begin{array}{lll}
& \|B - C\|_2 & = \|S - T\|_2 \\
\Rightarrow & (b_1 - c_1)^2 + (b_2 - c_2)^2 & = (s_1 - t_1)^2 + (s_2 - t_2)^2 \\
\Rightarrow & b_1^2 - 2b_1c_1 + c_1^2 + b_2^2 - 2b_2c_2 + c_2^2 & = s_1^2 - 2s_1t_1 + t_1^2 + s_2^2 - 2s_2t_2 + t_2^2 \\
\Rightarrow & \|B\|_2^2 + \|C\|_2^2 - 2(b_1c_1 + b_2c_2) & = \|S\|_2^2 + \|T\|_2^2 - 2(s_1t_1 + s_2t_2) \\
\Rightarrow & b_1c_1 + b_2c_2 & = s_1t_1 + s_2t_2 \\
\Rightarrow & \langle B, C\rangle & = \langle S, T\rangle
\end{array}
$$

1

Die Normiertheit folgt aus den folgenden zwei Rechnungen:

$$x^2 + z^2 = \frac{(s_1c_2 - t_1b_2)^2}{(b_1c_2 - c_1b_2)^2} + \frac{(c_2s_2 - b_2t_2)^2}{(b_1c_2 - c_1b_2)^2}$$

$$= \frac{s_1^2c_2^2 - 2b_2c_2s_1t_1 + t_1^2b_2^2 + s_2^2c_2^2 - 2b_2c_2s_2t_2 + t_2^2b_2^2}{(b_1c_2 - c_1b_2)^2}$$

$$= \frac{c_2^2(s_1^2 + s_2^2) - 2b_2c_2(s_1t_1 + s_2t_2) + b_2^2(t_1^2 + t_2^2)}{(b_1c_2 - c_1b_2)^2}$$

$$= \frac{c_2^2\|S\|_2^2 - 2b_2c_2\langle S, T\rangle_2 + b_2^2\|T\|_2^2}{(b_1c_2 - c_1b_2)^2}$$

$$= \frac{c_2^2\|B\|_2^2 - 2b_2c_2\langle B, C\rangle_2 + b_2^2\|C\|_2^2}{(b_1c_2 - c_1b_2)^2}$$

$$= \frac{c_2^2(b_1^2 + b_2^2) - 2b_2c_2(b_1c_1 + b_2c_2) + b_2^2(c_1^2 + c_2^2)}{(b_1c_2 - c_1b_2)^2}$$

$$= \frac{b_1^2c_2^2 - 2b_1b_2c_1c_2 + b_2^2c_1^2}{(b_1c_2 - c_1b_2)^2}$$

$$= 1$$

$$y^2 + w^2 = \frac{(b_1t_1 - c_1s_1)^2}{(b_1c_2 - c_1b_2)^2} + \frac{(b_1t_2 - c_1s_2)^2}{(b_1c_2 - c_1b_2)^2}$$

$$= \frac{b_1^2t_1^2 - 2b_1c_1s_1t_1 + c_1^2s_1^2 + b_1^2t_2^2 - 2b_1c_1s_2t_2 + c_1^2s_2^2}{(b_1c_2 - c_1b_2)^2}$$

$$= \frac{b_1^2(t_1^2 + t_2^2) - 2b_1c_1(s_1t_1 + s_2t_2) + c_1^2(s_1^2 + s_2^2)}{(b_1c_2 - c_1b_2)^2}$$

$$= \frac{b_1^2\|T\|_2^2 - 2b_1c_1\langle S, T\rangle_2 + c - 1^2\|S\|_2^2}{(b_1c_2 - c_1b_2)^2}$$

$$= \frac{b_1^2\|C\|_2^2 - 2b_1c_1\langle B, C\rangle_2 + c_1^2\|B\|_2^2}{(b_1c_2 - c_1b_2)^2}$$

$$= \frac{b_1^2(c_1^2 + c_2^2) - 2b_1c_1(b_1c_1 + b_2c_2) + c_1^2(b_1^2 + b_2^2)}{(b_1c_2 - c_1b_2)^2}$$

$$= \frac{b_1^2c_2^2 - 2b_1b_2c_1c_2 + b_2^2c_1^2}{(b_1c_2 - c_1b_2)^2}$$

$$= 1$$

Also sind die Spaltenvektoren in der Tat orthonormal und es handelt sich bei der linearen Abbildung φ tatsächlich um eine orthogonale Abbildung und damit um eine Isometrie.

Seien abschließend $\triangle ABC$ und $\triangle RST$ zwei allgemeine Dreiecke, die die SSS-Voraussetzungen erfüllen. Dann gibt es eine Translation $\tau_1(x) = x - A$, die das Dreieck $\triangle ABC$ und eine Translation $\tau_2(x) = x - R$, die das Dreieck $\triangle RST$ in den Ursprung verschieben. Da die Translationen Isometrien sind, gelten für die beiden Ursprungsdreiecke $\triangle A'B'C'$, $\triangle R'S'T'$ mit $A'=R'=0$ ebenfalls die SSS-Voraussetzungen. Demnach existiert nach dem ersten Teil unseres Arguments eine euklidische Isometrie φ mit $\varphi(B') = (S')$, $\varphi(C') = (T')$.

Die Abbildung $f := \tau_2^{-1} \circ \varphi \circ \tau_1$ ist dann als Verknüpfung von bijektiven Isometrien wieder eine bijektive Isometrie und bildet die Eckpunkte aufeinander ab. Damit sind die beiden Dreiecke kongruent zueinander. □

Es wird klar, dass der alternative Beweis deutlich umständlicher darzustellen und nachzuvollziehen ist. Was das Auffinden der Beweise angeht, so lässt sich natürlich immer trefflich streiten was „leichter" ist. Klar ist aber, dass der alternative algebraische Beweis kaum mathematische Kreativität fordert. Wenn man gelernt hat, wie man lineare Gleichungssysteme löst und wie man prüft, ob eine Matrix orthogonal ist, dann bedarf es nur noch etwas Konzentration und Ausdauer, um die Rechnungen auszuführen. Interessant ist auch zu vergleichen, was die beiden Beweise über die Aussage, dass der Kongruenzsatz SSS gilt, noch an Resultaten bereitstellen: Nur der zweite, rein algebraische Beweis liefert eine explizite Formel für die Isometrie. Dafür ermöglicht der erste Beweis die geometrische Einsicht, dass die Isometrie immer als Verknüpfung von maximal drei Geradenspiegelungen dargestellt werden kann. Letzteres liefert einen interessanten Ansatzpunkt zur Klassifizierung der euklidischen Isometrien wie wir sie im nächsten Kapitel vorstellen.

Klassifikation der euklidischen Isometrien des $\mathbb{R}^2$

Inhaltsverzeichnis

M. Hoffmann et al., *Ebene euklidische Geometrie*,
https://doi.org/10.1007/978-3-662-67357-7_2

2

Beim Beweis des Kongruenzsatzes SSS im letzten Kapitel haben wir Spiegelungen als Werkzeug benutzt, um die Kongruenz von zwei Dreiecken dadurch zu zeigen, dass die Dreiecke abstandserhaltend (isometrisch) ineinander überführt werden können. Abbildungen mit dieser Eigenschaft haben wir allgemein als *euklidische Isometrien* (▶ Definition 1.2.1) bezeichnet und neben Spiegelungen als weitere Beispiele die Translationen (▶ Beispiel 5.16) kennen gelernt. Ziel dieses Kapitels soll es sein, die euklidischen Isometrien des $\mathbb{R}^2$ zu *klassifizieren*. Darauf aufbauend werden wir weitere Kongruenzphänomene untersuchen (▶ Kap. 3) und uns später dem Konzept der *Symmetrie* (▶ Kap. 7) widmen.

Unter *Klassifikation* verstehen wir die Einteilung von Isometrien in verschiedenen Klassen, deren Elemente ähnliche Eigenschaften haben. Ein Beispiel für eine solche Isometrieklasse haben wir mit den euklidischen Geradenspiegelungen schon im vorherigen Kapitel kennengelernt. Eine Klassifikation ist vollständig, wenn man eine Liste an Klassen hat, sodass jede Isometrie in genau einer Klasse liegt. Eine solche vollständige Klassifikation wollen wir in diesem Kapitel erreichen, müssen aber von vorne herein darauf hinweisen, dass dieses Vorhaben an zwei Stellen nicht komplett gelingen wird: Zum einen werden wir die *Identität* sowohl als eine spezielle *Rotation* als auch als eine spezielle *Translation* auffassen. Wollen wir diesen Sonderfall ausschließen, werden wir von *nichttrivialen* Rotationen/Translationen sprechen. Zum anderen werden aus Gründen der Konsistenz, *Geradenspiegelungen* ein Spezialfall einer *Schubspiegelung* (bei der der Translationsanteil tivial ist) sein.

Wir beschreiben zunächst einige mathematische Grundlagen zur Klassifikation (▶ Abschn. 2.1), klassifizieren anschließend die linearen euklidischen Isometrien (▶ Abschn. 2.2) und dann alle euklidischen Isometrien (▶ Abschn. 2.3).

2.1 Geometrische und algebraische Grundlagen zur Klassifikation euklidischer Isometrien

Aufbauend auf dem Beweis des Kongruenzsatzes SSS zeigen wir verschiedene Aussagen über euklidische Isometrien, die es ermöglichen, diese über geometrische und algebraische Eigenschaften zu sortieren. Wir zeigen zunächst, dass euklidische Isometrien bereits durch drei Punkte (die nicht auf einer gemeinsamen Geraden liegen) und deren Bilder eindeutig festgelegt sind. Im Anschluss folgern wir den wichtigen *Dreispiegelungssatz*. Dieser besagt, dass jede euklidische Isometrie als Verknüpfung von maximal drei Geradenspiegelungen beschrieben werden kann. Wir schließen den Abschnitt mit einer eher algebraischen Perspektive, indem wir zeigen, dass man jede euklidische Isometrie auch als Verknüpfung einer linearen euklidischen Isometrie und einer Translation darstellen kann. All diese Aussagen bilden die Grundlage für die vollständige Systematisierung im weiteren Verlauf des Kapitels.

Proposition 2.1.1 (Charakterisierung der Identität)

Sei $\varphi : \mathbb{R}^2 \to \mathbb{R}^2$ eine euklidische Isometrie, die drei Punkte $A, B, C \in \mathbb{R}^2$, die nicht auf einer gemeinsamen euklidischen Geraden liegen, fixiert. Dann ist φ bereits die Identität.

Hands On ...
...und probieren Sie den Beweis zunächst selbst!

Beweis Sei $P \in \mathbb{R}^2 \setminus \{A, B, C\}$. Angenommen $\varphi(P) \neq P$. Dann gilt, da φ eine euklidische Isometrie ist und die Punkte A, B, C fixiert:

$$\begin{cases} \|A - P\|_2 & = \|A - \varphi(P)\|_2 \\ \|B - P\|_2 & = \|B - \varphi(P)\|_2 \\ \|C - P\|_2 & = \|C - \varphi(P)\|_2 \end{cases} \overset{1.4.4}{\Rightarrow} A, B, C \in m_{P\,\varphi(P)}.$$

Damit liegen A, B, C auf einer Geraden, im Widerspruch zur Voraussetzung. Somit gilt $\varphi(P) = P$, wie gewünscht. □

Bemerkung 2.1.2

Geometrisch lässt sich das Widerspruchsargument im Beweis von ▶ Proposition 2.1.1 wie folgt interpretieren: Haben drei Kreise zwei gemeinsame Punkte, so sind die Mittelpunkte kollinear (vgl. ◘ Abb. 2.1). □

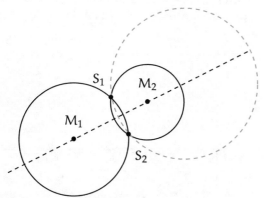

◘ **Abb. 2.1** Skizze zu ▶ Bemerkung 2.1.2: Soll ein dritter Kreis mit Mittelpunkt ebenfalls durch S_1 und S_2 gehen, so muss dessen Mittelpunkt wegen der Ortslinieneigenschaft der Mittelsenkrechten auf einer Geraden mit M_1 und M_2 liegen

2

Proposition 2.1.3 (Euklidische Isometrien mit Fixpunktgeraden)
Sei $\varphi : \mathbb{R}^2 \to \mathbb{R}^2$ eine euklidische Isometrie, die eine Gerade
$g \subset \mathbb{R}^2$ punktweise fixiert. Dann ist φ entweder die Identität
oder die euklidische Spiegelung an g.

Beweis Die Identität hat offensichtlich die gewünschte Eigen-
schaft. Seien also ab jetzt φ nicht die Identität und $P \in \mathbb{R}^2 \setminus g$
ein beliebiger Punkt. Wir betrachten die orthogonale Projekti-
on $p_g(P)$ auf g sowie einen weiteren Punkt $Q \in g \setminus \{p_g(P)\}$.
Da sowohl $p_g(P)$ als auch Q von φ fixiert werden, folgern wir
aus ► Proposition 2.1.1 dass $\varphi(P) \neq P$ ist.

Weil φ eine euklidische Isometrie ist, erhalten wir außerdem

$$\begin{cases} \|p_g(P) - P\|_2 &= \|p_g(P) - \varphi(P)\|_2 \\ \|Q - P\|_2 &= \|Q - \varphi(P)\|_2 \end{cases} \overset{1.4.4}{\Rightarrow} \quad p_g(P), Q \in m_{P\varphi(P)}$$

Damit gilt schon $g = m_{P\varphi(P)}$. Insbesondere ist g orthogonal zur Geraden h durch P und $\varphi(P)$. Nach der Diskussion
vor ► Definition 1.4.1 ist auch die Gerade durch P und $p_g(P)$
senkrecht auf g und es folgt mit ► Proposition 1.4.3, dass die
Gerade durch P und $p_g(P)$ mit h übereinstimmen muss. Somit
ist $g \cap h = \{p_g(P)\}$ der Mittelpunkt von P und $\varphi(P)$. Insgesamt
folgt:

$$\varphi(P) = 2\,(p_g(P) - P) + P \overset{\text{(vgl. Abb. 2.2)}}{=} 2p_g(P) - P = \sigma_g(P),$$

φ wirkt also auf jedem Punkt genauso wie die euklidische Spiegelung an g, was die Aussage beweist (◘ Abb. 2.2). □

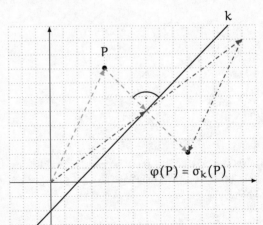

◘ **Abb. 2.2**   Skizze zum Beweis von ► Proposition 2.1.3: Der orangene (entspricht $P + 2 \cdot (p_g(P) - P)$) und der blaue (entspricht $2 \cdot p_g(P) - P$)
Vektorpfad führen zum gleichen Ergebnis

Aus den vorigen beiden Propositionen können wir nun folgende starke Aussage folgern:

Korollar 2.1.4 (Eindeutige Festlegung euklidischer Isometrien)

Seien $A, B, C \in \mathbb{R}^2$ nicht kollinear (d. h. sie liegen nicht auf einer gemeinsamen Geraden) und $R, S, T \in \mathbb{R}^2$. Dann gibt es höchstens eine euklidische Isometrie $\varphi : \mathbb{R}^2 \to \mathbb{R}^2$ mit $\varphi(A) = R$, $\varphi(B) = S$ und $\varphi(C) = T$.

Hands On …
…und probieren Sie den Beweis
zunächst selbst!

Beweis Seien φ die euklidische Isometrie aus dem Beweis von ▶ Satz 1.5.1 und τ eine weitere euklidische Isometrie mit den gewünschten Eigenschaften. Dann hält $\tau^{-1} \circ \varphi$ die Punkte A, B und C fest. Nach ▶ Proposition 2.1.1 muss dann $\tau^{-1} \circ \varphi = \mathrm{id}$ gelten[1], also $\tau = \varphi$. $\qquad\square$

All diese Vorüberlegungen führen mit dem Beweis des Kongruenzsatzes SSS (▶ Satz 1.5.1) zum wichtigen *Dreispiegelungssatz*.

Korollar 2.1.5 (Euklidischer Dreispiegelungssatz)

Jede euklidische Isometrie $\varphi : \mathbb{R}^2 \to \mathbb{R}^2$ lässt sich als Verknüpfung von maximal drei euklidischen Spiegelungen schreiben.

Hands On …
…und probieren Sie den Beweis
zunächst selbst!

Beweis Wähle drei nicht kollineare Punkte A, B, C $\in \mathbb{R}^2$. Dann ist $\triangle ABC$ kongruent zu $\triangle \varphi(A)\varphi(B)\varphi(C)$ und nach dem Beweis von ▶ Satz 1.5.1 können wir wie gewünscht maximal drei euklidische Spiegelungen (an Mittelsenkrechten) finden, deren Komposition A, B, C auf $\varphi(A)$, $\varphi(B)$, $\varphi(C)$ abbildet. Nach ▶ Korollar 2.1.4 muss dann φ schon mit der Verknüpfung der drei Spiegelungen übereinstimmen. $\qquad\square$

Der Dreispiegelungssatz liefert uns eine Möglichkeit zur vollständigen Klassifikation der euklidischen Isometrien (◪ Abb. 2.3). Diese Klassifikation über Spiegelungen ist geometrischer Natur und nutzt die lineare Algebra nur im Hintergrund. Eine weitere Möglichkeit ist der umgekehrte Weg. Wir starten mit einer Klassifikation euklidischer Isometrien entlang algebraischer Eigenschaften und interpretieren die Resultate geometrisch. Bei der Betrachtung von Abbildungen mit den Methoden der linearen Algebra stellt die Überprüfung auf Linearität einen natürlichen Zugang dar. Eine ausschließliche

---

[1] An dieser Stelle geht ganz entscheidend die Bijektivität euklidischer Isometrien mit ein. Hätten wir diese nicht per Definition gefordert, würde der Beweis nicht funktionieren, da wir dann das Inverse nicht bilden könnten.

2

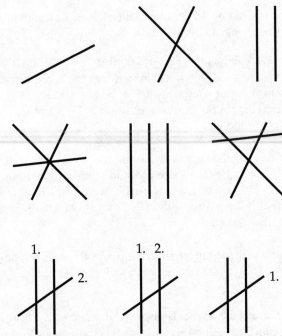

◘ Abb. 2.3 Nach dem Dreispiegelungssatz (▶ Satz 2.1.5) kann man jede euklidische Isometrie als Verknüpfung von maximal drei Geradenspiegelungen darstellen. Zur Klassifizierung der euklidischen Isometrien bietet es sich also an, systematisch verschiedene Möglichkeiten zu betrachten, wie maximal drei Geraden zueinander liegen können und jeweils die aus den Spiegelungen an diesen Geraden resultierende Isometrie zu untersuchen. Ist die Reihenfolge der Spiegelungen relevant, ist diese durch kleine Nummern dargestellt

Betrachtung linearer Isometrien wird jedoch nicht ausreichend sein, da unter diesen der Koordinatenursprung stets invariant bleibt, was bei Translation oder einer Spiegelung an einer Nicht-Ursprungsgerade nicht zutrifft. Allerdings wird man intuitiv vermuten, dass der Nicht-Ursprungsfall durch eine passende Verschiebung auf den Ursprungsfall zurück geführt werden kann. Aus dieser Motivation heraus führen wir den Begriff der *affin linearen Abbildungen* ein, der die bekannten linearen Abbildungen mit den Translationen aus ▶ Beispiel 1.2.2 verknüpft. Wir werden zeigen, dass tatsächlich jede euklidische Isometrie affin linear mit isometrischem Linearteil ist und auf diese Weise eine weitere Möglichkeit zur Klassifikation erhalten.

Definition 2.1.6 (Affin lineare Abbildungen)

Eine Abbildung $\varphi : \mathbb{R}^2 \to \mathbb{R}^2$ heißt **affin linear** wenn es eine lineare Abbildung $\phi : \mathbb{R}^2 \to \mathbb{R}^2$ und einen Vektor $v \in \mathbb{R}^2$ gibt, sodass $\varphi(X) = \phi(X) + v$ für alle $X \in \mathbb{R}^2$ gilt.

Lemma 2.1.7 (Verknüpfung affin linearer Abbildungen)
Die Verknüpfung von zwei affin linearen Abbildungen ist wieder affin linear.

Beweis Seien $\varphi_{1,2}(X) = \phi_{1,2}(X) + v_{1,2}$ zwei affin lineare Abbildungen. Dann gilt

$$\varphi_1 \circ \varphi_2(X) = \phi_1(\phi_2(X) + v_2) + v_1 = \underbrace{\phi_1 \circ \phi_2}_{\text{linear}}(X) + \underbrace{\phi_1(v_2) + v_1}_{\in \mathbb{R}^2}$$

$\square$

Hands On ...
...und probieren Sie den Beweis zunächst selbst!

Lemma 2.1.8
Euklidische Geradenspiegelungen (▶ Definition 1.3.6) sind affin linear.

Beweis Geradenspiegelungen an Ursprungsgeraden sind lineare Abbildungen (▶ Proposition 1.3.9) und damit insbesondere affin linear. Darüber hinaus ist eine Spiegelung an einer beliebigen Geraden eine Verknüpfung aus Verschiebungen und einer Spiegelung an einer Ursprungsgeraden (▶ 1.3.10) und damit affin linear nach ▶ Definition 2.1.6. $\square$

Hands On ...
...und probieren Sie den Beweis zunächst selbst!

Korollar 2.1.9
Jede euklidische Isometrie ist affin linear.

Beweis Laut dem Dreispiegelungssatz (▶ Korollar 2.1.5) lässt sich jede euklidische Isometrie als Verknüpfung von maximal drei Geradenspiegelungen darstellen. Die Aussage folgt dann mit den ▶ Lemmata 2.1.7 und 2.1.8. $\square$

Hands On ...
...und probieren Sie den Beweis zunächst selbst!

Da schon lineare Abbildungen keine Isometrien sein müssen, ist insbesondere auch nicht jede affin lineare Abbildung eine euklidische Isometrie. Genauere Bedingungen dafür, dass eine affin lineare Abbildung tatsächlich eine Isometrie ist, liefert der folgende Satz.

?!

Finden Sie ein Beispiel für eine lineare Abbildung, die keine Isometrie ist.

Satz 2.1.10
Sei $\varphi : \mathbb{R}^2 \to \mathbb{R}^2$ eine beliebige Abbildung. Dann sind folgende Aussagen äquivalent:

2

(1) φ ist eine euklidische Isometrie.
(2) φ ist affin linear und schreibt sich als $\varphi(x) = \phi(x) + v$ wobei ϕ eine lineare Isometrie ist.
(3) φ ist affin linear und schreibt sich als $\varphi(x) = \phi(x) + v$ wobei ϕ eine orthogonale Abbildung ist.

Beweis „(1) $\Leftrightarrow$ (2)"   Sei φ eine Isometrie, dann ist nach ▶ Korollar 2.1.9 φ affin linear und wir schreiben $\varphi(X) = \phi(X) + v$. Dann gilt für $A, B \in \mathbb{R}^2$

$$\begin{aligned}
\|\phi(A) - \phi(B)\|_2 &= \|\phi(A) + v - v - \phi(B)\|_2 \\
&= \|\varphi(A) - \varphi(B)\|_2 = \|A - B\|_2 .
\end{aligned}$$

Außerdem ist $\phi = \varphi \circ \tau_{-v}$ als Verknüpfung zweier bijektiver Funktionen wieder bijektiv und insgesamt eine euklidische Isometrie. Die Rückrichtung folgt analog.

„(2) $\Rightarrow$ (3)"   Seien ϕ eine euklidische Isometrie und $A, B \in \mathbb{R}^2$. Dann gilt mit der Polarisationsformel (vgl. ▶ Abschn. 1.1)

$$\begin{aligned}
\langle \phi(A), \phi(B) \rangle &= \frac{1}{2} \left(\|\phi(A) + \phi(B)\|_2^2 - \|\phi(A)\|_2^2 - \|\phi(B)\|_2^2 \right) \\
&= \frac{1}{2} \left(\|\phi(A + B)\|_2^2 - \|\phi(A)\|_2^2 - \|\phi(B)\|_2^2 \right) \\
&= \frac{1}{2} \left(\|A + B\|_2^2 - \|A\|_2^2 - \|B\|_2^2 \right) \\
&= \langle A, B \rangle .
\end{aligned}$$

„(3) $\Rightarrow$ (2)"   Seien ϕ orthogonal und $A \in \mathbb{R}^2$. Dann gilt $\|\phi(A)\|_2 = \sqrt{\langle \phi(A), \phi(A) \rangle} = \sqrt{\langle A, A \rangle} = \|A\|_2$.
Es muss nun noch die Bijektivität gezeigt werden. Für $A, B \in \mathbb{R}^2$ mit $\phi(A) = \phi(B)$ folgt mit den Normeigenschaften und der Linearität dann bereits

$$0 = \|\phi(A) - \phi(B)\|_2 = \|\phi(A - B)\|_2 = \|A - B\|_2 ,$$

also $A = B$ und damit die Injektivität.
Außerdem gilt $\langle e_1, e_2 \rangle = 0$. Somit gilt wegen Orthogonalität und der bereits bewiesenen Normerhaltung, dass auch $\phi(e_1)$ und $\phi(e_2)$ orthonormal sind. Wären $\phi(e_1)$ und $\phi(e_2)$ linear abhängig, gäbe es ohne Einschränkung ein $\lambda \in \mathbb{R}$ mit $\phi(e_1) = \lambda \phi(e_2)$, sodass

$$0 = \langle \phi(e_1), \phi(e_2) \rangle = \langle \phi(e_1), \lambda \phi(e_1) \rangle = \lambda \langle \phi(e_1), \phi(e_1) \rangle .$$

Wegen $\phi(e_1) \neq 0$ ist dies aber nicht möglich. Somit ist das Bild von ϕ zweidimensional. Also gilt bereits $\phi(\mathbb{R}^2) = \mathbb{R}^2$. Damit ist ϕ auch surjektiv und insgesamt bijektiv. $\qquad\square$

Korollar 2.1.11

Euklidische Isometrien erhalten Winkelgrößen (▶ Definition 1.1.5).

Beweis Seien $A, S, B \in \mathbb{R}^2$ und $\varphi : \mathbb{R}^2 \to \mathbb{R}^2$ eine euklidische Isometrie. Nach ▶ Satz 2.1.10 (2) gibt es dann eine lineare euklidische Isometrie ϕ und $v \in \mathbb{R}^2$ mit $\varphi(x) = \phi(x) + v$. Es gilt insbesondere $\varphi(A) - \varphi(S) = \phi(A) + v - \phi(S) - v = \phi(A) - \phi(S) = \phi(A - S)$ und analog $\varphi(B) - \varphi(S) = \phi(B - S)$. Wegen der Orthogonalität von ϕ (▶ Satz 2.1.10 (3)) erhalten wir dann

$$\frac{\langle \varphi(A) - \varphi(S), \varphi(B) - \varphi(S) \rangle}{\|\varphi(A) - \varphi(S)\|_2 \, \|\varphi(B) - \varphi(S)\|_2} = \frac{\langle \phi(A - S), \phi(B - S) \rangle}{\|\varphi(A) - \varphi(S)\|_2 \, \|\varphi(B) - \varphi(S)\|_2}$$
$$= \frac{\langle A - S, B - S \rangle}{\|A - S\|_2 \, \|B - S\|_2}.$$

Mit ▶ Definition 1.1.5 folgt $\angle \varphi(A)\varphi(S)\varphi(B) = \angle ASB$, wie gewünscht.   □

2.2 Klassifikation der linearen euklidischen Isometrien

Da wir in ▶ Satz 2.1.10 gezeigt haben, dass jede euklidische Isometrie als eine Verkettung einer *linearen* euklidischen Isometrie und einer Translation geschrieben werden kann, ist es sinnvoll, zunächst die linearen euklidischen Isometrien zu klassifizieren (dieser Abschnitt) und im Anschluss die Verknüpfungen der gefundenen Klassen mit Translationen zu untersuchen (▶ Abschn. 2.3). Wir werden zeigen (▶ Satz 2.2.1), dass es genau zwei Arten linearer euklidischer Isometrien gibt. Diese Aussagen wollen wir zunächst anschaulich erarbeiten, und starten dabei mit den folgenden beiden Aussagen über lineare Abbildungen:

(1) Lineare Abbildungen fixieren den Nullvektor (also den Koordinatenursprung).

(2) Das Bild einer linearen Abbildung wird aus den Bildern von Basisvektoren des Definitionsbereiches erzeugt.

Für die Ebene können wir (2) anschaulich interpretieren (siehe auch ◘ Abb. 2.4) als: Das Bild der Koordinatenachsen (definiert durch die beiden Einheitsvektoren der Standardbasis) liefert das Koordinatensystem für das Bild der linearen Abbildung. (1) liefert nun, dass der Koordinatenursprung in jedem Fall fixiert wird. Damit nun auch Abstände und Winkel erhalten bleiben (und geometrische Formen somit nicht verändert werden), müssen die Bildkoordinatenachsen wieder senkrecht

2

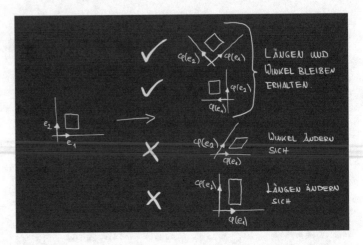

◘ **Abb. 2.4**   Nur wenn die Bilder der Standardbasis orthonormal sind, ändern sich Längen und Winkel geometrischer Objekte nicht

aufeinander stehen und die gleiche Abstandseinteilung haben. Die Bilder der Einheitsvektoren müssen also wieder orthonormal sein. Sobald das Bild von e_1 festgelegt ist, gibt es für e_2 dann aber nur noch genau zwei Möglichkeiten: e_2 schließt mit dem Uhrzeigersinn einen Winkel von $\frac{\pi}{2}$ mit e_1 ein, oder gegen den Uhrzeigersinn. Visualisiert man die beiden Fälle anhand konkreter Beispiele, so erkennt man, dass im ersten Fall die beiden Einheitsvektoren um den Ursprung rotiert wurden und im zweiten Fall an einer Ursprungsgerade gespiegelt wurden. Der Rest dieses Abschnittes soll diese anschaulichen Überlegungen in rigorose Sätze gefasst werden.

Für die Darstellungsmatrizen (bzgl. der Standardbasis) linearer euklidischer Isometrie folgt aus obigen Überlegungen: Die Spalten der Darstellungsmatrizen sind zueinander orthogonale Vektoren der Länge 1. Der folgende Satz bestätigt unsere Überlegungen.

Satz 2.2.1 (Die linearen euklidischen Isometrien des $\mathbb{R}^2$)

Eine lineare Abbildung $\phi : \mathbb{R}^2 \to \mathbb{R}^2$ ist genau dann eine euklidische Isometrie, wenn es $c, s \in \mathbb{R}$ mit $c^2 + s^2 = 1$ gibt, sodass die Darstellungsmatrix von ϕ bezüglich der Standardbasis entweder durch

$$\begin{pmatrix} c & -s \\ s & c \end{pmatrix} \quad \text{oder durch} \quad \begin{pmatrix} c & s \\ s & -c \end{pmatrix}$$

gegeben ist.

Beweis „⇒": Sei $\phi : \mathbb{R}^2 \to \mathbb{R}^2$ orthogonal. Da ϕ eine lineare Abbildung ist, gibt es $c, s, u, v \in \mathbb{R}$ mit

$$\phi \begin{pmatrix} 1 \\ 0 \end{pmatrix} = \begin{pmatrix} c \\ s \end{pmatrix} \quad \text{und} \quad \phi \begin{pmatrix} 0 \\ 1 \end{pmatrix} = \begin{pmatrix} u \\ v \end{pmatrix},$$

das heißt, ϕ hat die Darstellungsmatrix

$$\begin{pmatrix} c & u \\ s & v \end{pmatrix}$$

bezüglich der Standardbasis. Da ϕ orthogonal ist und somit das Skalarprodukt erhält, gelten die folgenden Gleichungen:

$$0 = \left\langle \begin{pmatrix} 1 \\ 0 \end{pmatrix}, \begin{pmatrix} 0 \\ 1 \end{pmatrix} \right\rangle = \left\langle \phi \begin{pmatrix} 1 \\ 0 \end{pmatrix}, \phi \begin{pmatrix} 0 \\ 1 \end{pmatrix} \right\rangle = \left\langle \begin{pmatrix} c \\ s \end{pmatrix}, \begin{pmatrix} u \\ v \end{pmatrix} \right\rangle = cu + sv$$

$$1 = \left\langle \begin{pmatrix} 1 \\ 0 \end{pmatrix}, \begin{pmatrix} 1 \\ 0 \end{pmatrix} \right\rangle = \left\langle \phi \begin{pmatrix} 1 \\ 0 \end{pmatrix}, \phi \begin{pmatrix} 1 \\ 0 \end{pmatrix} \right\rangle = \left\langle \begin{pmatrix} c \\ s \end{pmatrix}, \begin{pmatrix} c \\ s \end{pmatrix} \right\rangle = c^2 + s^2$$

$$1 = \left\langle \begin{pmatrix} 0 \\ 1 \end{pmatrix}, \begin{pmatrix} 0 \\ 1 \end{pmatrix} \right\rangle = \left\langle \phi \begin{pmatrix} 0 \\ 1 \end{pmatrix}, \phi \begin{pmatrix} 0 \\ 1 \end{pmatrix} \right\rangle = \left\langle \begin{pmatrix} u \\ v \end{pmatrix}, \begin{pmatrix} u \\ v \end{pmatrix} \right\rangle = u^2 + v^2$$

Wir haben also

$$cu + sv = 0 \text{ (I)}, \quad c^2 + s^2 = 1 \text{ (II)}, \quad u^2 + v^2 = 1 \text{ (III)}.$$

Für $c = 0$ folgt die Behauptung durch Einsetzen: $s^2 = 1$ impliziert $v = 0$, also $u^2 = 1$ und somit $u = \pm s$. Wir nehmen nun an, dass $c \neq 0$ ist. Dann gilt mit (I) $u = -\frac{s}{c}v$ und somit

$$1 \overset{\text{(III)}}{=} u^2 + v^2 = \left(\frac{s}{c}v\right)^2 + v^2 = \left(\frac{s^2}{c^2} + 1\right)v^2$$

$$\overset{\text{(II)}}{=} \left(\frac{1 - c^2}{c^2} + 1\right)v^2 = \frac{1}{c^2}v^2.$$

Es folgt $c^2 = v^2$ und somit $|c| = |v|$, also $c = \pm v$. Ganz analog zeigt man $s = \pm u$. Wegen des Zusammenhangs aus (I) folgt die Behauptung.

„⇐": Sei nun die Darstellungsmatrix einer linearen Abbildung $\phi : \mathbb{R}^2 \to \mathbb{R}^2$ von der Form

$$\begin{pmatrix} c & -s \\ s & c \end{pmatrix}, \quad c, s \in \mathbb{R}, \quad c^2 + s^2 = 1.$$

Die Determinante ist ungleich Null, also ist ϕ invertierbar und damit bijektiv. Sei $\begin{pmatrix} x \\ y \end{pmatrix} \in \mathbb{R}^2$. Dann gilt

$$\left\| \begin{pmatrix} c & -s \\ s & c \end{pmatrix} \begin{pmatrix} x \\ y \end{pmatrix} \right\| = \left\| \begin{pmatrix} cx - sy \\ sx + cy \end{pmatrix} \right\|$$

$$= \sqrt{c^2 x^2 - 2csxy + s^2 y^2 + s^2 x^2 + 2csxy + c^2 y^2}$$

$$= \sqrt{(c^2 + s^2)x^2 + (c^2 + s^2)y^2} \overset{c^2+s^2=1}{=} \sqrt{x^2 + y^2}$$

$$= \left\| \begin{pmatrix} x \\ y \end{pmatrix} \right\|.$$

Der Beweis für die andere Form funktioniert analog.   □

Korollar 2.2.2

Sei $\phi : \mathbb{R}^2 \to \mathbb{R}^2$ eine lineare euklidische Isometrie. Dann gilt entweder det $\phi = 1$ oder det $\phi = -1$.

Beweis Nach ▶ Satz 2.2.1 hat die Darstellungsmatrix von ϕ bezüglich der Standardbasis genau eine von zwei Formen (siehe oben). Rechnet man die Determinanten aus, erhält man die gewünschte Aussage.   □

Bemerkung 2.2.3

Nicht jede Abbildung, deren Determinante ± 1 ist, ist auch orthogonal. Dies zeigen folgende Beispiele:

$$\det \begin{pmatrix} 1 & 2 \\ 2 & 3 \end{pmatrix} = -1 \quad \text{und} \quad \det \begin{pmatrix} 2 & 1 \\ 3 & 2 \end{pmatrix} = 1.$$

    □

Die Klassifikation der linearen euklidischen Isometrien in ▶ Satz 2.2.1 ist eher algebraischer Natur, da die Einteilung der Isometrien in zwei Klassen anhand der Struktur ihrer Darstellungsmatrix vorgenommen wird. Im nächsten Schritt wollen wir die zwei Klassen geometrisch interpretieren. Dabei werden wir feststellen, dass – passend zu den Vorüberlegungen in diesem Abschnitt (Tafelnotiz 2.4) – durch die Matrizen aus ▶ Satz 2.2.1 lineare Abbildungen definiert werden, die sich genauso verhalten, wie man es von Spiegelungen an einer Ursprungsgerade bzw. Rotationen um den Ursprung erwarten würde. Wir beginnen mit den linearen euklidischen Isometrien mit det $\phi = -1$.

Geometrische   Interpretation
der Matrizen

▶ https://www.geogebra.org/
m/wnqweahu

Proposition 2.2.4

Sei ϕ eine lineare euklidische Isometrie mit det $\phi = -1$. Dann ist ϕ eine euklidische Spiegelung (siehe ▶ Definition 1.3.6) an einer Ursprungsgerade.

Beweis Wir wissen schon, dass jede Isometrie, die eine Gerade punktweise fixiert, eine euklidische Spiegelung ist (▶ Proposition 2.1.3) und, dass jede lineare euklidische Spiegelung eine Spiegelung an einer Ursprungsgerade ist (▶ Proposition 1.3.9). Es genügt also zu zeigen, dass φ eine Gerade punktweise fixiert. Dies zeigen wir im Punkt (2) der folgenden umfassenderen Proposition. □

Proposition 2.2.5 (Invarianten linearer euklidischer Spiegelungen)

Eine euklidische Isometrie $\phi : \mathbb{R}^2 \to \mathbb{R}^2$ mit $\det \phi = -1$ hat folgende Eigenschaften:

(1) Es gibt genau zwei von φ fixierte Ursprungsgeraden.
(2) Genau eine der beiden Ursprungsgeraden aus (1) wird durch φ punktweise fixiert.
(3) Sei $\mathbb{R}a$ die fixierte Ursprungsgerade aus (1), die nicht punktweise fixiert wird. Dann werden auch alle Geraden $\mathbb{R}a + b$ mit beliebigen $b \in \mathbb{R}^2$ durch φ fixiert.
(4) Die beiden Ursprungsgeraden aus (1) stehen im Nullpunkt senkrecht aufeinander.

Beweis Sei $\begin{pmatrix} c & s \\ s & -c \end{pmatrix}$ die Darstellungsmatrix aus ▶ Satz 2.2.1 bezüglich der Standardbasis. Wir bestimmen die Eigenwerte von φ. Sei dazu $\lambda \in \mathbb{R}$. Wir bestimmen die reellen Nullstellen des charakteristischen Polynoms.

$$(\lambda - c)(\lambda + c) - s^2 = 0 \quad \Leftrightarrow \quad \lambda^2 - c^2 = s^2$$
$$\Leftrightarrow \quad \lambda^2 = 1 \quad \Leftrightarrow \quad \lambda = \pm 1.$$

Damit haben wir die entsprechenden Eigenräume als die beiden gesuchten Ursprungsgeraden. Es folgt (1).

Wir bezeichnen mit $E_\varphi(\lambda)$ den Eigenraum zum Eigenwert λ. Für $v \in E_\phi(1)$ gilt also $\phi(v) = v$. Somit wird dieser Eigenraum (Ursprungsgerade!) punktweise fixiert. Für $w \in E_\phi(-1)$ gilt $\phi(w) = -w$. Somit ist diese Ursprungsgerade invariant unter φ, aber nicht punktweise. Wir haben also (2) gezeigt.

Wenn wir nun $a \in \mathbb{R}^2$ so wählen, dass $E_\phi(-1) = \mathbb{R}a$ ist, dann ist auch $\mathbb{R}a + b$ invariant unter φ für jedes $b \in \mathbb{R}^2$, denn: Wegen $\mathbb{R}^2 = E_\phi(1) \oplus E_\phi(-1)$) können wir $b \in E_\phi(1)$ wählen. Dann gilt für $\lambda \in \mathbb{R}$

$$\phi(\lambda a + b) = \phi(\lambda a) + \phi(b) = \phi(\lambda a) + b \in \mathbb{R}a + b.$$

Damit ist auch (3) gezeigt.

2

Weil die Darstellungsmatrix von ϕ symmetrisch ist, stehen die Eigenräume orthogonal zueinander, was auch (4) beweist.   □

Die linearen euklidischen Isometrien mit $\det \phi = -1$ sind also die schon bekannten Geradenspiegelungen. Wir haben gezeigt, dass bei gegebener Darstellungsmatrix die Spiegelgerade genau durch den Eigenraum von ϕ zum Eigenwert 1 gegeben ist. Die folgende Proposition befasst sich mit dem umgekehrten Weg und liefert eine Möglichkeit, von einer gegebenen Ursprungsgerade auf die Darstellungsmatrix zu schließen.

Proposition 2.2.6 (Darstellungsmatrix linearer euklidischer Spiegelungen)
Seien $v \in \mathbb{R} \setminus \{0\}$ und $g = \mathbb{R}v$ die davon aufgespannte Ursprungsgerade. Dann ist die in ▸ Definition 1.3.6 definierte euklidische Spiegelung σ_g linear und die zugehörige Darstellungsmatrix bezüglich der Standardbasis ist von der Form

$$\begin{pmatrix} c & s \\ s & -c \end{pmatrix}, \quad c := \frac{2v_1^2}{\|v\|_2^2} - 1, \quad s := \frac{2v_1 v_2}{\|v\|_2^2}.$$

Insbesondere gilt $c^2 + s^2 = 1$.

Beweis Die Linearität haben wir in ▸ Proposition 1.3.9 gezeigt. Wir betrachten die Bilder der Basisvektoren um die Darstellungsmatrix M_{σ_g} bezüglich der Standardbasis zu berechnen. Es sind

$$\sigma_g \begin{pmatrix} 1 \\ 0 \end{pmatrix} = 2\frac{v_1}{\|v\|_2^2} \begin{pmatrix} v_1 \\ v_2 \end{pmatrix} - \begin{pmatrix} 1 \\ 0 \end{pmatrix} \quad \text{und}$$

$$\sigma_g \begin{pmatrix} 0 \\ 1 \end{pmatrix} = 2\frac{v_2}{\|v\|_2^2} \begin{pmatrix} v_1 \\ v_2 \end{pmatrix} - \begin{pmatrix} 0 \\ 1 \end{pmatrix}$$

$$\Rightarrow \quad M_{\sigma_g} = \begin{pmatrix} \frac{2v_1^2}{\|v\|_2^2} - 1 & \frac{2v_1 v_2}{\|v\|_2^2} \\ \frac{2v_1 v_2}{\|v\|_2^2} & \frac{2v_2^2}{\|v\|_2^2} - 1 \end{pmatrix}.$$

Es gelten

$$-\left(\frac{2v_2^2}{\|v\|_2^2} - 1 \right) = -\left(\frac{2v_2^2 - v_1^2 - v_2^2}{\|v\|_2^2} \right)$$

$$= \frac{2v_1^2 - v_1^2 - v_2^2}{\|v\|_2^2} = \frac{2v_1^2}{\|v\|_2^2} - 1$$

und

$$\left(\frac{2v_1^2}{\|v\|_2^2}-1\right)^2+\left(\frac{2v_1v_2}{\|v\|_2^2}\right)^2=\frac{4v_1^4-4v_1^4-4v_1^2v_2^2+4v_1^2v_2^2}{\|v\|_2^4}+1=1.$$

$\square$

Bevor wir uns der geometrischen Interpretation der linearen euklidischen Isometrien mit $\det\phi=1$ widmen, zeigen wir noch eine weitere nützliche Eigenschaften euklidischer Spiegelungen.

Bemerkung 2.2.7 (Seitentausch bei linearen euklidischen Spiegelungen)

Sei $\phi:\mathbb{R}^2\to\mathbb{R}^2$ eine lineare euklidische Spiegelung. Sei $g=\mathbb{R}v$ die zugehörige Fixpunktgerade aus ▶ Proposition 2.2.5. Dann vertauscht ϕ die Seiten von g in folgendem Sinne:

Für jeden Punkt $P\in\mathbb{R}^2\setminus g$ finden wir wegen $\mathbb{R}^2=E_\phi(1)\oplus E_\phi(-1)$ (nach ▶ Proposition 2.2.5) ein zu v orthogonales $a\in\mathbb{R}^2$ und $\lambda\in\mathbb{R}$ mit $P=\lambda v+a$. Dann gilt

$$\phi(P)=\phi(\lambda v+a)=\phi(\lambda v)+\phi(a)=\lambda v+\phi(a)=\lambda v-a.$$

Hier haben wir im letzten Schritt ausgenutzt, dass $a\in E_\phi(-1)$. Die Rechnung zeigt, dass die Spiegelung die Seiten der Gerade vertauscht (vgl. ◻ Abb. 2.5) $\square$

Wie bereits angekündigt, wenden wir uns nun linear euklidischen Isometrien mit positiver Determinante zu. Basierend auf unseren Vorüberlegungen am Anfang von ▶ Kap. 2.2 definieren wir:

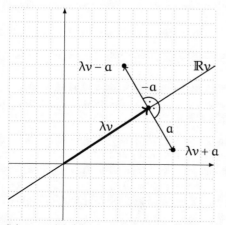

◻ Abb. 2.5 Seitentausch bei linearen euklidischen Spiegelungen

2

> **Definition 2.2.8 (Lineare euklidische Rotationen)**
>
> Eine lineare euklidische Isometrie $\phi : \mathbb{R}^2 \to \mathbb{R}^2$ mit $\det \phi = 1$ nennen wir eine **lineare euklidische Rotation**.

Die folgenden Propositionen zeigen, dass die Bezeichnung euklidische Rotation in der Tat gerechtfertigt ist:

Proposition 2.2.9 (Invarianten linearer euklidischer Rotationen)

Eine nichttriviale lineare euklidische Rotation $\phi : \mathbb{R}^2 \to \mathbb{R}^2$ mit der Darstellungsmatrix aus ► Satz 2.2.1 hat folgende Invarianzeigenschaften:

(1) $\phi(X) = X \Leftrightarrow X = 0$. Also ist $0 \in \mathbb{R}^2$ der einzige Fixpunkt.
(2) Für $c \neq \pm 1$ gibt es keine unter ϕ invarianten euklidischen Ursprungsgeraden.
(3) Für $c = -1$ ist jede euklidische Ursprungsgerade invariant unter ϕ.

Beweis Da ϕ linear ist, ist 0 auf jeden Fall ein Fixpunkt. Da nach Voraussetzung ϕ nichttrivial, also nicht die Identität ist, gilt in der Darstellungsmatrix auf jeden Fall $c \neq 1$. Wir bestimmen die Eigenwerte von ϕ. Sei dazu $\lambda \in \mathbb{R}$. Wir bestimmen die Nullstellen des charakteristischen Polynoms.

$$(\lambda - c)^2 + s^2 = 0 \quad \Leftrightarrow \quad \lambda - c = \pm\sqrt{-s^2}.$$

ϕ hat für $c \neq 1$ also genau dann einen reellen Eigenwert, wenn $s = 0$ und $c = -1$ ist. In allen anderen Fällen ist $\{0\}$ der einzige Eigenraum. 0 ist also der einzige Fixpunkt und insbesondere wird keine euklidische Ursprungsgerade (eindimensionaler Untervektorraum) invariant gelassen. Damit ist (2) gezeigt.

Für $c = -1$ gilt $\phi(X) = -X$. Somit kann es auch hier neben 0 keine weiteren Fixpunkte geben und es folgt (1). Wegen $\phi(X) \in \mathbb{R}X$ folgt außerdem (3). □

Proposition 2.2.10 (Eigenschaften linearer euklidischer Rotationen)

Eine nichttriviale lineare euklidische Rotation $\phi : \mathbb{R}^2 \to \mathbb{R}^2$ mit der Darstellungsmatrix aus ► Satz 2.2.1 hat folgende Eigenschaften:

(1) Für alle $x \in \mathbb{R}^2$ gilt: $\|x\|_2 = \|\phi(x)\|_2$. Bild und Urbild haben also immer den selben Abstand zum Ursprung.
(2) Es gibt ein $\alpha \in {]0, \pi]}$, so dass für alle $X \in \mathbb{R}^2 \setminus \{0\}$ gilt: $\angle X 0 \phi(X) = \alpha$ (vgl. ► Definition 1.1.5). Bild und Urbild stehen also stets im gleichen Winkel zueinander.

Beweis (1) folgt direkt aus der Eigenschaft, dass ϕ eine lineare Isometrie ist. Für (2) rechnen wir mit $X = (X_1, X_2)^\top$:

$$\cos\left(\angle X0\phi(X)\right) = \frac{\left\langle \begin{pmatrix} X_1 \\ X_2 \end{pmatrix}, \phi\left(\begin{pmatrix} X_1 \\ X_2 \end{pmatrix}\right) \right\rangle}{\|X\|_2 \|\phi(X)\|_2}$$

$$= \frac{cX_1^2 - sX_1X_2 + sX_1X_2 + cX_2^2}{\|X\|_2^2} = c,$$

wobei $\begin{pmatrix} c & -s \\ s & c \end{pmatrix}$ mit $c, s \in \mathbb{R}$ die Darstellungsmatrix von ϕ bezüglich der Standardbasis ist. Also ist der Kosinus der Winkelgröße nicht von X sondern nur (durch die Darstellungsmatrix) von ϕ abhängig und damit auch die Winkelgröße selbst.

$\square$

Bemerkung 2.2.11 (Drehrichtung linearer euklidischer Rotationen)

Sei $\begin{pmatrix} c & -s \\ s & c \end{pmatrix}$ mit $c, s \in \mathbb{R}$ die Darstellungsmatrix einer linearen euklidischen Rotation ϕ bezüglich der Standardbasis. Im Beweis von (2) hängt die Winkelgröße nur von c und nicht von s ab. Also folgt insbesondere, dass für ein festes c, also $s = \pm\sqrt{1 - c^2}$ für beide möglichen Werte von s derselbe Winkel heraus kommt. Ist $s > 0$, so ist das Bild von e_1 im Bereich des Koordinatensystems mit positiven x_2-Koordinaten, für $s < 0$ im Bereich des Koordinatensystems mit negativen x_2-Koordinaten. Dementsprechend sprechen wir von einer linearen euklidischen Rotation *gegen den Uhrzeigersinn* ($s > 0$) bzw. *im Uhrzeigersinn* ($s < 0$).

Die von uns definierten linearen euklidischen Rotationen verhalten sich in erwarteter Weise: Das Drehzentrum wird fixiert, sonst nichts, außer es handelt sich um die Identität oder eine π-Rotation (Punktspiegelung). Außerdem schließen Bild und Urbild mit dem Drehzentrum immer den gleichen Winkel ein.

2.3 Klassifikation allgemeiner euklidischer Isometrien

Im vorigen ▶ Abschn. 2.2 haben wir gezeigt (▶ Satz 2.2.1), dass es im euklidischen Raum $\mathbb{R}^2$ genau zwei Klassen linearer Isometrien gibt: Geradenspiegelungen an Ursprungsgeraden und Rotationen um den Ursprung. Wir wollen uns nun der Klassifikation allgemeiner euklidischer Isometrien zuwenden. Nach ▶ Satz 2.1.10 ist jede euklidische Isometrie $\varphi : \mathbb{R}^2 \to \mathbb{R}^2$ von der Bauart $\varphi = \tau_v \circ \phi$, wobei τ_v eine Translation um $v \in \mathbb{R}^2$ und ϕ eine lineare euklidische Isometrie ist (also aus einer der beiden erwähnten Klassen kommt).

2

Offensichtlich liefert die Verknüpfung von $\phi = \mathrm{Id}$ mit einer Translation einfach eine Translation und damit eine weitere Klasse euklidischer Isometrien. Weniger offensichtlich ist, dass die Verknüpfung einer linear euklidischen Rotation mit einer Translation wieder eine Rotation ergibt – dann jedoch nicht mehr um den Ursprung sondern um ein anderes Drehzentrum. Etwas komplizierter wird die Situation bei der Hintereinanderausführung von Spiegelungen an Ursprungsgeraden und Translationen: Ist die Translation senkrecht zur Spiegelgeraden, so stellt sich heraus, dass man wieder eine euklidische Spiegelung erhält, bei der die Spiegelachse allerdings keine Ursprungsgerade ist. Ist die Translation nicht senkrecht zur Ursprungsgerade der linear euklidischen Spiegelung, so ergibt sich ein neuer Typ von Isometrien, eine sogenannte *Schubspiegelung*. ◻ Tab. 2.1 liefert eine Übersicht über alle so auftretenden Kombinationsmöglichkeiten.

◻ **Tab. 2.1**   Übersicht über die euklidischen Isometrien des $\mathbb{R}^2$

ϕ	τ_ν	**Bezeichnung für** φ	**Bemerkung**
$\mathrm{id}_{\mathbb{R}^2}$	$\mathrm{id}_{\mathbb{R}^2}$	Identität	Spezialfall von Rotation und Translation
$\mathrm{id}_{\mathbb{R}^2}$	$\nu \in \mathbb{R}^2 \setminus \{0\}$	Translation	
Rotation	$\mathrm{id}_{\mathbb{R}^2}$	Rotation	um den Ursprung
Rotation ($\neq \mathrm{id}_{\mathbb{R}^2}$)	$\nu \in \mathbb{R}^2 \setminus \{0\}$	Rotation	nicht um dem Ursprung
Spiegelung	$\mathrm{id}_{\mathbb{R}^2}$	Spiegelung	an einer Ursprungsgeraden
Spiegelung	$\nu \in \mathbb{R}^2 \setminus \{0\}$ orthogonal zur Spiegelgerade	Spiegelung	nicht an einer Ursprungsgeraden
Spiegelung	$\nu \in \mathbb{R}^2 \setminus \{0\}$ nicht orthogonal zur Spiegelgerade	Schubspiegelung	

Insbesondere die Kombinationen, bei denen weder ϕ noch τ_v die Identität ist, sind nicht offensichtlich und bedürfen weiterer Erklärung. Die mathematischen Hintergründe und Zusammenhänge zur Fundierung der Tabelle liefern wir in ▶ Abschn. 2.3.1. Dort werden wir alle Klassen von euklidischen Isometrien definieren und über ihre affin lineare Darstellung beschreiben. Darauf aufbauend erklären wir in ▶ Abschn. 2.3.2, wie die einzelnen euklidischen Isometrien durch verknüpfte Spiegelungen dargestellt werden können und nehmen die oben beschriebene Perspektive des Dreispiegelungssatzes ein. Das Ergebnis wird die Zuordnung sein, die in ◘ Abb. 2.6 überblicksartig dargestellt ist. Einzig auf die *Identität* werden wir nicht weiter eingehen, da es nicht viel zu berichten gibt. Für unsere weiteren Betrachtungen ist nur wichtig, dass die Identität sowohl als spezielle Translation als auch als spezielle Rotation, jedoch nicht als Spiegelung aufgefasst werden kann.

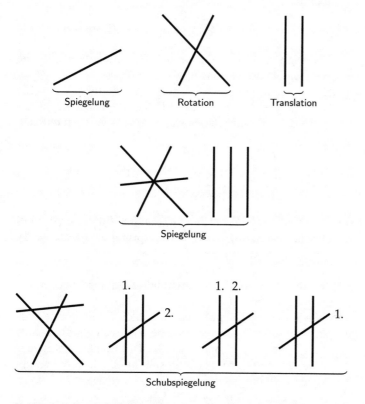

◘ **Abb. 2.6**   Ergebnis der Klassifikation der euklidische Isometrien über den Dreispiegelungssatz (▶ Abschn. 2.3.2)

2

2.3.1 Euklidische Isometrien der Ebene und ihre affin lineare Darstellung

In den ▸ Abschn. 2.3.1.1, 2.3.1.2 und 2.3.1.3 werden wir zunächst die bereits angesprochenen euklidischen Isometrien (Spiegelung, Rotation, Translation) behandeln und dann in ▸ Abschn. 2.3.1.4 auf die bisher noch nicht eingeführte Schubspiegelung eingehen.

2.3.1.1 Euklidische Spiegelungen

Wir fassen zunächst zusammen, was wir bisher über euklidische Spiegelungen wissen.

Zusammenfassung 2.3.1 (Euklidische Spiegelungen)
Sei $h = \mathbb{R}v + w$ mit $v, w \in \mathbb{R}^2$, $v \neq 0$ eine euklidische Gerade.

(1) Die euklidische Spiegelung σ_h an der Spiegelgeraden h ist definiert durch

$$\sigma_h : \mathbb{R}^2 \to \mathbb{R}^2, \quad x \mapsto 2p_h(x) - x. \qquad \text{(Definition 1.3.6)}$$

Dabei ist p_h die in ▸ Definition 1.3.3 definierte euklidische Orthogonalprojektion.

(2) h ist genau dann eine Ursprungsgerade (also $h = \mathbb{R}v$), wenn σ_h linear ist. In diesem Fall ist die Darstellungsmatrix von σ_h bezüglich der Standardbasis gegeben durch:

$$M_{\sigma_h} = \begin{pmatrix} \frac{2v_1^2}{\|v\|_2^2} - 1 & \frac{2v_1 v_2}{\|v\|_2^2} \\ \frac{2v_1 v_2}{\|v\|_2^2} & \frac{2v_2^2}{\|v\|_2^2} - 1 \end{pmatrix}. \qquad \text{(Satz 2.2.6)}$$

(3) Die euklidische Spiegelung σ_h kann auf die lineare euklidische Spiegelung σ_g an der Ursprungsgeraden $g = \mathbb{R}v$ zurückgeführt werden. Für alle $x \in \mathbb{R}^2$ gilt $\sigma_h(x) = \sigma_g(x - w) + w$ (▸ Lemma 1.3.10).

(4) Nach ▸ Satz 1.3.12 ist jede euklidische Spiegelung eine euklidische Isometrie.

(5) Nach (2) hat jede lineare euklidische Spiegelung eine Darstellungsmatrix von der Form des zweiten Falls aus ▸ Satz 2.2.1. Wegen ▸ Proposition 2.2.4 führt umgekehrt jede Darstellungsmatrix dieser Form auf eine lineare euklidische Spiegelung.

Zwei wichtige Punkte wurden in der Zusammenfassung noch nicht genannt:

1. Nach (4) bzw. ▸ Satz 1.3.12 ist jede euklidische Spiegelung eine euklidische Isometrie, kann also nach ▸ Korollar 2.1.9 als lineare euklidische Isometrie plus Translation geschrie-

ben werden. Der Beweis von ► Satz 1.3.12 liefert außerdem, dass es sich bei der linearen euklidischen Isometrie um eine Spiegelung handelt. Offen ist: Ist jede euklidische Isometrie, die als lineare euklidische Spiegelung plus Translation dargestellt werden kann, auch eine euklidische Spiegelung?

2. Gibt es einen geometrisch interpretierbaren Zusammenhang zwischen der Spiegelgeraden und den Einträgen der Matrixdarstellung?

Beide Fragen beantworten wir in ► Satz 2.3.2 und ► Bemerkung 2.3.3.

Satz 2.3.2 (Affin lineare Darstellungen euklidischer Geradenspiegelungen)

Sei $\phi : \mathbb{R}^2 \to \mathbb{R}^2$ eine euklidische Isometrie mit der affin linearen Darstellung $\phi = \tau_b \circ \sigma_g$, wobei σ_g die lineare euklidische Spiegelung an einer Ursprungsgerade $g = \mathbb{R}v$ ist. ϕ ist genau dann eine euklidische Geradenspiegelung, wenn b orthogonal zu v ist. Die Spiegelgerade ist in diesem Fall $\mathbb{R}v + \frac{1}{2}b$.

Beweis Wenn $\phi = \tau_b \circ \sigma_g$ eine euklidische Spiegelung ist, gibt es eine Spiegelgerade $h = \mathbb{R}a + w$, die von ϕ punktweise fixiert wird. Also

$$
\begin{aligned}
&\phi(\lambda a + w) = \lambda a + w && \text{, für alle } \lambda \in \mathbb{R} \\
\Leftrightarrow\ &\sigma_g(\lambda a + w) + b = \lambda a + w && \text{, für alle } \lambda \in \mathbb{R} \\
\Leftrightarrow\ &\lambda(\sigma_g(a) - a) + b = w - \sigma_g(w) && \text{, für alle } \lambda \in \mathbb{R}. \\
\Leftrightarrow\ &\lambda(\sigma_g(a) - a) = \underbrace{w - \sigma_g(w) - b}_{\text{konstant in } \lambda} && \text{, für alle } \lambda \in \mathbb{R}. \\
\Rightarrow\ &\sigma_g(a) - a = 0 \quad \text{und} \quad b = w - \sigma_g(w)
\end{aligned}
$$

Also ist $a \in g$ ein Fixpunkt von σ_g und wir können ohne Einschränkung $a = v$ annehmen. Weiter folgt dann $b = w - \sigma_g(w)$ und somit für nichttriviale $b \in \mathbb{R}^2$, dass b orthogonal zu v sein muss, da w und $\sigma_g(w)$ auf einer unter σ_g invarianten und zu g senkrechten Geraden liegen. Wir halten fest: Ist ϕ eine euklidische Spiegelung, dann ist b orthogonal zu v. Die anderen Fälle für b werden uns bei den Schubspiegelungen in ► Abschn. 2.3.1.4 weiter beschäftigen.

Sei nun umgekehrt $\phi = \tau_b \circ \sigma_g$ mit $b \perp v$. Um zu zeigen, dass ϕ dann eine euklidische Spiegelung ist, erklären wir, wie ein $w \in \mathbb{R}^2$ aus b und v bestimmt werden kann, sodass $b = w - \sigma_g(w)$ $(\star)$ erfüllt ist. Dann haben wir nämlich mit $h := \mathbb{R}v + w$ für alle $x \in \mathbb{R}^2$:

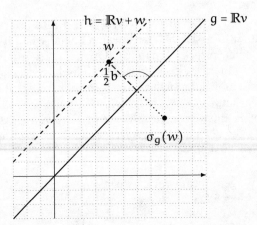

◙ Abb. 2.7   Finden der Spiegelgeraden zu $\phi = \tau_b \circ \sigma_g$ mit dem Ansatz: Finde ein $w \in \mathbb{R}^2$ so, dass $w - \sigma_g(w) = b$ ist

$$\phi(x) = \sigma_g(x) + b = \sigma_g(x) + w - \sigma_g(w) = \sigma_g(x - w) + w = \sigma_h(x),$$

ϕ ist also eine euklidische Spiegelung.

Zunächst halten wir fest: w ist, falls existent, nicht eindeutig bestimmt, denn dann ist auch jeder andere Punkt auf $\mathbb{R}v + w$ geeignet.

Wir stellen fest, dass für jedes w die Gerade $\mathbb{R}v$ stets die Mittelsenkrechte von w und $\sigma_g(w)$ ist. Diese Situation ist in ◙ Abb. 2.7 dargestellt und motiviert die folgende Vermutung: Für jedes $\lambda \in \mathbb{R}$ hat $w := \lambda v + \frac{1}{2}b$ die gewünschte Eigenschaft ($\star$). Da wir schon wissen, dass es sich um eine Spiegelung handelt, reicht es, wenn wir ($\star$) für $w = \frac{1}{2}b$ nachrechnen:

$$w - \sigma_g(w) = \frac{1}{2}b - 2 \cdot \frac{\left\langle \frac{1}{2}b, v \right\rangle}{\|v\|_2^2} v + \frac{1}{2}b$$

$$= b - 2\frac{\left\langle \frac{1}{2}b, v \right\rangle}{\|v\|_2^2} v$$

$$= b - 2\frac{\frac{1}{2}\langle b, v \rangle}{\|v\|_2^2} v \overset{\langle b,v \rangle = 0}{=} b.$$

$\square$

Bemerkung 2.3.3 (Matrixdarstellungen linearer euklidischer Spiegelungen)

Sei $\varphi : \mathbb{R}^2 \to \mathbb{R}^2$ eine lineare euklidische Spiegelung. Dann hat φ nach ▶ Proposition 2.2.6 eine Darstellungsmatrix (bezüglich der Standardbasis) der Art

$$M_\varphi := \begin{pmatrix} c & s \\ s & -c \end{pmatrix}, \quad \text{mit } c, s \in \mathbb{R}, \ c^2 + s^2 = 1.$$

Wir erklären in dieser Bemerkung den geometrischen Zusammenhang zwischen den Matrixeinträgen und der Spiegelgeraden.

Aus der linearen Algebra ist bekannt, dass die Spalten einer Darstellungsmatrix (bezüglich der Standardbasis) die Bilder der Einheitsvektoren unter der zugehörigen linearen Abbildung sind. Auf diese Weise können die Matrixeinträge für die euklidische Spiegelung an einer Geraden $g = \mathbb{R}v$ aus geometrischen Überlegungen an einer Skizze bestimmt werden. Wir werden anschließend zeigen, dass wir auf diesem Weg (auch für die Fälle, die nicht von der Skizze abgedeckt sind) auf das gleiche Ergebnis kommen wie in ▶ Satz 2.2.6.

Wie betrachten zunächst $e_1 = (1,0)^\mathsf{T}$ (den ersten Basisvektor der Standardbasis). Weil die Ursprungsgerade $\mathbb{R}v$ als Spiegelachse die Mittelsenkrechte zwischen e_1 und $\sigma_g(e_1)$ ist, folgt aufgrund der Ortslinieneigenschaft $\|e_1\|_2 = \|\sigma_g(e_1)\|_2 = 1$. Also liegen e_1 und $\sigma_g(e_1)$ beide auf dem Einheitskreis. Mit $\angle e_1 \sigma_g(e_1)$ bezeichnen wir die Größe des Winkels zwischen den Bild- und Urbildvektor und mit α die Größe des Winkels zwischen dem Strahl mit Ursprung 0 durch e_1 und auf g in positive x_2-Richtung (siehe ◘ Abb. 2.8). In dieser Situation gilt dann $\angle e_1 \sigma_g(e_1) = 2\alpha$ und es ergibt sich

$$e_1 \xmapsto{\ \sigma_g\ } \begin{pmatrix} \cos 2\alpha \\ \sin 2\alpha \end{pmatrix}.$$

Für $e_2 = (0,1)^\mathsf{T}$ argumentieren wir ähnlich (vgl. wieder ◘ Abb. 2.8). Wegen $\angle e_1 e_2 = \frac{\pi}{2} = \alpha + \frac{\pi}{2} - \alpha$ erhalten wir mit dem Mittelsenksechtenargument, dass wir bereits in der Behandlung von e_1 verwendet haben:

$$\angle \sigma_g(e_2)e_2 = 2 \cdot \left(\frac{\pi}{2} - \alpha \right) = \frac{\pi}{2} + \left(\frac{\pi}{2} - 2\alpha \right).$$

Der Abbildung ◘ 2.8 entnehmen wir dann für die Koordinaten:

$$\sigma_g(e_2) = \begin{pmatrix} \cos\left(\frac{\pi}{2} - 2\alpha\right) \\ -\sin\left(\frac{\pi}{2} - 2\alpha\right) \end{pmatrix} = \begin{pmatrix} -\sin(-2\alpha) \\ -\cos(-2\alpha) \end{pmatrix}$$

$$= \begin{pmatrix} \sin 2\alpha \\ -\cos 2\alpha \end{pmatrix}, \quad \text{also} \quad e_2 \xmapsto{\ \sigma_g\ } \begin{pmatrix} \sin 2\alpha \\ -\cos 2\alpha \end{pmatrix}.$$

Damit haben wir gezeigt, dass die Darstellungsmatrix der Spiegelung gegeben ist durch

$$\begin{pmatrix} \cos 2\alpha & \sin 2\alpha \\ \sin 2\alpha & -\cos 2\alpha \end{pmatrix},$$

2

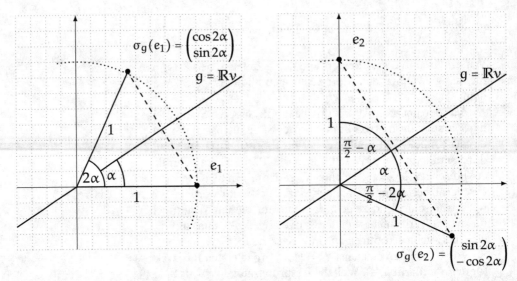

Abb. 2.8 Bestimmung der Bildkoordinaten von e_1 und e_2 unter der Geradespiegelung an der Ursprungsgeraden $g = \mathbb{R}v$. Der Winkel, den die Spiegelgerade mit der ersten Koordinatenachse einschließt bezeichnen hat die Größe (α). Die Bildkoordinaten ergeben sich sowohl durch Sinus und Kosinus am Einheitskreis als auch durch die Nutzung von Sinus und Kosinus in rechtwinkligen Dreiecken, die entstehen, wenn die Punkte auf die Achsen projiziert werden

wobei α der Winkel ist, den die Spiegelgerade mit der ersten Koordinatenachse einschließt. Dies ist auch konsistent mit der Aussage von ▶ Satz 2.2.6, denn:

$$\cos 2\alpha = \cos(\alpha + \alpha) = 2(\cos \alpha)^2 - 1$$

$$= 2 \left(\frac{\langle v, e_1 \rangle}{\|v\|_2 \|e_1\|_2} \right)^2 - 1 = \frac{2v_1^2}{\|v\|_2^2} - 1,$$

$$\Rightarrow \quad \cos 2\alpha = \frac{2v_1^2}{\|v\|_2^2} - 1$$

$$\Rightarrow \quad \sin 2\alpha = \pm \sqrt{1 - \cos(2\alpha)^2} = \pm \frac{2v_1 v_2}{\|v\|_2^2}.$$

Haben wir $c, s \in \mathbb{R}$ mit $c^2 + s^2 = 1$ (also insbesondere $c, s \in [-1, 1]$) gegeben, können wir, weil $\cos : [0, \pi] \to [-1, 1]$ bijektiv ist, genau ein $\alpha \in \left[0, \frac{\pi}{2}\right]$ finden, sodass $\cos 2\alpha = c$ ist. Die Zahlen $\pm \sin 2\alpha$ erfüllen dann die Bedingung für s. Das Vorzeichen von s gibt an, ob die Spiegelgerade, die mit der ersten Koordinatenachse den Winkel α einschließt, positive oder negative Steigung hat.

Zusammengefasst: Wir können also jeder Matrix der Form $\begin{pmatrix} c & s \\ s & -c \end{pmatrix}$ mit $c^2 + s^2 = 1$ eine lineare euklidische Spiegelung zuordnen, deren Darstellungsmatrix (bezüglich der Standardbasis) sie ist. Dabei gilt $c = \cos 2\alpha$, wobei α der Winkel ist, den die erste Koordinatenachse mit der Spiegelgeraden einschließt. Damit ist die Spiegelgerade bis auf das Vorzeichen der Steigung bereits durch c eindeutig bestimmt. Dieses ergibt sich durch das Vorzeichen von s. □

2.3.1.2 Euklidische Rotationen

An Rotationen haben wir in ► Abschn. 2.2 nur die linearen euklidischen Rotationen behandelt. Der Fixpunkt und damit das Drehzentrum ist in diesem Fall der Koordinatenursprung. Allgemeine euklidische Rotationen lassen sich wie folgt definieren.

Definition 2.3.4 (Euklidische Rotationen)

Eine **euklidische Rotation** ist eine euklidische Isometrie $\rho : \mathbb{R}^2 \to \mathbb{R}^2$, die entweder genau einen Fixpunkt hat oder die Identität ist.

Wir zeigen zunächst, dass diese Definition konsistent mit der Definition linearer euklidischer Rotationen in ► Abschn. 2.2 ist.

Proposition 2.3.5

Die in ► Definition 2.2.8 definierten linearen euklidischen Rotationen sind genau die euklidischen Rotationen mit Fixpunkt $0 \in \mathbb{R}^2$.

Beweis Aus ► Proposition 2.2.9 (1) folgt, dass nichttriviale linear euklidische Rotationen genau einen Fixpunkt haben. Sei umgekehrt eine euklidische Isometrie mit genau einem Fixpunkt in der Null gegeben: Da euklidische Isometrien affin linear sind und Null ein Fixpunkt ist, muss die gegebene Isometrie schon linear sein. Da lineare euklidische Spiegelungen nach ► Proposition 2.2.5 niemals nur einen Fixpunkt haben muss es sich um eine linear euklidische Rotation handeln. □

Wir können nun folgern, dass wir euklidische Rotationen mit beliebigem Fixpunkt immer auf eine lineare euklidische Rotation zurückführen können, indem wir erst um das Inverse des Fixpunkts und abschließend um den Fixpunkt verschieben.

2

Hands On ...
...und probieren Sie den Beweis
zunächst selbst!

Korollar 2.3.6 (Darstellung euklidischer Rotationen)

Jede euklidische Rotation ρ mit Fixpunkt Z ist von der Form $\rho = \tau_Z \circ \rho_0 \circ \tau_{-Z}$, wobei ρ_0 eine lineare euklidische Rotation ist.

Beweis Sei ρ eine euklidische Rotation mit Fixpunkt Z welche nicht trivial ist (also nicht die Identität). Wir definieren die euklidische Isometrie

$$\rho_0 : \mathbb{R}^2 \to \mathbb{R}^2, \quad x \mapsto \rho(x + Z) - Z.$$

Nach Definition ist x genau dann ein Fixpunkt von ρ_0, wenn $x + Z$ ein Fixpunkt von ρ ist. Somit hat ρ_0 nur den Fixpunkt 0, ist also nach ▶ Proposition 2.3.5 eine lineare euklidische Rotation.

Dann gilt, wie gewünscht, für alle $x \in \mathbb{R}^2$

$$(\tau_Z \circ \rho_0 \circ \tau_{-Z})(x) = \rho_0(x-Z)+Z = \rho(x-Z+Z)-Z+Z = \rho(x).$$

□

Schnittstelle 2 (Terme zur Punktspiegelung und deren geometrische Interpretation)

Die Punktspiegelung ist ein wichtiger Spezialfall einer Rotation (nämlich die Rotation um genau 180°). Ist das Rotationszentrum der Koordinatenursprung, ist die Abbildungsvorschrift für $P \in \mathbb{R}^2$ einfach gegeben durch $P \mapsto -P$; für ein beliebiges Rotationszentrum $Z \in \mathbb{R}^2$ folgt daraus mit dem Zusammenhang aus ▶ Korollar 2.3.6

$$P \mapsto -(P - Z) + Z = 2Z - P.$$

Wir nutzen dieses Beispiel, um aufzuzeigen, wie ein Term für eine geometrische Abbildung aus verschiedenen geometrischen Überlegungen heraus gewonnen werden kann:
Interpretation 1: Unten ist der oben gewählte Ansatz der Rückführung der Punktspiegelung an einem beliebigen Punkt auf die Punktspiegelung am Ursprung dargestellt. Dieser Weg führt bei euklidischen Isometrien, bei denen der „Ursprungsfall" besonders einfach ist, oft zum Ziel.

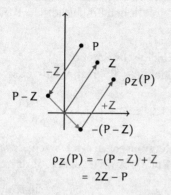

$$\rho_Z(P) = -(P - Z) + Z$$
$$= 2Z - P$$

Interpretation 2: Der zusammengefasste Term $2Z - P$ kann wie folgt geometrisch interpretiert werden: Koordinatenursprung, Bildpunkt und Urbildpunkt bilden bei einer Punktspiegelung stets ein Parallelogramm mit Mittelpunkt (meint hier: Schnittpunkt der Diagonalen) Z.

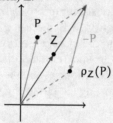

$$\rho_Z(P) = 2Z - P$$

Interpretation 3: Den Term zur Punktspiegelung erhält man auch über eine Heuristik analog zur Geradenspiegelung (▶ Abschn. 2.3.2): „Zweimal den Vektor des kürzesten Weges vom Punkt zum Objekt, an dem gespiegelt wird."

$$\rho_Z(P) = P + 2(Z - P)$$
$$= 2Z - P$$

2

Aufbauend auf dem Ergebnis aus ▶ Korollar 2.3.6 können wir nun spezifische Notationen für euklidische Rotationen einführen:

Notation 2.3.7 (Euklidische Rotationen)

Seien $\alpha \in [0, \pi]$ und $Z \in \mathbb{R}^2$. Dann definieren wir durch

$$\rho_{Z,\alpha} : \mathbb{R}^2 \to \mathbb{R}^2, \quad x \mapsto \begin{pmatrix} \cos\alpha & -\sin\alpha \\ \sin\alpha & \cos\alpha \end{pmatrix} (x - Z) + Z$$

die **euklidische Rotation gegen den Uhrzeigersinn** mit **Rotationszentrum** Z und **Rotationswinkel** α und durch

$$\rho_{Z,-\alpha} : \mathbb{R}^2 \to \mathbb{R}^2, \quad x \mapsto \begin{pmatrix} \cos\alpha & \sin\alpha \\ -\sin\alpha & \cos\alpha \end{pmatrix} (x - Z) + Z$$

die **euklidische Rotation im Uhrzeigersinn** mit **Rotationszentrum** Z und **Rotationswinkel** α.

Bemerkung 2.3.8

▶ Notation 2.3.7 ist konsistent mit ▶ Definition 2.2.8. Da analog (vgl. das Argument in ▶ Bemerkung 2.3.3) $\cos : [0, \pi] \to [-1, 1]$ bijektiv ist, sind die in ▶ Definition 2.2.8 auf Basis von ▶ Satz 2.2.1 definierten linearen euklidischen Rotationen genau die euklidischen Rotationen (nach ▶ Definition 2.3.4) mit dem Koordinatenursprung als Drehzentrum.

Bemerkung 2.3.9

Wir nutzen in diesem Text einen Winkelbegriff, der Winkelgrößen in $[0, \pi]$ zulässt. Lässt man, wie es oft üblich ist, Winkelgrößen im Intervall $[0, 2\pi]$ zu, dann ist die gewählte Definition der euklidischen Rotation immer noch sinnvoll: Man identifiziert eine Drehung im Uhrzeigersinn um α mit einer Drehung gegen den Uhrzeigersinn um $2\pi - \alpha$.

Proposition 2.3.10 (Eigenschaften euklidischer Rotationen)

Seien $\alpha \in [0, \pi]$ und $Z \in \mathbb{R}^2$. Es gelten folgende Eigenschaften:
(1) Ist $\alpha \neq 0$, so ist Z der einzige Fixpunkt von $\rho_{Z,\pm\alpha}$.
(2) Für alle $x \in \mathbb{R}^2$ gilt: $\angle xZ\rho_{Z,\pm\alpha}(x) = \alpha$.
(3) Für $\alpha = \pi$ sind alle euklidischen Geraden durch Z Fixgeraden von $\rho_{Z,\pi}$.

Beweis Mit ▶ Bemerkung 2.3.8 können alle Aussagen auf die ▶ Propositionen 2.2.9 und 2.2.11 zurückgeführt werden.   □

Analog zu unserem Vorgehen bei den euklidischen Spiegelungen, gehen wir auch in diesem Abschnitt darauf ein, welche Kombination aus linearer euklidischer Isometrie und Translation zu einer euklidischen Rotation führt (▶ Bemerkung

2.3.11). Die Einträge der Darstellungsmatrix einer linearen euklidische Rotation zu interpretieren ist einfacher als bei der linearen euklidischen Spiegelung und braucht keine extra Bemerkung: Nach dem Beweis von ▶ Bemerkung 2.2.11 ist der Rotationswinkel der durch $\begin{pmatrix} c & s \\ s & -c \end{pmatrix}$ dargestellten linearen euklidischen Rotation durch arccos c festgelegt; das Vorzeichen von s bestimmt den Drehsinn.

Bemerkung 2.3.11 (Affin lineare Darstellungen euklidischer Rotationen)

Sei $\phi : \mathbb{R}^2 \to \mathbb{R}^2$ eine euklidische Isometrie. Nach ▶ Korollar 2.1.9 gibt es eine lineare Rotation oder eine lineare Spiegelung $\varphi : \mathbb{R}^2 \to \mathbb{R}^2$ und $b \in \mathbb{R}^2$, sodass $\phi(x) = \varphi(x) + b$ für alle $x \in \mathbb{R}^2$ ist. Wir beantworten die folgende Frage: Unter welchen Bedingungen handelt es sich bei ϕ um eine euklidische Rotation?

A priori könnte φ eine lineare euklidische Spiegelung an einer Geraden $g = \mathbb{R}v$ sein. Wäre dann aber F ein Fixpunkt von $\tau_b \circ \sigma_g$, dann wäre wegen

$$\phi(F+v) = \sigma_g(F+v)+b = \sigma_g(F)+b+\sigma_g(v) = \phi(F)+v = F+v$$

auch $F + v$ ein Fixpunkt von ϕ. Nichttriviale euklidische Rotationen haben aber nach ▶ Definition 2.3.4 nur genau einen Fixpunkt. Also ist $\varphi = \rho_{0,\pm\alpha}$ für $\alpha \in [0, \pi]$. Zu klären bleibt, ob $\tau_b \circ \rho_{0,\pm\alpha}$ für jedes $b \in \mathbb{R}^2$ eine euklidische Rotation ist. In der Tat ist dies korrekt, falls $\alpha \neq 0$ ist. Wir werden dies zeigen, indem wir unter dieser Voraussetzung für jedes b ein $Z \in \mathbb{R}^2$ finden, sodass $\phi = \rho_{Z,\pm\alpha}$ ist. Für den Fall $\alpha = 0$ ist φ die Identität, also ϕ eine Translation.

Wenn Z die Gleichheit $b = Z - \rho_{0,\pm\alpha}(Z)$ erfüllt, dann gilt für alle $x \in \mathbb{R}^2$:

$$\begin{aligned} \phi(x) &= \rho_{0,\pm\alpha}(x) + b = \rho_{0,\pm\alpha}(x) + Z - \rho_{0,\pm\alpha}(Z) \\ &= \rho_{0,\pm\alpha}(x - Z) + Z = \rho_{Z,\pm\alpha}, \end{aligned}$$

und ϕ ist eine euklidische Rotation. Wir zeigen nun zwei Wege um Z zu bestimmen.

Weg 1 – Matrizeninversion: Seien $M \in \mathbb{R}^{2\times 2}$ die Darstellungsmatrix zu $\rho_{0,\alpha}$ (für die Rotation im Uhrzeigersinn funktioniert das Argument analog) und $I_2 \in \mathbb{R}^{2\times 2}$ die Einheitsmatrix. Dann ist für $M \neq I_2$ die Differenzmatrix $I_2 - M$ invertierbar, denn für die Determinante gilt:

2

$$\begin{aligned}
\det(I_2 - M) &= (1 - \cos\alpha)^2 + (\sin\alpha)^2 \\
&= 1 - 2\cos\alpha + (\cos\alpha)^2 + (\sin\alpha)^2 \\
&= 2(1 - \cos\alpha) \neq 0 \quad \Leftrightarrow \quad \alpha \neq 0°
\end{aligned}$$

Damit erhalten wir zunächst

$$Z - \rho_{0,\alpha}(Z) = b \quad \Leftrightarrow \quad (I_2 - M) \cdot Z = b \quad \Leftrightarrow \quad Z = (I_2 - M)^{-1} \cdot b.$$

und weiter

$$\begin{aligned}
Z &= (I_2 - M)^{-1} \cdot b \\
&= \begin{pmatrix} 1 - \cos\alpha & \sin\alpha \\ -\sin\alpha & 1 - \cos\alpha \end{pmatrix}^{-1} \cdot b \\
&= \frac{1}{\det(I_2 - M)} \cdot \begin{pmatrix} 1 - \cos\alpha & -\sin\alpha \\ \sin\alpha & 1 - \cos\alpha \end{pmatrix} \cdot b \\
&= \frac{1}{2} \cdot \begin{pmatrix} 1 & -\frac{\sin\alpha}{1-\cos\alpha} \\ \frac{\sin\alpha}{1-\cos\alpha} & 1 \end{pmatrix} \cdot b \\
&= \frac{1}{2} \cdot \begin{pmatrix} 1 & -\cot\frac{\alpha}{2} \\ \cot\frac{\alpha}{2} & 1 \end{pmatrix} \cdot b \\
\Rightarrow \quad Z &= \frac{1}{2} \begin{pmatrix} b_1 - \cot\frac{\alpha}{2} b_2 \\ \cot\frac{\alpha}{2} b_1 + b_2 \end{pmatrix}.
\end{aligned}$$

Weg 2 – Analytisch-geometrische Überlegung: Das selbe Ergebnis erhalten wir auch durch eine geometrische Überlegung.

Die Situation ist in ◘ Abb. 2.9 für eine Rotation gegen den Uhrzeigersinn dargestellt; die Argumentation für den anderen Fall funktioniert analog. Zunächst stellen wir fest, dass die Mittelsenkrechte von $\rho_{0,\alpha}(Z)$ und Z senkrecht auf b steht. Da das Dreieck, das $\rho_{0,\alpha}(Z)$ und Z mit dem Ursprung bilden, gleichschenklig ist, schließt die Mittelsenkrechte mit der Ursprungsgeraden durch Z außerdem einen Winkel der Größe $\frac{\alpha}{2}$ ein.

Wenn wir also b um $\frac{\pi}{2} - \frac{\alpha}{2}$ gegen den Uhrzeigersinn um den Ursprung drehen, dann liegt das Bild $\rho_{0,\frac{\pi-\alpha}{2}}(b)$ auf der Geraden durch den Ursprung und das gesuchte Z. Umgekehrt ausgedrückt: $Z \in \mathbb{R}\rho_{0,\frac{\pi-\alpha}{2}}(b)$. Außerdem bilden Z und $\phi(Z)$ mit dem Koordinatenursprung ein gleichschenkliges Dreieck, das von der zu $\mathbb{R}b$ orthogonalen Ursprungsgeraden in zwei rechtwinklige Dreiecke geteilt wird. Wir erhalten

$$\|Z\|_2 = \frac{\|b\|_2}{2\sin\frac{\alpha}{2}} \quad \Rightarrow \quad Z = \frac{\|b\|_2}{2\sin\frac{\alpha}{2}} \cdot \frac{\rho_{0,\frac{\pi-\alpha}{2}}(b)}{\|b\|_2} = \frac{\rho_{0,\frac{\pi-\alpha}{2}}(b)}{2\sin\frac{\alpha}{2}}.$$

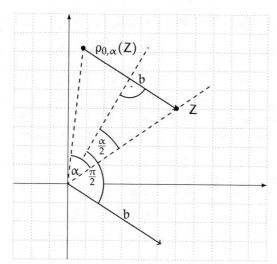

▣ Abb. 2.9 Strategie zur Bestimmung von Z aus b und α: Den Richtungsvektor der Ursprungsgeraden durch Z erhält man, wenn man b um $\frac{\pi}{2} - \frac{\alpha}{2}$
um den Ursprung gegen den Uhrzeigersinn rotiert. Zur Bestimmung von $\|Z\|_2$
nutzt man $\sin \frac{\alpha}{2}$ im rechtwinkligen Dreieck; die zugehörige Gegenkathete hat
die Länge $\frac{\|b\|_2}{2}$

Setzen wir die Matrixdarstellung ein, erhalten wir wieder das
Ergebnis aus dem ersten Weg:

$$Z = \frac{1}{2} \begin{pmatrix} \frac{\cos \frac{\pi-\alpha}{2}}{\sin \frac{\alpha}{2}} & -\frac{\sin \frac{\pi-\alpha}{2}}{\sin \frac{\alpha}{2}} \\ \frac{\sin \frac{\pi-\alpha}{2}}{\sin \frac{\alpha}{2}} & \frac{\cos \frac{\pi-\alpha}{2}}{\sin \frac{\alpha}{2}} \end{pmatrix} \cdot b = \frac{1}{2} \begin{pmatrix} \frac{\sin \frac{\alpha}{2}}{\sin \frac{\alpha}{2}} & -\frac{\cos \frac{\alpha}{2}}{\sin \frac{\alpha}{2}} \\ \frac{\cos \frac{\alpha}{2}}{\sin \frac{\alpha}{2}} & \frac{\sin \frac{\alpha}{2}}{\sin \frac{\alpha}{2}} \end{pmatrix} \cdot b$$

$$= \frac{1}{2} \begin{pmatrix} 1 & -\cot \frac{\alpha}{2} \\ \cot \frac{\alpha}{2} & 1 \end{pmatrix} \cdot b$$

Abschließend erklären wir noch, was passiert, wenn man zwei
Rotationen miteinander verkettet.

**Proposition 2.3.12 (Verkettung von zwei linearen euklidischen
Rotationen)**
Seien $\alpha, \beta \in [-\pi, \pi]$. Dann gilt

$$\rho_{0,\beta} \circ \rho_{0,\alpha} = \rho_{0,\alpha+\beta}.$$

Falls $\alpha+\beta \notin [-\pi, \pi]$ und damit als Winkel in unserem Kontext
nicht definiert ist, identifizieren wir $\alpha + \beta$ mit $\alpha + \beta \mod 2\pi$,
wobei wir $[-\pi, \pi]$ als Repräsentantensystem wählen.

Beweis Multipliziere die zugehörigen Darstellungsmatrizen.
Mit den beiden Additionstheoremen

2

$$\cos x \cos y \mp \sin x \sin y = \cos(x \pm y)$$
$$\text{und} \quad \sin x \cos y \pm \cos x \sin y = \sin(x \pm y),$$

folgt dann sofort die gewünschte Aussage.

$\square$

▸ Proposition 2.3.12 können wir auf Rotationen an einem festen aber beliebigen Rotationszentrum verallgemeinern:

Proposition 2.3.13 (Verkettung euklidischer Rotationen mit gleichen Rotationszentrum)

Seien $\alpha, \beta \in [-\pi, \pi]$ und $Z \in \mathbb{R}^2$ Dann gilt

$$\rho_{Z,\beta} \circ \rho_{Z,\alpha} = \rho_{Z,\alpha+\beta}.$$

Hands On …
…und probieren Sie den Beweis zunächst selbst!

Beweis Für alle $x \in \mathbb{R}^2$ gilt:

$$\rho_{Z,\beta}\left(\rho_{Z,\alpha}(x)\right) = \rho_{0,\beta}\left(\rho_{0,\alpha}(x - Z) + Z - Z\right) + Z$$
$$= \rho_{0,\beta} \circ \rho_{0,\alpha}(x - Z) + Z \overset{\text{Prop. 2.3.12}}{=} \rho_{Z,\alpha+\beta}.$$

$\square$

Abschließend können wir nun auch die Verknüpfung euklidischer Rotationen mit unterschiedlichen Rotationszentren behandeln:

Satz 2.3.14 (Verkettung euklidischer Rotationen)

Seien $\alpha, \beta \in [-\pi, \pi]$ und $Z_1, Z_2 \in \mathbb{R}^2$. Ist $\alpha + \beta \mod 2\pi \neq 0$, gibt es $Z \in \mathbb{R}^2$ mit

$$\rho_{Z_2,\beta} \circ \rho_{Z_1,\alpha} = \rho_{Z,\alpha+\beta}.$$

Für $\alpha + \beta \mod 2\pi = 0$ ist die Verknüpfung eine Translation.

Hands On …
…und probieren Sie den Beweis zunächst selbst!

Beweis Für alle $x \in \mathbb{R}^2$ gilt:

$$\rho_{Z_2,\beta}\left(\rho_{Z_1,\alpha}(x)\right) = \rho_{0,\beta}\left(\rho_{0,\alpha}(x - Z_1) + Z_1 - Z_2\right) + Z_2$$
$$= \underbrace{\rho_{0,\beta} \circ \rho_{0,\alpha}}_{=:\rho}(x) + \underbrace{\left(-\rho_{0,\beta}\left(\rho_{0,\alpha}(Z_1)\right) + \rho_{0,\beta}(Z_1 - Z_2) + Z_2\right)}_{=:b \in \mathbb{R}^2}$$
$$= \rho(x) + b$$

Nach ▸ Proposition 2.3.12 ist ρ eine lineare euklidische Rotation mit Rotationswinkel $\alpha + \beta$. Mit ▸ Bemerkung 2.3.11 ist $\rho_{Z_2,\beta} \circ \rho_{Z_1,\alpha}$ somit eine euklidische Rotation mit Rotationswinkel $\alpha + \beta$ oder, falls $\alpha + \beta \mod 2\pi = 0$, die Translation um b. $\qquad\square$

Im Beweis von ▶ Satz 2.3.14 haben wir das neue Drehzentrum nicht ausgerechnet, auch wenn es uns mit den Methoden aus ▶ Bemerkung 2.3.11 möglich gewesen wäre. Wir werden in ▶ Abschn. 2.3.2 einen instruktive Möglichkeit beschreiben, das neue Drehzentrum zu bestimmen und verweisen an dieser Stelle auf ▶ Bemerkung 2.3.23, in der wir diese Frage noch einmal aufnehmen.

2.3.1.3 Euklidische Translationen

Euklidische Translationen waren die ersten euklidischen Isometrien, die wir eingeführt haben (▶ Beispiel 1.2.2). Wir ergänzen noch zwei Eigenschaften.

Proposition 2.3.15 (Eigenschaften euklidischer Translationen)
Für euklidische Translationen gelten folgende Eigenschaften.

(1) Für alle nichttrivialen v hat die euklidische Translation τ_v keine Fixpunkte. Allerdings wird für jedes $w \in \mathbb{R}^2$ die euklidische Gerade $\mathbb{R}v + w$ fixiert.

(2) Die Verknüpfung von zwei Translationen um $v, w \in \mathbb{R}^2$ ist die Translation um $v + w$.

Beweis Für $\lambda \in \mathbb{R}$ gilt $\tau_v(\lambda v + w) = (\lambda + 1)v + w \in \mathbb{R}v + w$ und damit folgt (1). Aussage (2) folgt mit $x \in \mathbb{R}$ sofort aus $\tau_w(\tau_v(x)) = (x + v) + w = x + (v + w) = \tau_{w+v}(x)$.

$\qquad\square$

Hands On ...
...und probieren Sie den Beweis zunächst selbst!

2.3.1.4 Euklidische Schubspiegelungen

Bei der Klassifikation aller euklidischen Isometrien haben wir noch eine offene Situation, die wir in ▶ Bemerkung 2.3.2 bereits erwähnt haben: Was erhält man, wenn man eine euklidische Spiegelung mit einer euklidischen Translation verknüpft, die nicht orthogonal zur Spiegelgeraden verläuft? In ◘ Abb. 2.10 betrachten wir zunächst den speziellen Fall, dass die Verschiebung in Richtung der Spiegelgeraden verläuft.

Die Punkte werden gespiegelt und das Spiegelbild dann noch weiter in Richtung der Spiegelgeraden verschoben. Eine solche Abbildung wird als Schubspiegelung bezeichnet.

2

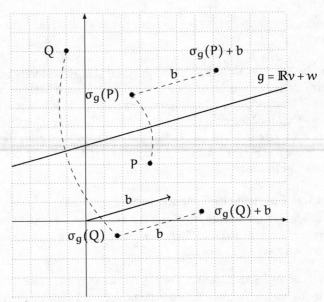

◘ Abb. 2.10   Die euklidische Isometrie $\tau_b \circ \sigma_g$. Dabei ist $g = \mathbb{R}v + w$ eine euklidische Gerade und $b \in \mathbb{R}^2$ linear abhängig von v. Die Verschiebung läuft also in Richtung der Spiegelgeraden

---

Definition 2.3.16 (Euklidische Schubspiegelungen)

Seien $g = \mathbb{R}v + w$ eine euklidische Gerade und $b \in \mathbb{R}v$. Dann nennen wir die Abbildung $\omega_{g,b}$ mit

$$\omega_{g,b} : \mathbb{R}^2 \to \mathbb{R}^2, \quad x \mapsto \sigma_g(x) + b$$

eine **euklidische Schubspiegelung.**

Korollar 2.3.17

Schubspiegelungen sind euklidische Isometrien.

Beweis Evident, da die Schubspiegelung eine Verkettung euklidischer Isometrien ist.

$\square$

Proposition 2.3.18 (Invarianten von Schubspiegelungen)

Seien $g = \mathbb{R}v + w$ eine euklidische Gerade und $b \in \mathbb{R}v$. Dann hat die Schubspiegelung $\omega_{g,b}$ für alle nichttrivialen b keine Fixpunkte, lässt aber g als einzige Gerade invariant.

Beweis Wäre $F \in \mathbb{R}^2$ ein Fixpunkt von $\omega_{g,b}$, hätten wir die drei folgenden äquivalenten Aussagen:

$$\omega_{g,b}(F) = F \quad \Leftrightarrow \quad \sigma_g(F) + b = F \quad \Leftrightarrow \quad \sigma_g(F) - F = b.$$

Dies kann aber nur für $b = 0$ gelten, da sonst b orthogonal zu v wäre, was wegen $b \in \mathbb{R}v$ nicht möglich ist.

Sei nun $\lambda v + w \in g$ für ein $\lambda \in \mathbb{R}$. Dann gilt

$$\omega_{g,b}(\lambda v + w) = \sigma_g(\lambda v + w) + b = \lambda v + w + b = \underbrace{\lambda v + b}_{\in \mathbb{R}v} + w \in g,$$

da $b \in \mathbb{R}v$ ist. Also wird g fixiert. Gäbe es noch eine weitere Fixgerade h, dann könnten zwei Fälle eintreten: Hätten g und h einen Schnittpunkt, so wäre dieser ein Fixpunkt von $\omega_{g,b}$, was nicht sein kann. Alternativ müssten die Geraden parallel sein. Dann würde aber jeder Punkt von h an g auf die andere Seite von g gespiegelt (vgl. Bemerkung 2.5) werden. Die zu g und h parallele Translation um b kann aber nicht zu einem erneuten Wechsel der Seiten führen. Also kann h keine Fixgerade gewesen sein.

$\square$

Wir haben noch nichts darüber gesagt, wie es sich mit dem Fall verhält, dass die Translation weder in Richtung der Spiegelgeraden noch orthogonal zur Spiegelgeraden verläuft. Dass dies auch auf Schubspiegelungen führt, ist Bestandteil von ▶ Satz 2.3.19, dessen Aussage wir durch geometrische Vorüberlegungen motivieren.

Gegeben seien eine euklidische Gerade $g = \mathbb{R}v + w$ und $b \in \mathbb{R}^2$. Dabei sei b weder orthogonal zu v noch linear abhängig von v. Um zu zeigen, dass die Abbildung $\omega := \tau_b \circ \sigma_g$ eine Schubspiegelung ist, müssen wir eine euklidische Gerade $g' = \mathbb{R}v' + w'$ und ein $b' \in \mathbb{R}^2$ angeben, sodass b' linear abhängig von v' ist und außerdem gilt $\omega = \omega_{g',b'}$.

Da dann für alle $x \in \mathbb{R}^2$ gilt $\sigma_g(x) + b = \sigma_{g'}(x) + b'$, muss $\sigma_g(x) - \sigma_{g'}(x)$ konstant sein. Also haben g und g' linear abhängige Richtungsvektoren und wir können ohne Einschränkung $v' = v$ annehmen. Insbesondere muss dann auch $b' \in \mathbb{R}v$ gelten. Wir betrachten die Situation in ◘ Abb. 2.11.

Wir wählen $u \in \mathbb{R}^2 \setminus \{0\}$ orthogonal zu v. Dann können wir b eindeutig darstellen durch $b = \lambda_b v + \mu_b u$ mit $\lambda_b, \mu_w \in \mathbb{R}$. Aus der Abbildung entnehmen wir die Idee, $b' = \lambda_b v$ zu wählen. Dadurch erreichen wir zwei unserer Ziele: Zum einen ist $b' \in \mathbb{R}v$ und zum anderen ist $\omega(P) - b' = \sigma_{g'}(P)$ auf der Geraden durch P und $\sigma_g(P)$. Das ist notwendig dafür, dass der Punkt $\omega(P) - b'$ überhaupt ein Spiegelpunkt von P unter eine Spiegelung an einer Geraden mit Richtung v sein kann.

Wir müssen nun noch w' angeben. Die Differenz zwischen dem Bild von P unter σ_g und unter $\sigma_{g'}$ beträgt $\mu_b u$ (siehe ◘ Abb. 2.11). Dementsprechend wählen wir $w' = w + \frac{1}{2}\mu_b u$.

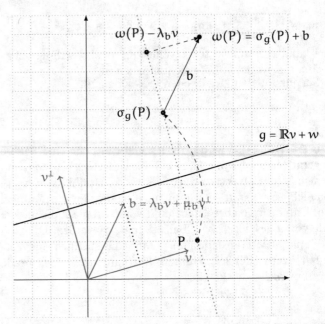

◘ Abb. 2.11   Für b' wählen wir den Anteil von b, der in Richtung $\mathbb{R}v$ geht

Der folgende Satz zeigt, dass diese geometrischen Überlegungen zielführend waren und nutzt dabei, dass zur Spiegelachse orthogonale Translationen (hier um $\mu_b u$) wieder auf Spiegelungen an einer parallelen Spiegelgerade führen (▶ Satz 2.3.2).

Satz 2.3.19 (Darstellung euklidischer Schubspiegelungen)
Seien $g = \mathbb{R}v + w$ eine euklidische Gerade und $b \in \mathbb{R}^2$. Dabei sei b nicht orthogonal zu v. Dann ist die Abbildung $\omega := \tau_b \circ \sigma_g$ eine Schubspiegelung.

Beweis Wir gehen entsprechend der Vorüberlegungen vor: Sei $u \in \mathbb{R}^2$ orthogonal zu v. Dann gibt es $\lambda_b, \mu_b \in \mathbb{R}$ mit $b = \lambda_b v + \mu_b u$. Wir definieren $h = \mathbb{R}v + w + \frac{1}{2}\mu_b u$ und $b' = \lambda_b v$. Insbesondere gilt dann $\tau_b = \tau_{b'} \circ \tau_{\mu_b u}$. Mit ▶ Satz 2.3.2 gilt dann

$$\omega = \tau_b \circ \sigma_g = \tau_{b'} \circ \tau_{\mu_b u} \circ \sigma_g = \tau_{b'} \circ \sigma_h.$$

Da $b' \in \mathbb{R}v$, ist ω nach ▶ Definition 2.3.16 eine Schubspiegelung.

□

2.3.2 Darstellung von euklidischen Isometrien durch Spiegelungen

Wir erinnern an den Dreispiegelungssatz ▸ Korollar 2.1.5: Jede euklidische Isometrie $\varphi : \mathbb{R}^2 \to \mathbb{R}^2$ lässt sich als Verknüpfung von maximal drei euklidischen Spiegelungen schreiben. In diesem Abschnitt gehen wir systematisch alle Fälle von Verknüpfungen von maximal drei Spiegelungen durch und erklären, welche euklidischen Isometrien so entstehen. Dabei unterscheiden wir die Anzahl der verwendeten Spiegelungen: In ▸ Abschn. 2.3.2.1 beschreiben wir die Verknüpfungen von genau zwei und in ▸ Abschn. 2.3.2.2, die Verknüpfung von genau drei euklidischen Spiegelungen.

2.3.2.1 Verknüpfung von genau zwei euklidischen Spiegelungen

Seien in diesem Abschnitt $g_1 = \mathbb{R}v_1 + w_1$, $g_2 = \mathbb{R}v_2 + w_2$ euklidische Geraden und $\sigma_1, \sigma_2 : \mathbb{R}^2 \to \mathbb{R}^2$ die euklidischen Spiegelungen an diesen Geraden. Wir unterscheiden nun die beiden Fälle, ob v_1 und v_2 linear abhängig sind, oder nicht. Sind die beiden Geraden identisch, so erhalten wir die Identität, die sowohl als Translation als auch als Rotation aufgefasst werden kann.

Sind die Geraden parallel, so ist die Verknüpfung der Spiegelungen eine Translation um den doppelten Abstand der beiden Geraden. Umgekehrt kann jede Translation auch durch zwei Spiegelungen an parallelen Geraden ausgedrückt werden. Dies zeigen wir in folgender Proposition.

Proposition 2.3.20 (Verknüpfung von zwei euklidischen Spiegelungen an parallelen Geraden)
Es gelten folgende Aussagen:

(1) Seien v_1 und v_2 linear abhängig. Dann ist $\sigma_2 \circ \sigma_1$ eine Translation.

(2) Sei $a \in \mathbb{R}^2 \setminus \{0\}$ orthogonal zu v_1, v_2. Dann schneidet die Gerade $\mathbb{R}a$ die Geraden g_1 und g_2 in w_1' und w_2' und es gilt $\sigma_2 \circ \sigma_1 = \tau_b$ mit $b = 2 \cdot (w_2' - w_1')$.

(3) Seien $b \in \mathbb{R}^2$ und $s \in \mathbb{R}^2 \setminus \{0\}$ orthogonal zu b. Ferner seien $t_1, t_2 \in \mathbb{R}b$ mit $t_2 = t_1 + \frac{1}{2}b$. Dann kann kann die euklidische Translation τ_b geschrieben werden als $\sigma_{\mathbb{R}s+t_2} \circ \sigma_{\mathbb{R}s+t_1}$.

Zwei Spiegelungen an parallelen Geraden

▸ https://www.geogebra.org/m/jq2tevvb

Beweis Wir zeigen zunächst (2), dann folgt sofort auch (1). Ohne Einschränkung können wir annehmen $v := v_1 = v_2$. Sei $a \in \mathbb{R}^2 \setminus \{0\}$ orthogonal zu v, also insbesondere nicht linear abhängig von v. Also gibt es Schnittpunkte w_1', w_2' von $\mathbb{R}a$ mit g_1 und g_2. Insbesondere können wir die Geraden dann auch

2

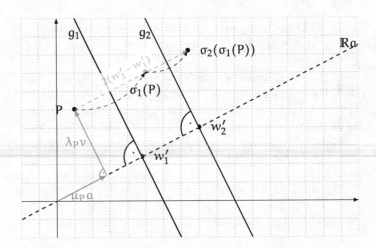

Abb. 2.12 Verknüpfung der euklidischen Spiegelungen an parallelen Geraden

durch $g_1 = \mathbb{R}v + w_1'$ und $g_2 = \mathbb{R}v + w_2'$ beschreiben, wobei $w' = w_2' - w_1'$ als Element von $\mathbb{R}a$ orthogonal zu g_1, g_2 ist. Somit haben wir die in ◘ Abb. 2.12 dargestellte Situation.

Wegen $\mathbb{R}^2 = \mathbb{R}v \oplus \mathbb{R}a$ können wir für jedes $P \in \mathbb{R}^2$ Zahlen λ_P, μ_P, mit $P = \lambda_P v + \mu_P a$ finden. Dann gilt

$$\sigma_{1,2}(P) = \sigma_{\mathbb{R}v}\left(\lambda_P v + \mu_P a - w_{1,2}'\right) + w_{1,2}' = \lambda_P v + 2w_{1,2}' - \mu_P a.$$

Insbesondere ist dann

$$\sigma_2(\sigma_1(P)) = \sigma_2(\underbrace{\lambda_P v}_{\in \mathbb{R}v} + \underbrace{2w_1' - \mu_P a}_{\in \mathbb{R}a})$$
$$= \lambda_P v + 2w_2' - (2w_1' - \mu_P a)$$
$$= P + \underbrace{2(w_2' - w_1')}_{=:b\in\mathbb{R}^2} = \tau_b(P).$$

Damit sind (2) und (1) bewiesen.

In der Rechnung hängt b nicht von den speziellen w_1', w_2', sondern nur von deren Differenz ab. Damit folgt dann sofort auch (3). ☐

Schneiden sich die beiden Geraden, so ist die Verknüpfung eine euklidische Rotation um diesen Punkt. Umgekehrt kann jede euklidische Rotation auch durch zwei Spiegelungen an Geraden ausgedrückt werden, die sich im Drehzentrum schneiden.

Proposition 2.3.21 (Verknüpfung von zwei euklidischen Spiegelungen an sich schneidenden Geraden)

Es gelten folgende Aussagen:

(1) Seien v_1 und v_2 linear unabhängig. Dann schneiden sich g_1 und g_2 in einem Punkt $Z \in \mathbb{R}^2$. Außerdem definieren wir $\gamma := \angle v_1 v_2$. Dann ist $\sigma_2 \circ \sigma_1$ eine Rotation mit Zentrum Z und Winkel 2γ. Der Rotationssinn entspricht dem Sinn der γ-Rotation, die man braucht um g_1 um Z auf g_2 zu rotieren.

(2) Seien $Z \in \mathbb{R}^2$ und $\gamma \in [-\pi, \pi]$. Wir wählen $s_1 \in \mathbb{R} \setminus \{0\}$ beliebig und $s_2 := \rho_{Z, \frac{\gamma}{2}}(s_1)$. Dann gilt bereits $\rho_{Z, \gamma} = \sigma_{\mathbb{R}s_2 + Z} \circ \sigma_{\mathbb{R}s_1 + Z}$.

Zwei Spiegelungen an sich schneidenden Geraden

▶ https://www.geogebra.org/ m/bbngfqcu

Beweis Ohne Einschränkung sei $Z = 0$. Seien $\alpha, \beta \in [0, \pi]$ die Größe der Winkel, die g_1 und g_2 mit der ersten Koordinatenachse einschließen. Wir meinen damit, dass e_1 nach Rotation um α bzw. β auf g_1 bzw. g_2 landet. Dann gilt mit ▶ Korollar 2.3.14 insbesondere $\rho_{0, \beta - \alpha}(g_1) = g_2$. Die Situation ist in ◼ Abb. 2.13 dargestellt.

Wenn man nun die Geradenspiegelungen entsprechend den Überlegungen aus ▶ Bemerkung 2.3.3 als Matrizen ausdrückt, erhält man für die Verknüpfung

$$\begin{pmatrix} \cos 2\beta & \sin 2\beta \\ \sin 2\beta & -\cos 2\beta \end{pmatrix} \cdot \begin{pmatrix} \cos 2\alpha & \sin 2\alpha \\ \sin 2\alpha & -\cos 2\alpha \end{pmatrix}$$

$$= \begin{pmatrix} \cos 2\beta \cos 2\alpha + \sin 2\beta \sin 2\alpha & \cos 2\beta \sin 2\alpha - \sin 2\beta \cos 2\alpha \\ \sin 2\beta \cos 2\alpha - \cos 2\beta \sin 2\alpha & \cos 2\beta \cos 2\alpha + \sin 2\beta \sin 2\alpha \end{pmatrix}$$

$$= \begin{pmatrix} \cos(2(\beta - \alpha)) & -\sin(2(\beta - \alpha)) \\ \sin(2(\beta - \alpha)) & \cos(2(\beta - \alpha)) \end{pmatrix}.$$

Damit ist (1) gezeigt. Da in der Rechnung nicht von g_1 und g_2 selbst, sondern nur von dem Winkel zwischen den beiden Geraden abhängt, folgt sofort auch (2). ◻

Aus dieser Aussage folgt insbesondere, dass die Verkettung von euklidischen Spiegelungen an orthogonalen Geraden kommutativ ist.

Korollar 2.3.22 (Kommutativität von Spieglungen an orthogonalen Geraden)

Seien g, h zueinander orthogonale Geraden. Dann gilt $\sigma_g \circ \sigma_h = \sigma_h \circ \sigma_g$.

Beweis In diesem Fall handelt es sich nach ▶ Proposition 2.3.21 um eine Rotation um π bzw. $-\pi$ um den Schnittpunkt der beiden Geraden. In beiden Fällen ist die Darstellungsma-

2

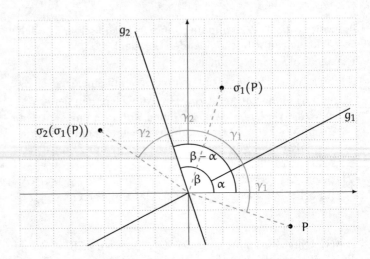

◘ **Abb. 2.13** Verknüpfung euklidischer Spiegelungen an sich schneidenden Geraden. Es gilt $\gamma_1 + \gamma_2 = \beta - \alpha$. Insgesamt wird P um $2\gamma_1 + 2\gamma_2 = 2(\beta - \alpha)$ rotiert

trix der zugehörigen linearen Rotation also durch $\begin{pmatrix} -1 & 0 \\ 0 & -1 \end{pmatrix}$ gegeben. □

Abschließend widmen wir uns einer Frage, die wir im Nachgang von ► Korollar 2.3.14 aufgeworfen und noch nicht beantwortet haben: Wie findet man bei der Verkettung euklidischer Rotationen mit unterschiedlichen Zentren das Drehzentrum der Ergebnisrotation:

Bemerkung 2.3.23 (Verkettung euklidischer Rotationen)
Wir greifen ► Korollar 2.3.14 noch einmal auf: Seien $\alpha, \beta \in [-\pi, \pi]$ und $Z_1, Z_2 \in \mathbb{R}^2$. Ist $\alpha + \beta \mod 2\pi \neq 0$, gibt es $Z \in \mathbb{R}^2$ mit $\rho_{Z_2,\beta} \circ \rho_{Z_1,\alpha} = \rho_{Z,\alpha+\beta}$. Für $\alpha + \beta \mod 2\pi = 0$ ist die Verknüpfung eine Translation. Mit Hilfe von ► Proposition 2.3.21 können wir nun erklären, wie man aus Z_1 und Z_2 das neue Drehzentrum Z konstruieren kann:

Wir können euklidische Geraden g_1, g_2, h_1, h_2 finden, sodass $\rho_{Z_1,\alpha} = \sigma_{h_1} \circ \sigma_{g_1}$ und $\rho_{Z_2,\beta} = \sigma_{g_2} \circ \sigma_{h_2}$ gilt. Für diese Geraden muss gelten: $Z_1 \in g_1, h_2$ und $Z_2 \in g_2, h_2$ und außerdem $\rho_{Z_1,\frac{\alpha}{2}}(g_1) = h_1$ sowie $\rho_{Z_2,\frac{\beta}{2}}(h_2) = g_2$. Die Idee ist nun $h := h_1 = h_2$ als die Gerade durch Z_1 und Z_2 zu wählen. Dann folgt $g_1 = \rho_{Z_1,-\frac{\alpha}{2}}(h)$ und $g_2 = \rho_{Z_2,\frac{\beta}{2}}(h_2) = g_2$ (siehe ◘ Abb. 2.14).

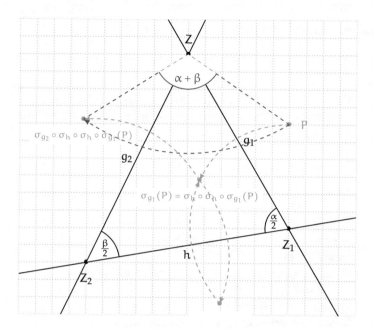

□ **Abb. 2.14** Finden des Rotationszentrums einer euklidischen Rotation, die
die Verkettung von zwei Rotationen ist

Es folgt

$$\rho_{Z_2,\beta} \circ \rho_{Z_1,\alpha} = \sigma_{g_2} \circ \underbrace{\sigma_h \circ \sigma_h}_{=\mathrm{id}_{\mathbb{R}^2}} \circ \sigma_{g_1} = \sigma_{g_2} \circ \sigma_{g_1}.$$

Da wir bereits wissen, dass es sich um eine Rotation handelt,
muss genau ein Schnittpunkt von g_2 und g_1 existieren, der dann
das gesuchte Rotationszentrum ist. □

2.3.2.2 Verknüpfung von genau drei Spiegelungen

In diesem Abschnitt betrachten wir die Verknüpfung von genau drei euklidischen Spiegelungen. Dazu definieren wir für
$i \in \{1, 2, 3\}$ die euklidischen Geraden $g_i = \mathbb{R}v_i + w_i$ sowie
die zugehörigen euklidischen Spiegelungen $\sigma_i : \mathbb{R}^2 \to \mathbb{R}^2$. Wir
werden im folgenden drei Fälle unterscheiden: Die drei Gera-
den können sich überhaupt nicht, in genau einem oder in mehr
als einem Punkt schneiden.

Wir beginnen wieder damit, dass alle Geraden parallel sind.

**Proposition 2.3.24 (Verknüpfung von drei euklidischen
Spiegelungen an parallelen Geraden)**
Seien v_1, v_2 und v_3 paarweise linear abhängig. Dann ist $\sigma_3 \circ
\sigma_2 \circ \sigma_1$ eine euklidische Spiegelung.

Drei Spiegelungen an parallelen
Geraden

► https://www.geogebra.org/
m/dfsycr5m

2

Beweis Nach ▶ Proposition 2.3.20 gibt es $b \in \mathbb{R}^2$ mit $b \perp v_1, v_2, v_3$, sodass gilt

$$\sigma_3 \circ \sigma_2 \circ \sigma_1 = (\sigma_3 \circ \sigma_2) \circ \sigma_1 = \tau_b \circ \sigma_1.$$

Wenn wir $g := g_1 + \frac{1}{2}b$ definieren, dann ist, ebenfalls nach ▶ Proposition 2.3.20, die Verkettung $\sigma_g \circ \sigma_1$ eine alternative Darstellung von τ_b und es folgt

$$\sigma_3 \circ \sigma_2 \circ \sigma_1 = \tau_b \circ \sigma_1 = \sigma_g \circ \sigma_1 \circ \sigma_1 = \sigma_g.$$

Die Verkettung der drei Spiegelungen ist also in der Tat wieder eine euklidische Spiegelung.   □

Proposition 2.3.25 (Drei Spiegelgeraden mit einem gemeinsamen Punkt)

Wenn die Geraden g_1, g_2 und g_3 einen gemeinsamen Punkt $Z \in \mathbb{R}^2$ haben, ist $\sigma_3 \circ \sigma_2 \circ \sigma_1$ eine euklidische Spiegelung.

Drei Spiegelungen an Geraden mit einem gem. Punkt

▶ https://www.geogebra.org/
m/dfsycr5m

Beweis Wir gehen analog zum Argument aus dem vorherigen Beweis vor, denn genauso wie bei den euklidischen Translationen, gibt es auch für eine euklidische Rotationen mehrere Darstellungen durch Geradenspiegelungen. Nach ▶ Proposition 2.3.21 gibt es $\alpha \in [-\pi, \pi]$ mit

$$\sigma_3 \circ \sigma_2 \circ \sigma_1 = (\sigma_3 \circ \sigma_2) \circ \sigma_1 = \rho_{Z,\alpha} \circ \sigma_1.$$

Wenn wir $g := \rho_{Z,\frac{\alpha}{2}}(g_1)$ definieren, dann ist, ebenfalls nach ▶ Proposition 2.3.21, die Verkettung $\sigma_g \circ \sigma_1$ eine alternative Darstellung von $\rho_{Z,\alpha}$ und es folgt

$$\sigma_3 \circ \sigma_2 \circ \sigma_1 = \rho_{Z,\alpha} \circ \sigma_1 = \sigma_g \circ \sigma_1 \circ \sigma_1 = \sigma_g.$$

Die Verkettung der drei Spiegelungen ist also in der Tat wieder eine euklidische Spiegelung.   □

Proposition 2.3.26 (Drei Spiegelgeraden mit paarweisen Schnittpunkten)

Wenn die Geraden g_1, g_2 und g_3 weder alle parallel sind noch einen gemeinsamen Schnittpunkt haben, ist $\sigma_3 \circ \sigma_2 \circ \sigma_1$ eine euklidische Schubspiegelung.

Beweis Da eine euklidische Gerade nicht gleichzeitig zu zwei anderen euklidischen Geraden mit linear unabhängigen Richtungsvektoren parallel sein kann, hat auf jedenfall eine der drei

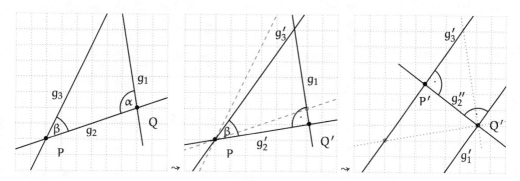

Abb. 2.15 In allen drei Bildern führt die Verkettung der Spiegelungen an den drei Geraden auf dieselbe Abbildung

Geraden mit den beiden anderen Geraden jeweils einen gemeinsamen Punkt. Insbesondere haben also mindestens g_1 und g_2 oder g_1 und g_3 einen gemeinsamen Punkt. Wir unterscheiden drei Fälle:

Fall 1: Es gibt $P, Q \in \mathbb{R}^2$ mit $g_1 \cap g_2 = \{P\}$ und $g_2 \cap g_3 = \{Q\}$. Dann ist nichts weiter zu tun und wir können mit dem Beweis fortfahren.

Fall 2: Es gibt $P \in \mathbb{R}^2$ mit $g_1 \cap g_2 = \{P\}$, aber g_2 und g_3 sind parallel. Nach ▸ Proposition 2.3.21 ist $\sigma_2 \circ \sigma_1$ eine Rotation um P. Wir wählen nun einen beliebigen Punkt $Q \in g_3$ und definieren g_2' als die Gerade durch P und Q. Nach ▸ Proposition 2.3.21 können wir dann eine dazu passende Gerade g_1' durch P finden, sodass $\sigma_{g_2'} \circ \sigma_{g_1'} = \sigma_2 \circ \sigma_1$ ist. Wir können also in diesem Fall ohne Einschränkung annehmen, dass Fall 1 zutrifft.

Fall 3: Es gibt $P \in \mathbb{R}^2$ mit $g_2 \cap g_3 = \{P\}$, aber g_1 und g_2 sind parallel. Hier gehen wir analog zu Fall 2 vor.

Wir haben also Schnittpunkte $P, Q \in \mathbb{R}^2$ mit $g_1 \cap g_2 = \{Q\}$ und $g_2 \cap g_3 = \{P\}$. Unser Ziel ist nun diese Situation in eine äquivalente Situation zu überführen, in der deutlich wird, dass es sich um eine Schulspiegelung handelt. Unser Vorgehen ist in **■** Abb. 2.15 dargestellt. Wir definieren zunächst Q' als die orthogonale Projektion von P auf g_1 und g_2' als die Gerade durch P und Q'. Insbesondere ist g_2' dann orthogonal zu g_1. Wie im obigen Fall 2 finden wir dann nach ▸ Proposition 2.3.21 eine Gerade g_3' durch P so, dass $\sigma_3 \circ \sigma_2 = \sigma_{g_3'} \circ \sigma_{g_2'}$ ist. Wir erhalten also $\sigma_3 \circ \sigma_2 \circ \sigma_1 = \sigma_{g_3'} \circ \sigma_{g_2'} \circ \sigma_1$. Nun definieren wir P' als die orthogonale Projektion von Q' auf g_3' und g_2'' als die Gerade durch Q' und P'. Insbesondere ist g_2'' dann orthogonal zu g_3'. Abschließend finden wir erneut nach ▸ Proposition 2.3.21 eine

Drei Spiegelungen an Geraden mit mehreren Schnittpunkten

▸ https://www.geogebra.org/m/ekchrpvy

2

Gerade g_1' durch Q' so, dass $\sigma_{g_2'} \circ \sigma_1 = \sigma_{g_2''} \circ \sigma_{g_1'}$ ist. Somit erhalten wir $\sigma_3 \circ \sigma_2 \circ \sigma_1 = \sigma_{g_3'} \circ \sigma_{g_2''} \circ \sigma_{g_1'}$

Wir halten noch fest, dass nun $g_1' \perp g_2'' \perp g_3'$ gilt. Also kommutieren nach ▶ Korollar 2.3.22 $\sigma_{g_1'}$ und $\sigma_{g_2'}$. Insgesamt erhalten wir dann

$$\sigma_3 \circ \sigma_2 \circ \sigma_1 = \sigma_{g_3'} \circ \sigma_{g_2''} \circ \sigma_{g_1'} = \underbrace{\sigma_{g_3'} \circ \sigma_{g_1'}}_{\text{Translation}} \circ \sigma_{g_2''}.$$

Es handelt sich bei $\sigma_3 \circ \sigma_2 \circ \sigma_1$ also in der Tat um eine Schubspiegelung.

□

2.4 Zusammenfassung: Invarianzeigenschaften euklidischer Isometrien

In diesem Kapitel haben wir die euklidischen Isometrien *Spiegelung* (▶ Definition 1.3.6), *Rotation* (▶ Definition 2.2.8), *Translation* (▶ Beispiel 1.2.2) und *Schubspiegelung* (▶ Definition 2.3.16) definiert und aus Perspektive der affin linearen Darstellungen (▶ Korollar 2.1.9) und des Dreispiegelungssatzes (▶ Korollar 2.1.5) klassifiziert. Einfache kombinatorische Überlegungen belegen, dass in beiden Fällen die Klassifikation vollständig ist, und es somit tatsächlich keine weiteren Arten euklidischer Isometrien mehr geben kann.

An verschiedenen Stellen haben wir bei unseren Untersuchungen Invarianzeigenschaften bewiesen bzw. bei der Rotation sogar als Definition benutzt. Solche Eigenschaften liefern eine weitere Möglichkeit der Klassifikation, die wir hier zum Abschluss des Kapitels noch auflisten möchten.

Identität: Bei der Identität sind alle Punkte des $\mathbb{R}^2$ Fixpunkte und somit auch alle Geraden Fixpunktgeraden. ▶ Proposition 2.1.1 liefert, dass eine Isometrie bereits dann die Identität ist, wenn drei verschiedene Punkte, die nicht auf einer Gerade liegen, fixiert werden.

Spiegelung: Eine euklidische Isometrie mit genau einer Fixpunktgerade und keinem weiteren Fixpunkt ist nach ▶ Proposition 2.1.3 eine Spiegelung. Spiegelungen haben darüber hinaus unendlich viele (nicht punktweise fixierte) Fixgeraden, nämlich alle zur Spiegelachse orthogonalen Geraden.

Rotation: Eine euklidische Isometrie mit genau einem Fixpunkt (also insbesondere auch keiner Fixpunktgerade) ist eine Rotation (▶ Definition 2.2.8 und ▶ Proposition 2.3.10).

Gibt es darüber hinaus Fixgeraden, handelt es sich um eine Rotation um genau 180°, also um eine Punktspiegelung.

Translation: Eine nichttriviale euklidische Isometrie ohne Fixpunkte, aber mit unendlich vielen (parallelen) Fixgeraden, ist eine Translation (▶ Proposition 2.3.15).

Schubspiegelung: Nach ▶ Proposition 2.3.18 und mit den vorangegangenen Invarianzklassifikationen ist eine fixpunktfreie euklidische Isometrie mit genau einer Fixgerade eine Schubspiegelung.

Diese Art der Identifikation von Isometrien ist besonders im Kontext von Beweisen interessant, da es oft leichter ist, Invarianzeigenschaften zu finden als explizite Darstellungen.

Kongruenz

Inhaltsverzeichnis

3

Zum Abschluss des Teils über ebene Geometrie mit Mitteln der linearen Algebra wollen wir erneut auf das Thema *Kongruenz* eingehen. Zu Beginn von ► Kap. 1 haben wir Kongruenz mittels euklidischer Isometrien definiert (► Definition 1.2.3) und bereits den Kongruenzsatz SSS bewiesen (► Satz 1.5.1). Für die Beweise der anderen aus der Schule bekannten Kongruenzsätze für Dreiecke können wir auf den Überlegungen zur Klassifikation der euklidischen Isometrien aus ► Kap. 2 aufbauen.

3.1 Definition und elementare Kongruenzklassen

Wir wiederholen zunächst die Definition von Kongruenz (► Definition 1.2.3).

Definition 3.1.1 (Kongruenz von Teilmengen im euklidischen Raum $\mathbb{R}^2$)

Seien F, G $\subset \mathbb{R}^2$ zwei Figuren. Wir nennen F **kongruent** zu G (Notation: F $\cong$ G), falls es eine euklidische Isometrie φ mit $\varphi(F) = G$ gibt.

Durch den Kongruenzbegriff wird eine Relation zwischen zwei Punktmengen (Figuren) beschrieben, die sich als mögliche Formalisierung von „Deckungsgleichheit" interpretieren lässt. Dass es sich um einen mathematischen *Gleichheit*s-Begriff handelt, spiegelt sich darin wieder, dass Kongruenz eine *Äquivalenzrelation* ist:

Satz 3.1.2 (Kongruenz als Äquivalenzrelation)
Auf der Menge $\mathcal{P}\left(\mathbb{R}^2\right)$ aller Figuren des euklidischen Raums $\left(\mathbb{R}^2, d_2\right)$ bildet die Kongruenz „$\cong$" eine Äquivalenzrelation.

Beweis Da die Identität eine bijektive Isometrie ist, folgt die *Reflexivität*. Seien $F_1, F_2 \subset \mathbb{R}^2$ mit $F_1 \cong F_2$. Dann gibt es nach Definition eine bijektive Isometrie $\varphi : \mathbb{R}^2 \to \mathbb{R}^2$ mit $\varphi(F_1) = F_2$. Diese Abbildung ist umkehrbar und liefert somit die *Symmetrie*. Die *Transitivität* gilt ebenfalls, da die Verknüpfung zweier bijektiver Isometrien wieder eine bijektive Isometrie ist. □

Schnittstelle 3 (Aspekte des Kongruenzbegriffs)

Wir werden später in diesem Buch (▶ Abschn. 5.5 und 5.6) erneut auf den Kongruenzbegriff, allerdings im Kontext eines anderen Aufbaus der ebenen Geometrie, eingehen. Auch wenn dort die mathematische Fundierung eine andere ist, sind viele Aussagen und Formulierungen parallel. In der Tat ist es so, dass wesentliche Charakteristika des Kongruenzbegriffs unabhängig vom speziellen axiomatischen Zugang identifiziert werden können. Diese sind in den folgenden vier *Aspekten des Kongruenzbegriffs* (übernommen aus Hoffmann, 2022, S. 168 f.) zusammengefasst und auch als Hintergrund für die Behandlung des Themas im Mathematikunterricht gültig:

Klassifikationsaspekt		
Größenaspekt	Abbildungsaspekt	Relationsaspekt

Größenaspekt: Kongruente Figuren stimmen in verschiedenen geometrischen Größen überein. Dazu gehören Längen, Winkel, Flächen und Teilverhältnisse. Garantiert wird dies durch die zu zwei kongruenten Figuren definitionsgemäß existierende Isometrie (▶ Definition 1.2.3). Dies gilt explizit nicht nur für den Rand der Figur und den Abstand zwischen Eckpunkten, sondern auch für die Maße weiterer, aus der Figur konstruierbarer Objekte (Diagonalen, Schnittpunkte, In- und Umkreise, ...) und ihren Entsprechungen in der kongruenten Figur. In Hoffmann (2022) wird diese Sichtweise auf den Kongruenzbegriff als der *Größenaspekt* der Kongruenz bezeichnet.

Abbildungsaspekt: Während der Größenaspekt den statisch-vergleichenden Charakter der Kongruenzrelation betont, stellt ▶ Definition 1.2.3 zusammen mit dem Dreispiegelungssatz (▶ Korollar 2.1.5) auch eine dynamische Sichtweise bereit: Ist eine Figur zu einer anderen Figur kongruent, so kann erstere stets durch eine Isometrie in die zweite überführt werden. Diese Isometrie kann durch die Verknüpfung von maximal drei Geradenspiegelungen ausgedrückt werden und ist durch drei nicht kollineare Punkte bereits eindeutig festgelegt (▶ Korollar 5.5.4). Anders gesagt: Kennt man die Wirkung einer Isometrie auf die Eckpunkte eines Dreieck, so kennt man bereits die ganze Isometrie. Im euklidischen Raum $\mathbb{R}^2$ können kongruente Figuren immer durch genau eine Schubspiegelung (insb. Spiegelung), genau eine Rotation (insb. Identität) oder genau eine Translation ineinander überführt werden (vgl. die Klassifikation in ▶ Abschn. 2.3). In Hoffmann (2022) wird diese Eigenschaft als *Abbildungsaspekt* der Kongruenz

3

bezeichnet. Diese Sichtweise ist besonders dann wertvoll, wenn man die Kongruenz mittels Kongruenzsätzen nachgewiesen hat. Automatisch weiß man dann bereits um die Existenz einer Abbildung, die eine Figur in die andere überführt.

Relationsaspekt: ▶ Satz 3.1.2 liefert, dass die Kongruenz-Relation sogar eine Äquivalenzrelation ist. Damit gelten automatisch die folgenden Eigenschaften:

– Die *Reflexivität* liefert, dass jede Figur kongruent zu sich selbst ist.

– Die *Symmetrie* erlaubt, aus der Kongruenz von Figur A zu Figur B bereits die Kongruenz von Figur B zu Figur A zu schließen. Nur so ist die Formulierung „Figuren sind zueinander kongruent" sinnvoll.

– Durch die *Transitivität* können wir für Figuren A, B, C von den Kongruenzen A ≅ B und B ≅ C direkt auf die Kongruenz A ≅ C schließen.

Darüber hinaus unterteilt die Kongruenzrelation die ebenen Figuren in Äquivalenzklassen, sogenannte Kongruenzklassen. In Hoffmann (2022) wird dies unter dem *Relationsaspekt* der Kongruenz gefasst. Diese Perspektive fokussiert sich darauf, dass die *Kongruenz* eine Gleichheit im geometrischen Kontext beschreibt, indem Eigenschaften betrachtet werden (nämlich die einer Äquivalenzrelation), die man von einem Gleichheitskonzept erwarten würde.

Klassifikationsaspekt: Der *Relationsaspekt* liefert eine disjunkte Einteilung aller Teilmengen der betrachteten Ebene in Kongruenzklassen. Alle Figuren einer Kongruenzklasse stimmen in unterschiedlichen geometrischen Größen überein (*Größenaspekt*) und können paarweise durch Isometrien ineinander überführt werden (*Abbildungsaspekt*). Diese Zusammenführung der drei vorangegangenen Aspekte ist Kern des *Klassifikationsaspekts* der Kongruenz. Insbesondere fallen unter diesen Aspekt auch folgende wichtige Eigenschaften:

– Um gültige Aussagen über alle Figuren einer Kongruenzklasse zu machen, reicht es oft aus, einen Repräsentanten zu betrachten.

– Oft reicht bereits eine geringe Anzahl geometrischer Größen aus, um eine Figur eindeutig einer Kongruenzklasse zuzuordnen (siehe bspw. Kongruenzsätze bei Dreiecken).

– Kongruenzklassen sind abgeschlossen unter Anwendung jeder euklidischen Bewegung. Umgekehrt kann aus einer gegebenen Figur die gesamte Kongruenzklasse erzeugt werden, indem alle euklidischen Bewegungen auf diese Figur angewendet werden.

Im Kontext von (Zirkel-und-Lineal) Konstruktionen klärt der Klassifikationsaspekt die Bedeutung des oft verwendeten Terminus der *eindeutigen Konstruierbarkeit:* Eine Figur nennen wir aus einem gegeben Satz von Größen eindeutig konstruierbar, wenn alle möglichen, resultierenden Objekte in derselben Kongruenzklasse liegen. Auf dieses Thema werden wir in ▶ Schnittstelle 4 im Detail eingehen.

▶ Satz 3.1.2 liefert insbesondere die Möglichkeit, alle Figuren der euklidischen Ebene in disjunkte Äquivalenzklassen (Kongruenzklassen) einzuteilen. Jede Kongruenzklasse besteht ausschließlich aus paarweise zueinander kongruenten Figuren, die wiederum zu keiner Figur aus einer anderen Kongruenzklasse kongruent sind. Für den Mathematikunterricht von Bedeutung sind vor allem die Kongruenzklassen von Dreiecken sowie deren eindeutige Festlegung durch eine echte Teilmenge an Größenangaben durch die bekannten Kongruenzsätze (SSS, SWS, WSW, bSsW, siehe ▶ Abschn. 3.2). Zuvor werden wir aber in den nachfolgenden Lemmata Kongruenzklassen bezogen auf einfache geometrische Objekte wie Punkte, Geraden, Strecken und Winkel beschreiben. Kongruenzbetrachtungen zu diesen Figuren sind zwar üblicherweise kein Inhalt von Mathematikunterricht, haben aber aus Sicht der rigorosen mathematischen Theoriebildung einen eigenen Wert: Zum einen als instruktive Minimalbeispiele und zum anderen als Argumentationsgrundlage für Kongruenzbetrachtungen für komplexere Figuren, die aus Punkten, Strecken und Winkeln zusammengesetzt sind.

Lemma 3.1.3 (Kongruenzklasse der Punkte)

Die einpunktigen Teilmengen im euklidischen Raum $\left(\mathbb{R}^2, d_2\right)$ bilden genau eine Kongruenzklasse.

Beweis Wir zeigen zuerst, dass alle einpunktigen Figuren in einer Kongruenzklasse liegen. Seien dazu $P, Q \in \mathbb{R}^2$ verschieden. Wir wählen als Isometrie die Translation τ um $Q - P$. Dann gilt $\rho(P) = P + Q - P = Q$ und damit auch $\rho(\{P\}) = \{Q\}$. Also ist $\{P\} \cong \{Q\}$. Das zeigt, dass alle einpunktigen Figuren in einer Kongruenzklasse liegen.

Da euklidische Isometrien nach ▶ Definition 1.2.1 bijektiv sind, müssen alle zu einer einpunktigen Figur kongruenten Figuren ebenfalls einpunktig sein. Also gibt es in der Kongruenzklasse der einpunktigen Figuren keine weiteren Figuren. □

3

Lemma 3.1.4 (Kongruenzklasse der Geraden)

Die Geraden des euklidischen Raums $(\mathbb{R}^2, d_2)$ bilden eine gemeinsame Kongruenzklasse.

Beweis Wir zeigen zuerst, dass alle Geraden in einer Kongruenzklasse liegen. Seien dazu $g, k \subset \mathbb{R}^2$ Geraden. Gibt es $P \in g \cap k$ (die Geraden schneiden sich), dann wählen wir zwei verschiedene Punkte $Q_1 \in g$ und $Q_2 \in k$ mit $\|P - Q_1\|_2 = \|P - Q_2\|_2$ (◘ Abb. 3.1, links). Solche Punkte existieren, selbst wenn $g = k$ gilt. Dann liegt P auf der Mittelsenkrechten von Q_1 und Q_2 (Ortslinieneigenschaft). Für die Spiegelung σ an dieser Mittelsenkrechten gilt dann $\sigma(P) = P$ und $\sigma(Q_1) = Q_2$ und damit $\sigma(g) = k$.

Gilt $g \cap k = \emptyset$, wähle je einen Punkt auf g und auf k und betrachte die Punktspiegelung am Mittelpunkt dieser Punkte (◘ Abb. 3.1, rechts). Somit sind alle Geraden zueinander kongruent.

Es bleibt zu zeigen, dass es außer metrischen Geraden keine weiteren Objekte in der Kongruenzklasse gibt. Das gilt, weil Bilder von Vektorraumgeraden (eindimensionale affine Untervektorräume) unter affin linearen Bijektionen wieder Vektorraumgeraden sind (Nachrechnen!).   □

Während alle Punkte und alle Geraden jeweils in genau einer Kongruenzklasse liegen, liefern Strecken und Winkel einfache Beispiele für Typen geometrischer Objekte, die in verschiedene Kongruenzklassen zerfallen. Wie später auch bei den Kongruenzsätzen für Dreiecke, ergibt sich auch hier die Zuordnung zu einer Kongruenzklasse durch den Vergleich geometrischer

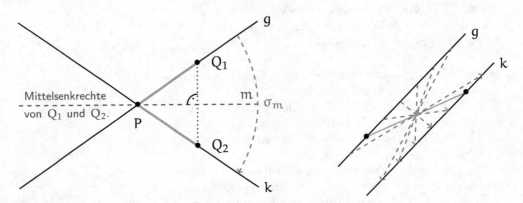

◘ **Abb. 3.1** Beweisskizze zum Lemma über die Kongruenzklassen von Geraden (▶ Lemma 3.1.4). Schneiden sich die beiden Geraden (Fall 1, linke Abbildung), erhält man die gesuchte Isometrie als Geradenspiegelung an der Mittelsenkrechten von zwei Punkten auf den beiden Geraden, die zum Schnittpunkt den gleichen Abstand haben; sind die Gerade parallel (Fall 2, rechte Abbildung), überführt die konstruierte Punktspiegelung die Geraden ineinander und ist damit bereits eine Möglichkeit für die gesuchte Abbildung

Eigenschaften: Die Gesamtheit aller Strecken zerfällt entlang des Kriteriums *Streckenlänge* in Kongruenzklassen (► Lemma 3.1.5) und die Kongruenzklassen von Winkeln werden durch die Winkelgrößen (► Lemma 3.1.6) in eindeutiger Weise bestimmt.

Lemma 3.1.5 (Kongruenzklassen der Strecken)

Im euklidischen Raum $(\mathbb{R}^2, d_2)$ bilden Strecken gleicher Länge Kongruenzklassen.

Beweis Wir zeigen zuerst, dass alle Strecken gleicher Länge in einer Kongruenzklasse liegen. Seien dazu $[P_1, P_2]$, $[Q_1, Q_2]$ Strecken in $\mathbb{R}^2$ mit gleicher Länge (also $\|P_1 - P_2\|_2 = \|Q_1 - Q_2\|_2$). Ohne Einschränkung seien P_1 und Q_1 verschieden. Sei σ_1 die Spiegelung an der Mittelsenkrechten von P_1 und Q_1. Dann gilt $\sigma_1(P_1) = Q_1$ (◘ Abb. 3.2). Gilt nun außerdem bereits $\sigma_1(P_2) = Q_2$ sind wir fertig.

Wir betrachten den Fall $\sigma_1(P_2) \neq Q_2$. Dann gilt

$$\|\sigma_1(P_2) - Q_1\|_2 = \|\sigma_1(P_2) - \sigma_1(P_1)\|_2$$
$$= \|P_2 - P_1\|_2 = \|Q_2 - Q_1\|_2 .$$

Also liegt $Q_1 = \sigma_1(P_1)$ auf der Mittelsenkrechten von $\sigma_1(P_2)$ und Q_2 (Ortslinieneigenschaft) und ist damit invariant unter der Spiegelung σ_2 an dieser Mittelsenkrechten. Damit bildet die euklidische Isometrie $\sigma_2 \circ \sigma_1$ die beiden Strecken $[P_1, P_2]$

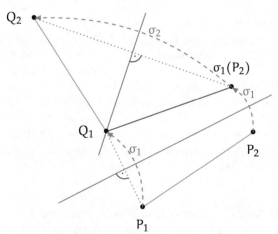

◘ **Abb. 3.2** Beweisskizze zum Lemma über die Kongruenzklassen von Strecken (► Satz 3.1.5). Zunächst wird mit σ_1 an der Mittelsenkrechten von P_1 und Q_1 gespiegelt, dann mit σ_2 an der Mittelsenkrechten von $\sigma_1(P_2)$ und Q_2. Der Punkt $\sigma_1(P1) = Q_1$ ist invariant unter σ_2, da er wegen der Ortslinieneigenschaft auf der Spiegelgeraden liegt

3

und $[Q_1, Q_2]$ aufeinander ab. Sie liegen also in der selben Kongruenzklasse.

Unterschiedlich lange Strecken liegen auf keinen Fall in der selben Äquivalenzklasse, da es keine Isometrie geben kann, die die Endpunkte der längeren der beiden Strecken auf Punkte der anderen Strecke abbilden kann.

Es bleibt zu zeigen, dass es außer Strecken keine weiteren Objekte in den Kongruenzklassen gibt. Dies gilt aber sofort, weil Strecken (als Teilmengen affiner, eindimensionaler Untervektorräume) unter nichttrivialen affin linearen Abbildungen wieder auf Strecken abgebildet werden (Nachrechnen!).   □

Lemma 3.1.6 (Kongruenzklassen von Winkeln)
Im euklidischen Raum $(\mathbb{R}^2, d_2)$ bilden alle Winkel mit gleicher Größe eine Kongruenzklasse.

Beweis Wegen ▶ Korollar 2.1.11 haben alle Winkel, die in einer Kongruenzklasse liegen, dieselbe Größe. Wir zeigen nun, dass umgekehrt alle euklidischen Winkel mit gleicher Winkelgröße (▶ Definition 1.1.5) in einer Kongruenzklasse liegen. Seien dazu A, B, C, R, S, T $\in \mathbb{R}^2$ so, dass $\angle ABC = \angle RST$ gilt. Mit Anwendung der Translationen (▶ Beispiel 1.2.2) um $-B$ bzw. $-S$ verschieben wir beide Winkel in den Ursprung und erhalten die Winkel $\angle A'0C'$ bzw. $\angle R'0T'$. Mit ▶ Korollar 2.1.11 dann $\angle A'0C' = \angle ABC$ bzw. $\angle R'0T' = \angle RST$. Da Translationen euklidische Isometrien sind, sind darüber hinaus $\angle ABC$ und $\angle RST$ genau dann kongruent, wenn $\angle A'0B'$ und $\angle R'0T'$ kongruent sind. Mit den Eigenschaften der linearen euklidischen Rotationen (▶ Proposition 2.2.11) können wir $\angle R'0T'$ so um den Koordinatenursprung $O \in \mathbb{R}^2$ drehen, dass R' und T' auf den Strahlen mit Startpunkt O durch A' bzw. T' landen. Da lineare euklidische Rotationen nach ▶ Definition 2.2.8 ebenfalls Isometrien sind, ist die Kongruenz bewiesen.

Wieder bleibt zu zeigen, dass es außer Winkeln keine anderen Objekte in den Kongruenzklassen gibt. Dazu benötigen wir nur die Definition, dass ein Winkel durch zwei Strahlen mit gleichem Ursprung definiert ist (▶ Definition 1.1.5). Dann sind analog zum Argument in ▶ Lemma 3.1.4 die Bilder ebenfalls Strahlen mit gleichem Ursprung, also ein Winkel.   □

Korollar 3.1.7 (Kongruente Winkel und Isometrien)
Seien a_+, b_+ und c_+, d_+ jeweils euklidische Strahlen mit paarweise gemeinsamem Ursprung S bzw. T. Sind dann die Winkel $\angle\{a_+, b_+\}$ und $\angle\{c_+, d_+\}$ kongruent, gibt es insbesondere eine euklidische Isometrie φ mit $\varphi(a_+) = c_+$ und $\varphi(b_+) = d_+$.

Beweis Nach ▶ Lemma 3.1.6 gibt es eine euklidische Isometrie φ' mit $\varphi'(a_+ \cup b_+) = c_+ \cup d_+$. Dann gilt insbesondere $\varphi'(S) = T$. Nun gibt es zwei Möglichkeiten: Gilt bereits $\varphi'(a_+) = c_+$ und entsprechend $\varphi'(b_+) = d_+$ sind wir fertig mit $\varphi = \varphi'$. Gelten andernfalls $\varphi'(a_+) = d_+$ und $\varphi'(b_+) = c_+$, wählen wir zwei Punkte $P \in d_+$ und $Q \in c_+$, die beide zu T denselben Abstand haben. Dann liegt nach ▶ Proposition 1.4.4(4.) der Punkt T auf der Mittelsenkrechten von P und Q und die Spiegelung σ an dieser vertauscht die Strahlen c_+ und d_+. Damit folgt die gewünschte Aussage mit $\varphi = \sigma \circ \varphi'$. □

3.2 Kongruenzsätze für Dreiecke

Im Mathematikunterricht spielen die im letzten Abschnitt vorgestellten Beispiele für Kongruenzklassen geometrischer Objekte keine wesentliche Rolle und werden, so sie denn vorkommen, als „offensichtlich" dargestellt. Sehr relevant ist hingegen das Thema *Kongruenz* im Kontext von Dreiecken und den damit verbundenen Kongruenzsätzen. Wir werden zunächst nachweisen, dass Kongruenzklassen von Dreiecken (▶ Definition 1.2.4) stets ausschließlich Dreiecke mit gleichen Kantenlängen und gleichen Winkelgrößen enthalten (▶ Proposition 3.2.1). Während bei den bisherigen Beispielen für Kongruenzklassen geometrischer Objekte die Kenntnis über die Gleichheit *einer* bestimmten Größe (z. B. der Abstand zwischen den Endpunkten einer Strecke) notwendig und hinreichend für das Vorliegen von Kongruenz war, gibt es für Dreiecke verschiedene Konstellationen gegebener Größen, die Kongruenzklassen bereits in eindeutiger Weise beschreiben. Das ist der Inhalt der bekannten Kongruenzsätze (▶ Satz 3.2.2 bis 3.2.4); den Kongruenzsatz SSS haben wir bereits bewiesen (▶ Satz 1.5.1).

Proposition 3.2.1 (Kongruenzklassen von Dreiecken)
Die Kongruenzklasse eines Dreiecks im euklidischen Raum $(\mathbb{R}^2, d_2)$ besteht ausschließlich aus Dreiecken die in allen entsprechenden[1] Kantenlängen und Winkelgrößen übereinstimmen.

---

1 Mit „entsprechend" meinen wir Folgendes: Ist $\triangle ABC$ ein Dreieck, so können wir alle anderen Dreiecke der Kongruenzklasse als $\triangle \varphi(A)\varphi(B)\varphi(C)$ darstellen, wobei φ eine euklidische Isometrie ist. Die „Entsprechungen" sind nun immer Längen/Winkel von $\triangle ABC$ und deren Bilder unter φ.

3

Beweis Seien $D \subset \mathbb{R}^2$ ein Dreieck mit Eckpunkten $A, B, C \in \mathbb{R}^2$ sowie φ eine beliebige euklidische Isometrie. Nach ▸ Definition 1.2.4 liegen dann A, B, C nicht auf einer euklidischen Geraden. Da φ als euklidische Isometrie bijektiv und affin linear ist (▸ Definition 1.2.1, ▸ Korollar 2.1.9), liegen auch $\varphi(A)$, $\varphi(B)$ und $\varphi(C)$ nicht auf einer euklidischen Geraden und bilden somit ein Dreieck entsprechend ▸ Definition 1.2.4.

Da φ nach Definition Abstände und nach ▸ Korollar 2.1.11 Winkelgrößen erhält, folgt die Aussage. □

▸ Proposition 3.2.1 erlaubt noch keine Aussage darüber, ob umgekehrt auch aus der Größengleichheit zweier Dreiecke bereits die Kongruenz folgt. Dies trifft in der Tat zu und wie die Kongruenzsätze zeigen, reicht bereits die Kenntnis über die Gleichheit von drei Größen in bestimmten Konstellationen aus.

Satz 3.2.2 (Kongruenzsatz SWS)

Im euklidischen Raum $\left(\mathbb{R}^2, d_2\right)$ liegen zwei Dreiecke genau dann in der selben Kongruenzklasse, wenn sie in zwei Seitenlängen und der Größe des von diesen Seiten eingeschlossenen Winkels übereinstimmen.

Beweis Liegen zwei Dreiecke in der selben Kongruenzklasse, folgt die Gleichheit der Seitenlängen und Winkelgrößen unmittelbar aus ▸ Proposition 3.2.1.

Seien nun $\triangle ABC$ und $\triangle RST$ zwei Dreiecke im euklidischen Raum $\left(\mathbb{R}^2, d_2\right)$, für die (bis auf Umbenennung) die folgenden Gleichheiten gelten:

$$\|A - B\|_2 = \|R - S\|_2, \quad \angle BAC = \angle SRT \quad \text{und}$$
$$\|A - C\|_2 = \|R - T\|_2.$$

Aus $\angle BAC = \angle SRT$ folgt mit ▸ Lemma 3.1.6 sofort die Kongruenz von $\angle BAC$ und $\angle SRT$. Seien b_+ und c_+ die Schenkel von $\angle BAC$, die durch B bzw. C gehen und entsprechend s_+ und t_+ die Schenkel von $\angle SRT$, die durch S bzw. T gehen. Weil die Winkel kongruent sind, gibt es nun eine euklidische Isometrie $\varphi : \mathbb{R}^2 \to \mathbb{R}^2$ so, dass $\varphi(b_+) = s_+$ und $\varphi(c_+) = t_+$ (▸ Korollar 3.1.7). Insbesondere gilt $\varphi(A) = R$ (siehe ◘ Abb. 3.3).

Nun muss $\varphi(B)$ ein Punkt auf s_+ sein, der den gleichen Abstand zu R hat, wie B zu A. Es gibt aber auf einem Strahl nur genau einen solchen Punkt, nämlich S. Damit folgt $\varphi(B) = S$ und völlig analog auch $\varphi(C) = T$. Damit sind die beiden Dreiecke kongruent. □

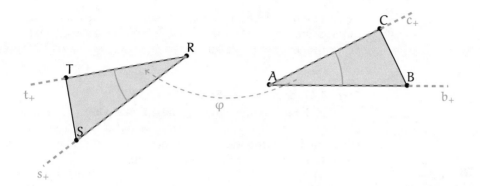

☐ **Abb. 3.3** Beweisskizze zu den Kongruenzsätzen SWS und WSW (► Sätze 3.2.2 und 3.2.3). Die Kongruenz der gegebenen Winkel liefert die Isometrie, die die Grundlage für die weitere Argumentation bildet

Satz 3.2.3 (Kongruenzsatz WSW)

Im euklidischen Raum $(\mathbb{R}^2, d_2)$ liegen zwei Dreiecke genau dann in der selben Kongruenzklasse, wenn sie in einer Seitenlänge und den Größen der an diese Seite anliegenden Winkel übereinstimmen.

Beweis Liegen zwei Dreiecke in der selben Kongruenzklasse, folgt die Gleichheit der Seitenlängen und Winkelgrößen unmittelbar aus ► Proposition 3.2.1.

Seien nun $\triangle ABC$ und $\triangle RST$ zwei Dreiecke im euklidischen Raum $(\mathbb{R}^2, d_2)$, für die (bis auf Umbenennung) die folgenden Gleichheiten gelten:

$$\angle BAC = \angle SRT, \quad \|A - B\|_2 = \|R - S\|_2 \quad \text{und}$$
$$\angle CBA = \angle TSR.$$

Aus der Gleichheit der Winkelgrößen folgt mit ► Lemma 3.1.6 die Kongruenz der Winkel. Insbesondere gibt es also eine euklidische Isometrie $\varphi : \mathbb{R}^2 \to \mathbb{R}^2$, die $\angle BAC$ auf $\angle SRT$ abbildet und für die $\varphi(A) = R$ gilt (siehe wieder ☐ Abb. 3.3).

Mit ► Korollar 3.1.7 können wir nun annehmen, dass $\varphi(B)$ ein Punkt auf dem Schenkel mit Ursprung R, der durch S geht ist und von R den Abstand $\|A - B\|_2 = \|R - S\|_2$ hat. Also gilt $\varphi(B) = S$. Somit wird der Strahl von B durch A auf den Strahl von S durch R abgebildet. Der Strahl von B durch C wird auf einen Strahl auf der selben Seite[2] von der Geraden durch R und S, wie T mit Ursprung S abgebildet, so dass der mit dem Strahl durch S und R eingeschlossene Winkel gleich groß wie $\angle TSR$

---

2 Eine Möglichkeit die *Seiten* euklidischer Geraden formal zu definieren, findet man in Anhang B.3.5.

3

ist. Damit muss der Strahl durch S und $\varphi(C)$ gleich dem Strahl durch S und T sein. Damit gilt $\varphi(C) = T$ als der eindeutige Schnittpunkt der Strahlen und es folgt die Kongruenz.   □

Satz 3.2.4 (Kongruenzsatz SsW)

Im euklidischen Raum $(\mathbb{R}^2, d_2)$ liegen zwei Dreiecke genau dann in der selben Kongruenzklasse, wenn sie in zwei Seitenlängen und der Größe des Winkels, der gegenüber der längeren dieser beiden Seiten liegt, übereinstimmen.

Visualisierung zum Beweis

▶ https://www.geogebra.org/
m/uavmdqqr

Beweis Liegen zwei Dreiecke in der selben Kongruenzklasse, folgt die Gleichheit der Seitenlängen und Winkelgrößen unmittelbar aus ▶ Proposition 3.2.1.

Seien nun $\triangle ABC$ und $\triangle RST$ zwei Dreiecke, für die (bis auf Umbenennung) die folgenden Gleichheiten gelten:

$$\|A - C\|_2 = \|R - T\|_2, \quad \|B - C\|_2 = \|S - T\|_2$$

$$\text{und} \quad \begin{cases} \angle BAC = \angle SRT, & \text{falls } \|A - C\|_2 \leqslant \|B - C\|_2, \\ \angle CBA = \angle TSR, & \text{falls } \|A - C\|_2 > \|B - C\|_2. \end{cases}$$

Ohne Einschränkung betrachten wir den Fall $\|A - C\|_2 \leqslant \|B - C\|_2$, also $\angle BAC = \angle SRT$. Aus der Gleichheit der Winkelgrößen folgt mit ▶ Lemma 3.1.6 die Kongruenz von $\angle BAC$

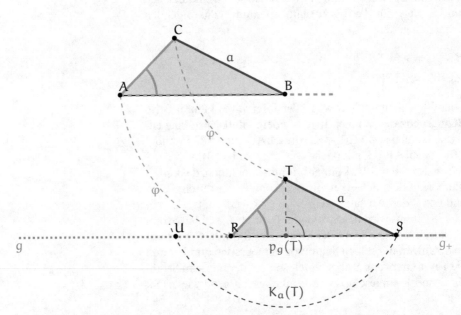

○ **Abb. 3.4** Beweisskizze zum Kongruenzsatz SsW (▶ Satz 3.2.4). Zentral für den Nachweis der Kongruenz ist die Lage der Schnittpunkte zwischen Gerade und Kreis

und $\angle$SRT. Insbesondere gibt es also eine euklidische Isometrie $\varphi : \mathbb{R}^2 \to \mathbb{R}^2$, die die beiden Winkel mit $\varphi(A) = R$ aufeinander abbildet. Es gilt $\varphi(C) = T$, da beide Punkte durch ihren Abstand zum jeweiligen Winkelzentrum eindeutig auf dem Winkelstrahl festgelegt sind (siehe ◘ Abb. 3.4).

Es bleibt zu zeigen, dass $\varphi(B) = S$ ist. Seien g die Gerade durch R und S und $g_+ \subset g$ der Strahl mit Ursprung R, der den Winkelschenkel bildet. Wir wissen, dass $\varphi(B) \in g_+$ und $\|\varphi(B) - T\|_2 = \|B - C\|_2$ gelten. Also liegt $\varphi(B)$ im Schnitt des Kreises $K_a(T)$ um T mit Radius $a := \|B - C\|_2$ und dem Strahl g_+.

Da die orthogonale Projektion $p_g(T)$ der Punkt auf g mit dem kürzesten Abstand zu T ist (Nachrechnen!) gilt: $\|S - T\|_2 = \|B - C\|_2 \geqslant \|A - C\|_2 = \|R - T\|_2 > \|p_g(T) - T\|_2$. Mit dem ▸ Satz des Pythagoras 1.1.3 schneidet dann der Kreis $K_a(T)$ die Gerade g in genau den zwei Punkten, die von $p_g(T)$ den Abstand $\sqrt{a^2 - \|p_g(T) - T\|_2^2}$ haben, also außer in S (wegen $\|S - T\|_2 = \|B - C\|_2 = a$ nach Voraussetzung) noch in einem weiteren Punkt U. Wegen $\|R - T\|_2 = \|A - C\|_2 \leqslant \|B - C\|_2 = \|S - T\|_2 = \|U - T\|_2$ folgt, dass genau einer der Punkte auf g_+ liegt, da nach ▸ Definition 1.0.1 Strahlen ihre Randpunkte enthalten und für $\|A - C\|_2 = \|B - C\|_2$ die Punkte S und $U = R$ auf g^+ liegen. Somit bleibt $\varphi(B) = S$, was die Kongruenz beweist. $\square$

Schnittstelle 4 (Kongruenz und Konstruktion)

Dieser Abschnitt ist mit leichten Änderungen übernommen von Hoffmann (2022, S. 179 ff.). Eine wesentliche Anwendung des Kongruenzbegriffs und der Kongruenzsätze im Mathematikunterricht stellt deren Nutzung als Grundlage für geometrische Konstruktionen dar (Weigand et al., 2014, S. 202). In diesem Kontext taucht oft die Formulierung „eindeutige Konstruierbarkeit" auf (z. B. bei Weigand et al. (2014, S. 202)). Ausgehend von diesem Begriff wollen wir im Folgenden die subtilen Zusammenhänge zwischen Kongruenz und Konstruktion betrachten.

Bevor wir uns der *eindeutigen* Konstruierbarkeit widmen, möchten wir zunächst den Begriff der *Konstruierbarkeit* klären und mit der exemplarischen Frage starten, ob ein Strahl, der einen Winkel drittelt, *konstruierbar* ist. Schnell stellt man fest, dass diese Frage so nicht beantwortbar ist, da die erlaubte Konstruktionswerkzeuge nicht spezifiziert wurden. Während eine Konstruktion mit Zirkel und Lineal (ZuL) im Allgemeinen nicht möglich ist, gelingt sie unter Verwendung von

3

Papierfalten ohne größere Schwierigkeiten (Henn, 2012, S. 64 ff.). Um diese Werkzeugabhängigkeit zu betonen, wird in Hoffmann (2022) von *Werkzeug-Konstruierbarkeit* gesprochen und darunter in Anlehnung an (Weigand et al., 2014, S. 64 ff.) Folgendes verstanden: Aus einer *Ausgangskonfiguration* kann mit Hilfe festgelegter Werkzeuge (und damit verbundener erlaubter Konstruktionsregeln) in endlich vielen *Konstruktionsschritten* eine vorgegebene *Zielkonfiguration* erzeugt werden. Die Konstruktionsbeschreibung muss *durchführbar* (nur erlaubte Schritte) und *korrekt* (die Zielkonfiguration wird durch die beschriebene Konstruktion in jedem Fall erreicht) sein. Beispiele für solche Konstruktionswerkzeuge sind neben ZuL: Zirkel und Geodreieck, Papierfalten, aber auch dynamische Geometriesysteme. Zu einer Realisierung einer Ausgangskonfiguration kann es keine, eine oder mehrere Realisierungen der Zielkonfigurationen geben. Unterschiedliche Realisierungen der Zielkonfigurationen können kongruent sein, müssen es aber nicht.

So könne zu drei gegebenen Winkeln, die zusammen genau 180° ergeben (Ausgangskonfiguration), mit ZuL (Werkzeug) mehrere, nicht kongruente Dreiecke (Zielkonfiguration) konstruiert werden. Damit ist so ein Dreieck Werkzeug-konstruierbar aus den drei Winkeln.

Basierend auf diesem Verständnis von *Werkzeug-Konstruierbarkeit* kann nun der Begriff *eindeutige Konstruierbarkeit* diskutiert werden. Werkzeug-konstruierbar bedeutet: Für ein gegebenes Problem gibt es für ein bestimmtes Werkzeug (mindestens) eine Konstruktionsbeschreibung, die das Problem löst. Eine Systematisierung aller möglichen Lösungen/Konstruktionen (wie sie für die Analyse irgendeiner Art von Eindeutigkeit notwendig ist) ist hier nicht angelegt. In der Tat ist die Idee der eindeutigen Konstruierbarkeit sogar unabhängig von einer speziellen (Werkzeug-abhängigen) Konstruktion(sbeschreibung): Alle Realisierungen der Zielkonfiguration (unabhängig von der Realisierung der Ausgangssituation) sind kongruent. Das spezielle Werkzeug und die Beschreibung, wie diese Realisierung der Zielkonstruktion konstruiert werden kann, spielt hier keine Rolle. Stattdessen geht es um einen Vergleich aller möglichen Lösungen.

Bezogen auf Dreieckskonstruktionen bedeuten diese Überlegungen das Folgende: Die Werkzeug-Konstruierbarkeit mit ZuL folgt stets aus einer durchführbaren und korrekten Konstruktionsanleitung; die eindeutige Konstruierbarkeit liefert jeweils einer der vier Kongruenzsätze für Dreiecke (► Satz 1.5.1, 3.2.2, 3.2.3 und 3.2.4). Auch wenn auf diese

Weise die verschiedenen Dreieckskonstruktionsaufgaben eng mit den Kongruenzsätzen verbunden sind, folgt nicht, dass durch die Angabe von drei entsprechenden Größenangaben (z. B. drei Längen) immer ein Werkzeug-konstruierbares Dreieck existiert. Kongruenzsätze setzen zwei existierende Dreiecke in Relation zueinander; über die *Existenz* eines Dreiecks mit gegebenen Maßangaben wird keine Aussage getroffen. So gibt es beispielsweise kein Dreieck mit den Seitenlängen 1cm, 1cm und 7cm. Dieser und weitere Fälle sind in der folgenden Tabelle zusammenfassend dargestellt. Die Übersicht dient als Grundlage für weitere Analysen, indem sie für alle Kombinationen von drei gegebenen Größenangaben (Seitenlängen, Winkel) beschreibt, ob bzw. unter welchen Bedingungen aus diesen Größenangaben ein Dreieck konstruiert werden kann (Werkzeug-Konstruierbarkeit) und darüber hinaus, ob bzw. unter welchen Bedingungen alle daraus konstruierbaren Dreiecke kongruent sind (eindeutige Konstruierbarkeit).

	Vorgaben	Werkzeug-Konstruierbarkeit	Eindeutige Konstruierbarkeit
K1	Längen $a, b, c > 0$ (*Drei Seiten*)	Alle drei Varianten der strikten Dreiecksungleichung müssen erfüllt sein: $a < b + c, b < a + c, c < a + b$	Folgt aus dem Kongruenzsatz SSS
K2.1	Längen $0 < a \leqslant b$; Winkel $\alpha \in \,]0, \pi[$ (*Zwei Seiten, ein Winkel*)	*Fall 1:* α bestimmt die Größe des Winkels, der zwischen den beiden Seiten mit den Längen a und b liegt. Dann existiert ein entsprechendes Dreieck	Folgt aus dem Kongruenzsatz SWS
K2.2		*Fall 2:* α bestimmt die Größe des Winkels, der der Seite mit Länge b gegenüber liegt. Dann existiert ein entsprechendes Dreieck	Folgt aus dem Kongruenzsatz SsW

3

K2.3			*Fall 3:* α bestimmt die Größe des Winkels, der der Seite mit Länge a gegenüber liegt. Dann existiert ein entsprechendes Dreieck nur, falls $a \geqslant \sin \alpha \cdot b$.	Eindeutig konstruierbar nur für $a = \sin \alpha \cdot b$. Dann ist das Dreieck rechtwinklig (vgl. Skizze (1), unten), ansonsten gibt es immer zwei nicht kongruente (und nicht ähnliche) Dreiecke (vgl. Skizze (2), unten).
K3	Länge $a > 0$; Winkel $\alpha, \beta \in {]0, \pi[}$ *(Eine Seite, zwei Winkel)*	Es muss $\alpha + \beta < \pi$ gelten	Eindeutig konstruierbar nur, wenn die Position der Strecke mit gegebener Länge im Verhältnis zu den beiden gegebenen Winkeln festgelegt ist. Die eindeutige Konstruierbarkeit folgt dann aus dem Kongruenzsatz WSW (und ggf. dem Innenwinkelsummensatz). Ansonsten können Dreiecke aus drei verschiedenen Kongruenzklassen entstehen, die aber alle ähnlich zueinander sind (vgl. Skizze (3), unten).	
K4	Winkel $\alpha, \beta, \gamma \in {]0, \pi[}$ *(Drei Winkel)*	Es muss $\alpha + \beta + \gamma = \pi$ gelten	Nicht eindeutig konstruierbar, aber alle möglichen Zieldreiecke sind ähnlich zueinander.	

Unterstützende Skizzen zur obigen Tabelle:

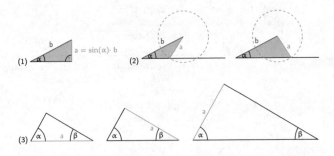

(1) $a = \sin(\alpha) \cdot b$ (2)

(3)

Axiomatische ebene Geometrie

Vorwort zu Teil II: „Axiomatische ebene Geometrie

Wir haben im ersten Teil des Buches gezeigt, wie man sich elementar-geometrischen Fragestellungen unter Verwendung der linearen Algebra nähern kann. Für die Beweise zentraler Aussagen (beispielsweise den Beweis des Kongruenzsatzes SSS oder den Dreispiegelungssatz) haben wir *Spiegelungen, Isometrien, Mittelsenkrechten* sowie viele andere geometrische Begriffe und deren Eigenschaften verwendet. Dabei spielte die lineare Algebra selbst eine untergeordnete Rolle. Sie wurde zwar benötigt um die Begriffe zu definieren und die Eigenschaften zu beweisen, die Eigenschaften selbst (wie beispielsweise Abstandseigenschaften oder Invarianzeigenschaften) lassen sich aber auch ohne den Unterbau der linearen Algebra formulieren. Es stellt sich die Frage, ob man Geometrie auch ohne den massiven Einsatz linearer Algebra betreiben kann.

Die Antwort ist wie so oft: „Es kommt drauf an." Für eine Geometrie in Koordinaten (auch „analytische Geometrie" genannt) ist die lineare Algebra unverzichtbar. Hier liefert sie uns die Methoden um durch Koordinaten spezifizierte Situationen geometrisch zu beschreiben und zu manipulieren. Wir können *ausrechnen,* wo ein Schnittpunkt liegt, welche Koordinaten ein Spiegelbild hat oder durch welche Vektoren eine Gerade beschrieben wird.

Sind die expliziten Koordinaten allerdings nicht relevant, so bedarf es auch der lineare Algebra nicht, wie wir in den folgenden beiden Teilen des Buches zeigen werden. Strukturelle Zusammenhänge zwischen geometrischen Begriffen lassen sich in einer sehr eleganten und, wie wir finden, auch instruktiven Weise auch mit weniger „Rechnen" behandeln. Der Vorteil: Die kognitiven Ressourcen werden nicht beansprucht um komplizierte Terme und Rechnungen nachzuvollziehen und können somit intensiver für geometrische Überlegungen genutzt werden.

Die nächsten beiden Teile diese Buches stehen damit in der bereits von Euklid begründeten Tradition der axiomatischen Geometrie (auch „synthetische Geometrie" genannt). Dieser Zugang ist damit sehr viel älter als die analytische Geometrie, die auf Fermat und Descartes zurück geht.

In Teil II und III dieses Buches arbeiten wir mit vielen Begriffen, die bereits in Teil I vorkamen. Dort waren diese Begriffe immer mit dem Adjektiv *euklidisch* versehen (beispielsweise *euklidische Spiegelung* oder *euklidische Isometrie*). Im Folgenden wird dann von *Spiegelungen* und *Isometrien* die Rede sei. Diese Bezeichnungen haben wir bewusst parallel gewählt, denn: Die in Teil I verwendeten Begriffe sind stets genau die Umsetzungen der axiomatisch fundierten Begriffe in den Teilen II und III für den metrischen Raum $(\mathbb{R}^2, d_2)$.

Abschließend sei noch betont: Wir starten mit unserem Theorieaufbau in Teil II wieder bei Null. Keiner der Inhalte aus Teil I wird verwendet. Dabei werden wir einen alternativen Zugang zur ebenen neutralen Geometrie (ohne Verwendung des Parallelenaxioms) beschreiben, der sich als geometrisch sehr intuitiv herausstellen wird. Ausgangspunkt für alle weiteren Überlegungen wird das Konzept des *metrischen Raums* sein, den wir dann anschließend mit Axiomen bestücken. Metrische Räume als Grundlage für die Axiomatisierung der ebenen Geometrie zu verwenden ist ein Ansatz, der sich von dem Vorgehen in den bekannten „Grundlagen der Geometrie" von David Hilbert (1977) unterscheidet, im Ergebnis aber ein äquivalentes Axiomensystem liefert.

Im Vergleich zu Hilberts Zugang (der eine Fülle feingliedriger Axiome, aufgeteilt in fünf Axiomengruppen beinhaltet) kann allerdings mit dem nachfolgend vorgestellten Zugang eine geringere Menge an Modellen betrachtet werden, die eine echte Teilmenge der Axiome erfüllen. Genau hier ergibt sich aber unserers Erachtens ein Problem beim Einsatz der Hilbertschen (oder ähnlich umfangreichen Axiomatiken) in Geometrieveranstaltungen (insb. im Lehramtsstudium): Um das Axiomensystem mit seinen fünf Axiomengruppen einzuführen, benötigt man viel Zeit. Idealerweise gibt man jeweils Modelle an, die genau eine bestimmte Teilmenge der Axiome erfüllen bzw. nicht erfüllen. Nur so lässt sich die Axiomatik inhaltlich bedeutsam erklären. Diese Zeit steht allerdings oft nicht zur Verfügung, wenn man anstrebt, sich auch noch mit der ebenen euklidischen Geometrie und ihren Sätzen in einer schulrelevanten Weise zu befassen. Der Zugang zur neutralen Geometrie über metrische Räume, der in der von uns präsentierten Form auf Birger Iversen (1992) zurückgeht, lässt sich sehr viel effizienter umsetzen, weil das Konzept des metrischen Raums in der Hochschulmathematik einen breiten Raum einnimmt und daher problemlos in einer Lehrveranstaltung jenseits des ersten Studienjahrs vorausgesetzt werden kann. Darüber hinaus hat dieser Zugang den Vorteil, dass die Relevanz des Messens von Längen und Abständen für die Geometrie jedermann unmittelbar einsichtig ist.

Inhaltsverzeichnis

Geometrische Grundbegriffe in metrischen Räumen

Inhaltsverzeichnis

© Der/die Autor(en), exklusiv lizenziert an Springer-Verlag GmbH, DE, ein Teil
von Springer Nature 2024
M. Hoffmann et al., *Ebene euklidische Geometrie*,
https://doi.org/10.1007/978-3-662-67357-7_4

4

In diesem Kapitel starten wir mit der Beschreibung eines Axiomensystems der ebenen Geometrie. Zur Beschreibung einfacher geometrischer Objekte wie Geraden und Kreisen benötigen wir nichts weiter als eine Menge, auf der wir den Abstand zwischen zwei Punkten kennen. Wir kennen dieses Konstrukt in der Mathematik unter dem Namen *metrischer Raum*. Auch der bereits im euklidischen Kontext in Teil I verwendete Begriff der Isometrie wird im folgenden eine Rolle spielen.

Definition 4.0.1 (Metrischer Raum)

Sei X eine Menge und $d : X \times X \to \mathbb{R}_{\geqslant 0}$ eine Abbildung mit folgenden Eigenschaften für beliebige $x, y, z \in X$:

(M1) $d(x, y) = 0 \quad \Leftrightarrow \quad x = y$,

(M2) $d(x, y) = d(y, x)$ *(Symmetrie)*,

(M3) $d(x, y) + d(y, z) \geqslant d(x, z)$ *(Dreiecksungleichung)*.

Dann nennen wir (X, d) einen **metrischen Raum** und d eine **Metrik.**

Um das Fundament dafür zu legen, in einem solchen Raum Geometrie zu betreiben, wollen wir in den nächsten Unterabschnitten geometrische Grundbegriffe wie Kreise, Geraden und abstandserhaltende Abbildungen einführen. Es ist bemerkenswert, dass dies ohne die Forderung weiterer Eigenschaften bereits möglich ist.

4.1 Kreise

Kreise, nicht Geraden, sind die in einem metrischen Raum am einfachsten einzuführenden Objekte. Ein Kreis ist die Menge aller Punkte, die zu einem gewissen Punkt einen bestimmten Abstand r *(Radius)* haben. Damit definieren wir Kreise über eine *Ortslinieneigenschaft*.

Definition 4.1.1 (Kreis)

Sei (X, d) ein metrischer Raum, $r \geqslant 0$ und $M \in X$. Dann definieren wir durch

$$K_r(M) := \{P \in X \mid d(P, M) = r\}$$

den **Kreis** um M mit Radius r.

Meinen wir die Kreisfläche oder das Innere des Kreises, so verwenden wir den in der Mathematik üblichen Begriff der *Kreisscheibe.*

Definition 4.1.2 (Kreisscheibe)

Sei (X, d) ein metrischer Raum, $r \geqslant 0$ und $M \in X$. Dann definieren wir durch

$$\overline{S}_r(M) := \{P \in X \mid d(P, M) \leqslant r\}$$

die **(abgeschlossene) Kreisscheibe** und durch

$$S_r(M) := \{P \in X \mid d(P, M) < r\}$$

die **offene Kreisscheibe** um M mit Radius r.

Wie die Beispiele in ▶ Anhang. A.2 zeigen, können Kreise und Kreisscheiben von ganz unterschiedlicher Gestalt sein. Nichtsdestotrotz gibt es Aussagen über Kreise, die für jede Metrik gültig sind. Das folgende Lemma über sich schneidende Kreise hat insbesondere eine sehr interessante Anwendung in der Kodierungstheorie (vgl. ▶ Beispiel 4.1.4).

Lemma 4.1.3
Seien (X, d) ein metrischer Raum und $P_1, \ldots, P_n \in X$ eine endliche Anzahl von Punkten. Ferner sei $R > 0$ eine positive reelle Zahl, sodass alle Punkte voneinander einen Abstand größer $2R$ haben. Dann schneiden sich keine zwei der Kreisscheiben $\overline{S}_R(P_1), \ldots, \overline{S}_R(P_n)$.
  In Formeln ausgedrückt heißt das:

$$\forall i, j \in \{1, \ldots n\}, i \neq j : d(P_i, P_j) > 2R$$
$$\Rightarrow \forall i, j \in \{1, \ldots n\}, i \neq j : \overline{S}_R(P_i) \cap \overline{S}_R(P_j) = \emptyset.$$

Beweis Angenommen es gäbe $i, j \in \{1, \ldots n\}$ verschieden und $P \in X$, mit $P \in \overline{S}_R(P_i) \cap \overline{S}_R(P_j) \neq \emptyset$. Dann hätten wir nach Definition der Kreisscheibe $d(P, P_i), d(P, P_j) \leqslant R$ und somit wegen der Dreiecksungleichung (Eigenschaft (M3) metrischer Räume)

$$d(P_i, P_j) \leqslant d(P, P_i) + d(P, P_j) \leqslant 2R,$$

im Widerspruch zur Voraussetzung. Also müssen alle paarweisen Schnitte leer sein. □

Beispiel 4.1.4 (Fehlererkennende und -korrigierende Codes)
Auf Maschinenebene werden Daten als Bitfolgen gespeichert. Ein Bit kann dabei entweder den Wert 0 oder den Wert 1 annehmen. Bei der Übertragung solcher Daten können Fehler

4

auftreten und einzelne Bits falsch übermittelt werden. Um solche Fehler zu erkennen und zu korrigieren, können Informationen mit Redundanz kodiert werden. Das ▶ Lemma 4.1.3 liefert im Zusammenspiel mit der *Hamming-Metrik* (Anzahl der Stellen, an denen sich zwei gleichlange Worte unterscheiden, vgl. Anhang A.2.5) den mathematischen Hintergrund dafür. Wir erklären diese Methode an einem Beispiel:

Für die Steuerung eines einfachen Staubsaugerroboters sollen drei Befehle übertragen werden können: START, PAUSE, LADEN. In einer perfekten Welt würden für die Kodierung der drei Befehle zwei Bits ausreichen, da die Sprache $\{0, 1\}^n$ vier Wörter hat. Wenn wir allerdings ein Bit falsch übertragen, passiert direkt ein Fehler. Nutzen wir stattdessen z. B. eine 6-Bit-Kodierung, kann ein Übertragungsfehlern sogar automatisch korrigiert werden (siehe ◘ Abb. 4.1).   □

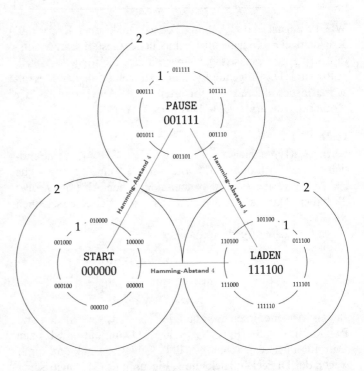

◘ **Abb. 4.1**   Bei dieser 6-Bit-Kodierung der drei Befehle, haben alle sinnvollen Wörter den Hamming-Abstand 4. Mit ▶ Lemma 4.1.3 folgt, dass sich Kreise mit Radius 1 um diese Wörter nicht scheiden, also ein auftretender Übertragungsfehler korrigiert werden kann, weil klar ist, welches Wort gemeint ist. Darüber hinaus können zwei Übertragungsfehler erkannt werden, weil Wörter, die zu den sinnvollen Wörtern den Hamming-Abstand 2 haben, selbst nie sinnvoll sein können. Allgemein gilt, dass wenn die sinnvollen Wörter eine Kodierung einen Hamming-Abstand von n haben, $\lfloor \frac{n-1}{2} \rfloor$ Übertragungsfehler korrigiert werden können

4.2 Geraden

Ein weiteres wichtiges geometrisches Standardobjekt ist die Gerade. Geraden können ebenfalls für beliebige metrische Räume definiert werden. Allerdings kann man die üblicherweise verwendeten Ansätze, eine Gerade als Graph einer affin-linearen Funktion oder als affinen eindimensionalen Untervektorraum zu definieren, für allgemeine metrische Räume nicht einsetzen. Für solche Räume kann man weder affin-lineare Abbildungen noch affine Unterräume definieren.

Was macht eine Gerade als geometrisches Objekt aus? Wir stellen folgende Kernidee an den Anfang: Eine Gerade hat die Eigenschaft, dass sie alle in ihr enthaltenen Punkte auf kürzeste Weise miteinander verbindet. Anders ausgedrückt: Eine Gerade beschreibt den möglichst direkten Weg zwischen allen Punkten, die auf ihr liegen. Was hierbei *möglichst direkt* bedeutet, ist jedoch situationsabhängig, wie folgende Beispiele zeigen:

Beispiel 4.2.1 (Luftlinie)

Wir denken uns eine Wiese (siehe ◘ Abb. 4.2) auf der wir von einem Startpunkt zu einem Zielpunkt gelangen wollen.

Der direkte Weg ist dann der, den wir auch als Luftlinie bezeichnen würden. Die Länge dieses Weges liefert der Satz von Pythagoras als $\sqrt{a^2 + b^2}$. Insbesondere ist der direkte Weg eindeutig.

Auf einem „unendlichgroßen" Feld, wären Geraden somit genau die Objekte, die wir auch intuitiv als Geraden bezeichnen würden. □

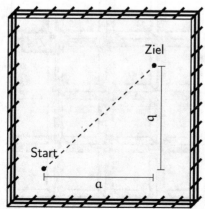

◘ **Abb. 4.2** Direkter Weg auf einer Wiese nach dem Prinzip „Luftlinie". Die (kürzeste) Weglänge beträgt $\sqrt{a^2 + b^2}$

4

Beispiel 4.2.2 (Manhattan)

Als Taxifahrer in Manhattan hilft einem die Vorstellung von *direkt* aus ▶ Beispiel 4.2.1 nicht weiter, da der dort gewählte Weg aufgrund physischer Hindernisse nicht möglich ist (siehe ◘ Abb. 4.3).

Wir gehen an dieser Stelle modellhaft davon aus, dass auf allen Straßen gleich wenig Verkehr herrscht und außerdem Rechts- und Linksabbiegen genau gleichlang dauert. Aufgrund der Bebauung sind direkte Wege (direkte Wege sind hier nicht eindeutig!) all die, bei denen man sich an keiner Stelle in keine Richtung vom Ziel wegbewegt. Dies resultiert in einer Treppenform. Die Weglänge ergibt sich durch $a + b$.

In einem „unendlichgroßen" Manhattan wären Geraden somit genau die Objekte, die eine irgendwie geartete Treppenform haben.   □

Beispiel 4.2.3 (Globus)

Nun wollen wir von einem Ort auf dem Erdball zu einem anderen. Wir nehmen der Einfachheit halber an, dass beide auf dem selben Breitengrad liegen (siehe ◘ Abb. 4.4).

Der theoretisch kürzeste Weg müsste durch einen direkten Tunnel durch die Erde führen, ist also für unser Beispiel nicht realistisch. Wir machen die Einschränkung, dass wir uns auf der Erdoberfläche bewegen. Man könnte vermuten (und das wird auch von gängigen Weltkarten, in denen die Breitengrade alle horizontal verlaufen, unterstützt), dass der kürzeste Weg direkt über den gemeinsamen Breitengrad führt. Legt man allerdings

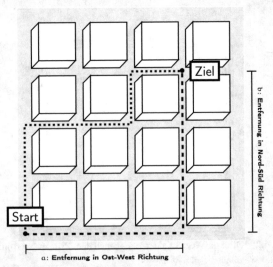

◘ **Abb. 4.3**   Verschiedene direkte Wege beim Taxifahren in Manhattan. Die (für den Taxifahrer kürzeste) Weglänge beträgt $a + b$

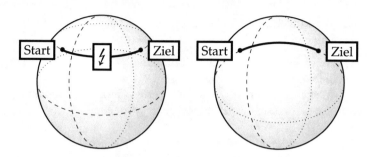

◻ **Abb. 4.4** Auf den Globus laufen kürzeste Wege auf Großkreisen, das heißt Kreisen, deren Mittelpunkt der Erdmittelpunkt ist. Dies entspricht für zwei Orte, die auf dem selben Breitengrad liegen, nicht dem Weg entlang dieses Breitengrades. Um dies nachzuprüfen, zieht man einen Bindfaden auf einer Globusfläche stramm

auf einem Globus einen Faden durch zwei solche Orte und zieht diesen stramm, so sieht man, dass der kürzeste Weg nicht über den Breitenkreis verläuft, außer beide Punkte befinden sich auf dem Äquator. In der Tat ist der kürzeste Weg ein Stück von einem Kreis, der den selben Mittelpunkt hat wie der Äquator, einem so genannten *Großkreis*. Auf einer Kugeloberfläche verlaufen kürzeste Wege immer auf einem solchen Großkreis (auch wenn die zu verbindenden Orte nicht auf einem Breitengrad liegen). Die Weglänge misst man über die Bogenlänge, wie sie üblicherweise im Analysiszyklus eingeführt wird. ◻

Die Beispiele zeigen, dass „direkte" Verbindungen nicht zwingend gerade Linien im „Lineal-Sinn" sein müssen. Es hängt davon ab, was wir in der jeweiligen Situation als „direkten Weg" definieren. Ein Weg ist dann direkt, wenn er bezüglich der vorgegebenen Abstandsmessung zwischen zwei Punkten jeweils möglichst kurz ist. Das heißt, mathematisch formuliert, die Form von Geraden in einem beliebigen metrischen Raum, hängt von der verwendeten Metrik ab.

Darüber hinaus sollen Geraden in gewisser Weise „eindimensionale" Objekte in dem Sinne sein, dass es von einem festgelegten Punkt genau zwei „Laufrichtungen" gibt. Wählt man einen Punkt auf einer Geraden aus, so soll man für eine festgelegte Laufrichtung zu *jedem* Abstand genau einen Punkt auf der Geraden finden[1].

Ein prototypisches Beispiel für eine Struktur mit (unter anderem) diesen Eigenschaften, ist die reelle Zahlengerade versehen mit der durch Absolutbetrag der Differenz gegebenen Metrik. Als Geraden in beliebigen metrischen Räumen werden

---

1 Daraus ergibt sich insbesondere, dass auf dem Globus aus dem letzten Beispiel keine Geraden definiert werden können.

wir Punktmengen bezeichnen, die eine Art Kopie der reellen Zahlengerade sind. Wir gehen in zwei Schritten vor:

1. Wir motivieren eine Definition von Geraden in einem beliebigen metrischen Raum.
2. Wir überprüfen, ob die so definierten Geraden tatsächlich die „Kürzeste-Wege"-Eigenschaft besitzen.

Jeder reellen Zahl wird ein Punkt auf der gegebenen Gerade im metrischen Raum zugeordnet. Die Zahl heißt dann der Parameter des Punktes (eine Art Hausnummer). Dabei sollen die Abstände der Parameter zweier Punkte gleich dem Abstand der beiden Punkte sein (vgl. ◘ Abb. 4.5). Außerdem soll jeder Punkt der Geraden einen Parameter haben. Die Zuordnung Zahl ↦ Geradenpunkt, die wir die Parametrisierung der Gerade durch $\mathbb{R}$ nennen, ist dann eine bijektive Abbildung (in der Zeichnung heißt diese γ), die jedem Parameter genau einen Punkt auf der metrischen Gerade zuordnet. Um die „Kürzeste-Wege"-Eigenschaft von $\mathbb{R}$ zu übertragen, soll außerdem der Abstand der Punkte dem Abstand der Parameter (Hausnummern) entsprechen.

Auf diesen Überlegungen aufbauend definieren wir nun eine metrische Gerade in einem metrischen Raum als eine Teilmenge, die sich durch die reellen Zahlen abstandserhaltend (isometrisch) parametrisieren lässt.

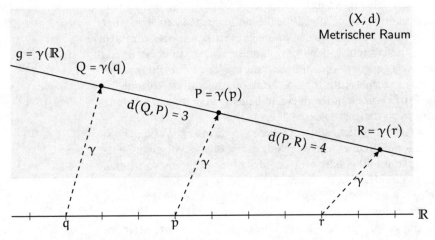

◘ **Abb. 4.5** Parametrisierung einer metrischen Geraden

Definition 4.2.4 (Metrische Gerade)

Sei (X, d) ein metrischer Raum. Eine Teilmenge $g \subset X$ bezeichnen wir als **metrische Gerade,** wenn eine Abbildung $\gamma : \mathbb{R} \to X$ existiert, die die folgenden Eigenschaften hat

(1) $\gamma(\mathbb{R}) = g$,
(2) $\forall t, s \in \mathbb{R} : d(\gamma(t), \gamma(s)) = |t - s|$ *(Isometrieeigenschaft)*.

Eine solche Abbildung nennen wir **(isometrische) Parametrisierung**[2] der metrischen Gerade g.

Beispiel 4.2.5 (Metrische Geraden in normierten Vektorräumen)
Sei $(\mathbb{R}^n, \|\cdot\|)$ ein normierter Vektorraum und $d : \mathbb{R}^n \times \mathbb{R}^n \to \mathbb{R}_{\geqslant 0}$ die von $\|\cdot\|$ durch $d(x, y) = \|x - y\|$ für $x, y \in \mathbb{R}^n$ induzierte Metrik. Dann ist für jedes $a, b \in \mathbb{R}^n$ mit $a \neq 0$ die Vektorraumgerade $g := \mathbb{R}a + b$ eine metrische Gerade.

Beweis Die Idee der Parametrisierung ist, den Richtungsvektor zu normieren. Das führt dazu, dass bei einer Parameteränderung um eins, auch nur ein „Schritt der Länge eins" gemacht wird. Wir wählen also $\gamma : \mathbb{R} \to \mathbb{R}^n$ als $\gamma(t) = \frac{a}{\|a\|} t + b$. Dann ist $\gamma(\mathbb{R}) = g$ und für $s, t \in \mathbb{R}$ gilt

$$d(\gamma(s), \gamma(t)) = \|\gamma(s) - \gamma(t)\| = \left\| \frac{a}{\|a\|} (s - t) \right\|$$

$$= |s - t| \cdot \left\| \frac{a}{\|a\|} \right\| = |s - t|.$$

$\square$

Schnittstelle 5 (Parametrisierungen geometrischer Objekte)

Bei der Definition metrischer Geraden (▶ Definition 4.2.4) wird eine Teilmenge in einem Punktraum (in dem Fall der metrische Raum (X, d)) durch $\mathbb{R}$ *parametrisiert.* Das bedeutet, dass jeder Punkt der Teilmenge mit einer reellen Zahl identifiziert wird. Diese Strategie ist bereits aus dem Mathematikunterricht der Oberstufe bekannt. Dort werden Geraden und Ebenen des $\mathbb{R}^2$ und $\mathbb{R}^3$ als parametrisierte Objekte betrachtet:

---

[2] Da wir sehr häufig mit Parametrisierungen hantieren werden und der Begriff isometrische Parametrisierung etwas sperrig ist, sprechen wir im folgenden häufig nur von Parametrisierungen einer Gerade, meinen aber stets Parametrisierungen, die auch die Isometrieeigenschaft haben.

4

In der sogenannten *Parameterform* einer Gerade im $\mathbb{R}^2$ und $\mathbb{R}^3$ wird jeder Punkt auf der Gerade über den Zusammenhang „Zahl · Richtungsvektor + Stützvektor" durch mit einer reellen Zahl identifiziert. Bei Ebenen im $\mathbb{R}^3$ findet über „Zahl 1 · Spannvektor 1 + Zahl 2 · Spannvektor 2 + Stützvektor" eine Identifizierung mit $\mathbb{R}^2$ statt.

▶ Beispiel 4.2.5 bedeutet, dass die Parameterform einer Geraden, wie sie in der Schule verwendet wird, genau dann eine isometrische Parametrisierung im Sinne von ▶ Definition 4.2.4 darstellt, wenn der Richtungsvektor normiert ist.

Die Idee der Parametrisierung wird uns in ▶ Definition 4.2.16 erneut begegnen, wenn ein beliebiger stetiger Weg durch das Intervall $[0, 1]$ parametrisiert wird. Dabei steht der Parameter 0 für den Start und der Parameter 1 für das Ende des Weges. Diese Art Parametrisierungen sind in aller Regel nicht isometrisch.

Allgemein kommen Parametrisierungen in verschiedenen Bereichen der Mathematik zur Anwendung und eignen sich nicht nur zur Darstellung linearer Objekte. Ein einfaches Beispiel ist ein Kreis im euklidischen Raum $\mathbb{R}^2$ (Mittelpunkt M, Radius r), der über den Zusammenhang

$$[0, 2\pi[\,\to\, \mathbb{R}^2, \quad \alpha \mapsto r \cdot (\cos \alpha, \sin \alpha) + M$$

parametrisiert werden kann.

In der universitären Mathematik werden solche Objekte, die sich durch $\mathbb{R}^n$ parametrisieren lassen, als *Mannigfaltigkeiten* bezeichnet.

Beispiel 4.2.6 (Euklidische Geraden)

Aus ▶ Beispiel 4.2.5 folgt sofort, dass die in ▶ Definition 1.0.1 definierten euklidischen Geraden metrische Geraden im metrischen Raum $(\mathbb{R}^2, d_2)$ sind. ☐

Beispiel 4.2.7 (Metrische Geraden bezüglich der Maximumsnorm)

Im normierten Raum $(\mathbb{R}^2, \|\cdot\|_\infty)$ gibt es durch die Punkte $A = \begin{pmatrix} 0 \\ 0 \end{pmatrix}$ und $B = \begin{pmatrix} 1 \\ 0 \end{pmatrix}$ mehr als eine metrische Gerade.

Beweis Aus dem letzten Beispiel wissen wir, dass die Vektorraumgerade durch A und B eine metrische Gerade ist. Wir betrachten nun die Abbildung

$$\gamma : \mathbb{R} \to \mathbb{R}^2, \quad t \mapsto \gamma(t) = \begin{cases} \begin{pmatrix} t + \frac{1}{2} \\ \frac{1}{2}t + \frac{1}{4} \end{pmatrix}, & t \leqslant 0 \\ \begin{pmatrix} t + \frac{1}{2} \\ -\frac{1}{2}t + \frac{1}{4} \end{pmatrix}, & t > 0 \end{cases}$$

und zeigen, dass es bei γ sich um eine *parametrisierte Gerade* handelt, d. h. $\gamma(\mathbb{R})$ ist eine metrische Gerade, die durch die Abbildung $\gamma : \mathbb{R} \to \gamma(\mathbb{R})$ parametrisiert wird (◘ Abb. 4.6). Dazu seien $s, t \in \mathbb{R}$. Es können drei verschiedene Fälle auftreten:

1. $s, t \leqslant 0$:

$$\|\gamma(t) - \gamma(s)\|_\infty = \left\| \begin{pmatrix} t - s \\ \frac{1}{2}(t - s) \end{pmatrix} \right\|_\infty = |t - s|.$$

2. $s, t > 0$:

$$\|\gamma(t) - \gamma(s)\|_\infty = \left\| \begin{pmatrix} t - s \\ \frac{1}{2}(s - t) \end{pmatrix} \right\|_\infty = |t - s|.$$

3. $s \leqslant 0 < t$:

$$\|\gamma(t) - \gamma(s)\|_\infty = \left\| \begin{pmatrix} t - s \\ -\frac{1}{2}(t + s) \end{pmatrix} \right\|_\infty = |t - s|.$$

Also ist γ eine parametrisierte Gerade. □

Beispiel 4.2.8 (Metrische Geraden bezüglich der Maximumsnorm – Funktionsgraphen)

Im normierten Raum $\left(\mathbb{R}^2, \|\cdot\|_\infty\right)$ ist für eine beliebige stetig differenzierbare Funktion $f : \mathbb{R} \to \mathbb{R}$ mit $|f'| < 1$ der Funktionsgraph eine metrische Gerade.

Beweis Seien $s, t \in \mathbb{R}$ mit $s \leqslant t$. Nach dem Mittelwertsatz der Differentialrechnung existiert dann ein $x_0 \in \mathbb{R}$ mit

$$\frac{|f(t) - f(s)|}{|t - s|} = |f'(x_0)|.$$

Nach Voraussetzung gilt $|f'(x_0)| < 1$ und damit $|f(t) - f(s)| < |t - s|$. Dann erfüllt die kanonische Parametrisierung $\gamma : \mathbb{R} \to \mathbb{R}^2$ des Funktionsgraphen von f wegen

$$\|\gamma(t) - \gamma(s)\|_\infty = \left\| \begin{pmatrix} t - s \\ f(t) - f(s) \end{pmatrix} \right\|_\infty$$

$$= \max\{|t - s|, |f(t) - f(s)|\} \overset{|f(t)-f(s)|<|t-s|}{=} |t - s|$$

die Isometrieeigenschaft aus ▶ Definition 4.2.4. □

4

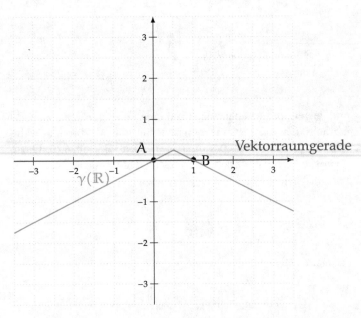

☐ **Abb. 4.6**   Unterschiedliche metrische Geraden durch die Punkte A und B bezüglich der durch $\|\cdot\|_\infty$ induzierten Metrik. (▶ Beispiel 4.2.7)

?!

Machen Sie sich als Übung präzise klar, warum die drei Eigenschaften gelten.

Bemerkung 4.2.9 (Eigenschaften metrischer Geraden)

Seien (X, d) ein metrischer Raum und $g \subset X$ eine metrische Gerade, die durch die Abbildung $\gamma : \mathbb{R} \to X$ parametrisiert wird. Dann gelten folgende Aussagen:

1. Wegen der Isometrieeigenschaft ist γ injektiv, also bijektiv als Abbildung $\gamma : \mathbb{R} \to \gamma(\mathbb{R})$.
2. $\gamma : \mathbb{R} \to X$ ist stetig.
3. Sowohl $\gamma_-(x) := \gamma(-x)$ als auch $\gamma_k(x) := \gamma(x + k)$ (für beliebiges $k \in \mathbb{R}$) sind Parametrisierungen für g. Insbesondere hat jede metrische Geraden also unendlich viele Parametrisierungen. ☐

Weitere nützliche Eigenschaften liefern uns folgende Lemmata.

Lemma 4.2.10

Seien (X, d) ein metrischer Raum, $g \subset X$ eine metrische Gerade und $P \in g$ ein Punkt. Dann gibt es für jede positive reelle Zahl d genau zwei Punkte auf g, die von P den Abstand d haben.

Beweis Sei $\gamma : \mathbb{R} \to X$ eine Parametrisierung von g und $p \in \mathbb{R}$ der zu P gehörige Parameter (also $\gamma(p) = P$). Auf $\mathbb{R}$ gibt es genau zwei Punkte, deren Abstand von p gerade d ist, nämlich

$q_\pm = p \pm d$. Da γ eine Isometrie ist, sind $Q_\pm := \gamma(q_\pm)$ zwei Punkte auf g, die den Abstand d von P haben. Wenn $Q = \gamma(q)$ ein Punkt mit $d(P, Q) = d$ ist, dann gilt $d = d(P, Q) = |p - q|$, also ist $q \in \{q_+, q_-\}$ und $Q \in \{Q_+, Q_-\}$. $\qquad\square$

Lemma 4.2.11 (Charakterisierung von Parametrisierungen)
Seien (X, d) ein metrischer Raum und $g \subset X$ eine metrische Gerade. Dann gelten:

(i)   Zu $A, B \in g$ und $a, b \in \mathbb{R}$ mit $0 < d(A, B) = |a - b|$ gibt es genau eine Parametrisierung γ von g mit $\gamma(a) = A$ und $\gamma(b) = B$.

(ii) Zu $A, B \in g$ und $a, b \in \mathbb{R}$ mit $0 < d(A, B) \neq |a - b|$ gibt es keine Parametrisierung γ von g mit $\gamma(a) = A$ und $\gamma(b) = B$.

(iii) Zu $A \in g$ und $a \in \mathbb{R}$ gibt es genau zwei Parametrisierungen γ von g mit $\gamma(a) = A$.

Beweis

(i)   Die Eindeutigkeit ist klar, weil jeder Punkt c in $\mathbb{R}$ durch die beiden Abstände $|a-c|$ und $|b-c|$ eindeutig festgelegt wird: Es gibt genau zwei reelle Zahlen, die zu a den Abstand $|a - c|$ haben. Diese haben aber wegen $a \neq b$ einen unterschiedlichen Abstand zu b. Um die Existenz einer solchen Parametrisierung zu zeigen, betrachten wir eine beliebige Parametrisierung $\gamma : \mathbb{R} \to g \subset X$ von g. Wenn $A = \gamma(a')$, dann sind $\gamma_\pm : \mathbb{R} \to g \subset X, t \mapsto \gamma(\pm(t - a) + a')$ Parametrisierungen von g mit $\gamma_\pm(a) = A$. Weiter gilt $d(\gamma_\pm(b), A) = d(\gamma_\pm(b), \gamma_\pm(a)) = |b - a| = d(B, A)$. Wegen $\gamma_+(b) = \gamma(+(b-a)+a') \neq \gamma(-(b-a)+a') = \gamma_-(b)$ zeigt ▶ Lemma 4.2.10, dass $B \in \{\gamma_+(b), \gamma_-(b)\}$. Also hat entweder γ_+ oder γ_- die gewünschten Eigenschaften.

(ii) Dieser Teil ist klar, weil nach Definition 4.2.4 eine Parametrisierung isometrisch sein muss.

(iii) Sei $\gamma : \mathbb{R} \to g \subset X$ eine Parametrisierung von g und $a' \in \mathbb{R}$ die (eindeutig bestimmte) Zahl mit $\gamma(a') = A$. Dann sind $\gamma_\pm : \mathbb{R} \to g \subset X$ aus (i) zwei unterschiedliche Parametrisierungen von g mit $\gamma_\pm(a) = A$. Wenn $\eta : \mathbb{R} \to g \subset X$ eine beliebige Parametrisierung von g mit $\eta(a) = A$ ist, dann gilt für $B := \eta(a + 1)$, dass $d(B, A) = |(a + 1) - a| = 1$. Wenn $b_\pm \in \mathbb{R}$ so gewählt ist, dass $\gamma_\pm(b_\pm) = B$, dann gilt $1 = d(B, A) = |b_\pm - a|$. Also ist entweder $b_+ = a + 1$ oder $b_- = a + 1$. Nach (i) stimmt dann η entweder mit γ_+ oder mit γ_- überein. $\qquad\square$

Oft spricht man davon, dass ein Punkt auf einer Geraden zwischen zwei anderen Punkten liegt. Eine solche „Zwischen"-Relation können wir auch für metrische Geraden definieren:

4

> **Definition 4.2.12 (Zwischen-Relation für metrische Geraden)**
>
> Seien (X, d) ein metrischer Raum und $g \subset X$ eine metrische Gerade mit einer Parametrisierung $\gamma : \mathbb{R} \to g = \gamma(\mathbb{R}) \subset X$. Ferner seien $A = \gamma(a), B = \gamma(b)$ und $C = \gamma(c)$ Punkte auf g. Wir sagen, dass C **auf der Geraden** g **zwischen** A **und** B **liegt,** wenn entweder $a < c < b$ oder $a > c > b$ gilt.

Proposition 4.2.13 (Wohldefiniertheit der Zwischen-Relation)
Die in ▶ Definition 4.2.12 definierte Zwischen-Relation ist wohldefiniert, im Sinne, dass sie nicht von der Wahl der Parametrisierung abhängt.

Beweis Sei $\delta : \mathbb{R} \to g$ eine weitere isometrische Parametrisierung von g mit Parametern a', b' und c' für A, B und C. Ohne Einschränkung gelte $a < c < b$. Weil γ, δ Isometrien sind, folgt:

$$\begin{cases} |c' - a'| = d(A, C) = |c - a| = c - a, \\ |b' - c'| = d(C, B) = |b - c| = b - c, \\ |b' - a'| = d(A, B) = |b - a| = b - a. \end{cases}$$

$$\Rightarrow \quad |c' - a'| + |b' - c'| = |b' - a'|$$

$$\Rightarrow \quad \begin{cases} a' < c' < b' \quad \text{oder} \\ a' > c' > b'. \end{cases}$$

Damit ist die Wohldefiniertheit gezeigt. □

Korollar 4.2.14 (Transitivitätseigenschaft der Zwischen-Relation)
Die in ▶ Definition 4.2.12 definierte Zwischen-Relation erfüllt eine Transitivitätseigenschaft im folgendem Sinne. Seien $A, B, C, D \in X$ Punkte auf einer metrischen Geraden $g \subset X$. Dann gelten:

(i)   Liegt B zwischen A und C und C zwischen A und D, so liegt B auch zwischen A und D (◘ Abb. 4.7, links).
(ii) Liegt B zwischen C und D und C zwischen A und D, so liegt B auch zwischen A und D (◘ Abb. 4.7, rechts).

◘ **Abb. 4.7**   Skizze zur Transitivitätseigenschaft der Zwischen-Relation aus ▶ Korollar 4.2.14

Beweis Wegen der Wohldefiniertheit nach ▶ Proposition 4.2.13 können alle Beziehungen anhand der gleichen Parametrisierung von g untersucht werden. Dann folgen die Aussagen direkt aus ▶ Definition 4.2.12 in Verbindung mit der Transitivität der größer/kleiner-Relation auf $\mathbb{R}$. ☐

Mit dieser Vorbereitung können wir zeigen, dass unser Konzept von metrischen Geraden tatsächlich die Vorstellung verwirklicht, dass kürzeste Verbindungswege auf Geraden verlaufen (siehe *Schritt 2* oben). Dazu beweisen wir zunächst folgenden Satz.

Satz 4.2.15
Seien (X, d) ein metrischer Raum und $g \subset X$ eine metrische Gerade mit einer Parametrisierung $\gamma : \mathbb{R} \to g = \gamma(\mathbb{R}) \subset X$. Dann gilt für alle $A, B \in g$: Liegt C auf g zwischen A und B, dann gilt

$$d(A, C) + d(C, B) = d(A, B).$$

Beweis Seien $a, b, c \in \mathbb{R}$ die Parameter von A, B, C bezüglich der Parametrisierung γ. Ohne Einschränkung gelte $a < c < b$. Wir erhalten

$$d(A, C) + d(C, B) = |c - a| + |b - c| \stackrel{a < c < b}{=} |b - a| = d(A, B).$$

☐

Bevor wir über kürzeste Wege sprechen können, müssen wir erklären, was wir unter einem Weg in einem metrischen Raum verstehen wollen und wie wir einem Weg eine Länge zuweisen können. Auch dafür nutzen wir das Konzept der Parametrisierung. Außerdem haben Wege einen Start und einen Zielpunkt, sodass auch der Definitionsbereich nicht ganz $\mathbb{R}$, sondern ein beschränktes abgeschlossenes Intervall ist.

Definition 4.2.16 (Stetige Wege und ihre Länge)

(a) Seien (X, d) ein metrischer Raum und $a, b \in \mathbb{R}$. Eine stetige Abbildung $\gamma : [a, b] \to X$ nennen wir einen **stetigen Weg**. Wir bezeichnen $\gamma([a, b]) \subset X$ als die zu γ gehörige **Kurve** mit Anfangspunkt $\gamma(a)$ und Endpunkt $\gamma(b)$.

(b) Für einen injektiven stetigen Weg $\gamma : [a, b] \to X$ in einem metrischen Raum (X, d) definieren wir die **Länge** von γ durch

$$L(\gamma) := \sup \left\{ \sum_{i=1}^{n} d\left(\gamma(t_i), \gamma(t_{i-1})\right) \middle| \, a = t_0 < t_1 < \ldots < t_n \right.$$

$$\left. = b, n \in \mathbb{N}. \right\}$$

4

Beispiel eines stetigen Weges

▶ https://www.geogebra.org/
m/rfgznbzw

Bemerkung 4.2.17 (Wohldefiniertheit der Weglänge für verschiedene Parametrisierungen)

Injektive stetige Wege $\gamma : [a, b] \to X$ und $\delta : [c, d] \to X$ mit der selben Kurve $K \subset X$ haben die gleiche Länge, denn:

Die Verknüpfung $\delta^{-1} \circ \gamma : [a, b] \to [c, d]$ ist bijektiv, stetig[3] und es gilt $a \mapsto c$ und $b \mapsto d$. Also ist sie insbesondere streng monoton steigend. Für die Umkehrfunktion $\gamma^{-1} \circ \delta$ gilt das gleiche. Damit gibt es zu jeder Folge $a = t_0 < \ldots < t_n = b$ eine Folge $c = t_0' < \ldots < t_n' = d$, sodass die Summe der Abstände übereinstimmen und umgekehrt genauso. Damit stimmen auch die beiden Suprema überein und es folgt $L(\gamma) = L(\delta)$, wie gewünscht. $\square$

Zur Bestimmung der Länge eines Weges beschreiben wir also die zugehörige Kurve durch endlich viele in ihr enthaltende Punkte und nähern die Länge durch die Summe der Abstände zwischen diesen Punkten an. Das Supremum über alle möglichen solcher Unterteilungen liefert dann die Weglänge $L(\gamma)$. Diese kann unter Umständen auch unendlich sein. Wir wollen aber kürzeste Wege haben und arbeiten im Folgenden nur mit Wegen endlicher Länge. Wir erklären in der folgenden Bemerkung, warum für zwei beliebige Punkte auf einer metrischen Gerade, die Gerade eine kürzeste Verbindung liefert. Allerdings ist an diesem Punkt unserer Geometrie metrischer Räume noch nicht geklärt, dass es zu zwei Punkten immer auch eine metrische Gerade geben muss, auf der die beiden Punkte liegen. Dies trifft in allgemeinen metrischen Räumen nicht zu (z. B. für die diskrete Metrik, siehe Bemerkung A.2.3 (2)) und ist eine Eigenschaft, die wir im nächsten Kapitel im Rahmen des sogenannten *Inzidenzaxioms* (▶ Axiom 5.1.1) postulieren werden.

---

3   Die Tatsache, dass δ^{-1} stetig ist, ist nicht trivial und nutzt ein Argument aus der weiterführenden Analysis, dass wir hier nur zitieren: Das Intervall $[c, d]$ ist abgeschlossen und beschränkt, also kompakt (Hilgert, 2013, S. 49). Darüber hinaus ist $(K, d) \subset (X, d)$ als metrischer Raum hausdorffsch (Hilgert, 2013, S. 34). Dann hat δ als stetige Bijektion $[c, d] \to K$ von einer kompakten Menge in einen Hausdorff-Raum eine stetige Umkehrung (Hilgert , 2013, S. 46).

Bemerkung 4.2.18 (Kürzeste-Wege Eigenschaft metrischer Geraden)

Wir erklären nun, wie aus ▶ Satz 4.2.15 die Kürzeste-Wege Eigenschaft folgt:

Zuerst sei bemerkt, dass für einen beliebigen Weg γ : $[a, b] \to X$ stets gilt $L(\gamma) \geqslant d(\gamma(a), \gamma(b))$. Dies folgt ganz einfach, da in der Menge, über die in der Definition von $L(\gamma)$ das Supremum genommen wird, für $n = 1$ stets $d(\gamma(a), \gamma(b))$ enthalten ist.

Sei nun $\delta : \mathbb{R} \to X$ eine isometrische Parametrisierung von g mit $\delta(p) = P$ und $\delta(q) = Q$. Ohne Einschränkung gelte $p < q$. Da δ stetig ist, ist $\delta' := \delta|_{[p,q]}$ ein stetiger Weg von P nach Q und es gilt mit ▶ Satz 4.2.15:

$$L(\delta') = \sup \left\{ \sum_{i=1}^{n} d\left(\delta'(t_i), \delta'(t_{i-1})\right) \,\middle|\, \right.$$
$$\left. p = t_0 < t_1 < \ldots < t_n = q, n \in \mathbb{N} \right\}$$

$$\overset{4.2.15}{=} \sup\{d\left(\delta'(t_0), \delta'(t_n)\right) | p = t_0 < t_1 < \ldots < t_n$$
$$= q, n \in \mathbb{N}\}$$

$$\overset{\delta' \text{ isom.}}{=} |p - q| = d(P, Q).$$

Durch die Einschränkung der Parametrisierung auf $[p, q]$ erhalten wir also tatsächlich einen stetigen Weg von P nach Q, dessen Länge dem Abstand der beiden Punkte entspricht. Nach obiger Bemerkung wissen wir schon, dass dies die minimal mögliche Länge eines Weges von P nach Q ist. Man beachte dabei aber, dass dieses Geradenstück nicht der einzige kürzeste Verbindungsweg zu sein braucht (siehe ▶ Beispiel 4.2.7). □

4.3 Isometrien

Zum Abschluss dieses Kapitels definieren wir noch Isometrien im allgemeinen Kontext metrischer Räume.

Definition 4.3.1 (Isometrie)

Seien (X, d_X) und (Y, d_Y) metrische Räume. Eine Abbildung $\varphi : X \to Y$ heißt **Isometrie,** falls für alle $P, Q \in X$ gilt

$$d_Y(\varphi(P), \varphi(Q)) = d_X(P, Q).$$

4

Bemerkung 4.3.2

?!

Machen Sie sich als Übung präzise klar, warum die drei Eigenschaften gelten.

1. Isometrien sind injektiv (folgt sofort aus der Metrikeigenschaft (M1)).
2. Ist eine Isometrie bijektiv, so ist auch die Umkehrabbildung eine bijektive Isometrie.
3. Isometrien sind stetig.
4. Parametrisierungen von metrischen Geraden sind Isometrien.   □

?!

Bevor Sie weiterlesen: Finden Sie ein Beispiel für einen metrischen Raum mit einer nicht surjektiven Isometrie?

Bemerkung 4.3.3 (Surjektivität von Isometrien)

In einem metrischen Raum (X, d) sind Isometrien zwar immer injektiv (siehe ▸ Bemerkung 4.3.2), aber nicht automatisch surjektiv. Ein einfaches Gegenbeispiel finden wir im metrischen Raum $(\mathbb{N}, |\cdot|)$. Hier ist die Isometrie $n \mapsto n + 2$ offensichtlich nicht surjektiv, weil $1 \in \mathbb{N}$ kein Urbild hat.   □

Die in den ▸ Abschn. 4.1 und 4.2 eingeführten geometrischen Objekte *Geraden* und *Kreise* bleiben unter bijektiven Isometrien erhalten, wie wir in den folgenden Lemmata zeigen werden.

Lemma 4.3.4 (Kreise unter Isometrien)

Seien (X, d_X) und (Y, d_Y) metrische Räume und $\varphi : X \to Y$ eine bijektive Isometrie. Dann gilt für $M \in X$ und $r > 0$:

$$\varphi(K_r(M)) = K_r(\varphi(M)).$$

Isometrien bilden also Kreise auf Kreise ab, wobei der Radius erhalten bleibt.

Hands On ...

...und probieren Sie den Beweis zunächst selbst!

Beweis

$$P \in \varphi(K_r(M)) \stackrel{\text{bijektiv}}{\Leftrightarrow} \varphi^{-1}(P) \in K_r(M) \Leftrightarrow d_X(\varphi^{-1}(P), M) = r$$

$$\stackrel{\text{Isometrie}}{\Leftrightarrow} d_Y(P, \varphi(M)) = r \Leftrightarrow P \in K_r(\varphi(M)).$$

□

Lemma 4.3.5 (Metrische Geraden unter Isometrien)

Seien (X, d_X) und (Y, d_Y) metrische Räume und $\varphi : X \to Y$ eine Isometrie. Ferner sei $g \subset X$ eine metrische Gerade. Dann ist auch $\varphi(g)$ eine metrische Gerade.

Hands On ...

...und probieren Sie den Beweis zunächst selbst!

Beweis Sei $\gamma : \mathbb{R} \to X$ eine Parametrisierung von g. Dann gelten für $\delta := \varphi \circ \gamma : \mathbb{R} \to Y$ folgende Eigenschaften: $\delta(\mathbb{R}) = \varphi(\gamma(\mathbb{R})) = \varphi(g)$ und außerdem für $s, t \in \mathbb{R}$:

$$d_Y(\delta(s), \delta(t)) = d_X(\gamma(s), \gamma(t)) = |t - s|.$$

Somit ist δ eine Parametrisierung einer metrischen Gerade und $\varphi(g)$ eine metrische Gerade. $\qquad\Box$

Bemerkung 4.3.6 (Gruppe der bijektiven Isometrien)

Sei (X, d) ein metrischer Raum und $\mathrm{Isom}(X)$ die Menge der bijektiven Isometrien $X \to X$. Es ist leicht zu verifizieren, dass $\mathrm{Isom}(X)$ abgeschlossen unter der Verkettung von Abbildungen ist und $(\mathrm{Isom}(X), \circ)$ eine Gruppe bildet. $\qquad\Box$

Beispiel 4.3.7 (Die Isometrien von $(\mathbb{R}, |\cdot|)$)

Wir klassifizieren die Isometrien des metrischen Raums $(\mathbb{R}, |\cdot|)$. Die gewonnene Erkenntnis wird uns im weiteren Verlauf des Buches an verschiedenen Stellen von Nutzen sein. Dazu betrachten wir die folgenden beiden Mengen

$$R := \{r_y : \mathbb{R} \to \mathbb{R} \mid y \in \mathbb{R}, \ x \mapsto r_y(x) = y - x\},$$
$$T := \{t_y : \mathbb{R} \to \mathbb{R} \mid y \in \mathbb{R}, \ x \mapsto t_y(x) = y + x\}.$$

Wir interpretieren R und T zunächst geometrisch und zeigen anschließend, dass die Vereinigung der beiden Mengen $\mathrm{Isom}(\mathbb{R})$ ist. Seien $x, y \in \mathbb{R}$, $r_y \in R$ und $t_y \in T$. Es gelten

$$r_y(x) = r_y\left(\frac{y}{2} + \left(x - \frac{y}{2}\right)\right) = \frac{y}{2} - \left(x - \frac{y}{2}\right) \quad \text{und}$$
$$t_y(x) = y + x.$$

Damit können wir die Abbildungen in R geometrisch als Spiegelungen r_y am Punkt $\frac{y}{2}$ interpretieren und die Abbildungen aus T als Verschiebungen t_y um y.

Für $x_1, x_2, y \in \mathbb{R}$ gilt $|(x_1 \pm y) - (x_2 \pm y)| = |x_1 \pm y - x_2 \mp y| = |x_1 - x_2|$, also $R, T \subset \mathrm{Isom}(\mathbb{R})$.

Seien umgekehrt $\gamma \in \mathrm{Isom}(\mathbb{R})$ und $y := \gamma(0)$. Dann folgt für $x \in \mathbb{R}$ aus $|\gamma(0) - \gamma(x)| = |0 - x| = x$:

$$\gamma(x) \in \{\gamma(0) \pm x\} = \{y \pm x\} = \{t_y(x), r_y(x)\} \quad (\star).$$

Insbesondere gilt also $\gamma(1) \in \{y \pm 1\}$. Wir unterscheiden zwei Fälle:

Fall 1: $\gamma(1) = y + 1$. Angenommen es gäbe ein $x \in \mathbb{R} \setminus \{0\}$ mit $\gamma(x) \neq y + x = t_y(x)$. Nach $(\star)$ wäre dann $\gamma(x) = y - x$. Da γ eine Isometrie ist, folgt

$$|x - 1| = |\gamma(x) - \gamma(1)| =$$
$$|y - x - (y + 1)| = |-x - 1| = |x + 1|.$$

Wegen $x \neq 0$ kann dies aber nicht sein. Widerspruch. Zusammen mit $\gamma(0) = y = y + 0 = t_y(0)$ folgt $\gamma = t_y$.

Fall 2: $\gamma(1) = y - 1$. Angenommen es gäbe ein $x \in \mathbb{R} \setminus \{0\}$ mit $\gamma(x) \neq y - x = r_y(x)$. Nach $(\star)$ wäre dann $\gamma(x) = y + x$. Da γ eine Isometrie ist, folgt

$$|x - 1| = |\gamma(x) - \gamma(1)| = |y + x - (y - 1)|$$
$$= |y + x - y + 1| = |x + 1|.$$

Wegen $x \neq 0$ kann dies aber nicht sein. Widerspruch. Zusammen mit $\gamma(0) = y = y - 0 = r_y(0)$ folgt $\gamma = r_y$.

Es folgt $\gamma \in R \cup T$ und damit die gewünschte Aussage $R \cup T = \text{Isom}(\mathbb{R})$. $\qquad\square$

Ebene neutrale Geometrie in metrischen Räumen

Inhaltsverzeichnis

In ▸ Kap. 4 haben wir gezeigt, dass bereits die Struktur eines metrischen Raumes ausreichend ist, um geometrische Objekte wie Kreise (▸ Definition 4.1.1) und Geraden (▸ Definition 4.2.4) zu definieren und mit diesen erste geometrische Überlegungen anzustellen. In dieser Allgemeinheit verhalten sich diese Objekte jedoch nicht immer so, wie man es aus dem Geometrieunterricht in der Mittelstufe erwarten würde: Wählt man zum Beispiel als metrischen Raum den $\mathbb{R}^2$, versehen mit der durch die 1-Norm $\left\| (x_1, x_2)^T \right\|_1 = |x_1| + |x_2|$ induzierten *Manhattanmetrik* (vgl. Anhang A.2.2), so ist es möglich, dass Kreise mit unterschiedlichen Mittelpunkten unendlich viele gemeinsame Punkte haben und es durch zwei verschiedene Punkte mehrere metrische Geraden gibt (◘ Abb. 5.1).

Um die ebene Geometrie zu beschreiben, wie sie z. B. in der Mittelstufe unterrichtet wird, benötigen wir also neben den Axiomen des metrischen Raumes weitere Axiome, die die Auswahl der Modelle, die das Axiomensystem erfüllen, einschränken. In diesem Kapitel zeigen wir einen Weg, wie dies mit nur zwei weiteren Axiome gelingen kann. Die Ausstattung eines metrischen Raumes mit dem sogenannten *Inzidenz axiom* (▸ Axiom 5.1.1) und dem sogenannten *Spiegelungsaxiom* (▸ Axiom 5.1.7) ist es möglich, Begriffe wie Spiegelungen, Kongruenz oder Orthogonalität in einer Weise zu definieren, dass viele der resultierenden Eigenschaften konsistent zu den intuitiven Erwartungen sind. So können beispielsweise die Kongruenzsätze und der bereits aus ▸ Korollar 2.1.5 bekannte Dreispiegelungssatz in diesem Rahmen bewiesen werden.

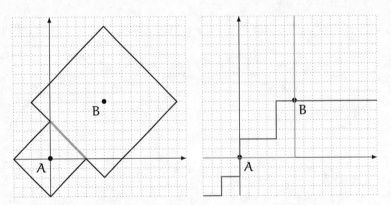

◘ **Abb. 5.1**   Die beiden Kreise um A und B bezüglich der Manhattanmetrik im linken Bild haben unendlich viele gemeinsame Punkte. Im rechten Bild sieht man mehrere metrischen Geraden durch A und B

5.1 Definition und zentrale Begriffe

Wir beginnen den axiomatischen Aufbau der ebenen Geometrie mit dem *Inzidenzaxiom*. Dieses garantiert zwei wichtige Eigenschaften über das Zusammenspiel von Punkten und (metrischen) Geraden, nämlich erstens, dass zu zwei verschiedenen Punkten immer eine metrische Gerade existiert, die diese Punkte enthält und zweitens, dass diese sogar eindeutig ist. Damit sind insbesondere Situationen wie in ◘ Abb. 5.1 ausgeschlossen.

Axiom 5.1.1 (Inzidenzaxiom)

Sei (X, d) ein metrischer Raum mit mindestens zwei Punkten. Wir sagen, dass X das **Inzidenzaxiom** der ebenen Geometrie erfüllt, falls es zu je zwei Punkten $A, B \in X$ mit $A \neq B$ genau eine metrische Gerade gibt, die A und B enthält.

Schon dieses zusätzliche Axiom ermöglicht uns eine erste starke Aussage über Abstände von Punkten.

Proposition 5.1.2 (Strikte Dreiecksungleichung)

Sei (X, d) ein metrischer Raum, der das Inzidenzaxiom ▶ Axiom 5.1.1 erfüllt. Ferner seien $A, B, C \in X$ Punkte, die nicht auf einer gemeinsamen Geraden liegen. Dann gilt die **strikte Dreiecksungleichung**

$$d(A, C) < d(A, B) + d(B, C).$$

Beweis Wir führen einen Beweis durch Widerspruch und nehmen an, dass

$$d(A, C) = d(A, B) + d(B, C). \quad (\star).$$

Wir wählen $a, b, c \in \mathbb{R}$ mit $b - a = d(A, B)$ und $c - b = d(B, C)$. Da das Inzidenzaxiom erfüllt ist, existieren drei metrische Geraden, die jeweils paarweise A, B und C enthalten. Wegen $(\star)$ und ▶ Lemma 4.2.10 können wir Parametrisierungen $\gamma_{AB}, \gamma_{BC}, \gamma_{AC} : \mathbb{R} \to X$ wählen mit (◘ Abb. 5.2)

$$\gamma_{AB}(a) = A, \quad \gamma_{AB}(b) = B,$$
$$\gamma_{AC}(a) = A, \quad \gamma_{AC}(c) = C$$
$$\gamma_{BC}(b) = B, \quad \gamma_{BC}(c) = C.$$

Um zu zeigen, dass A, B und C unter obiger Annahme tatsächlich auf einer metrischen Gerade liegen, konstruieren wir zunächst einen Kandidaten für eine Parametrisierung:

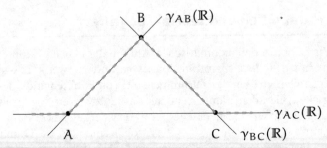

◻ Abb. 5.2   Beweisidee für ▶ Proposition 5.1.2: Wegen (⋆) ist der gestrichelte Weg von A über B nach C genauso lang wie die kürzeste Verbindung zwischen A und C. Weil das Inzidenzaxiom gilt, lässt sich daraus eine Gerade durch A, B und C bauen, was im Widerspruch zu den Voraussetzungen der Proposition steht

$$\gamma : \mathbb{R} \to X, \quad t \mapsto \begin{cases} \gamma_{AC}(t), & t \leqslant a \\ \gamma_{AB}(t), & t \in \,]a, b], \\ \gamma_{BC}(t), & t \in \,]b, c], \\ \gamma_{AC}(t), & t > c. \end{cases}$$

Nun muss gezeigt werden, dass γ tatsächlich die Parametrisierung einer metrischen Geraden ist. Dazu seien $s, t \in \mathbb{R}$. Unser Ziel ist der Nachweis der definierenden Eigenschaft parametrisierter metrischer Geraden: $d(\gamma(s), \gamma(t)) = |s - t|$.

Wenn s und t aus demselben Definitionsintervall von γ sind, ist nichts zu zeigen, da γ_{AB}, γ_{AC} und γ_{BC} als Parametrisierungen metrischer Geraden die zu zeigende Eigenschaft erfüllen. Für die anderen Fälle zeigen wir die Abschätzungen $d(\gamma(s), \gamma(t)) \leqslant |s - t|$ (1) und $d(\gamma(s), \gamma(t)) \geqslant |s - t|$ (2).

(1) Wir betrachten den Fall $s \in \,]a, b]$, $t \in \,]b, c]$, die anderen Fälle rechnet man analog.

$$\begin{aligned} d(\gamma(s), \gamma(t)) &\leqslant d(\gamma(s), \gamma(b)) + d(\gamma(b), \gamma(t)) \\ &= d(\gamma_{AB}(s), \gamma_{AB}(b)) + d(\gamma_{BC}(b), \gamma_{BC}(t)) \\ &= b - s + t - b \\ &= |s - t|. \end{aligned}$$

(2) Wähle $m, M \in \mathbb{R}$ mit $m \leqslant \min(a, s)$ und $M \geqslant \max(t, c)$. Dann liegen $\gamma(m)$ und $\gamma(M)$ auf $\gamma_{AC}(\mathbb{R})$ und es gilt

$$\begin{aligned} M - m = |M - m| &= d(\gamma_{AC}(m), \gamma_{AC}(M)) \\ &= d(\gamma(m), \gamma(M)) \\ &\leqslant d(\gamma(m), \gamma(s)) + d(\gamma(s), \gamma(t)) + d(\gamma(t), \gamma(M)) \\ &\overset{(1)}{\leqslant} s - m + d(\gamma(s), \gamma(t)) + M - t. \end{aligned}$$

Umstellen der Ungleichung liefert $d(\gamma(s), \gamma(t)) \geqslant |t - s|$.

Damit ist γ die Parametrisierung der metrischen Geraden $\gamma(\mathbb{R})$, auf der A, B und C liegen. Dies steht im Widerspruch zur Voraussetzung. Damit kann ($\star$) nicht gelten, und die Behauptung folgt aus der Dreiecksungleichung. $\qquad\square$

Definition 5.1.3 (Strecke)

Sei (X, d) ein metrischer Raum. Für $A, B \in X$ definieren wir die **Strecke** $[A, B]$ durch

$$[A, B] := \{P \in X \mid d(A, P) + d(P, B) = d(A, B)\}.$$

Bemerkung 5.1.4

Erfüllt der metrische Raum (X, d) das Inzidenzaxiom, liegt nach dem Beweis von ▶ Proposition 5.1.2 die Strecke $[A, B]$ (mit $A, B \in X$ verschieden) auf der (eindeutig bestimmten) Geraden durch A und B. Für jede Parametrisierung γ dieser Geraden mit $\gamma(a) = A$ und $\gamma(b) = B$ gilt $[A, B] = \gamma([a, b])$ (falls $a < b$) oder $[A, B] = \gamma([b, a])$ (falls $b \leqslant a$). $\qquad\square$

Das Inzidenzaxiom liefert zwar wichtige geometrische Eigenschaften der ebenen Geometrie, es reicht aber noch nicht aus, um die ebene Geometrie zu charakterisieren: Auch $\mathbb{R}^3$ versehen mit dem euklidischen Abstandsbegriff ist ein metrischer Raum, der das Inzidenzaxiom erfüllt. Dieses Beispiel liefert aber auch schon einen wichtigen Gedanken für ein weiteres Axiom: Sowohl in der Ebene als auch im Raum gibt es durch zwei verschiedene Punkte immer genau eine Gerade. In der Ebene hat jede Gerade jedoch immer zwei *Seiten* in folgendem Sinne: Zwei Punkte auf der gleichen Seite können durch einen stetigen Weg innerhalb der Seite verbunden werden, während jeder stetige Weg zwischen zwei Punkten auf unterschiedlichen Seiten der Gerade, die Gerade schneidet. Im $\mathbb{R}^3$ ist dies nicht der Fall, es kann immer „um die Gerade herumgegangen werden".

Teilmengen, in denen alle enthaltenen Punkte über stetige Wege verbunden werden können, bezeichnet man als *bogenzusammenhängend*.

Definition 5.1.5 (Bogenzusammenhang)

Sei (X, d) ein metrischer Raum. Wir nennen eine Teilmenge $U \subset X$ **bogenzusammenhängend,** wenn es für zwei beliebige $A, B \in U$ immer einen stetigen Weg $\gamma : [0, 1] \to U$ gibt, der A und B verbindet (◨ Abb. 5.3).

Für $U \subset X$ nennen wir eine bogenzusammenhängende Menge $Z \subset U$ eine **(Bogen-) Zusammenhangskomponente** von U, falls jede echte Obermenge $M \supsetneq Z$ mit $M \subset U$ nicht bogenzusammenhängend ist.

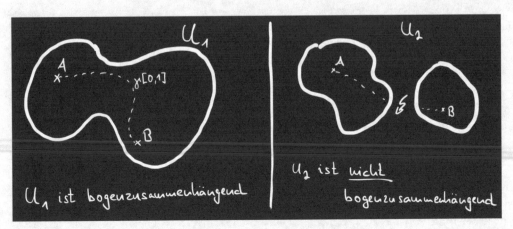

Abb. 5.3 Bogenzusammenhängende und nicht bogenzusammenhängende Mengen

Korollar 5.1.6

Seien (X, d) ein metrischer Raum, der das Inzidenzaxiom erfüllt, und $A, B \in X$ verschieden. Dann gelten folgende Aussagen:

(i) Sei $\gamma : \mathbb{R} \to X$ Parametrisierung der metrischen Geraden durch A und B und $a, b \in \mathbb{R}$ die zu A und B gehörigen Parameter. Ohne Einschränkung sei $a < b$. Dann wird durch

$$\delta : [0, 1] \to \gamma(\mathbb{R}), \quad t \mapsto \gamma(t \cdot (b - a) + a)$$

ein stetiger Weg von A nach B definiert. Es gilt $\delta([0, 1]) = [A, B]$.

(ii) Die Strecke $[A, B]$ ist eine bogenzusammenhängende Teilmenge von X.

Beweis Da γ als Parametrisierung einer metrischen Gerade stetig ist, ist δ als Verknüpfung stetiger Abbildungen ebenfalls stetig. Die Gleichheit $\delta([0, 1]) = [A, B]$ folgt direkt aus der Definition und liefert sofort das Argument für die Korrektheit von (ii). $\qquad\square$

Wir erweitern unsere Axiomatik der ebenen Geometrie durch das *Spiegelungsaxiom*. Durch dieses Axiom werden metrische Räume, in denen das Inzidenzaxiom gilt, mit zwei weiteren, für die ebene Geometrie wesentlichen Eigenschaften versehen.

Axiom 5.1.7 (Spiegelungsaxiom)

Sei (X, d) ein metrischer Raum, der das Inzidenzaxiom erfüllt. Wir sagen, dass X das **Spiegelungsaxiom** der ebenen Geometrie erfüllt, wenn für jede Gerade $g \subset X$ gilt:

1. *(Trennungseigenschaft:)* Das Komplement $X \setminus g$ der Geraden g zerfällt in genau zwei Bogenzusammenhangskomponenten. Diese nennen wir die **Seiten** von g.
2. *(Symmetrieeigenschaft:)* Es gibt eine bijektive Isometrie $\sigma_g : X \to X$, die g punktweise fixiert und die beiden Seiten von g vertauscht. Eine solche Isometrie nennen wir eine **Spiegelung** an g.

Beide Teile des Spiegelungsaxioms klären das Verhältnis von metrischen Geraden zum umgebenden metrischen Raum. Teil 1 beschreibt dabei eine Trennungseigenschaft: Jede Gerade trennt den Raum in zwei Seiten, und man kann nicht von einer Seite auf die andere Seite wechseln, ohne die Gerade zu schneiden, also nicht um die Gerade „herumlaufen". Umgekehrt können zwei Punkte, die auf einer Seite liegen, immer durch einen stetigen Weg miteinander verbunden werden. Später kann diese Aussage noch dahingehend verschärft werden, dass zwei Punkte genau dann auf einer Seite liegen, wenn die Verbindungsstrecke (als Spezialfall eines stetigen Weges) die Gerade nicht schneidet (▶ Korollar 5.4.13). Die beiden Seiten einer Gerade sind also zwei maximale konvexe Teilmengen des Komplements. Diese Aussage ist zum Beispiel zentral für den Beweis der Ortslinieneigenschaft der Mittelsenkrechten (▶ Proposition 5.4.14).

Durch die Trennungseigenschaft wird in gewisser Weise die Zweidimensionalität (nicht im Sinne der linearen Algebra, aber im Sinne einer *ebenen* Geometrie) angelegt. Beispielsweise erfüllt der euklidische Raum $\left(\mathbb{R}^3, d_2\right)$, wie bereits erwähnt, das Inzidenzaxiom (die metrischen Geraden sind dann genau die Vektorraumgeraden), aber offenbar nicht die Trennungseigenschaft aus dem Spiegelungsaxiom.

Teil 2 des Spiegelungsaxioms versieht den metrischen Raum mit einer Symmetrieeigenschaft: Jede Gerade stellt eine Symmetrieachse dar und die Seiten jeder Geraden sind dadurch gleichartig. Diese Symmetrieeigenschaft bildet dann zum Beispiel die Grundlage für die Definition von Orthogonalität (▶ Definition 5.3.5). Analog zur euklidischen Geometrie werden wir auch in allgemeinen metrischen Räumen, in denen Inzidenz- und Spiegelungsaxiom erfüllt ist, den Dreispiegelungssatz (▶ Korollar 5.5.5) beweisen können. Auf diese Weise legt Teil 2 des Spiegelungsaxioms bereits alle anderen Symmetrieeigenschaften eines metrischen Raumes fest, der die beiden Axiome erfüllt. Interessant ist, dass die Eindeutigkeit der Spiegelung an einer Geraden nicht postuliert werden muss, sondern gefolgert werden kann (▶ Korollar 5.3.4).

Spiegelungen definieren wir als Isometrien, die jeweils genau eine metrische Gerade punktweise fixieren, deren Seiten aber vertauschen. Diese Eigenschaften kennen wir bereits von den euklidischen Spiegelungen (siehe ▶ Proposition 2.2.5 und ▶ Bemerkung 2.5). Im Laufe dieses Kapitels werden wir zeigen, dass weitere Eigenschaften, die wir für euklidische Spiegelungen in Abschnitt I beschrieben haben, auch für die Spiegelungen entsprechend des Spiegelungsaxioms gelten.

Bemerkung 5.1.8

An dieser Stelle sei darauf hingewiesen, dass die Forderung der Bijektivität von Spiegelungen in ▶ Axiom 5.1.7(ii) redundant ist. Sie folgt aus den anderen Eigenschaften, wie wir später (▶ Korollar 5.3.3(iv)) beweisen werden. Außerdem wird sich herausstellen, dass es zu jeder Geraden *genau* eine Spiegelung an dieser Geraden gibt, was den Gebrauch der Formulierung *die* Spiegelung an g sowie die Notation σ_g rechtfertigt (▶ Proposition 5.3.4).   □

Metrische Räume, die sowohl das Inzidenzaxiom ▶ Axiom 5.1.1 als auch das Spiegelungsaxiom ▶ Axiom 5.1.7 erfüllen, bezeichnen wir als *neutrale Ebenen*.

Definition 5.1.9 (Neutrale Ebene)

Einen metrischen Raum (X, d), der sowohl das Inzidenzaxiom ▶ Axiom 5.1.1 als auch das Spiegelungsaxiom ▶ Axiom 5.1.7 erfüllt, nennen wir eine **neutrale Ebene.**

Bevor wir uns mit dem weiteren Aufbau einer Geometrie neutraler Ebenen beschäftigen, werden wir im nächsten Abschnitt zunächst die Wahl dieser Bezeichnung sowie Modelle neutraler Ebenen diskutieren.

5.2 Modelle neutraler Ebenen

Wir haben das Axiomensystem der neutralen Ebene (▶ Definition 5.1.9) aus der Motivation heraus beschrieben, die bekannte ebene euklidische Geometrie zu beschreiben und in der Tat ist der euklidische Raum $\mathbb{R}^2$ ein Modell für eine neutrale Ebene:

Beispiel 5.2.1 (Der euklidische Raum $\mathbb{R}^2$ als neutrale Ebene)
Der *euklidische Raum* $\mathbb{R}^2$ ist als metrischer Raum $\left(\mathbb{R}^2, d_2\right)$ (wobei d_2 die von der Norm $\|\cdot\|_2$ induzierte euklidische Metrik ist) ist eine neutrale Ebene. Dabei ist für $A, B \in \mathbb{R}^2$ verschieden die nach dem Inzidenzaxiom ▶ 5.1.1 eindeutige Gerade die A und B enthält, die Vektorraumgerade $\mathbb{R}(B - A) + A$. Die Spiegelungen sind genau die euklidischen Spiegelungen aus ▶ Definition 1.3.6.

Beweis Siehe Anhang B. $\qquad\qquad\square$

Auch wenn die Geometrie in neutralen Ebenen in vielen Punkten bereits der Geometrie des euklidischen Raums $\mathbb{R}^2$ entspricht, stellt dieser nicht das einzige Modell einer neutralen Ebene dar.

Beispiel 5.2.2 (Die Poincaré-Halbebene als neutrale Ebene)
Wir definieren

$$\mathbb{H} := \{z \in \mathbb{C} \mid \Im z > 0\} \quad \text{und}$$

$$d_{\mathbb{H}}(z_1, z_2) := \log \frac{|z_1 - \bar{z}_2| + |z_1 - z_2|}{|z_1 - \bar{z}_2| - |z_1 - z_2|},$$

wobei $\Im z$ den *Imaginärteil* b eine komplexen Zahl $z = a + bi \in \mathbb{C}$ bezeichnet. Dann ist $d_{\mathbb{H}}$ eine Metrik und die *Poincaré-Halbebene* $(\mathbb{H}, d_{\mathbb{H}})$ eine neutrale Ebene.

Wir werden uns in ▶ Abschn. 8.3 näher mit den interessanten Besonderheiten der Geometrie der Poincaré-Halbebene beschäftigen, aber hier schon einmal einige wesentliche Eigenschaften auflisten. Wir werden die folgenden Aussagen in diesem Buch nicht beweisen und verweisen dafür zum Beispiel auf Agricola und Friedrich (2015, S. 154 ff.).

(i) $(\mathbb{H}, d_{\mathbb{H}})$ ist ein metrischer Raum.

(ii) Die metrischen Geraden in $(\mathbb{H}, d_{\mathbb{H}})$ sind genau von folgender Form:

    (1) $\left\{a + bi \mid (a - M)^2 + b^2 = r^2 \text{ und } b > 0\right\}$ für feste $M, r \in \mathbb{R}$ mit $r > 0$ *(Typ-1-Geraden)*

    (2) $\{M + bi \mid b > 0\}$ für ein festes $M \in \mathbb{R}$ *(Typ-2-Geraden)*

Insbesondere ist das Inzidenzaxiom erfüllt.

(iii) Für alle $M \in \mathbb{R}$ und $r > 0$ ist die Abbildung

$$\sigma_{M,r} : \mathbb{H} \to \mathbb{H} \quad z = a + bi \longmapsto \frac{r^2}{|z - M|^2}(z - M) + M$$

die Spiegelung im Sinne des Spiegelungsaxioms an der durch M und r definierten Typ-1-Geraden.

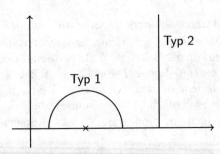

◘ Abb. 5.4   Geraden in der Poincaré-Halbebene

5

(iv) Für alle $M \in \mathbb{R}$ ist die Abbildung

$$\sigma_M : \mathbb{H} \to \mathbb{H}, \quad z = a + bi \longmapsto (2M - a) + bi$$

die Spiegelung im Sinne des Spiegelungsaxioms an der durch M definierten Typ-2-Geraden.
(v) Insgesamt erfüllt $(\mathbb{H}, d_{\mathbb{H}})$ sowohl das Inzidenz- als auch das Spiegelungsaxiom und ist somit eine neutrale Ebene.

Die Aussagen (ii) bis (iv) lassen sich geometrisch deuten: Typ-1-Geraden sind euklidische Halbkreise mit Mittelpunkt M auf der ersten Koordinatenachse und Typ-2-Geraden sind euklidische Halbgeraden mit Ursprung M auf der ersten und parallel zur zweiten Koordinatenachse (vgl. ◘ Abb. 5.4).

Die in (iii) und (iv) beschriebenen Spiegelungen lassen sich euklidisch als Einschränkung von Kreisinversionen[1] und Geradenspiegelungen auf $\mathbb{H}$ interpretieren, was konsistent mit der geometrischen Deutung der beiden Geradentypen (vgl. ◘ Abb. 5.4) ist.

---

1   Da wir in diesem Buch nicht weiter damit rechnen, verzichten wir auf eine systematische Behandlung von Kreisinversionen (auch: Kreisspiegelungen) und geben nur einen Überblick: Kreisinversionen sind Abbildungen, die die Idee des „am Kreis spiegeln" in folgender Weise umsetzen: Das Innere eines Kreises (außer dem Mittelpunkt) wird mit dem Äußeren vertauscht; der Kreis selbst punktweise fixiert. Außerdem befinden sich Urbild und Bildpunkt auf einem Strahl, der im Kreismittelpunkt M startet. Für den Radius $r = 1$ sind die Abstände von Bild Q und Urbild P zu M Kehrwerte voneinander. Für ein beliebiges $r > 0$ gilt der Zusammenhang $r = \|P - M\|_2 \cdot \|Q - M\|_2$. Damit folgt insbesondere die erwähnte Fixpunkteigenschaft der Kreislinie. Wenn das Urbild P nicht auf dem Kreis liegt, steht Q mit ihm in der Beziehung wie in der folgenden Abbildung; die Begründung liefert der Kathetensatz.

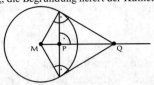

Die didaktischen Glücksfälle, dass die dortigen Geraden als euklidische Strahlen und Halbkreise mit den entsprechenden euklidischen Spiegelungen interpretiert werden können und dass die Winkel zwischen hyperbolischen Geraden, die Winkel zwischen den Tangenten sind, erlauben uns, geometrische Phänomene in anschaulichen Zeichnungen zu erkunden, ohne auf die Algebraisierung zurückgreifen zu müssen. Insbesondere ist es dadurch möglich, in der Poincaré-Halbebene Geometrie unter Verwendung euklidischer Zirkel- und Lineal-Konstruktionen zu betreiben (Hoffmann, 2020, 2022). In den folgenden Abschnitten werden wir solche „hyperbolischen Visualisierungen" an verschiedenen Stellen einsetzen, um neben der gewohnten Perspektive der euklidischen Geometrie, die hyperbolische Geometrie – als weiteres Beispiel einer neutralen Geometrie – mit im Blick zu behalten.   □

Die offensichtliche Frage an dieser Stelle ist, woran es liegt, dass die beiden Axiome neben der euklidischen Geometrie noch (mindestens) eine weitere, von den euklidischen Vorstellungen in vielen Aspekten verschiedene, Geometrie beschreiben. Wir werden in Teil III (insb. ▶ Abschn. 8.3) näher auf diesen Punkt eingehen, greifen aber schon einmal vor: Der Schlüssel zur weiteren Unterscheidung ist die Frage, ob es zu einem gegebenen Geraden-Punkt-Paar genau eine oder mehr als eine Parallele durch den Punkt zu der Geraden gibt. Diese Frage ist mit der gegebenen Axiomatik nicht beantwortbar und es bedarf eines weiteren (historisch sehr bedeutsamen) Axioms, des sogenannten *Parallelenaxioms* (▶ Axiom 8.2.1).

Wir werden zeigen (▶ Satz 9.4.1), dass jede neutrale Geometrie, die das Parallelenaxiom erfüllt, bis auf Isomorphie der euklidische Raum $\mathbb{R}^2$ ist. Fordert man hingegen die Negation des Parallelenaxioms, so erhält man genau die sogenannte *hyperbolische Geometrie*. Die Poincaré-Halbebene aus ▶ Beispiel 5.2.2 ist ein Modell der hyperbolischen Geometrie. Diese Klassifikation werden wir im Rahmen dieses Buches nicht nachweisen und verweisen auf Iversen (1992, S. 130 f.)[2].

Mit diesem Hintergrundwissen kann nun auch der Begriff *neutrale Ebene* eingeordnet werden: Wir beschreiben damit eine ebene Geometrie, die sich bezogen auf die Eindeutigkeit von Parallelen *neutral* verhält und als mögliche Modelle genau den euklidischen Raum $\mathbb{R}^2$ oder die hyperbolische ebene Geometrie beschreibt.

Wie bereits erwähnt, entstammt die Idee für das Axiomensystem der neutralen Geometrie (metrischer Raum

---

2   Wir arbeiten aber bereits an einem weiteren Buch, in dem wir auch diesen Teil des Vorlesungsmanuskriptes von Iversen aufbereiten und ergänzen werden.

(▶ Definition 4.0.1) + Inzidenzaxiom (▶ Axiom 5.1.1) + Spiegelungsaxiom (▶ Axiom 5.1.7)) dem publizierten Vorlesungsskript von Iversen (1992). Er nutzt allerdings statt *neutrale Ebene* die Bezeichnung *Saccheri-Ebene*. Die selbe Geometrie kann aber auch durch andere Axiomensysteme beschrieben werden (z. B. durch die Axiome von *Inzidenz, Anordnung, Kongruenz* und *Stetigkeit* von Hilbert, 1977). Aus Gründen der Anschlussfähigkeit an den mathematischen Diskurs, lösen wir uns von Iversens Bezeichnung, die wir so an keiner weiteren Stelle gefunden haben, und schließen uns, in dem wir von *neutral* sprechen der Bezeichnung an, die beispielsweise von Trudeau (1998) und Hartshorne (2000) genutzt wird. An anderer Stelle findet man auch den Begriff *absolute Geometrie/Ebene* (z. B. Scriba & Schreiber, 2010, S. 504). Dieser wird aber z. B. bei Volkert (2015, S. 175) auch benutzt, um Geometrien zu beschreiben, die Hilberts Axiome der *Inzidenz, Anordnung* und *Kongruenz* beschreiben. Unter diese Definition fallen dann auch Geometrien, die Hilberts Axiome der *Stetigkeit* (Archimedizität und Vollständigkeit) nicht erfüllen. Diese sind aber keine neutralen Ebenen in unserem Sinne.

In den nächsten Abschnitten werden wir vorführen, wie man innerhalb der im vorigen Abschnitt eingeführten neutralen Ebenen (auch ohne das Parallelenaxiom) Geometrie ganz im Stile der in der Sekundarstufe I vermittelten ebenen Geometrie treiben kann. Natürlich gelten alle diese Aussagen dann gleichermaßen auch in der Poincaré-Halbebene (▶ Beispiel 5.2.2).

5.3 Orthogonalität und Eigenschaften der Spiegelung

Dem Thema *Orthogonalität* nähern wir uns über *orthogonalen Projektionen*. Aus den Eigenschaften solcher orthogonalen Projektionen ergibt sich dann die Definition *orthogonaler Geraden*.

Wir führen die orthogonale Projektion eines Punktes auf eine Gerade als den Punkt auf der Geraden ein, der zum Ausgangspunkt den geringsten Abstand hat. Aus der Existenz und Eindeutigkeit eines solchen Punktes ziehen wir verschiedene Schlüsse über die Natur von Spiegelungen. Insbesondere erhalten wir die Eindeutigkeit einer Spiegelung an einer vorgegebenen Geraden. Bevor wir die Existenz und Eindeutigkeit der orthogonalen Projektion zeigen (▶ Satz 5.3.2) beweisen wir vorbereitend eine technische Proposition über Schnittpunkte von Geraden und Strecken:

Proposition 5.3.1

Seien (X, d) eine neutrale Ebene, $g \subset X$ eine metrische Gerade und $A, B \in X \setminus g$ Punkte auf unterschiedlichen Seiten der Geraden. Dann schneidet die Strecke $[A, B]$ die Gerade g in einem Punkt $Q \in g$.

Beweis Aus ► Korollar 5.1.6 wissen wir, dass $[A, B]$ ein stetiger Weg von A nach B ist. Gäbe es keinen Schnittpunkt mit g, läge $[A, B]$ komplett in einer Bogenzusammenhangskomponente von $X \setminus g$, also auf einer der beiden Seiten von g. Das steht im Widerspruch zur Voraussetzung, dass A und B auf unterschiedlichen Seiten von g liegen. $\qquad\square$

Satz 5.3.2

Seien (X, d) eine neutrale Ebene, $g \subset X$ eine Gerade und $P \in X \setminus g$ ein Punkt. Dann existiert genau ein Punkt $P^g \in g$ mit der Eigenschaft

$$\forall Q \in g \text{ mit } Q \neq P^g: \quad d(P, P^g) < d(P, Q).$$

Der Punkt P^g ist der Schnittpunkt von g mit der Geraden durch P und $\sigma(P)$, wobei σ eine Spiegelung an g ist (■ Abb. 5.5).

Beweis Wir müssen *Existenz* und *Eindeutigkeit* des Punktes P^g zeigen und beginnen mit der Eindeutigkeit.

Eindeutigkeit: Da in der Formulierung der Aussage eine echte Ungleichheit gefordert wird, folgt die Eindeutigkeit sofort.

Existenz: Das Spiegelungsaxiom liefert uns die Existenz einer Spiegelung $\sigma : X \to X$ an g. Da σ die Seiten von g vertauscht, liegen P und $\sigma(P)$ in unterschiedlichen Zusammenhangskomponenten. Die Strecke $[P, \sigma(P)]$, und damit auch die Gerade k durch P und $\sigma(P)$, schneidet g also in mindestens einem Punkt (► Proposition 5.3.1). Dieser Schnittpunkt ist

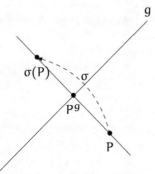

■ **Abb. 5.5** Konstruktion der orthogonalen Projektion mit Hilfe der Geradenspiegelung

eindeutig, denn gäbe es zwei solche Schnittpunkte, folgte nach dem Inzidenzaxiom bereits $g = k$, was im Widerspruch zu $P \in X \setminus g$ stünde. Wir nennen den eindeutigen Schnittpunkt P^g. Es bleibt zu zeigen, dass P^g tatsächlich die geforderte strikte Ungleichung erfüllt. Sei dazu $Q \in g \setminus \{P^g\}$. Dann ist Q nicht in k enthalten. Da $\sigma(P^g) = P^g$ gilt und σ eine Isometrie ist, haben wir $d(P^g, P) = d(P^g, \sigma(P))$ und damit

$$d(P, \sigma(P)) = d(P, P^g) + d(P^g, \sigma(P)) = 2d(P, P^g).$$

Die strikte Dreiecksungleichung ▶ 5.1.2 liefert mit $d(Q, \sigma(P)) = d(\sigma(Q), \sigma(P)) = d(P, Q)$ die Ungleichung

$$d(P, \sigma(P)) < d(P, Q) + d(Q, \sigma(P)) = 2d(P, Q),$$

woraus $d(P, P^g) < d(P, Q)$ sofort folgt. □

Korollar 5.3.3
Seien (X, d) eine neutrale Ebene, $g \subset X$ eine Gerade und $\sigma : X \to X$ eine Spiegelung an g. Dann gelten für jedes $P \in X \setminus g$ die folgenden Eigenschaften:

(i) $(\sigma(P))^g = P^g$.
(ii) P, P^g und $\sigma(P)$ liegen auf einer Geraden.
(iii) Die Gerade durch P und $\sigma(P)$ ist invariant unter σ.
(iv) $\sigma \circ \sigma = \mathrm{id}_X$.

Beweis
(i)   Nach Definition gilt $(\sigma(P))^g \in g$, also $\sigma((\sigma(P))^g) = (\sigma(P))^g$. Wäre $(\sigma(P))^g \neq P^g$, so hätte man wegen ▶ Satz 5.3.2, dass

$$d(P^g, \sigma(P)) > d((\sigma(P))^g, \sigma(P)) = d(\sigma((\sigma(P))^g), \sigma(P))$$
$$= d((\sigma(P))^g, P) > d(P^g, P) = d(P^g, \sigma(P)).$$

Dieser Widerspruch zeigt, dass $(\sigma(P))^g = P^g$ gelten muss.
(ii) Dies folgt unmittelbar aus der zweiten Aussage von ▶ Satz 5.3.2, denn dort wurde gezeigt, dass P^g der Schnittpunkt von g und der Geraden durch P und $\sigma(P)$ ist.
(iii) Die Gerade k durch P und $\sigma(P)$, das heißt die Gerade durch P^g und P, ist nach (i) und (ii) auch die Gerade durch $(\sigma(P))^g$ und $\sigma(P)$. Aber auch $\sigma(k)$ ist eine Gerade durch $(\sigma(P))^g$ und $\sigma(P)$. Also gilt $\sigma(k) = k$.
(iv) Auf der Geraden k, die isometrisch zu $\mathbb{R}$ ist, gibt es genau zwei Punkte, die den Abstand $d(P^g, P)$ von P^g haben (▶ Lemma 4.2.10), nämlich P und $\sigma(P)$. Weil aber $\sigma(\sigma(P)) \in \sigma(k) = k$ die Gleichung $d(P^g, \sigma(\sigma(P))) = d(P^g, \sigma(P)) = d(P^g, P)$ erfüllt, muss $\sigma(\sigma(P)) \in \{P, \sigma(P)\}$ liegen. $\sigma(\sigma(P)) = \sigma(P)$ würde $\sigma(P) = P$ implizieren,

scheidet also aus. Also gilt $\sigma(\sigma(P)) = P$. Weil σ auf g ohnehin trivial ist, folgt die Behauptung. □

Satz 5.3.4

Sei (X, d) eine neutrale Ebene und $g \subset X$ eine Gerade. Dann gelten folgende Aussagen:

(i) Es gibt genau eine Spiegelung σ_g an g.

(ii) Eine bijektive Isometrie $\kappa : X \to X$, die g punktweise fixiert, ist entweder die Spiegelung σ_g oder die Identität id_X.

Beweis

(i) Seien σ_1 und σ_2 beides Spiegelungen an g. Nach Definition gilt $\sigma_1(P) = P = \sigma_2(P)$ für alle $P \in g$. Wir zeigen, dass $\sigma_1(P) = \sigma_2(P)$ auch für $P \in X \backslash g$ gilt: Dazu sei h die Gerade durch P und P^g. Nach ▶ Korollar 5.3.3 liegen $\sigma_1(P)$ und $\sigma_2(P)$ auf h. Außerdem gilt

$$d(P^g, \sigma_1(P)) = d(P, P^g) = d(P^g, \sigma_2(P)).$$

Da h isometrisch zu $\mathbb{R}$ ist, gibt es außer P noch genau einen weiteren Punkt mit dem Abstand $d(P, P^g)$ zur P^g. Da $\sigma_1(P) \neq P \neq \sigma_2(P)$ ist, müssen somit $\sigma_1(P)$ und $\sigma_2(P)$ identisch gewesen sein.

(ii) Da κ bijektiv ist und g punktweise fixiert, folgt, dass $\kappa(X \backslash g) = X \backslash g$. Da sowohl κ als auch κ^{-1} stetig sind, folgt, dass κ Bogenzusammenhangskomponenten von $X \backslash \{g\}$ wieder auf Bogenzusammenhangskomponenten von $X \backslash g$ abbildet. Somit müssen wir zwei Fälle betrachten:

   (1) Falls κ die Seiten von g austauscht, ist κ nach Definition eine Spiegelung. Aus (i) folgt also $\kappa = \sigma_g$.

   (2) Falls κ die Seiten von g nicht vertauscht, ist $\kappa \circ \sigma_g$ eine Isometrie, die g punktweise fixiert und die Seiten von g vertauscht. Das heißt, $\kappa \circ \sigma_g$ ist eine Spiegelung an g und (i) liefert $\sigma_g = \kappa \circ \sigma_g$, also $\kappa = \mathrm{id}_X$. □

Die Gerade h durch P und $\sigma(P)$ ist gerade die Menge aller Punkte in X, die von der orthogonalen Projektion auf g auf den Punkt P^g abgebildet werden. Das liefert den Ansatz für eine Definition von Orthogonalität zweier Geraden in X.

Definition 5.3.5 (Orthogonalität)

(i) Den in ▶ Satz 5.3.2 konstruierten Punkt P^g nennen wir die **orthogonale Projektion** von P auf g. Für $P \in g$ setzen wir $P^g := P$ und machen damit die orthogonale Projektion auf g zu einer Abbildung $X \to g \subset X, P \mapsto P^g$.

5

(ii) Seien g und h zwei Geraden in einer neutralen Ebene und σ_g die Spiegelung an g. Wir sagen, dass h **orthogonal** (senkrecht) zu g ist, falls g $\neq$ h und $\sigma_g(h) = h$ ist. Wir schreiben h $\perp$ g, wenn h orthogonal zu g ist.

Bemerkung 5.3.6

Der Name *orthogonale* Projektion ist durch das Beispiel der euklidischen Ebene $\mathbb{R}^2$ motiviert. In diesem Fall ist die Abbildung $P \mapsto P^g$ nämlich genau die orthogonale Projektion auf g (vgl. ▶ Definition 1.3.3). Der Kern des linearen Teils der orthogonalen Projektion ist in diesem Fall gerade das orthogonale Komplement der zu g parallelen Ursprungsgerade. Also sind in diesem Beispiel einer neutralen Ebene zwei Geraden genau dann orthogonal im Sinne von ▶ Definition 5.3.5, wenn die zu ihnen parallelen Ursprungsgeraden bezüglich des euklidischen Skalarprodukts aufeinander senkrecht stehen. □

Bemerkung 5.3.7

Seien (X, d) eine neutrale Ebene, g $\subset$ X eine Gerade und P $\in$ X \ g. Dann ist nach ▶ Korollar 5.3.3 die Gerade h durch P und P^g orthogonal zu g. □

Schnittstelle 6 (Verschiedene Perspektiven auf Orthogonalität)

Die Begriffe *orthogonal(e)* bzw. *Orthogonalität* tauchen in verschiedenen Kontexten der Mathematik, sowohl in Schule als auch in Hochschule, auf und werden dabei in von der Idee her verwandter, aber im Detail unterschiedlicher, Weise formalisiert. Beschrieben wird eine besondere Relation zwischen zwei Geraden(stücken) bzw. später zwischen zwei Vektoren. Das Orthogonalitätskonzept ist dabei sehr aspektreich, sowohl bezogen auf die Möglichkeiten der Definition als auch bezogen auf die Einsatzbereiche.

Im Mathematikunterricht der Grundschule wird *senkrecht* zur Beschreibung von Eigenschaften ebener Figuren verwendet, und SuS sollen senkrechte Geradenstücke mit geeigneten Konstruktionswerkzeugen erstellen (z. B. MSW NRW, 2008, S. 64 und 66). Dabei werden rechte Winkel durch Vergleich mit einem Referenz-Winkel (z. B. den Markierungen auf einem Geodreieck oder der Ecke eines Blatt Papiers) präformal definiert.

In der Sekundarstufe I werden entsprechende Betrachtungen fortgesetzt. In der Erprobungsstufe werden senkrechte Geraden mithilfe des Geodreiecks konstruiert. Diese Konstruktion kann genutzt werden, um den kürzesten Abstand zwischen einem Punkt und einer Gerade zu bestimmen. Dabei wird genau der in ▶ Bemerkung 5.3.7 beschriebene Zusammenhang zwischen orthogonaler Gerade und orthogonaler Projektion (entsprechend ▶ Satz 5.3.2) genutzt.

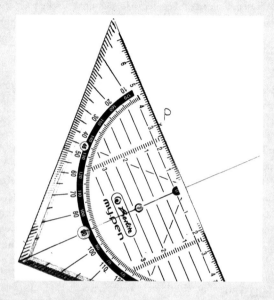

Ergänzend kann sich der Orthogonalität auch über das Falten von Papier genähert werden: Zwei Faltkanten stehen dann orthogonal zueinander, wenn beim Falten entlang einer dieser Kanten die beiden entstehenden Teile der anderen Kante aufeinander zu liegen kommen. Dieser Zugang ist konsistent mit der Sichtweise aus ▶ Definition 5.3.5(ii).

5

In der Mittelstufe wird Orthogonalität zur Prämisse und zur Konklusion zentraler geometrischer Überlegungen (Mittelsenkrechten, Satzgruppe des Pythagoras, Satz des Thales, Trigonometrie (z. B. MSW NRW, 2019, S. 25 f., 30 f. und 34 f.)). Auf diesen Erkenntnissen wird in der analytischen Geometrie der Oberstufe weiter aufgebaut und das Skalarprodukt (ggf. Kreuzprodukt) als neues Werkzeug zum Nachweis eingeführt. Im Kontext der Betrachtung von Lagebeziehungen und Abständen ist hier die enge Verwandtschaft zur orthogonalen Projektion (die auch in Ansätzen schon in der Trigonometrie der Mittelstufe behandelt wird) relevant. Darüber hinaus wird bereits die Idee der Unabhängigkeit von zueinander orthogonalen Größen (z. B. insb. in physikalischen Kontexten) behandelt (z. B. MSW NRW, 2014, S. 29, 32). Auch in der aktuellen mathematischen Forschung sind Verallgemeinerungen des Konzepts von Orthogonalität in abstrakteren Kontexten ein wichtiges Werkzeug. Es ermöglicht unter anderem die Zerlegung mathematischer Objekte in besser handhabbare Bestandteile. Insbesondere die oben entwickelte Sichtweise, dass die orthogonale Projektion der Punkt mit dem minimalen Abstand ist, spielt in solchen Verallgemeinerungen in den Gebieten der Funktionalanalysis oder der Optimierung eine zentrale Rolle.

Auch wenn *orthogonal* und *rechtwinklig* oft gleich gesetzt werden, kann Orthogonalität definiert werden, ohne dass ein Winkelbegriff dafür erforderlich ist. Wir behandeln *rechte Winkel* in ▶ Abschn. 5.6 und werden sehen, dass auch zur Einführung dieser rechten Winkel keine Winkelgröße erforderlich ist. Stattdessen kann auf die Kongruenz benachbarter Winkel zurückgegriffen werden (▶ Definition 5.6.14). Auch diese Perspektive lässt sich durch das Falten von Papier veranschaulichen: Denn faltet man ein Stück Papier nacheinander an zwei zueinander orthogonalen Geraden, liegen alle vier Winkel der Geradenkreuzung *deckungsgleich* aufeinander.

Wir haben jetzt einen elementargeometrischen Zugang zur Orthogonalität (z. B. durch Nutzung von Spiegelungen) und einen algebraischen Zugang (durch Nutzung des Skalarprodukts) besprochen. Ist dann ein Winkelbegriff eingeführt, ergeben sich die bekannten Äquivalenzen. Diese Vielfalt der möglichen Zugänge und die oben geschilderte, jahrgangsübergreifende Reichhaltigkeit machen *Orthogonalität* zu einem Konzept, das in besonders instruktiver Weise spiralcurricular über die gesamte Mathematikausbildung hinweg verankert werden kann.

(Teilweise übernommen aus Hoffmann, 2022, S. 144 ff.)

Proposition 5.3.8 (Eindeutigkeit orthogonaler Geraden (Teil I))
Seien (X, d) eine neutrale Ebene, $g \subset X$ eine Gerade und $P \in X \setminus g$ ein beliebiger Punkt, der nicht auf der Geraden liegt. Dann gibt es genau eine Gerade h, sodass $h \perp g$ und $P \in h$.

Beweis Die Existenz folgt, weil nach ▶ Bemerkung 5.3.7 die Gerade h durch P und P^g eine zu g orthogonale Gerade ist, die P enthält. Angenommen es gäbe eine weitere Gerade h', die zu g orthogonal ist und P enthält. Da $\sigma_g(P) \in \sigma_g(h) = h$ und $\sigma_g(P) \in \sigma_g(h') = h'$ folgt, dass sowohl P als auch $\sigma_g(P)$ auf h und h' liegen. Da P nicht auf g liegt, gilt $\sigma_g(P) \neq P$ und es folgt mit dem Inzidenzaxiom, dass $h = h'$ ist. $\qquad \square$

Wir haben bereits gezeigt, dass sich geometrische Objekte wie Geraden und Kreise mit Isometrien vertragen. Dies gilt auch für orthogonale Projektionen und Orthogonalität von Geraden wie folgende Propositionen zeigen:

Proposition 5.3.9 (Isometrien und orthogonale Projektionen)
Sei (X, d) eine neutrale Ebene und $\kappa : X \rightarrow X$ eine beliebige Isometrie. Dann gilt für jede Gerade $g \subset X$ und $P \in X$, dass das Anwenden der Isometrie und das Bilden der orthogonalen Projektion vertauschbar ist:

$$\kappa(P^g) = \kappa(P)^{\kappa(g)}.$$

Beweis Nach ▶ Definition 5.3.5 ist $P^g \in g$ der eindeutige Punkt mit $d(P, P^g) < d(P, Q)$ für alle $Q \in g \setminus \{P^g\}$. Als Bild einer metrischen Geraden unter einer Isometrie ist $\kappa(g)$ eine metrische Gerade. Für $Q' \in \kappa(g) \setminus \{\kappa(P^g)\}$ gibt es $Q \in g \setminus \{P^g\}$ mit $\kappa(Q) = Q'$. Da κ eine Isometrie ist, erhalten wir

$$d(\kappa(P), Q') = d(\kappa(P), \kappa(Q)) = d(P, Q) > d(P, P^g)$$
$$= d(\kappa(P), \kappa(P^g)).$$

Also ist $\kappa(P^g)$ nach ▶ Satz 5.3.2 die orthogonale Projektion $\kappa(P)^{\kappa(g)}$ von $\kappa(P)$ auf $\kappa(g)$. $\qquad \square$

Proposition 5.3.10 (Symmetrie der Orthogonalität)
Seien g und h Geraden in einer neutralen Ebene (X, d). Dann gilt

$$h \perp g \quad \Leftrightarrow \quad g \perp h.$$

Beweis Wir nehmen an, dass $h \perp g$, das heißt, $\sigma_g(h) = h$. Für $P \in g \setminus h$ gilt außerdem $\sigma_g(P) = P$. Mit ▶ Proposition 5.3.9 erhalten wir

$$\sigma_g(P^h) = \sigma_g(P)^{\sigma_g(h)} = P^h.$$

Da die Punkte auf g die einzigen Fixpunkte von σ_g sind, folgt $P^h \in g$. Wegen $P \neq P^h$ ist g die eindeutig bestimmte Gerade durch P und P^h. Da $P, \sigma_h(P)$ und P^h nach ▶ Korollar 5.3.3(ii) auf einer Geraden liegen, gilt $\sigma_h(P) \in g$. Wir haben also gezeigt, dass $\sigma_h(g \setminus h) \subseteq g$. Weil σ_h die Punkte auf h fixiert, folgt daraus $\sigma_h(g) \subseteq g$. Wendet man σ_h auf diese Inklusion an, erhält man mit ▶ Korollar 5.3.3(iv) auch $g \subset \sigma_h(g)$. Damit gilt $\sigma_h(g) = g$, also $g \perp h$.

Die umgekehrte Implikation folgt mit dem selben Argument, wenn man die Rollen der Geraden g und h vertauscht. □

Proposition 5.3.11 (Orthogonalität unter Isometrien)

Seien $g, h \subset X$ zwei Geraden in einer neutralen Ebene (X, d) mit $g \perp h$ und $\kappa : X \to X$ eine Isometrie. Dann gilt $\kappa(g) \perp \kappa(h)$.

Beweis Sei $P \in h \setminus g$, dann wissen wir aus ▶ Proposition 5.3.8, dass h die Gerade durch P und P^g ist. Aufgrund des Inzidenzaxioms wissen wir außerdem, dass $\kappa(h)$ die eindeutige Gerade durch $\kappa(P)$ und $\kappa(P^g) = \kappa(P)^{\kappa(g)}$ ist, wobei in der letzten Gleichheit ▶ Proposition 5.3.9 genutzt wurde. Folglich ist nach ▶ Bemerkung 5.3.7 $\kappa(h)$ orthogonal zu $\kappa(g)$.   □

Der Abstand zweier Punkten einer neutralen Ebene kann durch den Abstand ihrer orthogonalen Projektionen auf eine Gerade nach unten abgeschätzt werden. Diese Abschätzung wird später in einer Reihe von Beweisen eine wichtige Rolle spielen.

Proposition 5.3.12 (Saccheri-Ungleichung)

Sei (X, d) eine neutrale Ebene. Seien $g \subset X$ eine Gerade und $A, B \in X$. Dann gilt die **Saccheri-Ungleichung:**

$$d(A, B) \geqslant d(A^g, B^g).$$

Beweis Für den Beweis unterscheiden wir, ob beide, einer oder keiner der beiden Punkte A und B direkt auf der Geraden g liegt. Gilt $A, B \in g$ (es liegen also beide Punkte auf der Geraden), ist die Aussage evident, weil dann die Punkte bereits mit ihren orthogonalen Projektionen übereinstimmen.

Als zweites betrachten wir den Fall, dass genau einer der beiden Punkte auf g liegt. Ohne Einschränkung nehmen wir $A \in g$ und $B \notin g$ an. Der umgekehrte Fall folgt analog durch Vertauschung der Bezeichnungen. Sei $h \subset X$ die Gerade durch B und B^g. Nach ▶ Bemerkung 5.3.7 gilt dann $h \perp g$. Mit ▶ Definition 5.3.5 (ii) und ▶ Proposition 5.3.10 folgt dann $\sigma_h(A) \in g$ und wir erhalten (siehe auch ◘ Abb. 5.6):

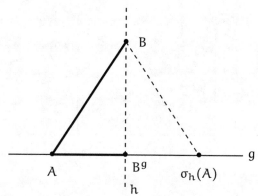

◘ Abb. 5.6 Beweisskizze zur Saccheri-Ungleichung für den Fall $A \in g$ und $B \notin g$

$$2d(A, B) = d(A, B) + d(\sigma_h(A), B) \geqslant d(A, \sigma_h(A))$$
$$= 2d(A^g, B^g).$$

Die Division durch 2 liefert die gewünschte Aussage.[3]

Liegt nun keiner der beiden Punkte A, B auf g, kann für den Beweis die Idee aus dem zweiten Fall aufgegriffen und interiert werden:

Wir setzen $A_0 := A$ und $A_1 := B$, sowie $P_0 := A^g$ und $P_1 := B^g$. Dann spiegeln wir das Viereck $\square A_0 A_1 P_1 P_0$ an der Gerade g_1 durch A_1 ud P_1 (die nach ► Bemerkung 5.3.7 senkrecht auf g steht). Dies liefert ein neues Viereck $\square A_1 A_2 P_2 P_1$ mit $P_2 = A_2^g$ (weil die Gerade g_2 durch A_2 und P_2 nach ► Proposition 5.3.11 senkrecht auf g steht). Jetzt spiegeln wir an g_2 und fahren immer so fort (siehe ◘ Abb. 5.7).

Aus der Dreiecksungleichung folgt

$$d(P_0, P_{2n}) \leqslant d(P_0, A_0) + d(A_0, A_1) + \ldots +$$
$$d(A_{2n-1}, A_{2n}) + d(A_{2n}, P_{2n}).$$

Da Spiegelungen Isometrien sind, ergibt sich daraus

$$2n \cdot d(P_0, P_1) \leqslant 2n \cdot d(A_0, A_1) + 2d(P_0, A_0) \quad \text{, also}$$

$$d(A^g, B^g) - d(A, B) \leqslant \frac{1}{n} d(A, A^g).$$

Damit folgt die Behauptung für $n \to \infty$. □

---

3   In diesem Beweis hätte man auch $B^g = A^h$ zeigen können und dann die Saccheri-Ungleichung direkt aus der Definition der orthogonalen Projektion als Punkt mit minimalem Abstand folgern. Wir haben uns allerdings für diesen Weg entschieden, weil darin bereits die Grundidee für das Argument im allgemeinen Fall enthalten ist.

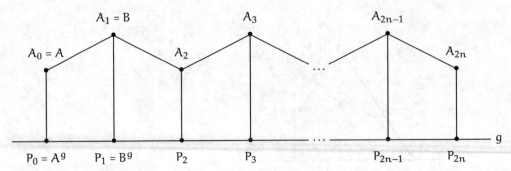

5   □ **Abb. 5.7**   Beweisskizze zur Saccheri-Ungleichung

Wir haben gesehen, dass es zu jedem Punkt P und jeder Geraden g in einer neutralen Ebene eine orthogonale Projektion P^g gibt. Dass es umgekehrt zu jedem Punkt Q auf einer Geraden g auch ein $P \notin g$ mit $Q = P^g$ gibt, liefert uns der folgende Satz.

Satz 5.3.13
Seien (X, d) eine neutrale Ebene und $g \subset X$ eine Gerade. Dann gibt es für jeden Punkt $Q \in g$ einen Punkt $P \in X \setminus g$ mit $Q = P^g$.

Beweis   Sei $S \subset X$ eine der beiden Seiten von g und

$$f : S \to g, \quad P \mapsto P^g.$$

Es genügt zu zeigen, dass f surjektiv ist.

(1) Dazu zeigen wir zunächst: Für alle $Q \in g$ und $\varepsilon > 0$ existiert ein $P \in S$, sodass $d(Q, f(P)) \leqslant \varepsilon$ gilt.

Angenommen es gibt einen Punkt $P \in S$ mit $d(P, Q) < \varepsilon/2$, dann folgt mit der Dreiecksungleichung und der Eigenschaft aus ▶ Satz 5.3.2 der orthogonalen Projektion (▶ Definition 5.3.5), dass $d(f(P), Q) \leqslant d(f(P), P) + d(P, Q) < \varepsilon$. Dass ein solcher Punkt P existiert, sieht man wie folgt: Sei $P' \in S$ ein beliebiger Punkt. Wir betrachten die Strecke $[Q, P']$. Wegen $P' \notin g$ ist Q der einzige Punkt im Schnitt von g und der Geraden durch Q und P'. Da Strecken nach ▶ Bemerkung 5.1.4 isometrische Bilder von Intervallen und damit bogenzusammenhängend sind, gilt $[Q, P'] \setminus \{Q\} \subset S$. Identifiziert man $[Q, P']$ über eine Parametrisierung mit einem Intervall, so ist Q ein Randpunkt und man findet ein $P \in [Q, P'] \setminus \{Q\}$ mit $d(Q, P) < \varepsilon/2$.

(2) Als nächstes zeigen wir

$$U, V \in f(S) \quad \Rightarrow \quad [U, V] \subset f(S). \qquad (\star)$$

Seien $A, B \in S$ mit $f(A) = U$ und $f(B) = V$. Da S bogenzusammenhängend ist, gibt es einen stetigen Weg $\gamma : [0, 1] \to S$ mit $\gamma(0) = A$ und $\gamma(1) = B$. Die Saccheri-Ungleichung ▶ 5.3.12 liefert die Stetigkeit von f, also auch von $f \circ \gamma$. Identifiziert man g über eine Parametrisierung mit $\mathbb{R}$, so sagt der Zwischenwertsatz, angewendet auf die stetige Funktion $f \circ \gamma : [0, 1] \to \mathbb{R}$, dass jeder Punkt zwischen $U = f \circ \gamma(0)$ und $V = f \circ \gamma(1)$ im Bild von $f \circ \gamma$ liegt. Aber das ist gerade die Aussage $[U, V] \subseteq f(\gamma([0, 1]))$ und beweist $(\star)$.

Beide Aussagen zusammen liefern dann die Surjektivität: Sei $Q \in g$ ein beliebiger Punkt, $Q_1, Q_2 \in g \setminus \{Q\}$ zwei weitere Punkte sodass $Q \in [Q_1, Q_2]$. Wähle $\varepsilon > 0$ sodass $d(Q_1, Q) > \varepsilon$ und $d(Q_2, Q) > \varepsilon$. Nach (1) gibt es dann $P_1, P_2 \in S$, sodass $d(Q_1, f(P_1)) \leqslant \varepsilon$, $d(Q_2, f(P_2)) \leqslant \varepsilon$, also $Q \in [f(P_1), f(P_2)]$ und nach (2) folgt dann schon $Q \in f(S)$. $\qquad \square$

Korollar 5.3.14
In der Situation aus ▶ Satz 5.3.13 existiert zu $Q \in g$ eine Gerade $k \subset X$, die g in Q schneidet und senkrecht zu g ist.

Beweis Nach ▶ Satz 5.3.13 gibt es ein $P \in X \setminus g$ mit $P^g = Q$. Dann hat die Gerade k durch P und Q nach ▶ Bemerkung 5.3.7 die gewünschten Eigenschaften. $\qquad \square$

Wir werden im nächsten Abschnitt (▶ Proposition 5.4.15) zeigen, dass k in ▶ Korollar 5.3.14 eindeutig bestimmt ist.

5.4 Punktspiegelung und Mittelsenkrechte

Nachdem wir im letzten Abschnitt Spiegelungen in neutralen Ebenen genauer beschrieben haben, wollen wir in diesem Abschnitt mit der *Punktspiegelung* einen weiteren Typ von Isometrie behandeln, der bereits aus dem Euklidischen bekannt ist. Analog zum Vorgehen im euklidischen Raum $\mathbb{R}^2$, definieren wir zunächst eine Rotation als eine Isometrie mit genau einem Fixpunkt. Wir werden später (▶ Abschn. 6.4) noch im Detail weiter auf allgemeine Rotationen in neutralen Ebenen eingehen, uns hier aber auf den Spezialfall der Punktspiegelung beschränken. Für die Betrachtung allgemeiner Rotationen müssen wir zunächst noch ein Konzept für Winkelgrößen in neutralen Ebenen definieren (▶ Abschn. 6.2). Auch wenn sich die Punktspiegelung dann als „halbe Drehung" bzw. Drehung um π herausstellen wird, ist kein Winkelbegriff für die

Definition der Punktspiegelung erforderlich. Es reicht aus, zu fordern, dass Geraden durch das Zentrum invariant bleiben.

Definition 5.4.1 (Rotation)

Sei (X, d) eine neutrale Ebene. Eine Isometrie $\rho : X \to X$ bezeichnen wir als **Rotation,** wenn ρ genau einen Fixpunkt $Z \in X$ hat oder die Identität ist. Z nennen wir **(Rotations)zentrum** von ρ. Ist $\rho = \mathrm{id}_X$, so sind alle Punkte in X Rotationszentren.

Definition 5.4.2 (Punktspiegelung)

Seien (X, d) eine neutrale Ebene und $S \in X$. Eine Rotation $\rho : X \to X$ mit Zentrum S nennen wir **Punktspiegelung** an S, wenn alle metrischen Geraden durch S von ρ fixiert werden und ρ nicht die Identität ist.

Proposition 5.4.3 (Eindeutigkeit der Punktspiegelung)

In einer neutralen Ebene (X, d) gibt es höchstens eine Punktspiegelung an $S \in X$ (◘ Abb. 5.8).

Beweis Seien $\rho_1, \rho_2 : X \to X$ zwei Punktspiegelungen an S und $P \in X \setminus \{S\}$ ein beliebiger weiterer Punkt. Wegen des Inzidenzaxioms ► Axiom 5.1.1 gibt es genau eine metrische Gerade g durch S und P. Wegen ► Definition 5.4.2 gelten außerdem $\rho_1(g) = \rho_2(g) = g$ und $\rho_1(S) = \rho_2(S) = S$. Da ρ_1, ρ_2 Isometrien sind, müssen $\rho_1(P), \rho_2(P)$ dann Punkte auf g sein, die zu S den selben Abstand haben, wie P. Weil S der einzige Fixpunkt ist, gilt außerdem $\rho_1(P), \rho_2(P) \neq P$. ► Lemma 4.2.10 zeigt daher $\rho_1(P) = \rho_2(P)$. $\qquad\square$

Bei Punktspiegelungen hat der definitionsgemäß existierende Fixpunkt die Eigenschaft, dass er auf jeder nach dem

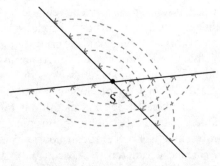

◘ **Abb. 5.8**   Zur Definition der Punktspiegelung ► 5.4.2. S ist der einzige Fixpunkt und alle Geraden, die S beinhalten, bleiben invariant

Inzidenzaxiom ► Axiom 5.1.1 eindeutigen Bild-Urbild-Gerade liegt. Da er darüber hinaus (weil Punktspiegelungen Isometrien sind) von Bild und Urbild den gleichen Abstand hat, erfüllt er alle Eigenschaften, die man intuitiv von einem *Mittelpunkt* erwartet. Diese Sichtweise liefert eine weitere Möglichkeit Punktspiegelungen zu charakterisieren (► Satz 5.4.7). In Vorbereitung darauf geben wir zunächst eine formale Definition für Mittelpunkte an (► Definition 5.4.4) und zeigen dann zwei ► Propositionen (Proposition 5.4.5 und Proposition 5.4.6).

Definition 5.4.4 (Mittelpunkt)

Seien A, B verschiedene Punkte einer neutralen Ebene (X, d). Wir definieren den **Mittelpunkt** M_{AB} von A und B als den eindeutig bestimmten Punkt auf der metrischen Geraden durch A und B, für den gilt

$$d(M_{AB}, A) = d(M_{AB}, B) = \frac{1}{2} d(A, B).$$

Proposition 5.4.5

Seien $m, n \subset X$ zwei verschiedene Geraden in einer neutralen Ebene (X, d) und $\sigma_m, \sigma_n : X \to X$ die Spiegelungen an diesen Geraden. Die Abbildungen σ_m und σ_n kommutieren genau dann, wenn m und n orthogonal sind.

Beweis Sei $\sigma_m \circ \sigma_n = \sigma_n \circ \sigma_m$. Für $x \in n \setminus m$ gilt $\sigma_n(x) = x$ und wegen $\sigma_m(x) = \sigma_m(\sigma_n(x)) = \sigma_n(\sigma_m(x))$ ist $\sigma_m(x)$ ein Fixpunkt von σ_n. Also liegt auch $\sigma_m(x)$ auf n. Damit ist aber auch n, die Gerade durch x und $\sigma_m(x)$, invariant unter σ_m. Wegen $m \neq n$ sind m und n nach ► Definition 5.3.5 orthogonal.

Sei umgekehrt $n \perp m$. Wir behaupten, dass für $x \in m \cup n$ gilt $\sigma_m \circ \sigma_n \circ \sigma_m \circ \sigma_n(x) = x$. Dazu betrachten wir zunächst $x \in n$. Die Spiegelung σ_n fixiert jedes Element aus n. Andererseits ist $\sigma_m(x) \in n$, da $n \perp m$ gilt. Da Spiegelungen Involutionen sind (► Korollar 5.3.3), folgt

$$\sigma_m(\sigma_n(\sigma_m(\sigma_n(x)))) = \sigma_m(\sigma_n(\sigma_m(x))) = \sigma_m \sigma_m(x) = x.$$

Für $x \in m$ gilt $\sigma_n(x) \in m$ wegen $m \perp n$. Nun fixiert aber σ_m jeden Punkt von m, also erhalten wir analog

$$\sigma_m(\sigma_n(\sigma_m(\sigma_n(x)))) = \sigma_m(\sigma_n(\sigma_n(x))) = \sigma_m(x) = x.$$

Damit ist unsere Behauptung bewiesen, das heißt $\sigma_m \circ \sigma_n \circ \sigma_m \circ \sigma_n|_{m \cup n} = \mathrm{id}_{m \cup n}$. Also hält die Isometrie $\sigma_m \circ \sigma_n \circ \sigma_m \circ \sigma_n$ die Gerade n punktweise fest. Nach ► Satz 5.3.4 kann sie somit nur

5

die Spiegelung an n oder aber id_X sein. Da die Spiegelung σ_n die Gerade m nicht punktweise fixiert, folgt $\sigma_m \circ \sigma_n \circ \sigma_m \circ \sigma_n = \mathrm{id}_X$, das heißt $\sigma_m(\sigma_n(x)) = \sigma_n(\sigma_m(x))$ für alle $x \in X$.   □

Proposition 5.4.6

Seien (X, d) eine neutrale Ebene, $S \in X$ und $m, n \subset X$ zueinander orthogonale Geraden, die sich in S schneiden. Dann ist S der einzige Fixpunkt von $\sigma_m \circ \sigma_n$.

Beweis Aus ▶ Proposition 5.4.5 folgt sofort, dass $\sigma_m \circ \sigma_n$ eine Involution ist. Wegen $S \in m \cap n$ ist S außerdem Fixpunkt. Wegen der Orthogonalität ist m invariant unter σ_n, also ist auch $X \setminus m$ invariant unter σ_n. Nach Definition der Spiegelungen an Geraden ist S der einzige Fixpunkt von $\sigma_m \circ \sigma_n$ auf $m \cap n$. Da jede der beiden Seiten m^+, m^- von m die Gerade n schneidet, enthält jede Seite Fixpunkte von σ_n. Also werden die beiden Seiten von σ_n nicht ausgetauscht. Da $n \perp m$ folgt, dass σ_n die Menge $X \setminus m = m^+ \cup m^-$ invariant lässt. Da die stetige Abbildung σ_n bogenzusammenhängende Mengen von $X \setminus m$ auf bogenzusammenhängende Menge abbildet, müssen m^+ und m^- invariant unter σ_n sein. Analog zeigt man, dass n^+ und n^- invariant unter σ_m sind.

Das Komplement von $m \cup n$ zerfällt in vier Quadranten:

$$m^+ \cap n^+, \quad m^+ \cap n^-, \quad m^- \cap n^- \quad \text{und} \quad m^- \cap n^+.$$

Die Involution $\sigma_m \circ \sigma_n$ vertauscht dann $m^+ \cap n^+$ mit $m^- \cap n^-$ und $m^+ \cap n^-$ mit $m^- \cap n^+$. Also ist S tatsächlich der einzige Fixpunkt von $\sigma_m \circ \sigma_n$.   □

Satz 5.4.7 (Charakterisierung der Punktspiegelung)

Seien S ein Punkt in einer neutralen Ebene (X, d) und $\rho : X \to X$ eine Abbildung. Dann sind folgende Aussagen äquivalent:

(1) ρ ist die Punktspiegelung an S.
(2) S ist ein Fixpunkt von ρ und für alle $P \in X \setminus \{S\}$ gilt, dass S der Mittelpunkt von P und $\rho(P)$ ist.
(3) ρ ist die Verknüpfung der Spiegelungen σ_g, σ_h an zwei beliebigen orthogonalen Geraden $g, h \subset X$ mit Schnittpunkt S.

Beweis

„(1) $\Rightarrow$ (2)" Sei ρ eine Punktspiegelung an S. Nach ▶ Definition 5.4.2 ist S ein Fixpunkt von ρ. Seien $P \in X \setminus \{S\}$ und $g \subset X$ die nach dem Inzidenzaxiom ▶ Axiom 5.1.1 eindeutige Gerade durch P und S. Nach ▶ Definition 5.4.2 gilt $\rho(g) = g$ und damit insbesondere $\rho(P) \in g$. Also liegen $P, \rho(P), S$ auf einer Geraden und da ρ eine Isometrie ist, folgt mit

$$d(P, S) = d(\rho(P), \rho(S)) = d(\rho(P), S)$$

und $P \neq \rho(P)$, dass S der Mittelpunkt (▶ Definition 5.4.4) von P und $\rho(P)$ ist.

„(2) ⇒ (3)" Es gelte (2). Nach ▶ Korollar 5.3.14 gibt es zu jeder Geraden $m \subset X$ durch S eine senkrechte Gerade n durch S. Seien jetzt $m, n \subset X$ solche Geraden sowie σ_m und σ_n die zugehörigen Spiegelungen. Wir wollen zeigen, dass $\sigma_m \circ \sigma_n = \rho$ gilt.

Nach ▶ Proposition 5.4.6 ist S der einzige Fixpunkt von $\sigma_m \circ \sigma_n$. Wir zeigen nun, dass $\rho' := \sigma_m \circ \sigma_n$ gleich ρ ist. Dazu sei $P \in X \setminus \{S\}$. Da ρ' nach ▶ Proposition 5.4.5 eine Involution ist, vertauscht ρ' die Punkte P und $\rho'(P)$. Also ist die Gerade durch diese beiden Punkte invariant unter ρ'. Da ρ' die Punkte P und $\rho'(P)$ vertauscht folgt außerdem, dass ρ' den Mittelpunkt der beiden Punkte fixiert, dieser muss also schon S sein. Das zeigt, dass ρ' auf der Gerade durch P, $\rho'(P)$ und S sich genauso verhält wie ρ. Da $P \in X \setminus \{S\}$ beliebig gewählt war, folgt $\rho' = \rho$.

„(3) ⇒ (1)" Als Verknüpfung von zwei Isometrien ist ρ eine Isometrie. Nach ▶ Proposition 5.4.6 ist S der einzige Fixpunkt von ρ, das heißt ρ ist eine Rotation. Sei nun $g \subset X$ eine Gerade, die S enthält. Dann gibt es nach ▶ Korollar 5.3.14 eine zu g orthogonale Gerade $S \in h \subset X$. Da (nach dem Beweis der Implikation „(2) ⇒ (3)") ρ nicht von der Wahl des orthogonalen Geradenpaars abhängt, so lange sie sich im Punkt S schneiden, können wir $\rho = \sigma_g \circ \sigma_h$ annehmen. Dann folgt wegen $g \perp h$ sofort $\rho(g) = \sigma_g(\sigma_h(g)) = \sigma_g(g) = g$, wie gewünscht. Da ρ nicht die Identität ist, muss ρ also die Punktspiegelung an S sein. □

Korollar 5.4.8

Wenn $n \perp m$, dann lässt die Spiegelung σ_n an n nicht nur m, sondern auch beide Seiten von m invariant.

Beweis Folgt direkt aus dem Beweis von ▶ Proposition 5.4.6. □

Proposition 5.4.9

Seien (X, d) eine neutrale Ebene, $g \subset X$ eine Gerade und $S \in g$. Dann vertauscht die Punktspiegelung ρ an S die beiden Seiten von g.

Beweis Sei $k \subset X$ eine Gerade die senkrecht zu g steht und g in S schneidet (existiert nach ▶ Korollar 5.3.14). Dann haben ρ und σ_g die selbe Einschränkung auf k. Für $P \in k \setminus g$ liegen daher P und $\rho(P)$ auf verschiedenen Seiten von g. Da g invariant unter ρ ist, folgt die Behauptung.   □

Proposition 5.4.10
Seien (X, d) eine neutrale Ebene und $g, k \subset X$ verschiedene Geraden. Wenn g und k einen gemeinsamen Punkt haben, dann schneidet g beide Seiten von k.

Beweis Sei S der Schnittpunkt von g und k und ρ sei die Punktspiegelung an S. Dann gilt für $P \in g \setminus k$ mit ▶ Proposition 5.4.9, dass P und $\rho(P) \in g$ auf verschiedenen Seiten von k liegen.   □

Die folgende technische Proposition benötigen wir als Grundlage für den Beweis einer weiteren Aussage über die Seiten von Geraden in neutralen Ebenen: Wir werden in ▶ Korollar 5.4.13 zeigen, dass zwei Punkte genau dann auf der selben Seite einer Gerade liegen, wenn das für die ganze Verbindungsstrecke der Fall ist. Diese Aussage ist wiederum ein wichtiger Baustein für den Beweis der Ortslinieneigenschaft der Mittelsenkrechten in ▶ Proposition 5.4.14, die wir bereits für den euklidischen Raum $\mathbb{R}^2$ kennen (siehe ▶ Proposition 1.4.4).

Proposition 5.4.11
Seien (X, d) ein metrischer Raum, $U \subset X$ und $Z \subset U$ eine Bogenzusammenhangskomponente von U. Sei ferner $X \supset A \neq \emptyset$ bogenzusammenhängend. Dann gilt

$$A \subset U \text{ und } A \cap Z \neq \emptyset \quad \Leftrightarrow \quad A \subset Z.$$

Beweis Die Implikation „$\Leftarrow$" ist klar. Für die Umkehrung sei $A \subset U$ mit $A \cap Z \neq \emptyset$ und $P \in A \cap Z$. Angenommen, es gäbe $Q \in A \setminus Z$. Da A bogenzusammenhängend ist, gäbe es dann einen Weg von P nach Q, der komplett in A liegt und somit auch komplett in U. Dann wäre aber insbesondere $Z \cup (A \setminus Z) \supsetneq Z$ eine bogenzusammenhängende Teilmenge von U, was wegen der Maximalität von Z nicht sein kann. Dieser Widerspruch beweist $A \subset Z$.   □

Für den Beweis des folgende Korollars benötigen wir außerdem noch das Konzept des *Strahls* als halboffene Teilmenge einer metrischen Geraden.

Definition 5.4.12 (Strahl)

Seien (X, d) eine neutrale Ebene, $g \subset X$ eine Gerade und $A \in g$ ein Punkt. Sei ferner $\gamma : \mathbb{R} \to X$ eine isometrische Parametrisierung von g mit $\gamma(0) = A$. Dann bezeichnen wir mit $g_+ := \gamma\,([0, \infty[)$ und $g_- := \gamma\,(]-\infty, 0])$ die beiden **Strahlen** entlang g mit Ursprung A. Insbesondere gilt $g = g_+ \cup g_-$ und $g_+ \cap g_- = \{A\}$.

Korollar 5.4.13

Seien (X, d) eine neutrale Ebene und $k \subset X$ eine Gerade. Dann sind für $A, B \in X \setminus k$ die folgenden Aussagen äquivalent:
(1)   A und B liegen auf der selben Seite von k.
(2) $k \cap [A, B] = \emptyset$.

Beweis Falls k die Strecke $[A, B]$ nicht schneidet, dann ist die bogenzusammenhängende Menge $[A, B]$ (vgl. ▶ Korollar 5.1.6) im Komplement von k und damit nach ▶ Proposition 5.4.11 Teilmenge einer der beiden Seiten von k.

Umgekehrt, falls k die Strecke $[A, B]$ in einem Punkt S schneidet, dann definiert S mit A und B zwei Strahlen a und b mit $A \in a$ und $B \in b$ und dem gemeinsamen Ursprung S. Diese sind bogenzusammenhängend. Dann sind nach ▶ Proposition 5.4.11 $a \setminus \{S\}$ und $b \setminus \{S\}$ jeweils in einer der beiden Seiten von k enthalten. Nach ▶ Proposition 5.4.10 müssen das verschiedene Seiten sein.   □

Proposition 5.4.14 (Ortslinieneigenschaft von senkrechten Geraden durch Mittelpunkte)

Sei (X, d) eine neutrale Ebene und seien $A, B \in X$ verschieden. Ferner sei n eine Gerade, die senkrecht auf der Geraden durch A und B steht und den Mittelpunkt von A und B enthält. Dann sind für $P \in X$ die folgenden Aussagen äquivalent:
(1) $P \in n$.
(2) $d(A, P) = d(B, P)$.

Beweis „$(1) \Rightarrow (2)$"   Sei σ_n die Spiegelung an n. Dann vertauscht σ_n die Punkte A und B und fixiert alle Punkte auf n. Somit gilt für alle $P \in n$:

$$d(P, A) = d\,(\sigma_n(P), \sigma_n(A)) = d(P, B).$$

„$(2) \Rightarrow (1)$"   Wir zeigen, dass für alle $P \notin n$ gilt: Liegt P auf der selben Seite von n wie B, dann gilt $d(A, P) > d(B, P)$ (siehe ◨ Abb. 5.9). Den anderen Fall zeigt man analog.

Sei dazu N der Schnittpunkt von $[A, P]$ mit n (existiert nach ▶ Korollar 5.4.13). Da P und B auf der selben Seite von n liegen, gilt (ebenfalls nach ▶ Korollar 5.4.13) $N \notin [P, B]$. Die strikte Dreiecksungleichung aus ▶ Proposition 5.1.2 liefert

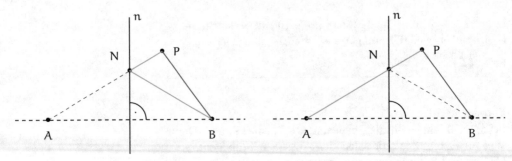

◻ Abb. 5.9 Beweisskizze zum Widerspruchsargument in ▶ Proposition 5.4.14. Die farbig eingezeichneten Wege sind gleich lang und insbesondere länger als $d(B, P)$

$$d(P, B) < d(P, N) + d(N, B) = d(P, N) + d(N, A) = d(P, A).$$

Damit ist die gewünschte Aussage gezeigt.   ◻

Proposition 5.4.15 (Eindeutigkeit senkrechter Geraden)
Seien (X, d) eine neutrale Ebene, $k \subset X$ eine Gerade und $Q \in X$. Dann gibt es durch Q genau eine Gerade n, die senkrecht auf k steht.

Beweis Wenn Q nicht auf k liegt, dann ist die Gerade durch Q und Q^k senkrecht auf k. Dies zeigt die Existenz einer Geraden mit den gewünschten Eigenschaften. Wenn n eine zu k orthogonale Gerade durch Q ist, dann ist n invariant unter σ_k. Das heißt, n enthält Q und $\sigma_k(Q) \neq Q$ und ist wegen des Inzidenzaxioms durch diese beiden Punkte dann aber eindeutig festgelegt.
  Wenn Q auf k liegt, dann gibt es nach ▶ Satz 5.3.13 einen Punkt $P \notin k$ mit $P^k = Q$. Also ist die Gerade durch P und Q senkrecht auf k. Für die Eindeutigkeit wählen wir zwei Punkte A und B auf k, deren Mittelpunkt Q ist. Dann zeigt ▶ Proposition 5.4.14, dass es nur eine Gerade durch Q geben kann, die senkrecht auf k steht.   ◻

Definition 5.4.16 (Mittelsenkrechte)

Seien (X, d) eine neutrale Ebene und $A, B \in X$ verschieden. Dann heißt die nach ▶ Proposition 5.4.15 eindeutig bestimmte Gerade durch den Mittelpunkt von A und B, die senkrecht auf der Geraden durch A und B steht, die **Mittelsenkrechte von A und** B.

Korollar 5.4.17 (Seiten von Mittelsenkrechten)

Seien (X, d) eine neutrale Ebene, $A, B \in X$ verschieden und m die Mittelsenkrechte von A und B. Dann gelten für einen Punkt $P \in X \setminus m$ folgende Äquivalenzen:

(i) P liegt genau dann auf der selben Seite von m wie A, falls $d(P, A) < d(P, B)$.

(ii) P liegt genau dann auf der selben Seite von m wie B, falls $d(P, B) < d(P, A)$.

Beweis Die Aussage folgt sofort aus dem Beweis von ▸ Proposition 5.4.14 (siehe insb. ◘ Abb. 5.9). □

Zum Abschluss dieses Abschnittes zeigen wir, dass die Eindeutigkeit der senkrechten Geraden auch impliziert, dass Isometrien immer bijektiv sind:

Satz 5.4.18 (Bijektivität von Isometrien in neutralen Ebenen)

Seien (X, d) eine neutrale Ebene und $\varphi : X \to X$ eine Isometrie. Dann ist φ bijektiv.

Beweis Da jede Isometrie in einem metrischen Raum injektiv ist (▸ Bemerkung 4.3.2), genügt es die Surjektivität zu zeigen: Seien also $Q \in X$ beliebig und $g \subset X$ eine beliebige Gerade (wegen des Inzidenziaxioms existiert mindestens eine solche Gerade). Für die Surjektivität zeigen wir, dass Q immer ein Urbild hat.

Liegt Q bereits im Bild von g (also $Q \in \varphi(g) \subset \varphi(X)$) sind wir fertig. Sei im Folgenden also $Q \notin \varphi(g)$ (◘ Abb. 5.10). Wir betrachten die orthogonale Projektion $Q^{\varphi(g)} \in \varphi(g)$ sowie einen Punkt $R \in g$ mit $\varphi(R) = Q^{\varphi(g)}$ (so ein Punkt existiert, da $Q^{\varphi(g)} \in \varphi(g)$). Wir bezeichnen mit h die nach ▸ Proposition 5.4.15 existierende eindeutige Senkrechte zu g durch R. Es gilt also $h \perp g$ und damit nach ▸ Proposition 5.3.11 auch $\varphi(h) \perp \varphi(g)$. Damit ist $\varphi(h)$ also eine zu $\varphi(g)$ orthogonale Gerade durch $Q^{\varphi(g)}$ und aufgrund der Eindeutigkeit orthogonaler Geraden (wieder ▸ Proposition 5.4.15) muss schon gelten $Q \in \varphi(h) \subset \varphi(X)$. □

Schnittstelle 7 (Ortslinien in Definitionen und Konstruktionen)

Ortslinien sind Mengen von Punkten, die gewisse (in diesem Kontext oft Abstands-) Eigenschaften erfüllen. Dabei kann in vielen Fällen aus der definierenden Eigenschaft nicht unmittelbar auf die geometrische Gestalt der Ortslinie geschlossen

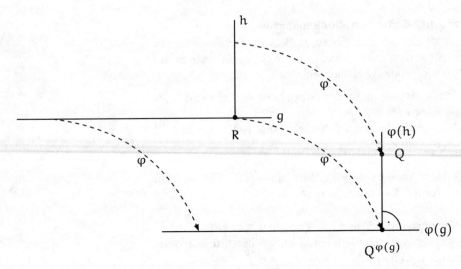

Abb. 5.10 Beweisskizze zur Bijektivität von Isometrien in neutralen Ebenen (▶ Satz 5.4.18)

werden, was Ortslinien als interessanten Gegenstand für das Lehren und Lernen von Mathematik (insb. Geometrie) macht. Einige Ortslinien, die auch im Mathematikunterricht relevant sind, haben wir im Rahmen dieses Buches bereits behandelt oder werden es in den folgenden Kapiteln noch tun:

1. Die Ortslinie aller Punkte, die von einem gegebenen Punkt einen festen Abstand haben, haben wir als *Kreis* definiert (▶ Definition 4.1.1).

2. Die Ortslinie aller Punkte, die von zwei gegebenen verschiedenen Punkten den gleichen Abstand haben, ist die zur Verbindung der beiden Punkten senkrechte Gerade durch den Mittelpunkt dieser Punkte, die *Mittelsenkrechte* (▶ Propositionen 5.4.14, 5.4.15, ▶ Definition 5.4.16).

3. Die Ortslinie aller Punkte, für die die Dreiecksungleichung bezüglich zweier gegebener Punkte als Gleichheit gilt, haben wir als *Strecke* definiert (▶ Definition 5.1.3).

4. Die Ortslinie aller Punkte, die mit zwei gegeben Punkten ein rechtwinkliges Dreieck (mit rechtem Winkel an dem variablen Punkt) bilden, ist der *Thaleskreis* über die Strecke der beiden gegebenen Punkte (▶ Satz 10.1.1).

Ob man einen mathematischen Begriff (insbesondere im Kontext des Lehrens und Lernens von Mathematik) implizit über eine Ortslinieneigenschaft oder alternativ explizit algebraisch oder konstruktiv definieren soll, kann nicht immer allgemein beantwortet werden und erfordert sowohl inhaltliche als auch didaktische Überlegungen. Zum Beispiel hätte man statt wie in ▶ Definition 5.4.16, die Mittelsenkrechte in diesem Buch auch über die Ortslinieneigenschaft aus ▶ Proposition 5.4.14 definieren können.

Aus didaktischer Perspektive liefert die Beschäftigungen mit Ortslinien eine Möglichkeit für eigenständiges mathematisches Arbeiten auf verschiedenen Niveaus. Dabei geht es stets um die Beantwortung der Frage „Auf welcher Ortslinie liegen alle Punkte mit einer bestimmten Eigenschaft". Hier bieten sich auch außerhalb der Elementargeometrie spannende Untersuchungsanlässe, z. B. die Ortslinien des Scheitelpunktes des Funktionsgraphen einer quadratischen Funktion der Bauart $a(x - b)^2 + c$ bei Variation von einem der drei Parameter. Ein weiteres Beispiel, das Geometrie und Funktionenlehre verknüpft, ist die Untersuchung der Ortslinie aller Punkte, die von einem gegebenen Punkt F und einer gegebenen Gerade g den selben Abstand haben. Dabei handelt es sich um eine Parabel:

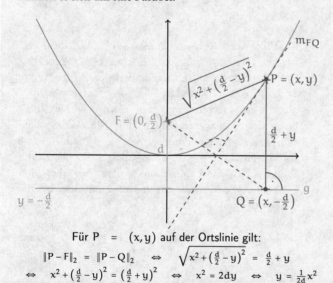

Für $P = (x, y)$ auf der Ortslinie gilt:
$$\|P - F\|_2 = \|P - Q\|_2 \quad \Leftrightarrow \quad \sqrt{x^2 + \left(\tfrac{d}{2} - y\right)^2} = \tfrac{d}{2} + y$$
$$\Leftrightarrow \quad x^2 + \left(\tfrac{d}{2} - y\right)^2 = \left(\tfrac{d}{2} + y\right)^2 \quad \Leftrightarrow \quad x^2 = 2dy \quad \Leftrightarrow \quad y = \tfrac{1}{2d}x^2$$

Ein zweiter wesentlicher Anwendungsbereich für Ortslinien, ist die Ausnutzung solcher Eigenschaften für das Konstruieren mit Zirkel und Lineal. Hierbei können oft mehrere Ortslinieneigenschaften verknüpft werden, um ein Konstruktionsproblem zu lösen:

1. Die *Mittelsenkrechte* von A und B ist die Ortslinie der Punkte, die von A und B den selben Abstand haben. Um sie zu konstruieren, konstruiert man um beide Punkte

5

einen Kreis durch den jeweils anderen Punkt. Damit haben beide Kreise (Ortslinie aller Punkte mit einem festen Abstand zu einem Punkt) den gleichen Radius und deren Schnittpunkte liegen somit auf der gesuchten Mittelsenkrechten. Diese ist aber durch zwei Punkte bereits eindeutig bestimmt.

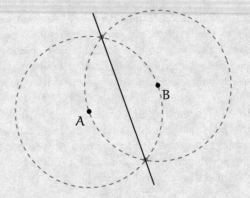

2. Es soll ein *Kreis* durch drei Punkte A, B und C konstruiert werden. Gesucht ist also der Mittelpunkt M. Wegen der Ortslinieneigenschaft des Kreises haben alle drei Punkte zu M denselben Abstand. Wir konstruieren wie in 1. die Mittelsenkrechten von A und B sowie von B und C. Nach der Ortslinieneigenschaft der Mittelsenkrechten sind das genau die Punkte, die von A und B sowie von B und C denselben Abstand haben. Damit hat der Schnittpunkt dieser Mittelsenkrechten von allen drei Punkten denselben Abstand und ist damit der gesuchte Kreismittelpunkt.

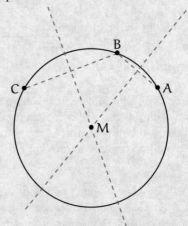

3. Es soll an einen Kreis mit Mittelpunkt M eine *Tangente* durch einen Punkt P konstruiert werden, der außerhalb des Kreises liegt. Der Berührpunkt einer solchen Tangente hat die Eigenschaft, dass er mit M und P einen rechten Winkel bildet. Zur Konstruktion können wieder drei Ortslinien genutzt werden. Die eine ist der Kreis selbst (auf dem der Berührpunkt nach Definition liegen muss), die andere der Thaleskreis durch P und M, weil dort alle Punkte liegen, die mit P und M einen rechten Winkel bilden. Um diesen zu konstruieren, muss dessen Mittelpunkt über eine Mittelsenkrechten-Konstruktion bestimmt werden. Es ergeben sich zwei Tangenten.

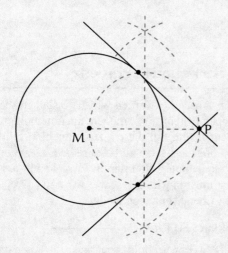

Ortslinien sind der eindimensionale Spezialfall sogenannter *Geometrischer Örter* (Plural von *Geometrischer Ort*). Damit werden alle Arten von Punktmengen bezeichnet, die über eine geometrische Eigenschaft definiert sind. Diese können zum Beispiel nur aus einem Punkt bestehen (z. B. Menge aller Punkte, die von den drei Ecken eines Dreiecks den selben Abstand haben ⤳ Umkreismittelpunkt, ▶ Korollar 6.1.6), oder auch aus zwei Punkten (z. B. Menge aller Punkte, die von zwei verschiedenen Punkten einen jeweils festen Abstand haben ⤳ Schnitt zweier Kreise, ▶ Satze 6.1.16). Sie können auch zweidimensional sein, wie das folgende abschließende Beispiel zeigt. Im metrischen Raum $(\mathbb{R}^2, d_1)$ führt die oben beschriebene Definition einer Strecke $[A, B]$ über die Gleichheit der Dreiecksungleichung (vgl. ▶ Definition 5.1.3) zu folgender „Ortsfläche" (vgl. auch Bemerkung A.2.7 (4)):

5

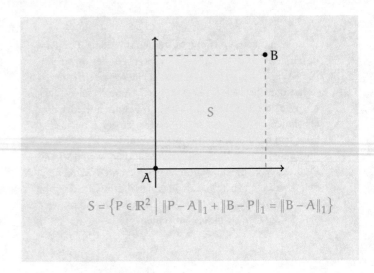

$$S = \left\{ P \in \mathbb{R}^2 \mid \|P - A\|_1 + \|B - P\|_1 = \|B - A\|_1 \right\}$$

5.5 Dreiecke und Kongruenz

In diesem Abschnitt werden wir die bisher in diesem Kapitel gewonnenen Erkenntnisse nutzen, um unter anderem den Kongruenzbegriff und mit diesem zusammenhängende Theoreme wie die Kongruenzsätze zu beschreiben. Das Vorgehen ist an vielen Stellen analog zu unserem Vorgehen in ▶ Kap. 1.

Zuerst müssen wir klären, was wir unter Dreiecken in einer neutralen Ebene verstehen wollen.

Definition 5.5.1 (Dreieck)

Seien (X, d) eine neutrale Ebene und $A, B, C \in X$ drei Punkte. Liegen die drei Punkte nicht auf einer Geraden, so bilden sie ein **Dreieck** $\triangle ABC$.

Die Punkte A, B und C heißen die **Ecken** des Dreiecks; die Strecken $[A, B]$, $[B, C]$ und $[C, A]$ heißen die **Seiten** des Dreiecks.

(vgl. ▶ Definition 1.2.4)

Definition 5.5.2 (Kongruenz)

Seien $F, G \subset X$ Teilmengen in einer neutralen Ebene (X, d). Wir nennen F **kongruent** zu G (Notation: $F \cong G$), falls es eine Isometrie $\varphi : X \to X$ mit $\varphi(F) = G$ gibt.

(vgl. ▶ Definition 1.2.3)

Wir brauchen in ▶ Definition 5.5.2 die Bijektivität von φ nicht extra zu fordern, da sie nach ▶ Satz 5.4.18 automatisch gilt.

Mit den ▶ Definitionen 5.5.1 und 5.5.2 können wir den Kongruenzsatz SSS formulieren. Die bisher gezeigten Resultate reichen auch aus um ihn zu beweisen. Dabei spielen vor allem Mittelsenkrechten und ihre Ortslinieneigenschaft eine wichtige Rolle. Die Argumente sind analog zum Beweis der euklidischen Version in ▶ Satz 1.5.1.

Satz 5.5.3 (Kongruenzsatz SSS)

Zwei Dreiecke $\triangle ABC$ und $\triangle RST$ in einer neutralen Ebene (X, d) sind genau dann kongruent, wenn (bis auf Umbenennung der Ecken) folgende Gleichheiten gelten:

$$d(A, B) = d(R, S), \quad d(A, C) = d(R, T) \text{ und } d(B, C) = d(S, T).$$

(vgl. ▶ Satz 1.5.1)

Beweis Dass die Gleichungen für kongruente Dreiecke gelten, ist evident. Wir nehmen also umgekehrt an, dass die drei Abstandsgleichheiten gelten. Um die Kongruenz zu zeigen, konstruieren wir eine Isometrie $\varphi : X \to X$ mit $\varphi(A) = R$, $\varphi(B) = S$ und $\varphi(C) = T$.

Konstruktionsidee: Wir wissen, dass die Spiegelung an der Mittelsenkrechte zweier Punkte den einen Punkt auf den anderen abbildet. Wir wollen durch Spiegeln an maximal drei Mittelsenkrechten die Ecken des einen Dreiecks auf die Ecken des anderen Dreiecks abbilden. Dabei müssen wir garantieren, dass die bereits zur Deckung gebrachten Punkte nicht wieder verändert werden. Dafür wird die Ortslinieneigenschaft der Mittelsenkrechten (vgl. ▶ Proposition 5.4.14) von entscheidender Bedeutung sein (Abb. 5.11).

Schritt 1 (Falls $A \neq R$) Wir betrachten zunächst die Spiegelung $\sigma_{m_{AR}}$ an der Mittelsenkrechten von A und R. Dann gilt $\sigma_{m_{AR}}(A) = R$ und wir definieren $\sigma_{m_{AR}}(B) =: B'$ sowie $\sigma_{m_{AR}}(C) =: C'$. Im Fall $A = R$ setzen wir $\sigma_{m_{AR}} = \mathrm{id}$. Auf diese Art und Weise erhalten wir ein neues Dreieck $\triangle RB'C'$, das in (mindestens) einem Punkt mit $\triangle RST$ übereinstimmt.

Schritt 2 (Falls $B' \neq S$) Wir betrachten die Spiegelung $\sigma_{m_{B'S}}$ an der Mittelsenkrechten von B' und S. Dann gilt $\sigma_{m_{B'S}}(B') = S$ und wir definieren $\sigma_{m_{B'S}}(C') =: C''$. Außerdem gilt $\sigma_{m_{B'S}}(R) = R$, denn

$$d(R, B') = d\left(\sigma_{m_{AR}}(A), \sigma_{m_{AR}}(B)\right) \overset{\sigma_{m_{AR}} \text{ Isom.}}{=}$$

$$d(A, B) \overset{\text{Vorauss.}}{=} d(R, S) \overset{\text{Ortsl.}}{\Rightarrow} R \in m_{B'S}.$$

Im Fall $B' = S$ setzen wir $\sigma_{m_{B'S}} = \mathrm{id}$. Auf diese Art und Weise erhalten wir ein neues Dreieck $\triangle RSC''$, dass in (mindestens) zwei Punkten mit $\triangle RST$ übereinstimmt.

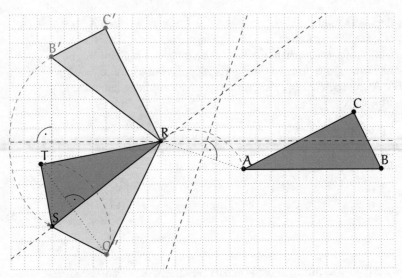

⊡ Abb. 5.11   Konstruktionsidee zum Beweis von SSS

Schritt 3 (Falls $C'' \neq T$) Wir betrachten die Spiegelung $\sigma_{m_{C''T}}$ an der Mittelsenkrechten von C'' und T. Dann gilt $\sigma_{m_{C''T}}(C'') = T$. Außerdem gelten $\sigma_{m_{C''T}}(R) = R$ und $\sigma_{m_{C''T}}(S) = S$, denn

$$d(R, C'') = d\left(\sigma_{m_{B'S}}(\sigma_{m_{AR}}(A)), \sigma_{m_{B'S}}(\sigma_{m_{AR}}(C))\right)$$

$$\overset{\sigma_{m_{AR}}, \sigma_{m_{B'S}} \text{ Isom.}}{=} d(A, C) \overset{\text{Vorauss.}}{=} d(R, T)$$

$$d(S, C'') = d\left(\sigma_{m_{B'S}}(\sigma_{m_{AR}}(B)), \sigma_{m_{B'S}}(\sigma_{m_{AR}}(C))\right)$$

$$\overset{\sigma_{m_{AR}}, \sigma_{m_{B'S}} \text{ Isom.}}{=} d(B, C) \overset{\text{Vorauss.}}{=} d(S, T)$$

$$\overset{\text{Ortsl.}}{\Rightarrow} R, S \in m_{C'',T}.$$

Im Fall $C'' = T$ setzen wir $\sigma_{m_{C''T}} = \mathrm{id}$. Auf diese Art und Weise erhalten wir das Dreieck $\triangle RST$.

Insgesamt haben wir also mit $\varphi = \sigma_{m_{C''T}} \circ \sigma_{m_{B'S}} \circ \sigma_{m_{AR}}$ eine Abbildung gefunden, für die $\varphi(A) = R$, $\varphi(B) = S$ und $\varphi(C) = T$ gilt. Damit ist die Dreieckskongruenz gezeigt.   □

?!

Überlegen Sie sich, an welcher Stelle die Bijektivität im Beweis eingeht!

Wie bereits im euklidischen Raum $\mathbb{R}^2$ ist auch in der neutralen Ebene eine Isometrie bereits eindeutig durch das Bild dreier Punkte, die nicht auf einer Geraden liegen, festgelegt. Wir möchten darauf hinweisen, dass das folgende Argument nur funktioniert, weil wir bereits bewiesen haben (▶ Satz 5.4.18), dass Isometrien in neutralen Ebenen bijektiv sind.

Korollar 5.5.4 (Eindeutige Festlegung von Isometrien)

Seien (X, d) eine neutrale Ebene, $A, B, C \in X$ nicht kollinear und $R, S, T \in X$. Dann gibt es höchstens eine Isometrie $\varphi : X \to X$ mit $\varphi(A) = R$, $\varphi(B) = S$ und $\varphi(C) = T$.

(vgl. ▶ Korollar 2.1.4)

Hands On …
…und probieren Sie den Beweis zunächst selbst!

Beweis Seien φ und τ zwei Isometrien mit dem beschriebenen Abbildungsverhalten. Dann hält $\tau^{-1} \circ \varphi$ die Punkte A, B und C fest. Nach ▶ Satz 5.3.4 muss dann $\tau^{-1} \circ \varphi = \mathrm{id}$ gelten, also $\tau = \varphi$. □

Mit diesen Vorbereitungen können wir den Dreispiegelungssatz beweisen. Auch in einer neutralen Ebene kann jede Isometrie als Verknüpfung von maximal drei Geradenspiegelungen dargestellt werden.

Korollar 5.5.5 (Dreispiegelungssatz)

Jede Isometrie $\varphi : X \to X$ in einer neutralen Ebene (X, d) lässt sich als Verknüpfung von maximal drei Spiegelungen schreiben.

(vgl. ▶ Korollar 2.1.5)

Hands On …
…und probieren Sie den Beweis zunächst selbst!

Beweis Wähle drei nicht kollineare Punkte $A, B, C \in X$. Dann ist $\triangle ABC$ kongruent zu $\triangle\varphi(A)\varphi(B)\varphi(C)$ und nach dem Beweis von ▶ Satz 5.5.3 können wir die nach ▶ Korollar 5.5.4 eindeutig bestimmte Abbildung φ wie gewünscht als Verknüpfung von maximal drei Spiegelungen (an Mittelsenkrechten) darstellen. □

5.6 Winkel

Ein wichtiger geometrischer Begriff wurde bisher bei unserem axiomatischen Studium der ebenen Geometrie noch gar nicht erwähnt: Der *Winkel*. In diesem Abschnitt werden wir den Begriff im Kontext der neutralen Ebene definieren und beschreiben, wann zwei Winkel kongruent zueinander sind. Diese Eweiterung unserer Theorie ermöglicht es uns dann auch, weitere Kongruenzsätze zu formulieren und zu beweisen. Die deutlich komplexere Fragestellung nach dem Messen von Winkelgrößen in neutralen Ebenen werden wir in ▶ Abschn. 6.2 gesondert behandeln.

Definition 5.6.1 (Winkel)

Seien g_+ und h_+ Strahlen (▶ Definition 5.4.12) in einer neutralen Ebene (X, d), die beide einen gemeinsamen Ursprung (den **Scheitel** des Winkels) haben. Dann bezeichnen wir als **Winkel** zwischen g_+ und h_+ die Figur

$$\angle(g_+, h_+) := g_+ \cup h_+ \subset X.$$

Die Strahlen g_+ und h_+ heißen auch **Schenkel** des Winkels. Da die mengentheoretische Vereinigung kommutativ ist, gilt automatisch $\angle(g_+, h_+) = \angle(h_+, g_+)$. Ist der Scheitel ein Punkt $O \in X$ und sind $A \in g_+$ und $B \in h_+$ Punkte auf den beiden Schenkeln, so schreiben wir auch $\angle AOB := \angle(g_+, h_+)$.

Bemerkung 5.6.2 (Kongruenz von Winkeln)

Wir nennen dann zwei Winkel $\angle(a_+, b_+)$ und $\angle(g_+, h_+)$ **kongruent,** wenn sie kongruent als Figur in der neutralen Ebene sind, das heißt, wenn eine Isometrie $\varphi : X \to X$ existiert, sodass $\varphi(\angle(a_+, b_+)) = \angle(g_+, h_+)$ gilt.

Da Isometrien Strahlen wieder auf Strahlen abbilden, sieht man leicht, dass zwei Winkel $\angle(a_+, b_+)$ und $\angle(g_+, h_+)$ kongruent sind, wenn es eine Isometrie gibt, sodass entweder $\varphi(a_+) = g_+, \varphi(b_+) = h_+$ oder $\varphi(a_+) = h_+, \varphi(b_+) = g_+$ gilt. □

Auch wenn wir bisher nicht von Winkelgrößen gesprochen haben, können wir bereits das Konzept der *Winkelhalbierenden* eines Winkels einführen und deren Existenz und Eindeutigkeit beweisen.

Definition 5.6.3 (Winkelhalbierende)

Seien (X, d) eine neutrale Ebene und $\angle(g_+, h_+)$ ein Winkel mit Scheitel O. Eine Gerade k mit der Eigenschaft, dass $\angle(g_+, k_+) \cong \angle(h_+, k_+)$ für beide Strahlen k_+ auf k mit Ursprung O gilt, bezeichnen wir als **Winkelhalbierende.**

Satz 5.6.4 (Existenz der Winkelhalbierenden)

Sei (X, d) eine neutrale Ebene. Dann existiert zu einem Winkel $\angle(g_+, h_+)$ mit Scheitel O eine Winkelhalbierende entsprechend ▸ Definition 5.6.3.

Beweis Seien $A \in g_+$ und $B \in h_+$ die eindeutigen Punkte, sodass $d(O, A) = d(O, B) = 1$ (◘ Abb. 5.12). Wir definieren $k := m_{AB}$ als die Mittelsenkrechte der beiden Punkte. Aufgrund der Ortslinieneigenschaft (▸ Proposition 5.4.14) liegt dann $O \in k$ und wir wählen als k_+ einen der beiden in O beginnenden Strahlen. Dann gilt $\sigma_k(O) = O$ und $\sigma_k(A) = B$

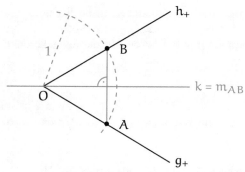

☐ Abb. 5.12   Beweisskizze zu ▶ Satz 5.6.4. Das Vorgehen entspricht der Konstruktion von Winkelhalbierenden mit Zirkel und Lineal, wie man sie aus dem Mathematikunterricht kennt

und folglich $\sigma_k(g_+) = h_+$. Damit haben wir gezeigt, dass $\angle(g_+, k_+) \cong \angle(h_+, k_+)$. ☐

Korollar 5.6.5

Seien $\angle(g_+, h_+)$ und $\angle(k_+, l_+)$ zwei kongruente Winkel in einer neutralen Ebene (X, d), dann gibt es eine Isometrie $\varphi :$ $X \to X$ mit $\varphi(g_+) = k_+$ und $\varphi(h_+) = l_+$.

Beweis Die aufgrund der Kongruenz der Winkel gegebene Isometrie φ könnte a priori auch $\varphi(g_+) = l_+$ und $\varphi(h_+) = k_+$ erfüllen. Dann liefert eine Verknüpfung mit der Spiegelung an der Winkelhalbierenden von $\angle(k_+, l_+)$ die gewünschte Isometrie. ☐

Satz 5.6.6 (Eindeutigkeit der Winkelhalbierenden)

Seien (X, d) eine neutrale Ebene und $\angle(g_+, h_+)$ ein Winkel mit Scheitel O. Dann ist die nach ▶ Satz 5.6.4 existierende Winkelhalbierende eindeutig.

Beweis Wir nehmen an, dass k eine Gerade durch O ist, k^+ einer der beiden Strahlen mit Ursprung O entlang k ist und $\angle(g_+, k_+) \cong \angle(h_+, k_+)$. Dann gibt es nach ▶ Korollar 5.6.5 eine Isometrie φ, sodass $\varphi(g_+) = h_+$ und $\varphi(k_+) = k_+$. Eine Isometrie, die einen Strahl fixiert, muss aber die dazugehörige Gerade schon punktweise fixieren. Nach ▶ Proposition 5.3.4 kann φ also nur die Spiegelung an k sein. Es folgt, dass σ_k die oben definierten Punkte $A \in g_+$ und $B \in h_+$ vertauscht. Somit muss schon $k = m_{AB}$ gelten und wir haben auch die Eindeutigkeit gezeigt. ☐

In ▶ Abschn. 6.2 werden wir auf wohldefinierte Art und Weise ein Maß $\angle(h_+, g_+) \in \mathbb{R}$ für die Größe eines Winkels $\angle(h_+, g_+)$ definieren. Dieses Maß stellt eine Verallgemeinerung des be-

5

kannten Bogenmaßes auf die neutrale Ebene dar und kann Werte im Intervall $]0, \pi[$ annehmen. Mit den Kongruenzsätzen im Sinn zitieren wir bereits an dieser Stelle die folgenden zwei Lemmata.

Lemma 5.6.7

Zwei Winkel $\angle(a_+, b_+)$ und $\angle(g_+, h_+)$ in einer neutralen Ebene (X, d) sind genau dann kongruent, wenn $\measuredangle(a_+, b_+) = \measuredangle(g_+, h_+)$ gilt.

Beweis Siehe ▶ Abschn. 6.2, ▶ Lemma 6.2.21.   □

Lemma 5.6.8

Sei h_+ ein Strahl in einer neutralen Ebene (X, d). Für ein gegebenes $\alpha \in]0, \pi[$ gibt es auf jeder Seite der durch h_+ festgelegten Geraden genau einen Strahl g_+ mit $\measuredangle(h_+, g_+) = \alpha$ (siehe ◘ Abb. 5.13).

Beweis Siehe ▶ Abschn. 6.2 ▶ Lemma 6.2.22.   □

Mit diesen Vorbereitungen können wir nun drei weitere Kongruenzsätze für Dreiecke formulieren und davon zwei auch beweisen. Die Kongruenzsätze sind zwar schon aus ▶ Kap. 3 bekannt, werden hier aber in einem allgemeineren Rahmen, nämlich für beliebige neutrale Ebenen, bewiesen.

Satz 5.6.9 (Kongruenzsatz SWS)

Zwei Dreiecke $\triangle ABC$ und $\triangle RST$ in einer neutralen Ebene (X, d) sind genau dann kongruent, wenn (bis auf Umbenennung der Ecken) folgende Gleichheiten gelten:

$$d(A, B) = d(R, S), \angle BAC = \angle SRT \text{ und } d(A, C) = d(R, T).$$

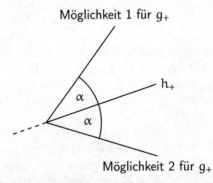

◘ **Abb. 5.13**   Situation in ▶ Lemma 5.6.8

Beweis Sind die beiden Dreiecke kongruent, so liefert die dadurch existierende Isometrie auch die Kongruenz von $\angle BAC$ und $\angle SRT$ und ▶ Lemma 5.6.7 die Größengleichheit der Winkel. Damit ist die eine Richtung gezeigt.

Umgekehrt nehmen wir an, dass die beschriebenen Gleichheiten gelten. Dann folgt mit ▶ Lemma 5.6.7 aus $\angle BAC = \angle SRT$ sofort die Kongruenz von $\angle BAC$ und $\angle SRT$. Seien b_+ und c_+ die Schenkel von $\angle BAC$, die durch B bzw. C gehen und entsprechend s_+ und t_+ die Schenkel von $\angle SRT$, die durch S bzw. T gehen. Nach ▶ Korollar 5.6.5 gibt es dann eine Isometrie $\varphi : X \to X$ so, dass $\varphi(b_+) = s_+$ und $\varphi(c_+) = t_+$. Insbesondere gilt $\varphi(A) = R$.

Nun muss $\varphi(B)$ ein Punkt auf s_+ sein, der den gleichen Abstand zu R hat, wie B zu A. Es gibt aber auf einem Strahl nur genau einen solchen Punkt, nämlich S. Damit folgt $\varphi(B) = S$ und völlig analog auch $\varphi(C) = T$. Damit sind die beiden Dreiecke kongruent. □

Satz 5.6.10 (Kongruenzsatz WSW)

Zwei Dreiecke $\triangle ABC$ und $\triangle RST$ in einer neutralen Ebene (X, d) sind genau dann kongruent, wenn (bis auf Umbenennung der Ecken) folgende Gleichheiten gelten:

$$\angle BAC = \angle SRT, \ d(A, B) = d(R, S) \text{ und } \angle CBA = \angle TSR.$$

Beweis Sind die beiden Dreiecke kongruent, folgen die Größengleichheiten wie im Beweis von ▶ Satz 5.6.9.

Wir nehmen umgekehrt an, dass die drei Gleichheiten gelten. Aus der Gleichheit der Winkelgrößen folgt mit ▶ Lemma 5.6.7 die Kongruenz der Winkel. Insbesondere gibt es also nach ▶ Korollar 5.6.5 eine Isometrie $\varphi : X \to X$, die $\angle BAC$ auf $\angle SRT$ abbildet und für die $\varphi(A) = R$ gilt. Der Punkt $\varphi(B)$ liegt auf dem Schenkel mit Ursprung R, der durch S geht und von R den Abstand $d(A, B) = d(R, S)$ hat. Also gilt $\varphi(B) = S$. Somit wird der Strahl von B durch A auf den Strahl von S durch R abgebildet.

Der Strahl von B durch C wird auf einen Strahl s mit Ursprung S abgebildet. Dieser Strahl s liegt auf der selben Seite der Geraden durch R und S wie T und schließt mit dem Strahl durch S und R einen Winkel ein, der genauso groß ist wie $\angle TSR$. Damit muss nach ▶ Lemma 5.6.8 der Strahl durch S und $\varphi(C)$ gleich dem Strahl durch S und T sein. Also ist $\varphi(C) = T$ der eindeutige Schnittpunkt der Strahlen und es folgt die Kongruenz. □

Der letzte der Kongruenzsätze benötigt im Beweis einen Vorgriff auf die Schnittpunktsätze in ▶ Abschn. 6.1. Wir stellen ihn trotzdem schon an dieser Stelle vor, weil er thematisch hierher gehört und seine Formulierung mit den vorgestellten Definitionen problemlos möglich ist.

Satz 5.6.11 (Kongruenzsatz SsW)

Zwei Dreiecke $\triangle ABC$ und $\triangle RST$ in einer neutralen Ebene (X, d) sind genau dann kongruent, wenn (bis auf Umbenennung der Ecken) folgende Gleichheiten gelten:

$$d(A, B) = d(R, S), \quad d(A, C) = d(R, T)$$

$$\text{und} \quad \begin{cases} \measuredangle CBA = \measuredangle TSR, & \text{falls } d(A, B) \leqslant d(A, C), \\ \measuredangle ACB = \measuredangle RTS, & \text{falls } d(A, B) > d(A, C). \end{cases}$$

(Anders formuliert bedeutet die letzte Bedingung, dass der Winkel gegenüber der größeren der beiden gewählten Seiten betrachtet werden soll.)

Visualisierung zum Beweis

▶ https://www.geogebra.org/m/uavmdqqr

Beweis Siehe ▶ Satz 6.1.13.

Für den Beweis benötigen wir Schnittpunktaussagen, die Inhalt von ▶ Abschn. 6.1 sind. □

Zum Ende dieses Abschnitts, zeigen wir zwei weitere aus der Schule bekannte Winkelsätze und schließen mit einer interessanten Einsicht zu *rechten Winkeln:* Auch zur Definition von rechten Winkeln benötigt man noch keinen Größenbegriff für Winkel.

Satz 5.6.12 (Scheitelwinkelsatz)

Sei (X, d) eine neutrale Ebene und $g, h \subset X$ zwei Geraden, die sich in einem Punkt $O \in X$ schneiden. Mit g_+ und h_+ bezeichnen wir zwei Strahlen auf g bzw. h, mit Ursprung O. Die beiden anderen Strahlen auf g bzw. h mit Ursprung O bezeichnen wir mit g_- und h_-.

Dann sind sowohl $\angle(g_+, h_+)$ und $\angle(g_-, h_-)$ als auch $\angle(g_+, h_-)$ und $\angle(g_-, h_+)$ jeweils kongruent und insbesondere gleich groß (siehe ◘ Abb. 5.14).

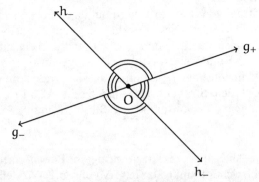

◘ **Abb. 5.14** Situation des Scheitelwinkelsatzes ▶ Satz 5.6.12

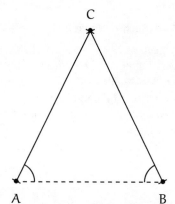

◘ Abb. 5.15 Situation des Basiswinkelsatzes ► Satz 5.6.13

Beweis Die Kongruenz folgt sofort durch eine Punktspiegelung an O, die Größengleichheit aus ► Lemma 5.6.7.   □

Satz 5.6.13 (Basiswinkelsatz)
Seien (X, d) eine neutrale Ebene und A, B, C ∈ X nicht alle auf
einer Geraden. Dann sind folgende Aussagen äquivalent (siehe
◘ Abb. 5.15):

(1)   ∠BAC = ∠CBA.
(2)   ∠BAC und ∠CBA sind kongruent.
(3)   △ABC ist gleichschenklig mit d(A, C) = d(B, C).

Beweis Die Äquivalenz von (1) und (2) folgt sofort aus ► Lemma
5.6.7.
  Seien nun ∠BAC und ∠CBA kongruent. Nach ► Korollar
5.6.5 existiert dann eine Isometrie φ : X → X, die insbesondere den Strahl von A durch C auf den Strahl von B durch
C abbildet, also die Geraden durch A und C bzw. B und C
vertauscht. Insbesondere liegt dann φ(C) auf dem Strahl von
B durch C. Wäre φ(C) ≠ C, dann hätten die Gerade durch
A und C und die Gerade durch B und C zwei Schnittpunkte,
müssten wegen des Inzidenzaxioms ► Axiom 5.1.1 also im Widerspruch zur Voraussetzung gleich sein. Da wir also gezeigt
haben, dass φ(C) = C und außerdem φ(A) = B gilt, folgt aus
der Isometrieeigenschaft von φ, dass d(A, C) = d(B, C).
  Falls umgekehrt d(A, C) = d(B, C) ist, dann liegt C auf
der Mittelsenkrechten von A und B. Die Spiegelung an dieser
Mittelsenkrechten liefert dann die Kongruenz der Winkel.   □

Auch ohne einen ausgearbeiteten Begriff zur Winkelgröße,
können wir eine Definition für einen rechten Winkel angeben.

5

Definition 5.6.14 (Rechter Winkel)

Sei (X, d) eine neutrale Ebene und $g, h \subset X$ zwei Geraden, die sich in einem Punkt $O \in X$ schneiden. Mit g_+ und h_+ bezeichnen wir zwei Strahlen auf g bzw. h mit Ursprung O. g_- sei der andere Strahl auf g mit Ursprung O.

Wir nennen $\angle (g_+, h_+)$ einen **rechten Winkel,** wenn er kongruent zu $\angle (g_-, h_+)$ ist.

Lemma 5.6.15

Sei (X, d) eine neutrale Ebene und $g, h \subset X$ zwei Geraden, die sich in einem Punkt $O \in X$ schneiden. Mit g_+ und h_+ bezeichnen wir zwei Strahlen auf g bzw. h mit Ursprung O. Die beiden anderen Strahlen auf g bzw. h mit Ursprung O bezeichnen wir mit g_- und h_-.

Wenn $\angle (g_+, h_+)$ ein rechter Winkel ist, dann sind die drei anderen Winkel $\angle (g_-, h_-)$, $\angle (g_+, h_-)$ und $\angle (g_-, h_+)$

1. kongruent zu $\angle (g_+, h_+)$,
2. ebenfalls rechte Winkel,
3. alle gleich groß.

Hands On ...
...und probieren Sie den Beweis zunächst selbst!

Beweis Weil $\angle (g_+, h_+)$ ein rechter Winkel ist, folgt mit ► Definition 5.6.14 die Kongruenz zu $\angle (g_-, h_+)$. Die anderen Kongruenzen folgen dann sofort aus dem Scheitelwinkelsatz ► Satz 5.6.12. Die Größengleichheit folgt aus ► Lemma 5.6.7. □

Lemma 5.6.16 (Orthogonalität und rechte Winkel)

Seien g und h Geraden in einer neutralen Ebene (X, d), die einen gemeinsamen Punkt $O \in X$ haben. Dann sind folgende Aussagen äquivalent:

(1) $g \perp h$.
(2) Für einen Strahl g_+ auf g mit Ursprung O und einen Strahl h_+ auf h mit Ursprung O ist $\angle (g_+, h_+)$ ein rechter Winkel.

Hands On ...
...und probieren Sie den Beweis zunächst selbst!

Beweis Sei $g \perp h$. Dann ist g invariant unter der Spiegelung an h (► Definition 5.3.5), und h wird durch diese Spiegelung punktweise fixiert (Spiegelungsaxiom ► 5.1.7). Dann werden die beiden Strahlen auf g mit Ursprung $O \in h \cap g$ durch die Spiegelung an h vertauscht (► Korollar 5.3.3). Damit sind $\angle (g_+, h_+)$ und $\angle (g_-, h_+)$ kongruent, also $\angle (g_+, h_+)$ ein rechter Winkel.

Umgekehrt gelte (2). Dann ist h die nach ▶ Satz 5.6.4 eindeutige Winkelhalbierende des Winkels $\angle(g_+, g_-)$ und es gilt $\sigma_h(g_+) = g_-$ und folglich $\sigma_h(g) = g$, d. h. $g \perp h$.   □

5.7 Translationen

Wir haben in ▶ Satz 5.4.7 gezeigt, wie wir Punktspiegelungen mit zwei Geradenspiegelungen an orthogonalen Geraden identifizieren können. Für die initiale Definition von Punktspiegelungen (▶ Definition 5.4.2) als spezielle Rotationen (▶ Definition 5.4.1) haben wir eine Fixpunkteigenschaft benutzt. In diesem Abschnitt wollen wir eine weitere Klasse von Isometrien in neutralen Ebenen behandeln: Die *Translationen* (Verschiebungen). Hier bietet sich eine Definition über eine Fixpunkteigenschaft nicht an, da es ein Merkmal von Translationen ist, dass sie (bis auf im trivialen Fall der Identität) keine Fixpunkte haben (▶ Lemma 5.7.3). Genauso wenig ist es möglich, Translationen, wie im euklidischen Raum $\mathbb{R}^2$ (▶ Beispiel 1.2.2) über eine Addition zu definieren; dafür bedürfte es einer algebraischen Struktur, die uns in neutralen Ebenen nicht zur Verfügung steht. Stattdessen setzen wir die Darstellung durch verknüpfte Spiegelungen (im Sinne des Dreispiegelungssatzes ▶ 5.5.5) an den Anfang und definieren Translationen als Verknüpfungen von zwei Geradenspiegelungen an Geraden, die beide orthogonal zu einer dritten Geraden sind. Die dritte Gerade bestimmt dann die Translationsrichtung.

Definition 5.7.1 (Translation)

Seien (X, d) eine neutrale Ebene und $g \subset X$ eine metrische Gerade. Als **Translation entlang** g bezeichnen wir eine Isometrie der Form $\sigma_n \circ \sigma_m$, wobei σ_m und σ_n Spiegelungen an zu g orthogonalen Geraden m und n sind.

Das folgende Beispiel verdeutlicht die Definition:

Beispiel 5.7.2
Wie in der Definition gefordert, werden in ◨ Abb. 5.16 die Punkte P und Q zunächst an m und dann an n gespiegelt.   □

Lemma 5.7.3 (Translationen mit Fixpunkten)
Sei g eine Gerade in einer neutralen Ebene (X, d). Wenn eine Translation τ entlang g einen Fixpunkt in X hat, dann ist τ bereits die Identität.

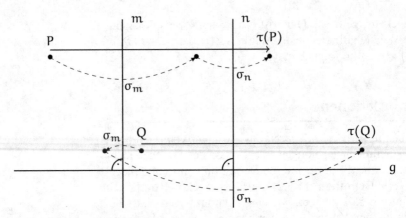

Abb. 5.16   Beispiel für eine Translation

Beweis Nach Definition gibt es zu g senkrechte Geraden m, $n \subset X$, sodass wir $\tau = \sigma_n \circ \sigma_m$ schreiben können. Sei $P \in X$ ein Fixpunkt von τ. Wegen $P = \tau(P) = \sigma_n(\sigma_m(P))$ zeigen ▶ Korollar 5.3.3(iv) und ▶ Proposition 5.3.4, dass $\sigma_m(P) = \sigma_n(P)$.

Falls $P \neq \sigma_m(P)$ ist, sind sowohl σ_m als auch σ_n die Spiegelung an der nach ▶ Proposition 5.4.15 eindeutig bestimmten Mittelsenkrechten von P und $\sigma_m(P) = \sigma_n(P)$. Das heißt, $\sigma_m = \sigma_n$, also $\tau = \mathrm{id}_X$.

Falls $P = \sigma_m(P) = \sigma_n(P)$ gilt, folgt sofort $P \in m \cap n$. Da m und n nach Voraussetzung senkrecht auf g stehen, folgt mit ▶ Proposition 5.4.15 $m = n$ und somit wieder $\tau = \mathrm{id}_X$.   □

Der letzte Schritt im Beweis von ▶ Lemma 5.7.3 hat eine interessante Interpretation für Dreiecke.

Korollar 5.7.4
In einer neutralen Ebene (X, d) kann es kein Dreieck geben, bei dem mehr als ein Paar der Seiten orthogonal zueinander ist.

Beweis Wir betrachten das Dreieck $\triangle ABC$ mit den Ecken $A, B, C \in X$. Seien g die Gerade durch A und B, m die Gerade durch A und C und n die Gerade durch B und C. Ohne Einschränkung gelte $m, n \perp g$. Da außerdem $C \in m \cap n$ ist, folgt die Aussage wie im Beweis von ▶ Lemma 5.7.3 (letzter Fall).   □

Umgangssprachlich bedeutet die Aussage aus ▶ Korollar 5.7.4, dass ein Dreieck maximal einen rechten Winkel haben kann. Die Besonderheit unserer Formulierung liegt darin, dass wir weder auf den Begriff *Winkel* noch auf das Konzept der *Parallelität* zurückgreifen mussten um die Aussage zu beweisen.

Proposition 5.7.5

Sei (X, d) eine neutrale Ebene und g eine Gerade in X. Für jede Translation τ entlang g und jedes $P \in g$ gilt $\tau(P) \in g$.

Beweis Nach Definition gibt es zu g senkrechte Geraden n, $m \subset X$, sodass $\tau = \sigma_n \circ \sigma_m$ ist. Da die Geraden n und m senkrecht auf g stehen, ist g nach ▶ Definition 5.3.5 invariant unter beiden Spiegelungen und damit auch unter τ. $\qquad \square$

Man sieht am Beispiel von Punktspiegelungen und Translationen, dass die Verknüpfung von zwei Spiegelungen mindestens nicht immer auf eine weitere Geradenspiegelung führt. Wir werden später noch zeigen, dass das sogar nie der Fall ist. Die Menge der Spiegelungen ist also nicht abgeschlossen unter der Verknüpfung von Abbildungen. Wir zeigen, dass sich dies für Translationen anders verhält (▶ Korollar 5.7.9). Ein wichtiges Hilfsmittel dafür ist der ▶ Satz 5.7.8. Wir bereiten diesen mit den folgenden zwei Lemmata vor, die Spiegelungen in neutralen Ebenen mit Spiegelungen auf $\mathbb{R}$ (als Isometrien entsprechend ▶ Beispiel 4.3.7) verknüpfen.

Lemma 5.7.6

Seien (X, d) eine neutrale Ebene, $n, g \subset X$ Geraden mit $n \perp g$ und σ_n die Spiegelung an n. Dann kann die Einschränkung $\sigma_n|_g : g \to g$ mit einer Isometrie von $\mathbb{R}$ aus der Menge R (vgl. ▶ Beispiel 4.3.7, Spiegelung) identifiziert werden.

Beweis Nach Definition der Orthogonalität (▶ Definition 5.3.5) ist $\sigma_n(g) = g$ und damit der Wertebereich der Einschränkung in der Formulierung des Lemmas korrekt gewählt. Sei nun $\gamma : \mathbb{R} \to g$ eine isometrische Parametrisierung von g. Dann ist $r : \mathbb{R} \to \mathbb{R}$ mit $r = \gamma^{-1} \circ \sigma_n|_g \circ \gamma$ eine Isometrie auf $\mathbb{R}$. Nach ▶ Beispiel 4.3.7 kann r eine Spiegelung auf $\mathbb{R}$ ($r \in R$) oder eine Translation auf $\mathbb{R}$ ($r \in T$) sein. Da σ_n selbstinvers ist, ist auch r selbstinvers, woraus folgt, dass es sich um eine Spiegelung auf $\mathbb{R}$ entsprechend ▶ Beispiel 4.3.7 handeln muss. $\qquad \square$

Lemma 5.7.7

Seien r_a, r_b und r_c Spiegelungen in $(\mathbb{R}, |\cdot|)$ (entsprechend ▶ Beispiel 4.3.7). Dann ist $r_b \circ r_a$ eine Translation in $(\mathbb{R}, |\cdot|)$ (entsprechend ▶ Beispiel 4.3.7) und $r_c \circ r_b \circ r_a$ eine Spiegelungen in $(\mathbb{R}, |\cdot|)$ (entsprechend ▶ Beispiel 4.3.7).

Beweis Sei $x \in \mathbb{R}$. Dann gilt $(r_b \circ r_a)(x) = b - (a - x) = b - a + x = t_{b-a}(x) \in T$. Damit ist dann außerdem $(r_c \circ r_b \circ r_a)(x) = c - t_{b-a}(x) = c - b + a - x = r_{a-b+c} \in R$, wie gewünscht. $\qquad \square$

5

Satz 5.7.8

Seien g eine Gerade in einer neutralen Ebene (X, d) und σ_1, σ_2, σ_3 Spiegelungen an zu g orthogonalen Geraden m_1, m_2, m_3. Dann ist die Verknüpfung $\sigma_3 \circ \sigma_2 \circ \sigma_1 =: \sigma$ selbst eine Spiegelung an einer zu g senkrechten Geraden.

Beweis Wegen $m_i \perp g$ hält nach Definition der Orthogonalität (▸ Definition 5.3.5) die Isometrie σ die Gerade g invariant. Wegen der ▸ Lemmata 5.7.6 und 5.7.7 ist die Einschränkung $\sigma|_g$ dann eine Spiegelung auf $g \cong \mathbb{R}$ (entsprechend ▸ Beispiel 4.3.7) und hat damit einen Fixpunkt $P \in g$. Nach ▸ Proposition 5.3.11 wird dann auch die nach ▸ Proposition 5.4.15 eindeutige Orthogonale m in P von σ fixiert. Da nach ▸ Korollar 5.4.8 die σ_i und damit auch σ die Seiten g invariant lassen, wird m von σ sogar punktweise fixiert. Also handelt es sich bei σ um die Spiegelung an m, wie gewünscht. ☐

Korollar 5.7.9 (Gruppe der Translationen)

Seien (X, d) eine neutrale Ebene und $g \subset X$ eine Gerade. Dann bilden die Translationen entlang g eine abelsche Gruppe, die zu $(\mathbb{R}, +)$ isomorph ist.

Beweis Seien $\tau_1 = \sigma_b \circ \sigma_a$ und $\tau_2 = \sigma_d \circ \sigma_b$ Translationen entlang g. Dann ist nach ▸ Satz 5.7.8 auch $\tau_2 \circ \tau_1 = \sigma_d \circ (\sigma_c \circ \sigma_b \circ \sigma_a)$ eine Translation entlang g. Außerdem sind Spiegelungen Involutionen und damit gilt $\tau_1^{-1} = (\sigma_b \circ \sigma_a) = \sigma_a \circ \sigma_b$. Damit ist das Inverse einer Translation entlang g ebenfalls eine Translation entlang g. Insgesamt bilden die Translationen entlang g also eine Untergruppe der Gruppe der Isometrien von X (▸ Bemerkung 5.3.6).

Wegen der ▸ Lemmata 5.7.6 und 5.7.7 ist entspricht die Einschränkung jeder Translation τ entlang g auf g einer Translation auf $\mathbb{R}$ (entsprechend ▸ Beispiel 4.3.7). Diese sind von der Bauart $x \mapsto x + c$ mit $c \in \mathbb{R}$. Die Abbildung $\tau \mapsto c$ liefert den gewünschten Homomorphismus. Wir zeigen noch die Injektivität: Sind τ_1, τ_2 Translationen entlang g die gleichen Translationen auf $\mathbb{R}$, ist $\tau_1 \circ \tau_2^{-1}$ die Identität auf $\mathbb{R}$ und damit auch in X. Zur Surjektivität wählen wir zu g orthogonale Geraden, deren Schnittpunkte mit g den Abstand $\frac{1}{2}c$ haben. ☐

Korollar 5.7.10 (Verschiedene Darstellungen einer Translation)

Seien (X, d) eine neutrale Ebene und $g \subset X$ eine Gerade. Seien ferner h_1, h_2 zu g orthogonale Geraden, die g in H_1 und H_2 schneiden und k_1, k_2 zu g orthogonale Geraden, die g in K_1 und K_2 schneiden. Dann sind die Verknüpfungen nach ▶ Definition 5.7.1 Translationen τ_h und τ_k. Gilt nun $d(H_1, H_2) = d(K_1, K_2)$, folgt $\tau_h = \tau_k$ oder $\tau_h = \tau_k^{-1}$.

Beweis Die Aussage folgt direkt aus ▶ Korollar 5.7.9 und dessen Beweis, da beide Translationen bis auf Vorzeichen mit dem selben c identifiziert werden. Ob die Translationen gleich oder invers zueinander sind, hängt davon ab, ob die Punkte H_1 und H_2 bezüglich einer gegebenen Parametrisierung gleich oder umgekehrt angeordnet sind wie die Punkte K_1 und K_2.   □

Wir schließen den Abschnitt mit einer weiteren Darstellungsaussage ab, die es in Zukunft erlaubt, Translationen auch als Verknüpfung von Punktspiegelungen darzustellen. Dies hat unter anderem den Vorteil, dass die richtungsweisende Gerade nicht mehr explizit angegeben werden muss.

Proposition 5.7.11
Sei (X, d) eine neutrale Ebene. Dann kann man jede Translation entlang einer Geraden $g \subset X$ auch als Verknüpfung von zwei Punktspiegelungen an Punkten auf g ausdrücken. Umgekehrt ist jede Verknüpfung von zwei Punktspiegelungen bereits eine Translation entlang einer Geraden, nämlich der Geraden durch die beiden Spiegelungszentren.

Beweis ▶ Satz 5.4.7 liefert, dass eine Abbildung genau dann eine Punktspiegelung ist, wenn sie als Verknüpfung von zwei Spiegelungen an zueinander orthogonalen Geraden geschrieben werden kann. Insbesondere dürfen wir für die Darstellung beider Punktspiegelungen jeweils g als eine der beiden Geraden verwenden. Dann enthält die Darstellung der Verknüpfung $\sigma_g \circ \sigma_g$, was sich mit ▶ Korollar 5.3.3 aufhebt. Übrig bleiben die Spiegelungen an zwei zu g senkrechten Geraden. Mit diesem Gedankengang folgt die Äquivalenz sofort.   □

Bemerkung 5.7.12
Fixiert man in der neutralen Ebene eine Gerade, so bilden die Translationen entlang dieser Gerade nach ▶ Korollar 5.7.9 eine Gruppe. *Aber* wir haben bisher keine Kenntnisse, wie sich Translationen entlang verschiedener Geraden verknüpfen lassen und ob sie dann mit dieser Verknüpfung ebenfalls eine algebraische Struktur bilden. Wir werden diesen Gedanken in ▶ Kap. 9 wieder aufgreifen. Dabei wird sich das Parallelenaxiom als notwendig herausstellen.   □

Vertiefungen zu neutralen Ebenen

Inhaltsverzeichnis

© Der/die Autor(en), exklusiv lizenziert an Springer-Verlag GmbH, DE, ein Teil von Springer Nature 2024
M. Hoffmann et al., *Ebene euklidische Geometrie*,
https://doi.org/10.1007/978-3-662-67357-7_6

6

In ▶ Kap. 5 haben wir mit dem Axiomensystem der *neutralen Ebene* eine Axiomatisierung ebener Geometrie auf Grundlage metrischer Räume vorgestellt. Auf dieser Grundlage beschreiben wir in Abschn. III, wie durch Hinzufügen eines weiteren Axioms (dem Parallelenaxiom) die bekannte ebene euklidische Geometrie in bis auf Isomorphie eindeutiger Weise beschrieben werden kann. In diesem Kapitel werden wir die Theorie der neutralen Ebene (ohne Parallelenaxiom) in Bereiche weiterentwickeln, die zwar für den Weg zur euklidischen Geometrie nicht vorrangig relevant sind, aber einen Mehrwert für die Formalisierung der neutralen ebenen Geometrie darstellen. Dazu gehört zunächst der Nachweis verschiedener Schnittpunktsätze (▶ Abschn. 6.1) zwischen elementaren geometrischen Objekten. Anschließend werden wir den in ▶ Abschn. 5.6 eingeführten Winkelbegriff erweitern und erklären, wie mit den Methoden der neutralen Ebene ein Konzept für Winkelgrößen eingeführt werden kann (▶ Abschn. 6.2). Darauf aufbauend können dann Winkelsätze in Drei- und Vierecken betrachtet werden (▶ Abschn. 6.3). Außerdem liefert das Konzept der Winkelgröße die Grundlage für ein detailliertes Studium der in ▶ Definition 5.4.1 eingeführten *Rotationen* (▶ Abschn. 6.4).

6.1   Schnittverhalten geometrischer Objekte

In diesem Abschnitt stellen wir unterschiedliche Aussagen vor, die sich mit Fragen nach Schnittpunkten geometrischer Objekte im weiteren Sinne befassen. Wir beginnen mit zwei wichtigen Aussagen über das Schnittverhalten von Geraden und Dreiecken.

Satz 6.1.1 (Satz von Pasch)
Sei $\triangle ABC$ ein Dreieck in einer neutralen Ebene (X, d) und $g \subset X$ eine Gerade, die keine der Ecken dieses Dreiecks enthält. Dann gelten die beiden folgenden Aussagen.

(i)   Wenn g eine der Seiten des Dreiecks schneidet, dann schneidet sie noch eine weitere Seite.

(ii) g kann nicht alle drei Seiten schneiden.

Beweis Nach ▶ Korollar 5.4.13 sind die Punkte A und B genau dann auf derselben Seite von g, wenn $[A, B] \cap g = \emptyset$. Wir nehmen nun an, dass $g \cap [B, C] \neq \emptyset$. Dann liegen B und C auf unterschiedlichen Seiten von g. Wenn A auf der selben Seite von g liegt wie C, dann liegt es nicht auf der selben Seite wie B. Es gilt also $[A, B] \cap g \neq \emptyset$. Andernfalls finden wir $[A, C] \cap g \neq \emptyset$. Dies beweist (i).

Wenn g die Seiten [A, B] und [A, C] des Dreiecks △ABC schneidet, dann liegen B und C nicht auf der selben Seite von g wie A. Damit sind aber dann B und C auf derselben Seite von g und es folgt [B, C] ∩ g = ø, was wiederum (ii) beweist.   □

Für den Fall, dass die schneidende Gerade durch eine Ecke des Dreiecks geht, haben wir den folgenden Satz, der die Aussage des Satzes von Pasch ergänzt.

Satz 6.1.2 (Ergänzung zum Satz von Pasch)

Sei △ABC ein Dreieck in einer neutralen Ebene (X, d) und E ∈ X ein Punkt, der auf der selben Seite der Geraden k ⊂ X durch A und B liegt wie C sowie auf der selben Seite der Geraden h ⊂ X durch A und C wie B (Abb. 6.1).

Dann schneidet die Gerade e durch A und E die Gerade g durch B und C in einem Punkt Q, der zwischen B und C liegt.

Beweis Seien h^+ und k^+ die Seiten von h bzw. k, die E enthalten. Wähle einen Punkt C^* auf h, der auf der entgegengesetzten Seite von k liegt wie C. Dann liegt das offene Intervall $]C^*, B[$ in $k^- \cap h^+$.

Die Gerade e schneidet $k^- \cap h^+$ nicht, weil die beiden Strahlen auf e mit Ursprung A in k^+ bzw. h^- liegen. Also liegen B und C^* auf der selben Seite von e. Dies zeigt, dass B und C auf verschiedenen Seiten von e liegen und mit ▶ Korollar 5.4.13 ergibt sich die Existenz eines Schnittpunktes Q von e und $]B, C[$.
□

Unter Verwendung dieser Folgerung können wir nun die aus der Schule bekannte Aussage über den Schnittpunkt von Winkelhalbierenden im Dreieck und der daraus resultierenden Konstruktion eines Inkreises beweisen.

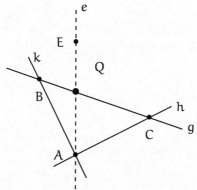

■ **Abb. 6.1**   Situation aus ▶ Satz 6.1.2

Satz 6.1.3 (Winkelhalbierende im Dreieck)

Seien (X, d) eine neutrale Ebene und $A, B, C \in X$ Punkte, die nicht auf einer gemeinsamen metrischen Geraden liegen. Dann schneiden sich die Winkelhalbierenden der Innenwinkel im Dreieck $\triangle ABC$ in genau einem Punkt.

Beweis Wir zeigen zunächst, dass sich die Winkelhalbierenden w_A und w_B der Innenwinkel mit Scheitel A und B in einem Punkt M schneiden (◘ Abb. 6.2, links). Wegen ▶ Satz 6.1.2 schneidet w_A die Strecke $[B, C]$ in einem Punkt C'. Mit nochmaliger Anwendung von ▶ Satz 6.1.2 schneidet w_B die Strecke $[A, C']$ in einem Punkt M. Damit ist M ein Schnittpunkt von w_A und w_B.

Im nächsten Schritt betrachten wir die orthogonalen Projektionen M^{AC} und M^{BC} von M auf die Geraden durch A und C bzw. durch B und C und zeigen, dass M auf der Mittelsenkrechten von M^{AC} und M^{BC} liegt (◘ Abb. 6.2, rechts).

Nach Definition der Winkelhalbierenden (▶ Definition 5.6.3) und ▶ Proposition 5.3.9 gilt $\sigma_{w_A}\left(M^{AC}\right) = M^{AB} = \sigma_{w_B}\left(M^{BC}\right)$. Damit gilt insbesondere

$$\sigma_{w_B}\left(\sigma_{w_A}\left(M^{AC}\right)\right) = M^{BC}.$$

Da außerdem $\sigma_{w_B}\left(\sigma_{w_A}(M)\right) = M$, folgt $d\left(M_{AC}, M\right) = d\left(M_{AB}, M\right)$ und wegen der Ortslinieneigenschaft der Mittelsenkrechten (▶ Proposition 5.4.14), liegt also M auf der Mittelsenkrechten $m \subset X$ von M_{AC} und M_{BC}.

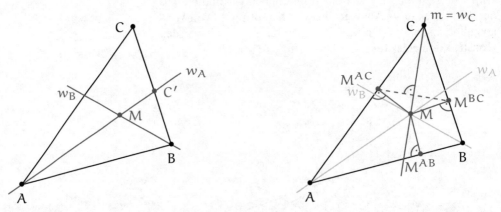

◘ **Abb. 6.2** Skizze zum des Beweises von ▶ Satz 6.1.3. *Links:* Dass sich zumindest zwei der Winkelhalbierenden schneiden, folgt aus ▶ Satz 6.1.2. *Rechts:* Die Winkelhalbierende w_C wird als die Mittelsenkrechte m von M^{AC} und M^{BC} konstruiert

Es muss noch gezeigt werden, dass m gleichzeitig die dritte Winkelhalbierende ist. Nach Definition liegt M^{AC} auf der Geraden durch A und C, die nach ▶ Proposition 5.4.15 eindeutige Senkrechte in M^{AC} zur Geraden durch M und M^{AC} ist. Analog ist die Gerade durch B und C die eindeutige Senkrechte in M^{BC} zur Geraden durch M und M^{BC}. Nach Definition von m gelten $\sigma_m\left(M^{AC}\right) = M^{BC}$ und wegen $M \in m$ darüber hinaus $\sigma_m(M) = M$. Damit wird die Gerade durch M und M^{AC} auf die Gerade durch M und M^{BC} abgebildet. Nach ▶ Proposition 5.3.11 werden dann die Gerade durch A und C und die Gerade durch B und C (als jeweils eindeutig festgelegte Senkrechte) durch die Spiegelung an m vertauscht. Da auf diesen aber genau die Schenkel des Innenwinkels bei C liegen, muss m die Winkelhalbierende w_C sein. Also ist $M \in m$ der gemeinsame Schnittpunkt von allen drei Winkelhalbierenden. □

Korollar 6.1.4 (Inkreis im Dreieck)

Seien (X, d) eine neutrale Ebene und $A, B, C \in X$ Punkte, die nicht auf einer gemeinsamen metrischen Geraden liegen. Dann gibt es einen Kreis $K \subset X$, der jede der Dreiecksseiten in genau einem Punkt berührt. Dieser Kreis heißt der **Inkreis** von $\triangle ABC$.

Beweis Die Aussage folgt sofort aus dem Beweis von ▶ Satz 6.1.3. Wir wählen den dort konstruierten Schnittpunkt M der Winkelhalbierenden als Mittelpunkt und den Abstand $d\left(M, M^{AC}\right) = d\left(M, M^{BC}\right) = d\left(M, M^{AB}\right)$ als Radius (◘ Abb. 6.3). Nach Definition der orthogonalen Projektion (▶ Definition 5.3.5), liegen dann alle anderen Punkte auf den Dreieckskanten außerhalb des so konstruierten Kreises. □

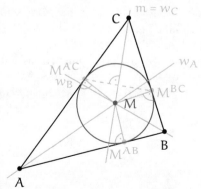

◘ **Abb. 6.3** Der nach ▶ Satz 6.1.3 existierende Schnittpunkt der Winkelhalbierenden im Dreieck, ist der Mittelpunkt des Inkreises

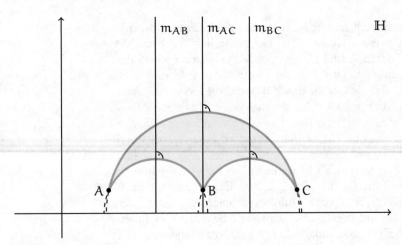

◘ Abb. 6.4 Im Dreieck △ABC schneiden sich die drei Mittelsenkrechten nicht. Dieses Beispiel in der Poincaré-Halbebene (▶ Beispiel 5.2.2) zeigt, dass es bei der Formulierung von ▶ Satz 6.1.5 über den gemeinsamen Schnitt der Mittelsenkrechten eines Dreieck in einer neutralen Ebene notwendig ist zu fordern, dass sich zwei Mittelsenkrechten schneiden

Die analoge Aussage über den Schnittpunkt von Mittelsenkrechten gilt in neutralen Ebenen nur eingeschränkt. In ◘ Abb. 6.4 sieht man, dass in der Poincaré-Halbebene (siehe ▶ Beispiel 5.2.2) tatsächlich Dreiecke existieren, deren Mittelsenkrechten sich nicht schneiden.

Satz 6.1.5 (Mittelsenkrechten im Dreieck)
Seien (X, d) eine neutrale Ebene und $A, B, C \in X$ Punkte, die nicht auf einer gemeinsamen metrischen Geraden liegen. Schneiden sich im Dreieck △ABC zwei der Mittelsenkrechten, schneiden sich bereits alle drei Mittelsenkrechten in einem Punkt.

Beweis Seien m_{AC}, m_{BC}, m_{AB} die drei Mittelsenkrechten der Dreiecksseiten. Ohne Einschränkung schneiden sich m_{AC} und m_{BC} in einem Punkt M. Wir zeigen, dass $M \in m_{AB}$ gilt. Wegen $M \in m_{AC} \cap m_{BC}$ und der Ortslinieneigenschaft der Mittelsenkrechte (▶ Proposition 5.4.14) gilt $d(A, M) = d(C, M) = d(B, M)$. Wieder wegen der Ortslinieneigenschaft gilt dann $M \in m_{AB}$. □

Korollar 6.1.6 (Umkreis im Dreieck)

Seien (X, d) eine neutrale Ebene und $A, B, C \in X$ Punkte, die nicht auf einer gemeinsamen metrischen Geraden liegen. Schneiden sich zwei der Mittelsenkrechten in einem Punkt M, so gibt es einen Kreis $K \subset X$, den **Umkreis** des Dreiecks, der durch alle drei Eckpunkte geht. K hat den Mittelpunkt M.

Beweis Die Aussage folgt sofort aus dem Beweis von ▸ Satz 6.1.5. Dort wurde gezeigt, dass $d(M, A) = d(M, B) = d(M, C)$ und somit alle drei Eckpunkte auf einem gemeinsamen Kreis um M liegen. □

Wir widmen uns nun verschiedenen Schnittpunktsätzen über Kreise. Die folgenden Beweise haben die Gemeinsamkeit, dass man für den Existenznachweis von Schnittpunkten oft Argumente der Analysis (wie dem Zwischenwertsatz) braucht.

Proposition 6.1.7 (Tangenten)

Seien (X, d) eine neutrale Ebene, $g \subset X$ eine Gerade und $K := K_r(M) \subset X$ ein Kreis mit Mittelpunkt $M \in X$ und Radius $r > 0$. Die Gerade g und K haben genau dann einen einzigen gemeinsamen Punkt, wenn $d(M, M^g) = r$ ist. Eine solche Gerade bezeichnen wir als **Tangente**.

Beweis Wir nehmen zunächst an, dass g und K genau einen gemeinsamen Punkt P haben und zeigen, dass dann $d(M, M^g) = r$ ist. Offenbar gilt $d(M, P) = r$. Wegen $P \in g$ ist nach ▸ Definition 5.3.5 also $d(M, M^g) \leqslant r$. Sei $k \subset X$ die nach ▸ Bemerkung 5.3.7 zu g orthogonale Gerade durch M und M^g. Wäre $P \neq M^g$, wäre $\sigma_k(P) \in g \setminus \{P\}$ und außerdem

$$d(\sigma_k(P), M) = d(\sigma_k(\sigma_k(P)), \sigma_k(M)) = d(P, M) = r.$$

Es wäre also auch $\sigma_k(P) \in K \cap g$ im Widerspruch zur Voraussetzung, dass es nur einen gemeinsamen Punkt gibt. Also ist $M^g = P$ und damit insbesondere $d(M, M^g) = d(M, P) = r$.

Sei nun umgekehrt $d(M, M^g) = r$. Dann ist $M^g \in g \cap K$. Da nach ▸ Definition 5.3.5 alle weiteren Punkte auf g einen größeren Abstand zu M haben als M^g, kann es keinen weiteren Punkt in $g \cap K$ geben. □

Korollar 6.1.8 (Charakterisierung der Tangente)

Seien (X, d) eine neutrale Ebene und $k := K_r(O)$ ein Kreis mit Radius $r > 0$ und Mittelpunkt $O \in X$. Dann ist die Tangente (siehe ▸ Proposition 6.1.7) t_P an k in einem Punkt $P \in k$ die eindeutige zur Geraden durch P und O senkrechte Gerade durch P.

6

Beweis Folgt sofort aus dem Beweis von ▸ Proposition 6.1.7. □

Zur Vorbereitung einer Proposition über Kreise und Geraden mit zwei gemeinsamen Punkten (▸ Proposition 6.1.11) beweisen wir zunächst ein Lemma, das die Definition der orthogonalen Projektion P^g als der zu P am nächsten liegende Punkt auf einer Geraden g (▸ Definition 5.3.5) verschärft: Nicht nur haben alle anderen Punkte $Q \in g$ einen größeren Abstand zu P, sondern dieser Abstand wächst auch streng monoton, wenn sich $Q \in g$ von P^g entfernt. Für den Beweis von ▸ Lemma 6.1.10 beweisen wir zunächst eine vorbereitende Stetigkeitsaussage.

Lemma 6.1.9
Seien (X, d) eine neutrale Ebene und $P \in X$ ein Punkt. Dann ist die Abbildung $X \to \mathbb{R}$, $Q \mapsto d(Q, P)$ stetig.

Beweis Zweifaches Anwenden der Dreiecksungleichung liefert für zwei Punkte $Q_1, Q_2 \in g_+$ die Abschätzung

$$|d(Q_1, P) - d(Q_2, P)| \leqslant d(Q_1, Q_2)$$

und damit die gewünschte Stetigkeit. □

Lemma 6.1.10
Seien g eine Gerade und P ein Punkt in einer neutralen Ebene (X, d). Sei ferner g_+ ein Strahl auf g mit Ursprung P^g.
    Dann gelten für die Funktion f mit $f : g_+ \to \mathbb{R}$, $Q \mapsto d(P, Q)$ (◘ Abb. 6.5) die folgenden drei Aussagen:
1. f ist stetig.
2. Identifiziert man g_+ mit $\mathbb{R}^+$, ist f streng monoton steigend.
3. Es gilt $\lim\limits_{g_+ \ni Q \to \infty} d(P, Q) = \infty$.

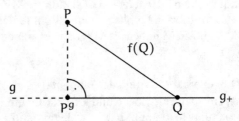

◘ **Abb. 6.5**   Skizze zu ▸ Lemma 6.1.10

Beweis Die Stetigkeit (1) folgt aus ▶ Lemma 6.1.9. Wir zeigen, dass f streng monoton steigend ist (2). Dazu seien $Q, R \in g_+$ mit $d(P^g, Q) < d(P^g, R)$ und m die Mittelsenkrechte von Q und R. Da m ebenso wie die Gerade durch P und P^g senkrecht auf g steht, schneiden sich die beiden Geraden nicht (▶ Korollar 5.7.4). Insbesondere liegen P und P^g auf der selben Seite von m (nämlich auf der Seite, in der auch Q liegt). ▶ Korollar 5.4.17 liefert dann $d(P, Q) < d(P, R)$ und damit die strenge Monotonie. Teil 3 der Aussage gilt, weil die Saccheri-Ungleichung ▶ Proposition 5.3.12 die Abschätzung $d(Q, P) \geqslant d(Q, P^g)$ liefert. $\square$

Proposition 6.1.11 (Schnittpunkte Kreis Gerade)
Seien g eine Gerade in einer neutralen Ebene (X, d) und $M \in X$. Dann schneidet g für jedes $r > d(M, M^g)$ den Kreis $K_r(M)$ in genau zwei Punkten L und R und es gilt (Abb. 6.6)

$$g \cap S_r(M) = \,]L, R[.$$

Beweis Wir behandeln zunächst den Fall $M \in g$. Dann ist $d(M, M^g) = 0$ und die Aussage folgt direkt aus ▶ Lemma 4.2.10.

Seien im Folgenden $M \notin g$ und $g_\pm$ die beiden Strahlen entlang g mit Ursprung M^g. Dann liefert ▶ Lemma 6.1.10 zusammen mit dem Zwischenwertsatz, dass es auf beiden Strahlen jeweils genau einen Punkt mit dem Abstand r von M gibt. Damit ist die Existenz von genau zwei Schnittpunkten von g mit dem Kreis bewiesen. $\square$

Korollar 6.1.12 (Schnitte von Kreisen und Geraden)
Seien (X, d) eine neutrale Ebene, $g \subset X$ eine Gerade und $K_r(M) \subset X$ ein Kreis mit Radius $r > 0$ und Mittelpunkt $M \in X$. Dann gelten folgende Äquivalenzen:

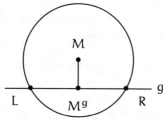

◘ **Abb. 6.6** Beweisskizze zu ▶ Proposition 6.1.11. Zum Beweis nutzen wir, dass die durch $f(P) = d(P, M)$ definierte Funktion $f : g_+ \to \mathbb{R}$ stetig und streng monoton steigend mit Grenzwert ∞ ist (▶ Lemma 6.1.10). Dann folgt die Behauptung mit dem Zwischenwertsatz

(i) $g \cap K_r(M) = \emptyset \iff d(M, M^g) > r,$

(ii) $\exists\, L, R \in g$ verschieden mit $g \cap K_r(M) = \{L, R\} \iff d(M, M^g) < r,$

(iii) $\exists\, B \in g$ mit $g \cap K_r(M) = \{B\} \iff d(M, M^g) = r.$

Beweis (i) folgt aus der Definition des Kreises (▶ Definition 4.1.1) und der Definition der orthogonalen Projektion (▶ Definition 5.3.5). Bei (ii) folgt die Richtung „$\Leftarrow$" aus ▶ Proposition 6.1.11. Gibt es umgekehrt entsprechende Punkte $L, R \in g$, gilt $d(L, M) = d(R, M) = r$. Da die orthogonale Projektion M^g nach ▶ Satz 5.3.2 existiert und eindeutig ist, ist $M^g \notin \{L, R\}$. Nach Definition von M^g (▶ Definition 5.3.5) muss dann $d(M, M^g) < d(M, L) = r$ gelten, wie gewünscht. (iii) folgt direkt aus ▶ Proposition 6.1.7. □

Nun können wir auch den noch fehlenden Beweis des Kongruenzsatzes SsW (Satz ▶ 5.6.11) führen.

Satz 6.1.13 (Kongruenzsatz SsW)
Zwei Dreiecke $\triangle ABC$ und $\triangle RST$ in einer neutralen Ebene (X, d) sind genau dann kongruent, wenn (bis auf Umbenennung der Ecken) folgende Gleichheiten gelten:

$$d(A, B) = d(R, S), \quad d(A, C) = d(R, T)$$

$$\text{und} \quad \begin{cases} \angle BAC = \angle SRT, & \text{falls } d(A, C) \leqslant d(B, C), \\ \angle CBA = \angle TSR, & \text{falls } d(A, C) > d(B, C). \end{cases}$$

(Anders formuliert bedeutet die letzte Bedingung, dass der Winkel gegenüber der größeren der beiden gewählten Seiten betrachtet werden soll.)

Beweis Sind die beiden Dreiecke kongruent, folgen die Größengleichheiten wie im Beweis von ▶ Satz 5.6.9.

Wir betrachten den Fall $d(A, C) \leqslant d(B, C)$. Das Argument für den anderen Fall funktioniert analog. Aus der Gleichheit der Winkelgrößen folgt mit ▶ Lemma 5.6.7 die Kongruenz von $\angle BAC$ und $\angle SRT$. Insbesondere gibt es also nach ▶ Korollar 5.6.5 eine Isometrie $\varphi : X \to X$, die die beiden Winkel mit $\varphi(A) = R$ aufeinander abbildet und den Schenkel durch A und C auf den Schenkel durch R und T abbildet. Dann gilt auch $\varphi(C) = T$, da beide Punkte durch ihren Abstand zum jeweiligen Winkelzentrum eindeutig auf dem Winkelstrahl festgelegt sind (siehe ◘ Abb. 6.7).

Es bleibt zu zeigen, dass $\varphi(B) = S$ ist. Seien g die Gerade durch R und S und $g_+ \subset g$ der Strahl mit Ursprung R, der den Winkelschenkel bildet. Wir wissen, dass $\varphi(B) \in g^+$ und $d(\varphi(B), T) = d(B, C)$ gelten. Also liegt $\varphi(B)$ im Schnitt des Kreises $K_a(T)$ um T mit Radius $a := d(B, C)$ und dem Strahl

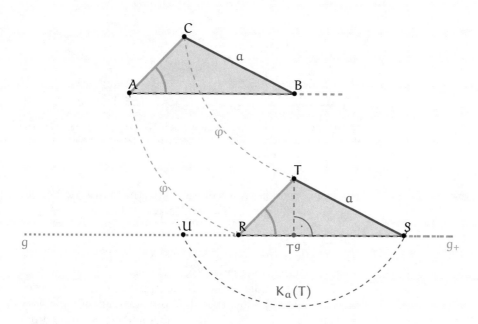

◘ Abb. 6.7   Beweisskizze zum Kongruenzsatz SsW (▶ Satz 6.1.13). Zentral für den Nachweis der Kongruenz ist die Lage der Schnittpunkte zwischen Gerade und Kreis

g_+. Unter Verwendung von ▶ Definition 5.3.5 der orthogonalen Projektion und der Voraussetzungen dieses Satzes gilt

$$d(S, T) = d(B, C) \geqslant d(A, C) = d(R, T) > d(T^g, T).$$

Damit schneidet nach ▶ Proposition 6.1.11 der Kreis $K_a(T)$ die Gerade g in genau zwei Punkten, also neben S noch in einem weiteren Punkt U. Wegen $d(S, T) = d(B, C) = a$ sind dies die Kandidaten für $\varphi(B)$. Da außerdem

$$d(R, T) = d(A, C) \leqslant d(B, C) = d(S, T) = d(U, T),$$

folgt mit dem zweiten Teil von ▶ Proposition 6.1.11 (Schnittintervall der Kreisscheibe mit der Gerade), dass genau einer der Punkte S, U auf g_+ liegt. Somit bleibt $\varphi(C) = S$. Zusammen haben wir gezeigt, dass $\phi(\triangle ABC) = \triangle RST$, das heißt, die Dreiecke sind kongruent. □

Bemerkung 6.1.14
Wäre in ▶ Satz 6.1.13 die Abstandsungleichung nicht gegeben, so bestünde die Möglichkeit, dass im Beweis der Kreis beide Schnittpunkte auf g_+ hat (vgl. ◘ Abb. 6.8). Die Konstruktion wäre dann nicht mehr eindeutig festgelegt. □

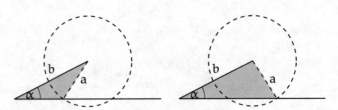

□ **Abb. 6.8**   Es gilt $a < b$ und mit α ist der Winkel gegenüber der *kürzeren* der beiden Seiten gegeben. Man sieht, dass die Konstruktionsvorschrift kein eindeutig bestimmtes Dreieck mehr liefert

Als nächstes erklären wir das Schnittverhalten zweier Kreise. Zur Vorbereitung benötigen wir folgendes Lemma.

Lemma 6.1.15

Sei (X, d) eine neutrale Ebene und $c > 0$. Dann gibt es zu jedem $x \in {]}0, c[$ ein rechtwinkliges Dreieck $\triangle ABC$ (ohne Einschränkung stehe die Gerade durch A und C senkrecht auf der Geraden durch B und C) mit $d(A, B) = c$ und $d(A, C) = x$.

Der Abstand $d(B, C)$ hängt dabei nur von x ab, und die Funktion

$$f : {]}0, c[\to {]}0, c[, \quad x \mapsto d(B, C)$$

ist streng monoton fallend mit $f \circ f = \mathrm{id}_{]0,c[}$. Insbesondere ist f bijektiv und stetig (vergleiche □ Abb. 6.9).

Beweis Sei $x \in {]}0, c[$. Wähle A und C in X so, dass $d(A, C) = x$. Betrachte den Kreis $K_c(A)$ und die Gerade g durch C, die senkrecht zur Geraden durch A und C steht.

Nach ▶ Proposition 6.1.11 schneidet g den Kreis in zwei Punkten, von denen wir einen mit B bezeichnen. Den anderen möglichen Punkt erhält man durch Spiegelung an der Geraden durch A und C. Damit ist $\triangle ABC$ wie gewünscht rechtwinklig mit $d(A, C) = x$ und $d(A, B) = c$.

Da die Spiegelung an der Geraden durch A und C den Punkt C fixiert, hängt $d(B, C)$ auch nur von c und nicht von der Wahl des Schnittpunktes ab.

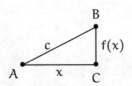

□ **Abb. 6.9**   Situation in ▶ Lemma 6.1.15

Wir zeigen nun, dass tatsächlich $f(x) \in {]}0, c{[}$ für alle $x \in {]}0, c{[}$ gilt. Dazu sei σ die Spiegelung an der Geraden durch A und C. Dann folgt mit der Saccheri-Ungleichung ▶ Proposition 5.3.12

$$2f(x) = 2d(B, C) = d(B, \sigma(B)) < d(A, B) + d(A, \sigma(B))$$
$$= 2d(A, B) = 2c,$$

wie gewünscht.

Wir zeigen die Monotonie von f: Seien dazu $x, y \in {]}0, c{[}$ mit $x < y$. Ferner sei $k \subset X$ eine Gerade mit Parametrisierung γ. Dann sind $\gamma(x)$ und $\gamma(y)$ Punkte auf k. Sei außerdem h eine zu k senkrechte Gerade (parametrisiert durch eine Abbildung δ) mit Schnittpunkt $\gamma(0) = \delta(0)$. Für $z \geqslant f(x)$ betrachten wir $\delta(z)$ und $\delta(f(x))$ als Punkte auf h. Da $h \perp g$, schneidet die Mittelsenkrechte m von $\gamma(x)$ und $\gamma(y)$ nach ▶ Korollar 5.7.4 die Gerade h nicht. Wegen $0 < x < y$ liegen damit alle Punkte auf h auf der selben Seite von m wie $\gamma(x)$. Mit ▶ Lemma 6.1.10 folgt dann $d(\delta(z), \gamma(y)) > d(\delta(z), \gamma(x))$ sowie $d(\gamma(x), \delta(z)) \geqslant d(\gamma(x), \delta(f(x)))$. Zusammen ergibt das $d(\delta(z), \gamma(y)) > c$. Wegen $d(\delta(f(y)), \gamma(y)) = c$ muss also $f(y) < f(x)$ gelten.

Vertauschung der Rollen von x und $f(x)$ in obiger Argumentation liefert dann $f \circ f = \mathrm{id}_{{]}0, c{[}}$. Also ist f insbesondere bijektiv. Zusammen mit der Monotonie liefert das die Stetigkeit von f. □

Satz 6.1.16 (Schnittverhalten zweier Kreise)
Seien $k_1 = K_{r_1}(M_1)$ und $k_2 = K_{r_2}(M_2)$ Kreise in einer neutralen Ebene (X, d). Wenn

$$r_1 \leqslant r_2 \quad \text{und} \quad r_2 - r_1 < d(M_1, M_2) < r_1 + r_2$$

gilt, dann haben k_1 und k_2 genau zwei gemeinsamen Punkte.

Beweis Seien f_1 und f_2 die in ▶ Lemma 6.1.15 konstruierten stetigen Funktionen für $c = r_1$ bzw. $c = r_2$. Sei g die Gerade durch M_1 und M_2. Wir betrachten einen Punkt $B \in g \cap k_1$ auf dem selben Strahl auf g mit Ursprung M_1 wie M_2 sowie einen Punkt $A \in g \cap k_2$ auf dem selben Strahl auf g mit Ursprung M_2 wie M_1 (vgl. ◻ Abb. 6.10). Für einen Punkt $P \in [A, B] \subset g$ setzen wir

$$f(P) := f_1(d(M_1, P)) \quad \text{und} \quad g(P) := f_2(d(M_2, P))$$

und definieren die Differenzfunktion

$$h : [A, B] \to \mathbb{R}, \quad P \mapsto g(P) - f(P).$$

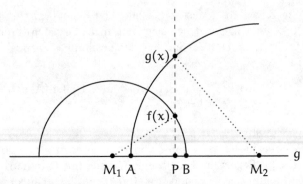

Abb. 6.10   Beweisskizze zu ▶ Satz 6.1.16

Dann ist h als Differenz stetiger Funktionen stetig auf $[A, B]$. Wegen $h(A) < 0 < h(B)$, gibt es nach dem Zwischenwertsatz mindestens ein $P \in]A, B[$ mit $h(P) = 0$. Die beiden Schnittpunkte von k_1 mit der auf g senkrechten Geraden durch P liegen dann aber auch auf k_2.

Es bleibt zu zeigen, dass es keine weiteren gemeinsamen Punkte von k_1 und k_2 gibt. Wäre dies der Fall, gäbe es insbesondere zwei Punkte R und S in $k_1 \cap k_2$, die auf der selben Seite von g liegen. Der Mittelpunkt von R und S wäre dann ebenfalls auf dieser Seite (vgl. ▶ Korollar 5.4.13), aber auch auf der Mittelsenkrechten von R und S. Diese muss nach dem Inzidenzaxiom ▶ Axiom 5.1.1 wiederum die Gerade g sein, da die beiden (verschiedenen) Punkte M_1 und M_2 auf g liegen, aber nach Konstruktion auch von R und S den selben Abstand haben, also nach ▶ Proposition 5.4.14 auf der Mittelsenkrechte liegen. Das steht dann aber im Widerspruch dazu, dass R und S auf der selben Seite von g liegen.   □

Zum Abschluss dieses Abschnitts zeigen wir noch zwei Aussagen, darüber, in welcher Weise sich sich schneidende Geraden voneinander entfernen, wenn man sich vom Schnittpunkt wegbewegt.

Lemma 6.1.17
Seien A, B und C Punkte in einer neutralen Ebene (X, d), die ein rechtwinkliges Dreieck bilden. (Ohne Einschränkung stehe die Gerade durch A und C senkrecht auf der Geraden durch B und C.) Sei M der Mittelpunkt von A und B sowie N seine orthogonale Projektion auf die Gerade durch A und C (vergleiche ◘ Abb. 6.11). Dann gilt

$$d(M, N) \leqslant \frac{1}{2} d(B, C) \text{ und } d(A, N) \geqslant \frac{1}{2} d(A, C).$$

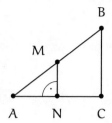

■ **Abb. 6.11**   Situation in ▶ Lemma 6.1.17

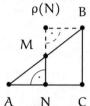

■ **Abb. 6.12**   Beweisskizze zu ▶ Lemma 6.1.17

Beweis Sei ρ die Punktspiegelung an M. Dann gilt $\rho(A) = B$. Außerdem steht die Gerade durch B und $\rho(N)$ nach ▶ Proposition 5.3.11 senkrecht auf der Geraden durch M und N (vgl. ■ Abb. 6.12).

Die Saccheri-Ungleichung (▶ Proposition 5.3.12) liefert zum einen die erste Ungleichung $d(B, C) \geqslant d(\rho(N), N) = 2d(M, N)$ und zum anderen $d(N, C) \leqslant d(\rho(N), B)$. Da ρ eine Isometrie ist, erhalten wir $d(N, A) = d(\rho(N), \rho(A)) = d(\rho(N), B)$ und damit insgesamt auch die zweite Ungleichung:

$$d(N, A) \geqslant d(N, C) = d(A, C) - d(N, A).$$

$\square$

Proposition 6.1.18
Seien g und k zwei sich in (genau) einem Punkt O schneidende Geraden in einer neutralen Ebene (X, d). Dann gilt

$$\lim_{g \ni P \to \infty} d\left(P, P^k\right) = \infty,$$

wobei man $g \ni P \to \infty$ durch Identifikation von h mit $\mathbb{R}$ erklärt (■ Abb. 6.13).

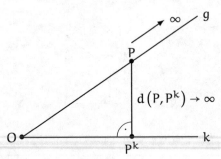

Abb. 6.13   Skizze zu ▶ Proposition 6.1.18. Wenn P sich auf g immer weiter vom Schnittpunkt O weg bewegt, wächst auch der Abstand zur orthogonalen Projektion auf k über alle Grenzen

6

Beweis Sei g_+ ein Strahl mit Ursprung O auf g. Dann liegt $g_+ \setminus \{O\}$ komplett auf einer Seite von k. Wir zeigen, dass die Funktion

$$f : g_+ \to \mathbb{R}^+, \quad P \mapsto d\left(P, P^k\right).$$

streng monoton steigend ist. Seien dazu $P, Q \in g_+$ mit $d(O, P) < d(O, Q)$.

Wir definieren h als die nach ▶ Proposition 5.4.15 existierende und eindeutige Gerade durch P, die orthogonal zur Geraden durch P und P^k steht (☐ Abb. 6.14). Da h und k nach ▶ Korollar 5.7.4 keinen Schnittpunkt haben, liegt $O \in k$ auf derselben Seite von h wie P^k. Da $O \in g \cap k$, muss $g \neq h$ sein. Also haben g und h außer P keinen weiteren gemeinsamen Punkt, was insbesondere bedeutet, dass $Q \notin h$ ist. Nach Voraussetzung liegt Q auf der anderen Seite von h wie Q^k. Also schneidet $]Q, Q^k[$ die Gerade h nach ▶ Korollar 5.4.13 in einem Punkt R. Damit folgt die strenge Monotonie aus

$$d(Q, Q^k) > d(R, Q^k) \overset{\text{S.-Ungl. 5.3.12}}{\geqslant} d(P, P^k).$$

Um die Unbeschränktheit zu zeigen, wählen wir eine Punktfolge $A_0, A_1, A_2, \ldots$ auf g_+ mit

$$d\left(O, A_j\right) = 2^j d\left(O, A_0\right) \quad \forall j \in \mathbb{N}.$$

Unter Verwendung von ▶ Lemma 6.1.17 liefert uns eine einfache vollständige Induktion, dass

$$d\left(A_j, A_j^k\right) \geqslant 2^j d\left(A_0, A_0^k\right).$$

Damit ist die Unbeschränktheit gezeigt.   ☐

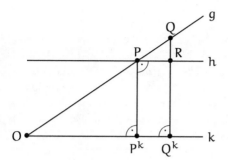

■ Abb. 6.14 Beweisskizze zu ▶ Proposition 6.1.18

6.2 Winkelmessen in der neutralen Ebene

In ▶ Abschn. 5.6 haben wir bereits den Begriff des Winkels als Tupel von zwei Strahlen mit gemeinsamem Ursprung eingeführt (▶ Definition 5.6.1). Basierend auf dieser Definition lässt sich auch schon die *Kongruenz* von Winkeln formal beschreiben (▶ Definition 5.6.2). Insbesondere aus Perspektive der Schulmathematik ist die Aussage interessant, dass zwei Winkel genau dann kongruent sind, wenn sie „gleich groß" sind (▶ Lemma 5.6.7). Sowohl für den Beweis als auch bereits für die Formulierung dieses Zusammenhangs muss allerdings zunächst präzise geklärt werden, was unter der *Größe eines Winkels* in einer neutralen Ebene verstanden werden soll. Genau das machen wir in diesem Abschnitt. In ▶ Unterabschnitt 6.2.1 beschreiben wir zunächst eine Formalisierung des Begriffs des *Bogenmaßes*. Diese nutzen wir zur Definition von Winkelgrößen (▶ Unterabschnitt 6.2.2). Es folgen eine Untersuchung von Winkeln in Drei- und Vierecken in neutralen Ebenen (▶ Unterabschnitt 6.3) und eine quantitative Beschreibung der bereits in ▶ Definition 5.4.1 qualitativ eingeführten *Rotationen* (▶ Unterabschnitt 6.4). Zwei Aspekte sind in Bezug auf die folgenden Abschnitte besonders bemerkenswert: Zum einen bedarf es für die Einführung von Bogenlängen und Winkelgrößen keines weiteren Axioms und zum anderen zeigt sich, dass viele Aussagen, die aus der euklidischen Behandlung von Winkeln bekannt sind, auch im allgemeinen Fall der neutralen Geometrie gültig sind.

Schnittstelle 8 (Qualitative und quantitative ebene Geometrie)

Im folgenden Abschnitt werden wir für die Einführung eines Winkelmaßes an verschiedenen Stellen Argumente aus der Analysis benötigen, wie wir sie in den vorigen Abschnitten bei unseren eher qualitativen Überlegungen zur ebenen Geome-

6

trie nicht benötigt haben. An dieser Stelle wird ein Phänomen des Theorieaufbaus zur ebenen Geometrie deutlich, das auch im Mathematikunterricht der Mittelstufe beobachtet werden kann: Sobald Zusammenhänge der ebenen euklidischen Geometrie quantifiziert werden sollen, bedarf es mathematischer Methoden zum Umgang mit irrationalen Zahlen. Dies beginnt bekannterweise schon bei der Messung der Diagonalenlänge im Einheitsquadrat: Das Finden einer kleinsten gemeinsamen Längeneinheit, aus der sich sowohl die Kanten- als auch die Diagonalenlänge als ganzzahliges Vielfaches darstellen lässt, ist unmöglich:

Angenommen, es gäbe eine Zahl $a \in \mathbb{R}$, sodass es natürliche Zahlen $k, l \in \mathbb{N}$ gibt mit $ka = 1$ und $la = \sqrt{2}$. Dann wäre wegen

$$a = \frac{1}{k} = \frac{\sqrt{2}}{l} \quad \Leftrightarrow \quad \sqrt{2} = \frac{l}{k}$$

$\sqrt{2} \in \mathbb{Q}$, was nicht stimmt.

Anschaulich bedeutet dies, dass im Einheitsquadrat (und tatsächlich auch in jedem anderen Quadrat) die Seitenlänge und die Diagonale nicht ganzzahlig in der selben Maßeinheit gemessen werden können.

In dieser Schnittstelle möchten wir den Übergang von qualitativen zu quantitativen geometrischen Betrachtungen exemplarisch am Beispiel von Dreiecken diskutieren. Man kann die Kongruenzsätze für Dreiecke so interpretieren, dass in verschiedenen Fällen durch die Angabe einer Teilmenge von drei Winkelgrößen/Seitenlängen (in bestimmter Konstellation) bereits alle Winkelgrößen und Seitenlängen eines Dreiecks eindeutig festgelegt sind. Der Beweis der Kongruenzsätze liefert diese Abhängigkeit als *qualitative* Aussage: Sind die drei Seitenlängen bekannt, ist die Größe der Innenwinkel bereits festgelegt, aber es ist ohne weitere Theorie nicht möglich, diese exakt anzugeben. Das selbe gilt, wenn eine Seitenlänge und die Größe der beiden anliegenden Winkel bekannt ist. Dann sind auch die Längen der anderen beiden Seiten eindeutig festlegt, können aber ebenfalls nicht exakt angegeben werden.

Die Behandlung der trigonometrischen Funktionen zu einem späteren Zeitpunkt der Mittelstufe ermöglicht dann eine *Quantifizierung:* Sind im nachfolgend abgebildeten Dreieck zum Beispiel die Längen der Seiten a, b und c bekannt, folgt aus dem Kongruenzsatz SSS, dass auch die Größe der Winkel eindeutig festgelegt ist, denn: Alle Dreiecke mit diesen Seitenlängen sind kongruent zueinander, stimmen also auch in den Größen der Innenwinkel überein. Der Kosinussatz liefert nun die Möglichkeit, die Winkel auszurechnen:

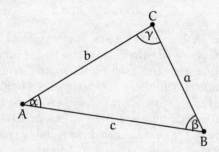

$$\cos \alpha = \frac{b^2 + c^2 - a^2}{2bc}, \quad \cos \beta = \frac{a^2 + c^2 - b^2}{2ac},$$
$$\cos \gamma = \frac{a^2 + b^2 - c^2}{2ab}.$$

Ebenfalls mit den trigonometrischen Funktionen können in ähnlicher Weise auch Berechnungen in den Konstellationen der anderen Kongruenzsätze durchgeführt werden. In gewisser Weise stellt die Trigonometrie eine Algebraisierung der Konstruktions- und Kongruenztheorie von Dreiecken dar.

6.2.1 Formalisierung von Bogenlängen

Die Definitionen und Aussagen in diesem Abschnitt gehen allesamt von der selben, in ▶ Bemerkung 6.2.1 beschriebenen, Ausgangssituation aus.

Bemerkung 6.2.1 (Konstruktion der Grundsituation)

Sei (X, d) eine neutrale Ebene und $h \subset X$ eine metrische Gerade. Weiter seien $O \in h$ und $k := K_r(O)$ ein Kreis (▶ Definition 4.1.1) mit einem beliebigen Radius $r > 0$. Nach ▶ Proposition 6.1.11 schneidet der Kreis k die Gerade h in genau zwei Punkten $E, W \in X$. Wir bezeichnen eine der beiden Seiten von h mit h^+ und definieren durch $k_+ := (h^+ \cap k) \cup \{E, W\}$ den in dieser Seite liegenden *Halbkreis* (◘ Abb. 6.15). □

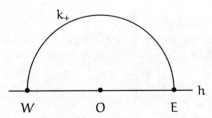

◻ Abb. 6.15   Grundsituation für die Konstruktion der Bogenlänge nach ▶ Bemerkung 6.2.1

6

Um eine Theorie über einen wie in ▶ Bemerkung 6.2.1 beschriebenen Halbkreis k_+ zu entwickeln, die in einer Formalisierung der Bogenlänge zwischen zwei Punkten auf k_+ endet, ist es nützlich, die Projektionen von Punkten des Halbkreises auf die Strecke $[W, E]$ zu betrachten. Auf diese Weise kann dann zum Beispiel eine Ordnungsrelation auf k_+ eingeführt werden (▶ Definition 6.17). Wir nennen diese Abbildung im Folgenden *Horizontprojektion* von k_+ und bezeichnen sie mit c_{k_+} (▶ Definition 6.2.2). Dabei drückt der Index aus, dass es für jeden Halbkreis eine eigene solche Projektionsabbildung gibt; der Buchstabe c ist gewählt, weil diese Abbildung im euklidischen Raum $\mathbb{R}^2$ genau über den Kosinus beschrieben werden kann, in dem man die metrische Gerade h so mit durch $\mathbb{R}$ parametrisiert, dass $0 \mapsto O$ ist. Der Name *Horizontprojektion* folgt dem bereits in ▶ Bemerkung 6.2.1 angelegten Bild einer „Horizontgerade" h, die zwei Punkte W („west") und E („east") enthält, die den Halbkreis festlegen.

Definition 6.2.2 (Horizontprojektion eines Halbkreises)

Sei (X, d) eine neutrale Ebene und alles definiert wie in ▶ Bemerkung 6.2.1. Wegen der Saccheri-Ungleichung ▶ Proposition 5.3.12 gilt dann für $P \in k_+$ die Ungleichung $d(O, P^h) \leqslant d(O, P) = r$ und damit $P^h \in [W, E]$. Dies erlaubt uns, für den Halbkreis k_+ die sogenannte **Horizontprojektion** c_{k_+} zu definieren (Abb. 6.16):

$$c_{k_+} : k_+ \to [W, E], \quad P \mapsto P^h \qquad (\text{Abb. 6.16})$$

Proposition 6.2.3 (Bijektivität der Horizontprojektion)

Sei (X, d) eine neutrale Ebene und alles definiert wie in ▶ Bemerkung 6.2.1. Dann ist die in ▶ Definition 6.2.2 definierte Horizontprojektion c_{k_+} von k_+ bijektiv.

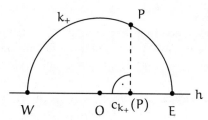

Abb. 6.16 Die Horizontprojektion c_{k_+} (▶ Definition 6.2.2) ordnet jedem Punkt auf dem Halbkreis k_+ über die orthogonale Projektion einen Punkt auf $[W, E]$ zu

Beweis Es ist klar, dass W und E als Punkt auf h durch c_{k_+} fixiert werden. Es reicht also zu zeigen, dass c_{k_+} alle anderen Punkte von k_+ bijektiv auf $]W, E[$ abbildet. Wir beginnen mit dem Beweis der Surjektivität. Sei $Q \in]W, E[$ und n die eindeutige zu h orthogonale Gerade durch Q (▶ Proposition 5.4.15). Dann gilt $Q = O^n$ und $d(O^n, O), d(Q, O) < r$. Nach ▶ Proposition 6.1.11 schneidet n dann k in zwei Punkten, von denen einer in k_+ liegt. Diesen bezeichnen wir als P. Wegen $n \perp h$ gilt $Q = P^h = c_{k_+}(P)$, was den Beweis der Surjektivität abschließt.

Wir zeigen noch die Injektivität. Seien dazu $P_1, P_2 \in k_+$ mit $c_{k_+}(P_1) = c_{k_+}(P_2) =: Q \in]W, E[$. Dann liegen P_1 und P_2 auf der nach ▶ Proposition 5.4.15 eindeutigen zu h in Q orthogonalen Geraden n. Nach ▶ Proposition 6.1.11 hat n aber nur genau zwei Schnittpunkte mit k, von denen nur einer in k_+ liegt. Es muss also $P_1 = P_2$ gelten, was die Injektivität liefert. □

Wir können nun die Horizontprojektion verwenden um auf k_+ eine zu Ordnung definieren, die die Ordnung der Bildpunkte von c_{k_+} auf $[W, E]$ nutzt.

Definition 6.2.4 (Ordnungsrelation auf dem Halbkreis)

Sei (X, d) eine neutrale Ebene und alles definiert wie in ▶ Bemerkung 6.2.1. Auf dem Halbkreis k_+ definieren wir eine Relation $\prec$, indem wir für zwei Punkte $A, B \in k_+$ genau dann $A \prec B$ schreiben, wenn $d(c_{k_+}(A), E) < d(c_{k_+}(B), E)$ ist. Darüber hinaus definieren wir eine Relation $\preceq$ dann durch

$$A \preceq B \quad :\Leftrightarrow \quad A \prec B \quad \text{oder} \quad A = B.$$

Lemma 6.2.5

Sei (X, d) eine neutrale Ebene und alles definiert wie in ▶ Bemerkung 6.2.1. Dann ist die in ▶ Definition 6.2.4 definierte Relation $\preceq$ eine totale Ordnung[1] auf k_+.

Beweis Die Aussage folgt direkt, weil durch den Abstand von E auf $[W, E] \subset h$ eine totale Ordnung definiert wird und sich diese Eigenschaften über die nach ▶ Proposition 6.2.3 bijektive Horizontprojektion auf $\preceq$ überträgt. □

Die Anordnung von zwei Punkten auf einem Halbkreis entsprechend ▶ Definition 6.2.4 lässt sich auch ohne Nutzung der Horizontprojektion über die im folgenden Lemma vorgestellte Konstruktion bestimmen.

Lemma 6.2.6 (Konstruktion zur Ordnungsrelation auf dem Halbkreis)

Sei (X, d) eine neutrale Ebene und alles definiert wie in ▶ Bemerkung 6.2.1. Dann gilt für zwei Punkte $A, B \in k_+$ genau dann $A \prec B$, wenn A und E auf der selben Seite der Gerade durch O und B liegen (◨ Abb. 6.17).

Beweis Seien $A, B \in k_+$ verschieden (für $A = B$ ist nichts zu zeigen). Seien ohne Einschränkung A und B beide auf der selben Seite der (nach ▶ Proposition 5.4.15 eindeutigen) zu h senkrechten Geraden durch O, wie E (quasi im „1. Quadranten"). Liegen beide Punkte auf der anderen Seite, kann ein symmetrisches Argument genutzt werden; liegen A und B auf unterschiedlichen Seiten oder einer von beiden genau auf der Senkrechten, ist die Aussage evident.

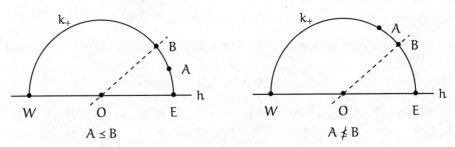

◨ **Abb. 6.17** Skizze zu ▶ Lemma 6.2.6. Im linken Bild liegen A und E auf der selben Seite der Gerade durch O und B; rechts auf unterschiedlichen Seiten

---

[1] Eine Relation $\lhd$ ist eine totale Ordnung, falls sie *reflexiv* ($x \lhd x$), *antisymmetrisch* ($x \lhd y$ und $y \lhd x \Rightarrow x = y$), *transitiv* ($x \lhd y$ und $y \lhd z \Rightarrow x \lhd z$) und *total* (es gilt immer $x \lhd y$ oder $y \lhd x$) ist.

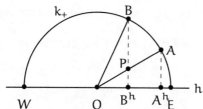

◘ Abb. 6.18   Beweisskizze zu ► Lemma 6.2.6

Seien A, E und B^h (wegen der geforderten Lage von B) auf der selben Seite der Geraden durch O und B (vgl. ◘ Abb. 6.18). Nach ► Satz 6.1.2 (angewandt auf $\triangle OBB^h$) existiert ein Schnittpunkt P von $[B, B^h]$ mit der Geraden durch O und A. Dass P dann im Inneren des Kreises liegt, bedeutet dass insbesondere $d(O, P) < r$. Wegen

$$d(O, P) < d(O, B) = r = d(O, A)$$

liegt P nach ► Proposition 6.1.11 insbesondere zwischen O und A. Also liegen O und A und damit auch O und $A^h (= c_{k_+}(A))$ auf unterschiedlichen Seiten der Geraden durch B und $B^h (= c_{k_+}(B))$ (nach ► Korollar 5.4.13). Es folgt $d(E, c_{k_+}(A)) < d(E, c_{k_+}(B))$ und damit $A \prec B$, wie gewünscht.

Sei umgekehrt ohne Einschränkung $A \prec B$. Wären A und E auf unterschiedlichen Seiten der Gerade durch O und B, wären E und B auf der gleichen Seite der Gerade durch O und A und es folgte nach dem ersten Teil dieses Beweises $B \prec A$, was nicht sein kann, weil $\prec$ nach ► Lemma 6.2.5 als totale Ordnung antisymmetrisch ist. Damit ist die Aussage gezeigt.   □

Lemma 6.2.7 (Stetigkeit der Horizontprojektion)
Sei (X, d) eine neutrale Ebene und alles definiert wie in ► Bemerkung 6.2.1. Dann ist die Horizontprojektion $c_{k_+} : k_+ \to [W, E]$ (► Definition 6.2.2) stetig.

Beweis Die Stetigkeit von c_{k_+} folgt unmittelbar aus der Saccheri-Ungleichung ► Proposition 5.3.12: Ist nämlich $\varepsilon > 0$, gilt für $\delta = \varepsilon$ und $A, B \in k_+$

$$d(A, B) < \delta \quad \Rightarrow \quad d(c_{k_+}(A), c_{k_+}(B)) =$$
$$d(A^h, B^h) \overset{\text{S.-Ungl 5.3.12}}{\leqslant} d(A, B) < \delta = \varepsilon.$$
    □

Tatsächlich ist nicht nur die Horizontprojektion stetig, sondern auch deren Umkehrabbildung. Um dies zu beweisen (► Satz 6.2.9), benötigen wir zunächst das folgende Lemma.

6

Dieses besagt im Wesentlichen, dass für eine feste Gerade g in einer neutralen Ebene, die Position eines Punktes stetig von dessen orthogonaler Projektion auf die Gerade sowie dem Abstand von dieser Geraden abhängt.

Lemma 6.2.8 (Stetigkeit der orthogonalen Koordinatisierung bezüglich einer Geraden)

Seien (X, d) eine neutrale Ebene, $g \subset X$ eine Gerade, g^+ eine Seite von g und $O \in g$ ein Punkt. Sei ferner $\gamma : \mathbb{R} \to g$ eine isometrische Parametrisierung von g mit $\gamma(0) = O$. Dann ist die Abbildung

$$\Psi : \mathbb{R} \times \mathbb{R} \to X, \quad (p, d) \mapsto Q, \quad \text{mit} \quad \begin{cases} Q^g = \gamma(p), \\ d(Q, Q^g) = |d|, \\ Q \in g^+, \text{ falls } d > 0, \\ Q \in g^-, \text{ falls } d < 0 \end{cases}$$

definiert und stetig (□ Abb. 6.19).

Beweis Wir zeigen zunächst, dass Ψ definiert ist. Seien dazu $p, d \in \mathbb{R}$. Da isometrische Parametrisierungen bijektiv sind (▶ Bemerkung 4.2.9), ist durch p in eindeutiger Weise ein Punkt $P := \gamma(p)$ festgelegt. Damit die Bedingung $Q^g = P$ erfüllt ist, muss Q nach ▶ Bemerkung 5.3.7 auf der nach ▶ Proposition 5.4.15 eindeutigen Orthogonalen zu g durch P liegen. Für $d = 0$ ist $P = Q$, ansonsten gibt es nach ▶ Lemma 4.2.10 auf der Orthogonalen genau zwei Punkte, die zu Q^g den Abstand d haben und nach ▶ Korollar 5.3.3 auf unterschiedlichen Seiten von g liegen. Damit haben wir gezeigt, dass es für jede Wahl von p, d genau einen Punkt Q mit den geforderten Eigenschaften gibt.

Wir zeigen nun die Stetigkeit. Seien $p, d \in \mathbb{R}$ und $\varepsilon > 0$ beliebig. Wir definieren $Q := \Psi(p, d)$, $P := Q^g$ und $\tilde{\varepsilon} := \frac{\varepsilon}{4}$. Die zu g orthogonale Gerade durch P und Q bezeichnen wir mit

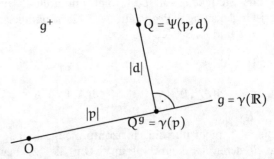

□ **Abb. 6.19** Visualisierung von Ψ aus ▶ Lemma 6.2.8. Jedes $Q \in g^+$ lässt sich in eindeutiger Weise durch $\gamma(p)$ und $d \in \mathbb{R}$ darstellen

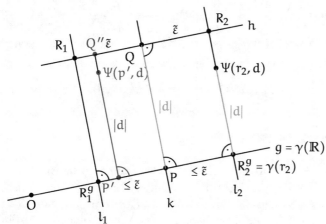

◘ Abb. 6.20 Beweisskizze zu ▶ Lemma 6.2.8. In der euklidischen Geometrie bilden die Punkte P, R_2^g, R_2 und Q ein Rechteck und es gilt $\Psi(r_2, d) = R_2$. Wir werden aber sehen, dass diese Aussage in der hyperbolischen Geometrie und damit insbesondere in einer beliebigen neutralen Geometrie falsch ist. Deswegen ist es wichtig zwischen R_2 und $\Psi(r_2, d)$ zu unterscheiden

k und die zu k in Q orthogonale Gerade bezeichnen wir mit h (◘ Abb. 6.19). Dann gibt es nach ▶ Lemma 4.2.10 zwei Punkte $R_1, R_2 \in h$, die zu Q den Abstand $\tilde{\varepsilon}$ haben und insbesondere auf unterschiedlichen Seiten von h liegen. Wir bezeichnen die zugehörigen Parameter mit r_1 und r_2 (◘ Abb. 6.20).

Wir definieren nun

$$\delta := \min\left(d\left(R_1^g, P\right), d\left(R_2^g, P\right)\right) \overset{\text{S.-Ungl 5.3.12}}{\leqslant} \tilde{\varepsilon}$$

Mit der Dreiecksungleichung gilt

$$d\left(R_2^g, R_2\right)) \leqslant \underbrace{d\left(R_2^g, P\right)}_{\leqslant \tilde{\varepsilon}} + \underbrace{d(P, Q)}_{=|d|} + \underbrace{d(Q, R_2)}_{=\tilde{\varepsilon}} \leqslant |d| + 2\tilde{\varepsilon}.$$

Außerdem gilt mit der Saccheri-Ungleichung ▶ 5.3.12 $d\left(R_2^g, R_2\right) > d$.

Da R_2, $\Psi(r_2, d)$ und R_2^g auf einer gemeinsamen Geraden liegen, folgt $d\left(\Psi(r_2, d), R_2\right) \leqslant 2\tilde{\varepsilon}$ und damit

$$\begin{aligned}
d\left(\Psi(r_2, d), \Psi(p, d)\right) \\
= d\left(\Psi(r_2, d), Q\right) &\leqslant d\left(\Psi(r_2, d), R_2\right) + d\left(R_2, Q\right) \leqslant 2\tilde{\varepsilon} + \varepsilon \\
&= 3\tilde{\varepsilon}.
\end{aligned}$$

Analog folgt $d\left(\Psi(r_1, d), \Psi(p, d)\right) = d\left(\Psi(r_1, d), Q\right) \leqslant 3\tilde{\varepsilon}$.

Seien nun $p', d' \in \mathbb{R}$ mit $|p' - p| < \delta$ und $|d' - d| < \delta$ sowie $Q' := \Psi(p', d')$. Wir definieren $P' := \gamma(p')$. Wendet man ▶ Satz 6.1.2 auf das Dreieck $\triangle P' R_2 R_1$ an, sieht man, dass die zu g in P' orthogonale Gerade k' die Gerade h in einem

Punkt $Q'' \in\,]R_1, R_2[$ schneidet. Dann folgt mit den obigen Abschätzungen von R_1 bzw. R_2 direkt $d(Q, \Psi(p', d)) < 3\tilde{\varepsilon}$.

Abschließend nutzen wir, dass sowohl $\Psi(p', d)$ als auch $Q' = \Psi(p', d')$ auf k' liegen, woraus

$$d\left(Q, Q'\right) \leqslant d\left(Q, \Psi(p', d) + d\left(\Psi(p', d), \Psi(p', d')\right)\right)$$
$$< 3\tilde{\varepsilon} + \varepsilon = 4\tilde{\varepsilon} = \varepsilon$$

und damit die Stetigkeit folgt. □

Satz 6.2.9 (Horizontprojektion als Homöomorphismus)

Sei (X, d) eine neutrale Ebene und alles definiert wie in ▶ Bemerkung 6.2.1. Dann ist die Horizontprojektion c_{k_+} : $k_+ \to [W, E]$ ein *Homöomorphismus*. Das bedeutet c_{k_+} ist bijektiv, stetig und hat eine stetige Umkehrabbildung $c_{k_+}^{-1}$.

Beweis Die Bijektivität haben wir bereits in ▶ Proposition 6.2.3 gezeigt, die Stetigkeit in ▶ Lemma 6.2.7. Die Stetigkeit der Umkehrabbildung folgt aus ▶ Lemma 6.2.7 in Verbindung mit ▶ Lemma 6.1.15. □

Mithilfe der Horizontprojektion (▶ Definition 6.2.2) und den eben bewiesenen Eigenschaften können wir das folgende technische Korollar über eine wichtige topologische Eigenschaft des Halbkreises k_+ zeigen. Wir benötigen es als Baustein im Beweis von ▶ Lemma 6.2.15.[2]

Korollar 6.2.10

Sei (X, d) eine neutrale Ebene und alles definiert wie in ▶ Bemerkung 6.2.1. Dann ist der Halbkreis k_+ eine kompakte Teilmenge von (X, d).

Beweis Der Halbkreis k_+ ist als Bild der kompakten Menge $[W, E]$ unter der stetigen Abbildung $c_{k_+}^{-1}$ (nach ▶ Satz 6.2.9) ebenfalls kompakt (vgl. z. B. Hilgert (2013), S. 46, Proposition 1.53 (iii)). □

2　Wir möchten darauf hinweisen, dass, auch wenn dieser Baustein für die Argumentation wichtig und notwendig ist, der weitere Abschnitt auch ohne ein tiefes Verständnis des folgenden Beweises zugänglich ist. Wem also die notwendigen Grundlagen in weiterführender Analysis fehlen, der kann trotzdem den weiteren Text mit Gewinn lesen. Wir möchten allerdings dazu ermutigen, die genannten Referenzen als Impuls zu nutzen, um sich mit den verwendeten spannenden topologischen Konzepten vertraut zu machen.

Die Ordnungsrelation $\preceq$ auf dem Halbkreis ermöglicht es uns auch „kürzere" Kreisabschnitte als den Halbkreis zu beschreiben und anschließend auch zu messen. Dabei ist die folgende Definition von Bogen und Bogenlänge konsistent zu ▶ Definition 4.2.16, da über $c_{k_+}^{-1}$ der Halbkreis stetig durch ein reelles Intervall (das man erhält, wenn man $[W, E]$ mit den reellen Zahlen identifiziert) parametrisiert wird.

Definition 6.2.11 (Bogen und Bogenlänge)

Sei (X, d) eine neutrale Ebene und alles definiert wie in ▶ Bemerkung 6.2.1. Für $A, B \in k_+$ definieren wir den **Bogen**

$$[A, B]_{\text{arc}} := \begin{cases} \{Q \in k_+ \mid A \preceq Q \preceq B\} & \text{für } A \preceq B, \\ \{Q \in k_+ \mid B \preceq Q \preceq A\} & \text{für } B \preceq A \end{cases}$$

und analog den **offenen Bogen**

$$]A, B[_{\text{arc}} := \begin{cases} \{Q \in k_+ \mid A \prec Q \prec B\} & \text{für } A \preceq B, \\ \{Q \in k_+ \mid B \prec Q \prec A\} & \text{für } B \preceq A. \end{cases}$$

Die **Bogenlänge** von $[A, B]_{\text{arc}}$ wird im Falle $A \preceq B$ durch

$$\text{arc}\{A, B\} := \sup \left\{ \sum_{j=1}^{n} d\left(P_{j-1}, P_j\right) \;\middle|\; A = P_0 \preceq P_1 \preceq \ldots \preceq P_{n-1} \preceq P_n = B \right\}$$

(◘ Abb. 6.21). Im Falle $B \preceq A$ tauscht man die Rollen von A und B.

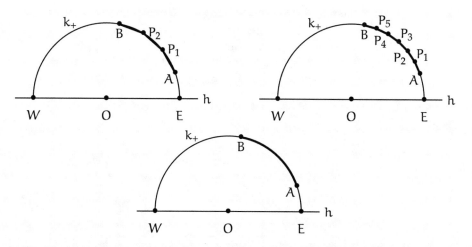

◘ **Abb. 6.21** Definition der Bogenlänge $\text{arc}\{A, B\}$ durch Supremumbildung über Streckenzüge (▶ Definition 6.2.11)

Direkt aus der Definition können bereits erste Eigenschaften der Bogenlänge gefolgert werden.

Korollar 6.2.12 (Bogenlängen unter kreiserhaltenden Isometrien)

Sei (X, d) eine neutrale Ebene und alles definiert wie in ▶ Bemerkung 6.2.1. Ferner seien $A, B \in k_+$ und $\varphi : X \to X$ eine Isometrie mit $\varphi(O) = O$ und $\varphi(A), \varphi(B) \in k_+$. Dann gilt

$$\mathrm{arc}\{A, B\} = \mathrm{arc}\{\varphi(A), \varphi(B)\}.$$

Beweis Wegen $\varphi(O) = O$ gilt für alle $Q \in [A, B]_{\mathrm{arc}}$, dass $\varphi(Q) \in k$ ist. Seien nun P, Q, R beliebige unterschiedliche Punkte in k_+. Nach Definition der Ordnung (▶ Definition 6.2.4) liegt Q genau dann in $]P, R[_{\mathrm{arc}}$, wenn Q^h zwischen P^h und R^h liegt. Mit ▶ Proposition 5.3.9 folgt dann, dass die Ordnung einer beliebigen Zwischenpunktfolge P_j (wie in ▶ Definition 6.2.11) entweder vollständig beibehalten oder vollständig getauscht wird. Dann folgt die Aussage direkt aus ▶ Definition 6.2.11.   □

Korollar 6.2.13 (Additivität der Bogenlänge)

Sei (X, d) eine neutrale Ebene und alles definiert wie in ▶ Bemerkung 6.2.1. Dann gilt für $A, B, C \in k_+$ mit $A \preceq B \preceq C$

$$\mathrm{arc}\{A, C\} = \mathrm{arc}\{A, B\} + \mathrm{arc}\{B, C\}.$$

Beweis Die Aussage folgt direkt aus ▶ Definition 6.2.11.   □

Lemma 6.2.14 (Abschätzung der Bogenlänge durch Strecken)

Sei (X, d) eine neutrale Ebene und alles definiert wie in ▶ Bemerkung 6.2.1. Sind nun $A, B \in k_+$ mit $A \preceq B$ und $C \in X$ so, dass $]A, B[_{\mathrm{arc}}$ in $\triangle ABC$ liegt (◘ Abb. 6.22), dann kann die Bogenlänge $\mathrm{arc}\{A, B\}$ wie folgt abgeschätzt werden:

$$d(A, B) \leqslant \mathrm{arc}\{A, B\} \leqslant d(A, C) + d(C, B).$$

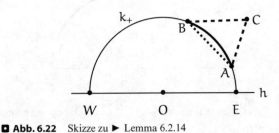

◘ **Abb. 6.22**   Skizze zu ▶ Lemma 6.2.14

Beweis Wegen der Dreiecksungleichung gilt für jede Folge $A = P_0 \preceq P_1 \preceq \ldots \preceq P_{n-1} \preceq P_n = B$ (mit $n \in \mathbb{N}$)

$$d(A, B) = d(P_0, P_n) \leqslant \sum_{j=0}^{n} d(P_{j-1}, P_j).$$

Damit ist $d(A, B)$ insbesondere kleiner-gleich dem Supremum über all diese Abstandssummen, also kleiner-gleich $\mathrm{arc}\{A, B\}$ (siehe ▶ Definition 6.2.11).

Für die andere Ungleichung zeigen wir, dass für $n \in \mathbb{N}$ und $A = P_0 \preceq P_1 \preceq \ldots \preceq P_{n-1} \preceq P_n = B$ immer

$$\sum_{j=0}^{n} d(P_{j-1}, P_j) < d(A, C) + d(C, B) \quad (\star)$$

gilt. Wenn alle solche Abstandssummen echt-kleiner als $d(A, C) + d(C, B)$ sind, gilt für $\mathrm{arc}\{A, B\}$ (als Supremum, siehe ▶ Definition 6.2.11) mindestens die kleiner-gleich-Relation.

Wir zeigen $(\star)$ via vollständiger Induktion. Für $n = 1$ (Induktionsanfang) folgt die Aussage sofort aus der Dreiecksungleichung. Seien nun $n \in \mathbb{N}$ und $A = P_0 \preceq P_1 \preceq \ldots \preceq P_{n-1} \preceq P_n \preceq P_{n+1} = B$. Da nach Voraussetzung der Punkt P_n im Dreieck $\triangle ABC$ liegt, gibt es nach ▶ Satz 6.1.2 einen Punkt $C' \in [A, C]$ (siehe ◻ Abb. 6.23). Aufgrund der Anordnung der P_j auf k_+ und weil $]A, P_n[$ komplett im Inneren des Kreises ist (▶ Proposition 6.1.11), liegen $P_1, \ldots, P_{n-1}$ dann in $\triangle AP_nC'$. Wir erhalten, wie gewünscht, die folgende Abschätzung

$$\begin{aligned}
d(A, C) + d(C, B) &= d(A, C') + d(C', C) + d(C, B) \\
&\geqslant d(A, C') + d(C', B) \\
&= d(P_0, C') + d(C', P_{n+1}) \\
&= d(P_0, C') + d(C', P_n) + d(P_n, P_{n+1}) \\
&\overset{\text{I.V.}}{\geqslant} \sum_{j=0}^{n} d(P_{j-1}, P_j) + d(P_n, P_{n+1}) \\
&= \sum_{j=0}^{n+1} d(P_{j-1}, P_j)
\end{aligned}$$

$\square$

Auf den Korollaren aufbauend zeigen wir, dass die Bogenlänge für alle Punktpaare auf dem Halbkreis endlich und durch die Bogenlänge zwischen den Endpunkten des Halkreises (E und W) nach oben beschränkt ist.

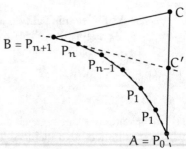

Abb. 6.23   Skizze zum Induktionsschritt im Beweis von ▶ Lemma 6.2.14

Lemma 6.2.15 (Obere Schranken für Bogenlängen am Halbkreis)
Sei (X, d) eine neutrale Ebene und alles definiert wie in
▶ Bemerkung 6.2.1. Dann gilt für $A, B \in k_+$ die Abschätzung

$$\mathrm{arc}\{A, B\} \leqslant \mathrm{arc}\{E, W\} < \infty.$$

Beweis Wir halten zunächst fest, das aus der Additivität der
Bogenlänge (▶ Korollar 6.2.13) sofort die erste Ungleichung
folgt. Für das entsprechende Argument sei ohne Einschrän-
kung $E \preceq A \preceq B \preceq W$. Dann gilt, da Bogenlängen nichtnegativ sind,

$$\mathrm{arc}\{E, W\} = \mathrm{arc}\{E, A\} + \mathrm{arc}\{A, B\} + \mathrm{arc}\{B, W\} \geqslant \mathrm{arc}\{A, B\}.$$

Es bleibt also zu zeigen, dass $\mathrm{arc}\{E, W\}$ endlich ist. Dazu werden wir eine Konstruktion für einen offenen (Teil-)Bogen endlicher Länge angeben, der als Grundlage für eine endliche Über-
deckung des Halbkreises k_+ dient.
  Sei t_E die Tangente (▶ Proposition 6.1.7, ▶ Korollar 6.1.8)
an k im Punkt E und $F \in t_E \cap h^+$. Wegen ▶ Lemma 6.1.15 gilt
$d(O, F) \geqslant r$. Also hat die Gerade durch O und F einen Schnittpunkt P mit k_+ (▶ Abb. 6.24). Mit der Definition der orthogonalen Projektion (▶ Definition 5.3.5) und ▶ Lemma 6.2.14
erhalten wir die Ungleichung

$$d\left(P, P^h\right) \leqslant d(P, E) \leqslant \mathrm{arc}\{P, E\}.$$

Wir betrachten nun die Spiegelung an der Geraden durch O
und F. Dann liegt der Bildpunkt A von E ebenfalls auf dem
Kreis k und die Bildgerade t_E ist genau die Tangente t_A an k in
A (da Bilder orthogonaler Geraden nach ▶ Proposition 5.3.11
orthogonal sind). Darüber hinaus liegt $A \in h^+$, also in k_+, da
$d(A, F) = d(A, E)$ mit $A \neq E$ gilt und E nach ▶ Definition 5.3.5
der eindeutige Punkt mit dem minimalen Abstand von F zu h
ist. Nach Konstruktion ist außerdem F der Schnittpunkt von

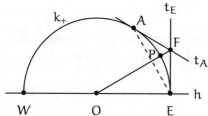

⬤ Abb. 6.24   Skizze zur Tangentenkonstruktion im Beweis von ▶ Lemma
6.2.15

t_E und t_A. Unter Ausnutzung der zweiten Abschätzung aus
▶ Lemma 6.2.14 und der Tatsache, dass Spiegelungen Isometrien sind, erhalten wir die Ungleichung

$$\text{arc}\{A, E\} \leqslant d(A, F) + d(F, E) = 2 \cdot d(F, E).$$

Mit der Additivität der Bogenlänge (▶ Korollar 6.2.13) folgt
dann sofort

$$\text{arc}\{P, E\} \leqslant d(F, E) < \infty.$$

Seien nun $Q \in k_+$ beliebig und $Q' \in \,]E, P[_{\text{arc}}$. Durch Spiegelung an der Mittelsenkrechten von Q und Q' sieht man
mit ▶ Korollar 6.2.12, dass k_+ durch zu $]E, P[_{\text{arc}}$ isometrische
Stücke überdeckt werden kann. Da k_+ insbesondere kompakt
ist (▶ Korollar 6.2.10), reichen endlich viele solcher Stücke aus
(vgl. z. B. Hilgert (2013, S. 49, Satz 1.58, Heine-Borel II)) und
es folgt $\text{arc}\{E, W\} < \infty$, wie gewünscht.   □

6.2.2 Winkelgrößen und damit zusammenhängende Eigenschaften

In diesem Abschnitt nutzen wir die im vorigen Abschnitt eingeführte Bogenlänge um eine Maßzahl für die Größe von Winkeln
in neutralen Ebenen einzuführen. Wir folgen dabei der Idee des
aus dem Mathematikunterricht bekannten *Bogenmaßes*. Der
erste Schritt, um auf Basis der Bogenlänge ein Winkelmaß zu
definieren, besteht darin, Punkte auf dem Halbkreis mit einer
Zahl zu identifizieren (zwischen 0 und π), die nur von der rela-
tiven Position auf dem Kreisbogen, aber nicht vom Radius des
Kreises abhängig ist.

6

Satz 6.2.16

Sei (X, d) eine neutrale Ebene und alles definiert wie in ▶ Bemerkung 6.2.1. Dann induziert die zugehörige Bogenlänge eine ordnungserhaltende Bijektion

$$\mu : (k_+, \preceq) \to [0, \pi], \quad A \mapsto \pi \cdot \frac{\mathrm{arc}\{E, A\}}{\mathrm{arc}\{E, W\}}.$$

Beweis Wir zeigen zunächst, das $A \mapsto \mathrm{arc}\{E, A\}$ eine stetige Funktion $k_+ \to \mathbb{R}$ definiert. Wegen der Isometrieeigenschaft aus ▶ Korollar 6.2.12 reicht es aus, die Stetigkeit in einem Punkt nachzuweisen. Seien also $A \in k_+$ und $\varepsilon > 0$. Wir betrachten die Tangente t_A an k_+ in A (▶ Definition 6.1.7) und wählen die beiden Punkte $F, G \in t_A$ mit $d(A, F) = d(A, G) = \varepsilon$ (nach ▶ Lemma 4.2.10). Nach ▶ Lemma 6.1.15 gelten $d(O, F), d(O, G) \geqslant r$. Also gibt es Schnittpunkte F' und G' von k mit $[O, F]$ und $[O, G]$ (◧ Abb. 6.25). Ohne Einschränkung können wir annehmen, dass $G' \preceq F'$ in k_+ liegen (außer, wenn $A = E$; dann setzen wir im folgenden Argument $G' = E$). Mit ▶ Korollar 6.2.13 und ▶ Lemma 6.2.14 erhalten wir für alle $K \in k_+$ mit $G' \preceq K \preceq F'$ die Abschätzung

$$\mathrm{arc}\{A, K\} \leqslant \varepsilon.$$

Dann folgt die Stetigkeit von $A \mapsto \mathrm{arc}\{E, A\}$ und damit die Stetigkeit von μ aus der Additivität der Bogenlänge (▶ Korollar 6.2.13).

Wegen $\mu(W) = \pi$ und $\mu(E) = 0$ zeigt der Zwischenwertsatz, dass $\mu(k_+) = [0, \pi]$ ist. Also ist μ surjektiv. Die Behauptung folgt aus ▶ Korollar 6.2.13, weil $\mathrm{arc}\{A, B\} \geqslant d(A, B) > 0$ für $A \preceq B$. □

Die Bijektion μ aus ▶ Satz 6.2.16 ordnet jedem Punkt auf dem Halbkreis eine Zahl aus dem Intervall $[0, \pi]$ zu. Unter Verwendung der Umkehrabbildung können wir die sogenannte *Windungsabbildung* definieren. Die Idee ist, jeder reellen Zahl

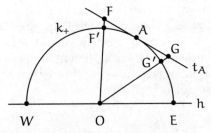

◧ **Abb. 6.25**   Skizze zum Nachweis der Stetigkeit im Beweis von ▶ Satz 6.2.16

einen Punkt auf dem ganzen Kreis zuzuordnen. Konsistent zur Identifizierung des Halbkreises mit dem Intervall $[0, \pi]$, identifizieren wir $[0, 2\pi]$ mit dem ganzen Kreis und jede weitere reelle Zahl also den Rest modulo 2π. Formal ist diese Konstruktion Inhalt der folgenden Definition.

Definition 6.2.17 (Windungsabbildung)

Sei $\gamma : [0, \pi] \to k_+$ die Umkehrabbildung von μ aus ▶ Satz 6.2.16. Dann ist der Punkt $\gamma(x) \in k_+$ durch

$$\mathrm{arc}\{\gamma(0), \gamma(x)\} = \frac{x}{\pi} \cdot \mathrm{arc}\{E, W\}$$

charakterisiert.

Durch $\gamma(x) := \rho_O(\gamma(x - \pi))$ (wobei ρ_O die Punktspiegelung an O ist) setzen wir γ zunächst zu einer Abbildung $\gamma : [0, 2\pi] \to k$ fort (◘ Abb. 6.26).

Im letzten Schritt setzen wir γ auf ganz $\mathbb{R}$ zu einer periodischen Funktion $\gamma : \mathbb{R} \to k$ mit der Periode 2π fort. Die so konstruierte Abbildung nennen wir die **Windungsabbildung** von k bzgl (E, W). Die Reihenfolge der Punkte im Tupel legen die Orientierung fest.

Korollar 6.2.18

In der Situation von ▶ Definition 6.2.17 gilt $\gamma(x + \pi) = \rho_O(\gamma(x))$ für alle $x \in \mathbb{R}$.

Beweis Für $x \in [0, \pi]$ folgt die Aussage sofort aus ▶ Definition 6.2.18. Für $x \in [-\pi, 0]$ wenden wir ρ_O auf die Gleichung $\gamma(x + 2\pi) = \rho_O(\gamma(x + \pi))$ an. Der Rest folgt aus der Periodizität. □

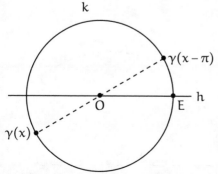

◘ **Abb. 6.26**   Fortsetzung von γ auf den ganzen Kreise unter Verwendung der Punktspiegelung (▶ Definition 6.2.17)

Mithilfe der in ▶ Definition 6.2.17 definierten Windungsabbildung sowie der Eigenschaft aus ▶ Korollar 6.2.18 können wir nun das Bogenmaß auf Halbkreisen mit gleichem Mittelpunkt und unterschiedlichem Radius ineinander umrechnen.

Proposition 6.2.19

Sei (X, d) eine neutrale Ebene und alles definiert wie in ▶ Bemerkung 6.2.1. Sei darüber hinaus $\tilde{k}$ ein zweiter Kreis mit Mittelpunkt O. Dann gelten folgende Aussagen (vgl. auch ◻ Abb. 6.27):

(i) Die Verknüpfung der Windungsabbildung von k bzgl. (E, W) mit der Zentralprojektion $p : k \to \tilde{k}$ ($A \in k$ wird abgebildet auf den Schnittpunkt des Strahls von O durch A mit $\tilde{k}$) ist gerade die Windungsabbildung von $\tilde{k}$ bzgl. $(p(E), p(W))$.

(ii) Mit p wie in (i) gilt für $S \in k$

$$\frac{\operatorname{arc}\{E, S\}}{\operatorname{arc}\{E, W\}} = \frac{\operatorname{arc}\{p(E), p(S)\}}{\operatorname{arc}\{p(E), p(W)\}}.$$

Beweis Wir können ohne Einschränkung annehmen, dass der Radius von k größer ist als der Radius von $\tilde{k}$. Wenn γ und $\tilde{\gamma}$ die Windungsabbildungen von k bzw. $\tilde{k}$ bzgl (E, W) und $(p(E), p(W))$ sind, haben wir zu zeigen, dass $p \circ \gamma(x) = \tilde{\gamma}(x)$ für $x \in [-\pi, \pi]$ ist. Wir zeigen dies zunächst für $x = \frac{s}{n}\pi$ mit $s \in \mathbb{N}, n \in \mathbb{N}_0$ und $0 \leqslant s \leqslant n$. Dazu halten wir n fest und betrachten die Punkte $P_s := \gamma\left(\frac{s}{n}\pi\right)$ für $0 \leqslant s \leqslant n$. Dann gilt mit ▶ Satz 6.2.16.

$$E = P_0 \prec P_1 \prec \ldots \prec P_{n-1} \prec P_n.$$

Dann vertauscht die Spiegelung an der Geraden durch O und P_{s-1} die Punkte P_{s-2} und P_s, denn: Nach ▶ Definition 4.1.1

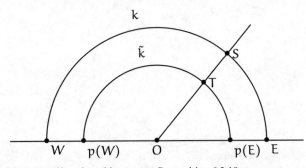

◻ **Abb. 6.27** Situationsskizze zur ▶ Proposition 6.2.19

hat O zu P_s und P_{s-2} den selben Abstand, liegt also nach ▶ Proposition 1.4.4 auf der Mittelsenkrechten m dieser beiden Punkte. Nach ▶ Lemma 4.2.10 schneidet M den Halbkreis k_+ in einem Punkt P'. Wegen $\sigma_m(O) = O$ folgt $\sigma_m(k) = k$ und damit wegen $\sigma_m(P') = P'$ und $\sigma_m(P_{s-2}) = P_s$ mit ▶ Korollar 6.2.12 bereits, dass P' der nach ▶ Korollar 6.2.13 eindeutig bestimmte Punkt auf k_+ mit $P_{s-2} \prec P' \prec P_s$ und $\mathrm{arc}\{P_{s-2}, P'\} = \mathrm{arc}\{P_s, P'\}$ ist. Dies ist aber bereits P_{s-1}.

Wir definieren nun $Q_s := p(P_s) \in \tilde{k}_+$ und erhalten

$$p(E) = Q_0 \prec Q_1 \prec \ldots \prec Q_{n-1} \prec Q_n.$$

Nach Konstruktion vertauscht dann die Spiegelung an der Geraden durch O und P_{s-1} (auf der auch Q_{s-1} liegt) die Punkte Q_{s-2} und Q_s (◘ Abb. 6.28). Damit stimmen für $s = 1, \ldots, n$ die Bogenlängen $\mathrm{arc}\{Q_{s-1}, Q_s\}$ überein und es gilt $Q_s = \tilde{\gamma}\left(\frac{s}{n}\pi\right)$.

Aus dem Beweis von ▶ Proposition 6.1.18 ergibt sich, dass die Zentralprojektion kontrahierend und insbesondere stetig ist. Da die Zahlen $x = \frac{s}{n}\pi$ mit $s, n \in \mathbb{N}_0$ dicht in $[0, \pi]$ liegen, folgt die Behauptung für ein beliebiges x in diesem Intervall. Für $x \in [-\pi, 0]$ gilt $p \circ \gamma(y + \pi) = \tilde{\gamma}(x + \pi)$. Wegen ▶ Korollar 6.2.18 folgt dann $p \circ \rho_O \circ \tilde{\gamma}(x) = \rho_O \circ \tilde{\gamma}(x)$ und wegen der Kommutativität von ρ_O und p die zu zeigende Aussage (i). Dann gilt sofort auch (ii) als Umformulierung von (i).

Für den Fall, dass der Radius von k kleiner als der Radius von $\tilde{k}$ ist, ist die Zentralprojektion verstärkend mit beschränktem Verstärkungsfaktor (da die Umkehrabbildung dann wieder kontrahierend mit beschränktem Kontraktionsfaktor ist), als ebenfalls stetig.   □

Nun haben wir alle Details zusammen, um im Kontext der neutralen Ebene eine Winkelgröße zu definieren.

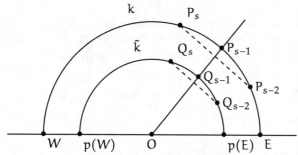

◘ **Abb. 6.28**   Skizze zum Beweis von ▶ Proposition 6.2.19

> **Definition 6.2.20 (Größe eines Winkels: Das Bogenmaß)**
>
> Seien $\angle(g_+, h_+)$ ein Winkel (▶ Definition 5.6.1) in einer neutralen Ebene (X, d). Dann definieren wir das **Bogenmaß** von $\angle(g_+, h_+)$ durch die in ▶ Satz 6.2.16 definierte Abbildung:
>
> $$\measuredangle(g_+, h_+) := \pi \cdot \frac{\text{arc}\{E, A\}}{\text{arc}\{E, W\}}.$$
>
> Dabei muss der Halbkreis so gewählt werden, dass er in der selben von h_+ bestimmten abgeschlossenen Halbebene liegt wie k_+. A ist dann der Schnittpunkt von h_+ und k_+. Diese Definition ist nach ▶ Proposition 6.2.19 unabhängig bezogen auf die Wahl des Radius.

Wir weisen nun einige Eigenschaften des in ▶ Definition 6.2.20 definierten Bogenmaßes nach, die man von einer Winkelgröße aus der Intuition heraus erwarten würde. Zunächst können wir die noch offenen ▶ Lemmata 5.6.7 und 5.6.8 beweisen.

Lemma 6.2.21
Zwei Winkel $\angle(a_+, b_+)$ und $\angle(g_+, h_+)$ in einer neutralen Ebene (X, d) sind genau dann kongruent, wenn $\measuredangle(a_+, b_+) = \measuredangle(g_+, h_+)$ gilt.

Beweis Sind die zwei Winkel kongruent, haben Sie nach ▶ Korollar 6.2.12 auch die gleiche Größe. Es gelte nun umgekehrt $\measuredangle(a_+, b_+) = \measuredangle(g_+, h_+)$. Wir zeigen, dass die Winkel dann bereits kongruent sind. Dafür wählen wir eine Isometrie $\varphi : X \to X$, mit $\varphi(a_+) = g_+$. Mit ▶ Korollar 6.2.12 können wir dann ohne Einschränkung $a_+ = g_+$ annehmen. Liegen nun b_+ und h_+ auf unterschiedlichen Seiten der durch $a_+ = g_+$ festgelegten Gerade, bringen wir sie über eine Spiegelung auf die selbe Seite. Wegen $\measuredangle(a_+, b_+) = \measuredangle(g_+, h_+)$ folgt nun aus ▶ Satz 6.2.16 $b_+ = h_+$, wie gewünscht. $\quad\square$

Lemma 6.2.22
Sei h_+ ein Strahl in einer neutralen Ebene (X, d). Für ein gegebenes $\alpha \in [0, \pi]$ gibt es auf jeder Seite der durch h_+ festgelegten Geraden genau einen Strahl g_+ mit $\measuredangle(h_+, g_+) = \alpha$ (siehe ◨ Abb. 6.29).

Beweis Die Aussage folgt direkt aus der Bijektivitätsaussage von ▶ Satz 6.2.16. $\quad\square$

Lemma 6.2.23 (Symmetrie des Bogenmaßes)
Für einen Winkel $\angle(g_+, h_+)$ in einer neutralen Ebene (X, d) gilt

$$\measuredangle(g_+, h_+) = \measuredangle(h_+, g_+).$$

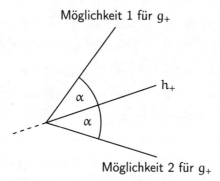

Möglichkeit 1 für g_+

h_+

α

α

Möglichkeit 2 für g_+

◘ Abb. 6.29 Situation in ▶ Lemma 6.2.22

Beweis Folgt nach Spiegelung an der Winkelhalbierenden (▶ Definition 5.6.3) aus ▶ Korollar 6.2.12. □

Lemma 6.2.24 (Additivität des Bogenmaßes)

Seien $\angle(g_+, h_+)$ und $\angle(h_+, k_+)$ Winkel mit selbem Scheitel in einer neutralen Ebene (X, d), sodass h_+ und k_+ auf der selben Seite von g sowie g_+ und h_+ auf der selben Seite von k liegen. Dann gilt

$$\measuredangle(g_+, h_+) + \measuredangle(h_+, k_+) = \measuredangle(g_+, k_+).$$

Beweis Folgt aus der Additivität von Bogenlängen (▶ Korollar 6.2.13). □

6.3 Winkel in Dreiecken und Vierecken

Die beiden zentralen Aussagen in diesem Abschnitt sind die Betrachtung des Saccheri-Vierecks (▶ Definition 6.3.7, ▶ Satz 6.3.8) und der Satz über die Innenwinkelsumme im Dreieck (▶ Satz 6.3.11). Den Weg dahin beginnen wir mit einer Aussage über die Abschätzung von Außenwinkeln.

Proposition 6.3.1 (Abschätzung von Außenwinkeln)

Seien $\triangle ABC$ ein Dreieck in einer neutralen Ebene (X, d) und D ein Punkt auf der Geraden durch A und B so, dass B zwischen A und D liegt (◘ Abb. 6.30). Dann gelten

$$\measuredangle DBC > \measuredangle ACB \quad \text{und} \quad \measuredangle DBC > \measuredangle CAB.$$

6

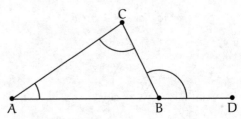

□ **Abb. 6.30**　Skizze zur ▶ Proposition 6.3.1

Beweis　Sei M der Mittelpunkt (▶ Definition 5.4.4) von B und C und ρ_M die Punktspiegelung (▶ Definition 5.4.2) an M (□ Abb. 6.31).

Nach ▶ Satz 5.4.7 vertauscht ρ_M die Punkte B und C und da Punktspiegelungen nach Definition Isometrien sind, folgt mit ▶ Korollar 6.2.12, dass $\angle ACB = \angle \rho_M(A)BC$ gilt. Die Winkel $\angle \rho_M(A)BC$ und $\angle DBC$ haben einen Schenkel gemein und außerdem liegen die Punkte D und $\rho_M(A)$ auf der selben Seite der Geraden durch B und C, weil sie beide nicht auf der selben Seite wie A liegen. Außerdem liegen nach Konstruktion C und $\rho_M(A)$ auf der selben Seite der Geraden durch A und D, nämlich der Seite, auf der auch M liegt. Dann folgt mit ▶ Lemma 6.2.24 $\angle \rho_M(A)BC < \angle DBC$.

Um auch die zweite Ungleichung zu beweisen, betrachten wir die Punktspiegelung $\rho_B(C)$ von C an B auf der Geraden durch C und B. Mit dem selben Argument wie beim Beweis der ersten Ungleichung erhält man, wenn man die Rollen von C und A vertauscht und dann statt D den neu konstruierten Punkt $\rho_B(C)$ betrachtet auch die zweite Ungleichung:

$$\angle DBC = \angle AB\rho_B(C) = \angle \rho_B(C)BA > \angle BAC.$$

□

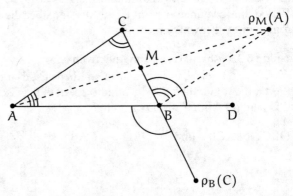

□ **Abb. 6.31**　Skizze zum Beweis von ▶ Proposition 6.3.1. ρ_M ist die Punktspiegelung am Mittelpunkt M von B und C

Wir zeigen nun, dass in Dreiecken längere Seiten gegenüber größeren Winkeln liegen.

Proposition 6.3.2
Sei △ABC ein Dreieck in einer neutralen Ebene (X, d). Dann sind die folgenden beiden Aussagen äquivalent:

(1) $d(A, B) > d(A, C)$,
(2) $\angle ACB > \angle CBA$.

Beweis *(1) ⇒ (2):* Es gelte $d(A, B) > d(A, C)$. Dann können wir auf der Strecke $[A, B]$ nach ▶ Lemma 4.2.10 einen Punkt D mit $d(A, D) = d(A, C)$ finden (◘ Abb. 6.32). Dann liegt nach ▶ Proposition 5.4.14 der Punkt A auf der Mittelsenkrechten von D und C und es gilt $\angle ACD = \angle ADC$ (⋆). Wir erhalten insgesamt

$$\angle BCA \overset{\text{gem. Schenkel}}{>} \angle ACD \overset{(⋆)}{=} \angle ADC \overset{\text{Prop. 6.3.1}}{>} \angle ABC,$$

wie gewünscht.

(2) ⇒ (1): Es gelte $\angle ACB > \angle CBA$. Dann kann wegen ▶ Satz 5.6.13 auf keinen Fall $d(A, B) = d(A, C)$ gelten. Angenommen es wäre $d(A, B) < d(A, C)$. Dann wäre mit dem Argument aus dem ersten Teil des Beweises $\angle ACB < \angle CBA$ im Widerspruch zur Voraussetzung. Es muss also tatsächlich $d(A, B) > d(A, C)$ gelten. □

In Vorbereitung auf den Beweis des Satzes über die Innenwinkelsumme von Dreiecken in neutralen Ebenen werden wir nun eine Reihe von Aussagen über Vierecke mit zwei rechten Winkeln beweisen. Dazu müssen wir zunächst erklären, was wir formal unter einem Viereck verstehen wollen.

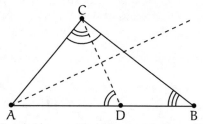

◘ **Abb. 6.32** Beweisskizze zur Hinrichtung von ▶ Proposition 6.3.2

6

Definition 6.3.3 (Viereck)

Seien (X, d) eine neutrale Ebene und $A, B, C, D \in X$ vier verschiedene Punkte. Liegen die Punkt so, dass sich die Strecken $[A, B]$, $[B, C]$, $[C, D]$ und $[D, A]$ paarweise nur in ihren Endpunkten schneiden, so bilden sie ein **Viereck** $\square ABCD$. Die Punkte A, B, C und D heißen die **Ecken** des Vierecks; die Strecken $[A, B]$, $[B, C]$, $[C, D]$ und $[D, A]$ heißen die **Seiten** des Vierecks.

Proposition 6.3.4

Sei $\square ABCD$ ein Viereck in einer neutralen Ebene (X, d) mit rechten Winkeln (▶ Definition 5.6.14) in A und B (◘ Abb. 6.33). Dann sind die folgenden beiden Aussagen äquivalent:

(1) $d(B, C) > d(A, D)$,
(2) $\angle ADC > \angle DCB$.

Die analogen Aussagen für „$<$" und „$=$" sind auch jeweils äquivalent.

Beweis Wir bemerken zunächst: Wenn $d(B, C) = d(A, D)$, gilt $\angle BCA = \angle CDA$. Dies sieht man über die Spiegelung an der Mittelsenkrechten von A und B.

(1) $\Rightarrow$ *(2):* Es gelte $d(B, C) > d(A, B)$. Dann können wir auf der Strecke $[B, C]$ einen Punkt E wählen mit $d(B, E) = d(A, D)$. Die Spiegelung σ an der Mittelsenkrechten von A und B bildet dann den Winkel $\angle ADE$ auf den Winkel $\angle BDE$ ab. Dann gilt

$$\angle CDA \overset{\text{gem. Schenkel + Satz 6.2.16}}{>} \angle ADE = \angle BED \overset{\text{Prop. 6.3.1}}{>} \angle BCD$$

(2) $\Rightarrow$ *(1):* Es gelte $\angle ADC > \angle DCB$. Wegen der Vorbemerkung kann nicht $d(B, C) = d(A, D)$ gelten und wäre $d(B, C) < d(A, D)$, folgte mit dem Argument aus der ersten Beweisrichtung $\angle ADC < \angle DCB$ im Widerspruch zur Voraussetzung. Es muss also tatsächlich $d(B, C) > d(A, D)$ gelten.

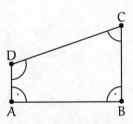

◘ **Abb. 6.33**   Skizze zur Situation in ▶ Proposition 6.3.4

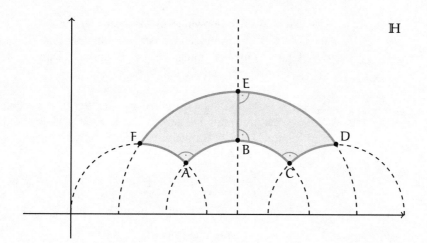

◘ Abb. 6.34 In der Poincaré-Halbebene (▶ Beispiel 5.2.2) sind sowohl das Lambert-Viereck (▶ Definition 6.3.5) □ABEF als auch das Saccheri-Viereck (▶ Definition 6.3.7) □ACDF keine Rechtecke

Die analogen Aussagen folgen mit dem analogen Argument. □

Im euklidischen Raum $\mathbb{R}^2$ ist klar, dass sowohl jedes Viereck mit drei rechten Winkeln als auch jedes Viereck mit zwei nebeneinander liegenden rechten Winkeln und gleich langen Seiten (den nicht gemeinsamen Schenkel dieser Winkel) automatisch ein Rechteck ist (vgl. auch ▶ Korollar 9.1.9). In der neutralen Ebene gilt diese Aussage im Allgemeinen nicht (siehe ◘ Abb. 6.34). Stattdessen sind nur Abschätzungen für die noch verbleibenden Winkelgrößen und Seitenlängen möglich.

> **Definition 6.3.5 (Lambert-Viereck)**
>
> Sei □ABCD ein Viereck in einer neutralen Ebene (X, d) mit rechten Winkeln (▶ Definition 5.6.14) in A, B und D. Dann bezeichnen wir das Viereck als **Lambert-Viereck** (◘ Abb. 6.35).

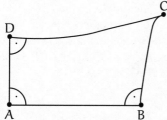

◘ Abb. 6.35 Als Lambert-Viereck (▶ Definition 6.3.5) bezeichnen wir ein Viereck mit drei rechten Winkeln

Proposition 6.3.6 (Innenwinkel im Lambert-Viereck)

Sei □ABCD ein Lambert-Viereck in einer neutralen Ebene (X, d) mit rechten Winkeln bei A, B und D. Dann gelten $d(B, C) \geqslant d(A, D)$ und $\angle DCB \leqslant \frac{\pi}{2}$.

Beweis Sei g die Gerade durch A und D. Wegen der rechten Winkel bei A und D gelten nach ▶ Bemerkung 5.3.7 $A = B^g$ und $D = C^g$. Dann folgt mit der Saccheri-Ungleichung (▶ Proposition 5.3.12)

$$d(B, C) \geqslant d(B^g, C^g) = d(A, D).$$

Mit ▶ Proposition 6.3.4 folgt dann auch $\angle DCB \leqslant \angle ADC = \frac{\pi}{2}$. □

6

Definition 6.3.7 (Saccheri-Viereck)

Sei □ABCD ein Viereck in einer neutralen Ebene (X, d) mit rechten Winkeln (▶ Definition 5.6.14) in A und B. Gilt darüber hinaus $d(A, D) = d(B, C)$, bezeichnen wir das Viereck als **Saccheri-Viereck.**

Proposition 6.3.8 (Innenwinkel im Saccheri-Viereck)

Sei □ABCD ein Saccheri-Viereck in einer neutralen Ebene (X, d). Dann gilt $\angle ADC = \angle DCB \leqslant \frac{\pi}{2}$.

Beweis Die Gleichheit $\angle ADC = \angle DCB$ folgt direkt aus ▶ Proposition 6.3.4. Sei M der Schnittpunkt der Mittelsenkrechten m von A und B mit der Geraden durch A und B. Wendet man ▶ Satz 6.1.2 auf das Dreieck △MDC an, erhält man, dass m auch die Gerade durch D und C in einem Punkt N schneidet, der zwischen D und C liegt. Die Spiegelung am m vertauscht dann die Punkte A und C und damit nach ▶ Proposition 5.3.11 auch die nach ▶ Proposition 5.4.15 eindeutig bestimmten Orthogonalen in A und B. Da nach ▶ Definition 6.3.3 eines Vierecks die Punkte C und D auf der selben Seite der Gerade durch A und B liegen, sind sie nach ▶ Lemma 4.2.10 eindeutig durch die Abstände zu A und B bestimmt. Da diese nach Voraussetzung gleich sind, werden auch C und D durch die Spiegelung an m vertauscht. Also steht m zur Geraden durch C und D in N nach ▶ Bemerkung 5.3.7 auch orthogonal (◘ Abb. 6.36).

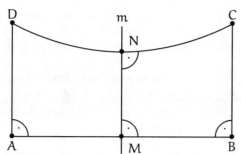

Abb. 6.36 Beweisskizze zu ▶ Proposition 6.3.8. Die Gerade m ist die Mittelsenkrechte von A und B

Dann ist □MBCN ein Lambert-Viereck (▶ Definition 6.3.5) und mit ▶ Proposition 6.3.6 folgt dann wie gewünscht $\angle NCB = \angle BCN \leqslant \frac{\pi}{2}$. □

Wir können nun eine Aussage über die Innenwinkelsumme in Dreiecken treffen. Für diese ist in allgemeinen neutralen Ebenen nur klar, dass sie kleiner oder gleich 180° ist; die Gleichheit gilt nur im euklidischen Fall (▶ Satz 10.1.4). Wir beginnen mit zwei vorbereitenden Lemmata aus denen dann die Aussage sofort folgt.

Lemma 6.3.9 (Längste Seite im rechtwinkligen Dreieck)

Seien (X, d) eine neutrale Ebene und $\triangle ABC$ ein rechtwinkliges Dreieck. Dann liegt der rechte Winkel immer der längsten Seite des Dreiecks gegenüber.

Beweis Sei ohne Einschränkung der rechte Winkel bei C. Dann ist nach ▶ Bemerkung 5.3.7 der Punkt C sowohl die orthogonale Projektion von A auf die Gerade a durch B und C als auch die orthogonale Projektion von B auf die Gerade b durch A und C (■ Abb. 6.37).

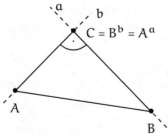

Abb. 6.37 Beweisskizze zu ▶ Lemma 6.3.9

Nach ▸ Definition 5.3.5 folgt dann sofort $d(B, A) > d(B, C)$ und auch $d(A, B) > d(A, C)$. Also ist tatsächlich $[A, B]$ die längste Seite des Dreiecks. □

Lemma 6.3.10 (Innenwinkelsumme im rechtwinkligen Dreieck)
Seien (X, d) eine neutrale Ebene und $\triangle ABC$ ein rechtwinkliges Dreieck mit rechtem Winkel bei C. Dann gilt für die Summe der verbleibenden Innenwinkel

$$\angle ACB + \angle CBA \leqslant \frac{\pi}{2}$$

Beweis Nach Voraussetzung ist $\angle BCA = \frac{\pi}{2}$. Damit ist $[A, B]$ nach ▸ Lemma 6.3.9 die längste Seite des Dreiecks (◘ Abb. 6.38).

Sei M der Mittelpunkt von A und B und ρ_M die Punktspiegelung an M. Die orthogonale Projektion von M auf die Gerade durch C und B bezeichnen wir mit N. Mit ▸ Lemma 6.2.24 erhalten wir $\angle CAM + \angle MA\rho_M(C) = \angle CA\rho_M(C)$. Da ρ_M eine Isometrie ist, liefert ▸ Lemma 6.2.21

$$\angle ABC = \angle \rho_M(A)\rho_M(B)\rho_M(C) = \angle BA\rho_M(C).$$

Damit gilt $\angle CAB + \angle ABC = \angle CA\rho_M(N)$. Da $\square CN\rho_M(N)A$ ein Lambert-Viereck (▸ Definition 6.3.5) ist, folgt mit ▸ Proposition 6.3.6 wie gewünscht $\angle CA\rho_M(N) \leqslant \frac{\pi}{2}$. Damit ist die Aussage gezeigt. □

Satz 6.3.11 (Innenwinkelsumme im Dreieck (neutrale Ebene))
Sei $\triangle ABC$ ein Dreieck in einer neutralen Ebene (X, d). Dann gilt für die Summe der Innenwinkel

$$\angle BAC + \angle ACB + \angle CBA \leqslant \pi.$$

Beweis Sei ohne Einschränkung $[A, B]$ die längste Seite des Dreiecks. Wir zerlegen das Dreieck $\triangle ABC$ in zwei rechtwinklige Dreiecke, indem wir die orthogonale Projektion von C auf

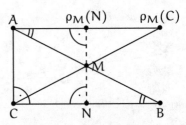

◘ **Abb. 6.38**   Skizze zum Beweis von ▸ Lemma 6.3.10

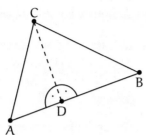

◘ Abb. 6.39 Skizze zum Beweis von ▶ Satz 6.3.11. Hier wird das Dreieck über die orthogonale Projektion des gegenüberliegenden Punktes auf die längste Seite in zwei rechtwinklige Dreiecke zerlegt. Auf diese kann dann ▶ Lemma 6.3.10 angewandt werden

die Gerade durch A und B als zusätzlichen Eckpunkt D hinzufügen (◘ Abb. 6.39).

Dabei liegt $D \in [A, B]$, da ansonsten $d(A, C)$ oder $d(B, C)$ größer als $d(A, B)$ wäre (nach der Saccheri-Ungleichung, ▶ Proposition 5.3.12) im Widerspruch zur Voraussetzung. Dann folgt die Aussage aus ▶ Lemma 6.3.10 durch Winkeladdition.   □

6.4 Rotationen

Unter Nutzung der im letzten Abschnitt erarbeiteten Theorie über das Messen von Winkeln in neutralen Ebenen, studieren wir in diesem Abschnitt quantitative Aspekte der in ▶ Definition 5.4.1 bereits definierten *Rotationen*. Wir haben dort Rotationen qualitativ über eine Fixpunkteigenschaft beschrieben und nur die Punktspiegelung (▶ Definition 5.4.2) im Detail behandelt. Mit dem Abschluss dieses Abschnitts haben wir dann mit *Spiegelungen* (▶ Abschn. 5.1 und 5.3), *Translationen* (▶ Abschn. 5.7) und den hier behandelten *Rotationen* drei Klassen von Isometrien in allgemeinen neutralen Ebenen behandelt, die uns auch aus dem euklidischen Raum $\mathbb{R}^2$ bekannt sind. In ▶ Abschn. 6.5 werden wir dann abschließend diskutieren, welche weiteren Isometrien es in einer neutralen Ebene geben kann.

Wir zeigen zunächst wie Rotationen in neutralen Ebenen (im Sinne des Dreispiegelungssatzes, ▶ Korollar 5.5.5) als Verknüpfung von Spiegelungen an Geraden dargestellt werden können. Dazu bedarf es dreier vorbereitender Propositionen.

6

Proposition 6.4.1 (Verknüpfung von zwei Spiegelungen mit Fixpunkt)

Seien (X, d) eine neutrale Ebene, $Z \in X$ ein Punkt und $g, k \subset X$ Geraden mit $Z \in g \cap k$. Dann hat $\sigma_k \circ \sigma_g$ den Fixpunkt Z. Falls es einen weiteren Fixpunkt gibt, dann ist $\sigma_k \circ \sigma_g = \mathrm{id}_X$. Insbesondere ist $\sigma_k \circ \sigma_g$ eine Rotation um Z.

Beweis Da nach dem Spiegelungsaxiom ▶ 5.1.7 alle Punkte auf einer Geraden Fixpunkte der zugehörigen Spiegelung sind, ist $Z \in g \cap k$ offensichtlich ein Fixpunkt von $\sigma_k \circ \sigma_g$.

Wir nehmen an, dass es zwei Fixpunkte $P, Q \in X$ gibt. Da Spiegelungen selbstinvers sind (▶ Korollar 5.3.3), gelten dann $\sigma_g(P) = \sigma_k(P)$ und $\sigma_g(Q) = \sigma_k(Q)$. Ist $P \neq \sigma_k(P)$ oder $Q \neq \sigma_k(Q)$, dann sind sowohl σ_k als auch σ_g die Spiegelungen an den Mittelsenkrechten von P und $\sigma_k(P)$ bzw. Q und $\sigma_k(Q)$, also gleich. Gelten andernfalls $\sigma_g(P) = P = \sigma_k(P)$ und $\sigma_g(Q) = Q = \sigma_k(Q)$, dann müssen nach ▶ Satz 5.3.4 sowohl σ_k als auch σ_g die Spiegelungen an der Geraden durch P und Q sein (und damit ebenfalls gleich).

Insgesamt erfüllt $\sigma_k \circ \sigma_g$ die ▶ Definition 5.4.1 und ist damit eine Rotation. □

Proposition 6.4.2 (Verknüpfung von drei Spiegelungen mit Fixpunkt)

Seien (X, d) eine neutrale Ebene und $\sigma_1, \sigma_2, \sigma_3 : X \to X$ Spiegelungen an Geraden, die durch einen Punkt $Z \in X$ gehen. Dann ist die Verknüpfung $\sigma_3 \circ \sigma_2 \circ \sigma_1$ selbst eine Spiegelung an einer Geraden durch Z.

Beweis Falls $\sigma_1 = \sigma_2$ gilt, da Spieglungen selbstinvers sind, $\sigma_3 \circ \sigma_2 \circ \sigma_1 = \sigma_3$. Sei im Folgenden $\sigma_1 \neq \sigma_2$. Sei g_+ ein Strahl mit Ursprung Z, der von der Spiegelung σ_3 punktweise fixiert wird, $g \supset g^+$ die durch g^+ festgelegte Gerade, und σ die Spiegelung an der Winkelhalbierenden (▶ Satz 5.6.4) von g_+ und $\sigma_1 \circ \sigma_2(g_+)$. Da $\sigma \circ \sigma_1 \circ \sigma_2$ den Strahl g_+ und damit auch g punktweise fixiert, ist nach ▶ Satz 5.3.4 die Isometrie $\sigma \circ \sigma_1 \circ \sigma_2$ entweder die Identität oder die Spiegelung an g, also σ_3. Den ersten Fall können wir ausschließen, weil $\sigma_1 \circ \sigma_2 (\neq \mathrm{id}_X)$ nach ▶ Proposition 6.4.1 keine Gerade als Fixpunktmenge haben, also nicht gleich σ sein kann. Es gilt also $\sigma_3 \circ \sigma_2 \circ \sigma_1 = \sigma$, was den Beweis der Proposition abschließt. □

Proposition 6.4.3 (Eindeutige Festlegung von Rotationen)

Seien (X, d) eine neutrale Ebene und $Z \in X$ ein Punkt. Seien ferner P, P' zwei Punkte in $X \setminus \{Z\}$ mit $d(P, Z) = d(P', Z)$. Dann gibt es genau eine Rotation $\rho : X \to X$ um Z für die $\rho(P) = P'$ gilt. Insbesondere ist ρ dann die Verknüpfung der

Spiegelung an der Geraden durch Z und P und der Spiegelung an der Winkelhalbierenden von $\angle PZP'$.

Beweis Sei σ_1 die Spiegelung an der Geraden durch Z und P und σ_2 die Spiegelung an der Winkelhalbierenden (▶ Definition 5.6.3) von $\angle PZP'$. Dann ist $\rho_1 := \sigma_2 \circ \sigma_1$ nach ▶ Proposition 6.4.1 eine Rotation um Z, für die nach Konstruktion $\rho_1(P) = P'$ gilt.

Sei nun $\rho_2 : X \to X$ eine weitere Rotationen um Z mit $\rho_1(P) = \rho_2(P) = P'$. Seien $p \subset X$ die Gerade durch Z und P und $A \in X \setminus p$ ein weiterer Punkt. Wir definieren $\rho_{1/2}(A) =: A_{1/2}$. Da außerdem Z ein Fixpunkt der Isometrien ρ_1 und von ρ_2 ist, folgt

$$d(A_i, Z) = d(A, Z) =: r, \quad i \in \{1, 2\},$$

$$d(A_i, P') = d(A, P) =: s, \quad i \in \{1, 2\}.$$

Dann liegen sowohl A_1 als auch A_2 im Schnitt $K_r(Z) \cap K_s(P')$. Da nach ▶ Satz 6.1.16 dieser Schnitt zweier Kreise maximal zwei Punkte enthalten kann, gibt es zwei mögliche Fälle: Gilt $A_1 = A_2$, stimmen ρ_1 und ρ_2 in den Bildern der drei nicht kollinearen Punkte A, Z und P überein und sind somit identisch.

Gilt andernfalls $A_1 \neq A_2$, ist A_2 das Bild von A_1 unter der Spiegelung σ an der Geraden durch Z und P'. Da σ die Punkte Z und P' fixiert, stimmen dann $\sigma \circ \rho_1$ und ρ_2 in den Bildern der drei nicht kollinearen Punkte A, Z und P überein und sind somit identisch. Dann wäre $\rho_2 = \sigma \circ \rho_1 = \sigma \circ \sigma_2 \circ \sigma_1$ nach ▶ Proposition 6.4.2 eine Spiegelung und nach Voraussetzung gleichzeitig eine Rotation. Dies ist aufgrund der Anzahl der Fixpunkte aber unmöglich. Es muss also insgesamt $A_1 = A_2$ gelten und damit folgt die Eindeutigkeit.

□

Korollar 6.4.4 (Darstellung von Rotationen durch Spiegelungen)
Sei (X, d) eine neutrale Ebene. Eine Isometrie $\rho : X \to X$ ist genau dann eine Rotation um $Z \in X$ (▶ Definition 5.4.1), wenn es Geraden $g, k \subset X$ mit $Z \in g \cap k$ und $\sigma_k \circ \sigma_g = \rho$ gibt.

Beweis Seien zunächst $Z \in X$ und $g, k \subset X$ Geraden mit $Z \in g \cap k$. Dann ist $\sigma_k \circ \sigma_g$ nach ▶ Proposition 6.4.1 entweder die Identität oder hat nur den Fixpunkt Z. Es handelt sich also, wie gewünscht, um eine Rotation um Z.

Sei nun umgekehrt ρ eine Rotation um $Z \in X$. Ist ρ die Identität, nimmt man zweimal die selbe Gerade und ist fertig. Sei also ρ nicht die Identität. Nach ▶ Definition 5.4.1 ist dann Z der einzige Fixpunkt von ρ. Seien nun $P \in X \setminus \{Z\}$ und

$P' := \rho(P)$. Dann liefert ▶ Proposition 6.4.3 die gesuchte Darstellung über verknüpfte Geradenspiegelungen. □

Wie auch schon die Translationen entlang einer Gerade (▶ Bemerkung 5.7.9) bilden auch die Rotationen um einen Punkt $Z \in X$ eine abelsche Untergruppe von $\mathrm{Isom}(X)$. Wir führen zunächst zwei neue Bezeichnungen ein.

Definition 6.4.5 (Menge der Isometrien mit Fixpunkt)

Seien (X, d) eine neutrale Ebene und $Z \in X$. Dann bezeichnen wir mit $\mathrm{Isom}(X)_Z$ die Menge aller Isometrien $X \to X$, die Z als Fixpunkt haben und mit $\mathrm{Isom}^+(X)_Z$ die Teilmenge aller Rotationen (▶ Definition 5.4.1).

Satz 6.4.6 (Gruppe der Isometrien mit Fixpunkt)

Seien (X, d) eine neutrale Ebene und $Z \in X$ ein Punkt. Dann ist $\mathrm{Isom}(X)_Z$ eine (nicht abelsche) Gruppe bezüglich der Verknüpfung von Abbildungen und $\mathrm{Isom}^+(X)_Z$ eine abelsche Untergruppe von $\mathrm{Isom}(X)_Z$. Außerdem besteht $\mathrm{Isom}(X)_Z$ nur aus den Rotationen um Z und den Spiegelungen an Geraden durch Z.

Beweis Wir zeigen zunächst, dass $\mathrm{Isom}^+(X)_Z \subset \mathrm{Isom}(X)$ eine Untergruppe aller Isometrien ist. Die Menge $\mathrm{Isom}^+(X)_Z$ ist nichtleer, da sie nach ▶ Definition 5.4.1 die Identität id_X enthält. Für eine Rotation ρ um Z ist offensichtlich auch ρ^{-1} eine Rotation um Z. Mit ▶ Korollar 6.4.4 kann die Verknüpfung von zwei Rotationen als Verknüpfung von vier Spiegelungen an Geraden durch Z aufgefasst werden und ist damit mit ▶ Proposition 6.4.2 und ▶ Proposition 6.4.1 wieder eine Rotation. Da aus ▶ Proposition 6.4.2 auch folgt, dass die Verknüpfung von drei Spiegelungen an Geraden durch Z als Spiegelung selbstinvers ist, folgt die Kommutativität der Verknüpfung von Rotationen mit dem Assoziativgesetz. Also ist $\mathrm{Isom}^+(X)_Z$ tatsächlich eine abelsche Untergruppe von $\mathrm{Isom}(X)$.

Wir widmen uns nun $\mathrm{Isom}(X)_Z \supset \mathrm{Isom}^+(X)_Z$. Seien $\rho_1, \rho_2 \in \mathrm{Isom}(X)_Z$. Die Elemente im Komplement der Rotationen um Z sind dadurch gekennzeichnet, dass sie erstens mindestens einen weiteren Fixpunkt F haben und damit insbesondere die Gerade durch Z und F punktweise fixieren und zweitens aber darüber hinaus keine Fixpunkte haben, die nicht auf der Geraden durch Z und F liegen. Ansonsten wäre es nach ▶ Satz 5.3.4 die Identität, also eine Rotation. Ebenfalls nach ▶ Satz 5.3.4 bedeutet das aber, dass $\mathrm{Isom}(X)_Z$ außer aus den

Rotationen um Z noch aus den Spiegelungen an Geraden durch Z besteht.

Wir zeigen abschließend, dass auch $\text{Isom}(X)_Z$ eine Untergruppe von $\text{Isom}(X)$ ist. Da sie die Untergruppe der Rotationen enthält, ist sie nicht leer. Da Verknüpfungen und Inverse von Elementen aus $\text{Isom}(X)_Z$ ebenfalls Z als Fixpunkt haben, ist $\text{Isom}(X)_Z$ tatsächlich eine Untergruppe von $\text{Isom}(X)$. Dass diese nicht abelsch ist, folgt direkt mit ▶ Proposition 5.4.5. □

Korollar 6.4.7 (Transitive Wirkung von Rotationen auf Kreisen)

Seien (X, d) eine neutrale Ebene, $Z \in X$ und $k \subset X$ ein Kreis mit Mittelpunkt Z. Dann ist die Wirkung von $\text{Isom}^+(X)_Z$ auf k einfach transitiv, d. h. zu $P, P' \in X$ gibt es genau ein $\rho \in \text{Isom}^+(X)_Z$ mit $\rho(P) = P'$.

Beweis Die Aussage ist eine Umformulierung von ▶ Proposition 6.4.3. □

Im letzten Teil dieses Abschnitts werden wir nun, wie angekündigt, eine quantitative Perspektive auf Rotationen in neutralen Ebenen einnehmen und unsere bisherige Theorie über Rotationen mit dem in ▶ Abschn. 6.2 erarbeiteten Bogenmaß in Zusammenhang bringen.

Lemma 6.4.8

Sei (X, d) eine neutrale Ebene und alles definiert wie in ▶ Bemerkung 6.2.1. Sei ferner $A \in k$ ein Punkt mit $\angle EOA \in \left]0, \frac{\pi}{2}\right[$. Die nach ▶ Korollar 6.4.7 eindeutige Rotation ρ um O mit $\rho(E) = A$ erfüllt $\rho(A) \in k^+$ und induziert eine ordnungserhaltende Bijektion $[E, A]_{\text{arc}} \to [A, \rho(A)]_{\text{arc}}$.

Beweis Sei σ_2 die Spiegelung an der Geraden durch O und A und σ_1 die Spiegelung an der Winkelhalbierenden von $\angle EOA$. Dann gilt nach ▶ Proposition 6.4.3 bereits $\rho = \sigma_2 \circ \sigma_1$. Seien außerdem N und S die zwei nach (▶ Proposition 6.1.11) existierenden Schnittpunkte der durch O verlaufenden Mittelsenkrechten von E und W mit k, wobei wir mit N den Schnittpunkt auf k_+ bezeichnen (◘ Abb. 6.40). Dann gilt

$$d(\rho(A), N) = d(\sigma_2(E), N) \overset{\text{Lemma 6.2.14}}{<} d(E, N)$$
$$= d(E, S) \overset{\text{Lemma 6.2.14, Prop. 5.4.14}}{<} d(\sigma_2(E), S).$$

Also liegt mit ▶ Korollar 5.4.17 wie gewünscht $\rho(A) = \sigma_2(E) \in k^+$.

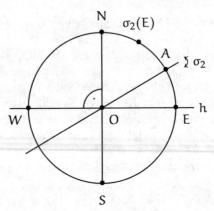

◘ **Abb. 6.40** Skizze zum Beweis von ▶ Lemma 6.4.8

Die Isometrie σ_2 fixiert A und vertauscht die Bögen $[E, A]_{\text{arc}}$ und $[A, \sigma_2(E)]_{\text{arc}}$. Mit ▶ Lemma 6.2.14, ▶ Korollar 6.2.12 und ▶ Korollar 6.2.13, ist die Einschränkung auf $[E, A]_{\text{arc}}$ eine ordnungsumkehrende Bijektion auf $[A, \sigma_2(E)]_{\text{arc}}$. Analog ist die Einschränkung von σ_1 auf $[E, A]_{\text{arc}}$ eine ordnungsumkehrende Bijektion auf $[E, A]_{\text{arc}}$. Insgesamt induziert damit ρ als Verknüpfung der beiden Bijektionen einen ordnungserhaltende Bijektion $[E, A]_{\text{arc}} \to [A, \rho(A)]_{\text{arc}}$, wie gewünscht.   □

Darauf aufbauend können wir jetzt reellen Zahlen Rotationen zuordnen. Dazu greifen wir auf die Windungsabbildung aus ▶ Definition 6.2.17 zurück.

Definition 6.4.9

Sei (X, d) eine neutrale Ebene und alles so definiert wie in ▶ Bemerkung 6.2.1. Ferner sei $\gamma : \mathbb{R} \to k$ die Windungsabbildung aus ▶ Definition 6.2.17. Dann wird nach ▶ Korollar 6.4.7 für jedes $x \in \mathbb{R}$ durch $E \mapsto \gamma(x)$ in eindeutiger Weise eine Rotation θ_x um O festgelegt. Darauf aufbauend definieren wir die folgende Abbildung, die jeder reellen Zahl eine Rotation um O zuordnet:

$$\theta : \mathbb{R} \to \text{Isom}^+(X)_O, \quad x \mapsto \theta_x$$

Proposition 6.4.10

Sei alles so definiert wie in ▶ Definition 6.4.9. Dann hängt θ nicht vom Radius von k ab.

Beweis Die Aussage folgt, weil bei Rotationen das Verhalten eines Punktes P bereits das Verhalten des kompletten Strahls durch O und P festlegt. $\qquad\square$

Lemma 6.4.11 (Zuordnung von reellen Zahlen und Rotationen)
Sei alles definiert wie in ▶ Definition 6.4.9. Dann ist θ ein surjektiver Gruppenhomomorphismus $(\mathbb{R}, +) \to (\mathrm{Isom}^+(X)_O, \circ)$ mit Kern $2\pi\mathbb{Z}$.

Beweis Seien $x, y \in \left[0, \frac{\pi}{2}\right]$. Da $\mathrm{Isom}^+(X)_O$ nach ▶ Satz 6.4.6 kommutativ ist, können wir $x \leqslant y$ annehmen. Nach ▶ Lemma 6.4.8 gilt $\theta_y(\gamma(x)) \in k^+$ und $\gamma(0) \preceq \gamma(y) = \theta_y(\gamma(0)) \preceq \theta_y(\gamma(x))$. Damit rechnen wir

$$\mathrm{arc}\left\{\gamma(0), \theta_y(x)\right\} = \mathrm{arc}\left\{\gamma(0), \gamma(y)\right\} + \mathrm{arc}\left\{\theta_y(\gamma(0)), \theta_y(\gamma(x))\right\}$$
$$= \mathrm{arc}\left\{\gamma(0), \gamma(y)\right\} + \mathrm{arc}\left\{\gamma(0), \gamma(x)\right\}$$
$$= \mathrm{arc}\left\{\gamma(0), \gamma(x+y)\right\}.$$

Es folgt $\gamma(x+y) = \theta_y(\gamma(x))$ und mit ▶ Korollar 6.4.7 finden wir

$$\theta_{x+y}(\gamma(0)) = \gamma(x+y) = \theta_y(\gamma(x))$$
$$= \theta_y(\theta_x(\gamma(0))) = \theta_x \circ \theta_y(\gamma(0)).$$

Das beweist die Homomorphie für $x, y \in \left[0, \frac{\pi}{2}\right]$. Für $y := \frac{\pi}{2}$ und $\psi := \theta\left(\frac{\pi}{2}\right)$ haben wir insbesondere

$$\theta\left(x + \frac{\pi}{2}\right) = \psi \circ \theta(x) \quad (\star).$$

Diese Formel verallgemeinern wir jetzt für alle $x \in \mathbb{R}$. Dazu halten wir zunächst fest, dass die rechte Seite nach ▶ Definition 6.4.9 und ▶ Definition 6.2.17 2π-periodisch ist. Weiter lässt sich die Punktspiegelung ρ_O an O als $\rho_O = \psi^2$ schreiben (setze oben $x = y = \frac{\pi}{2}$). Mit ▶ Korollar 6.2.18 erhalten wir dann

$$\theta(x + \pi) = \psi^2 \circ \theta(x).$$

Um $(\star)$ für $x \in \left[-\frac{\pi}{2}, 0\right]$ zu zeigen, setzen wir in $(\star)$ $x + \frac{\pi}{2}$ ein, was zu $\theta(x + \pi) = \psi \circ \theta\left(x + \frac{\pi}{2}\right)$ führt und damit auf die gewünschte Erweiterung.

Für $x \in \left[-\frac{3\pi}{2}, -\frac{\pi}{2}\right]$ betrachten wir $(\star)$ für $x + \pi$ und erhalten

$$\theta\left(x + \pi + \frac{\pi}{2}\right) = \psi \circ \theta(x + \pi)$$

und kombinieren dies mit obigem.

Schlussendlich führen wir beliebige $x, y \in \mathbb{R}$ auf diese Fälle zurück und schreiben $x = a + m\frac{\pi}{2}$ und $y = b + n\frac{\pi}{2}$ mit $a, b \in \left[0, \frac{\pi}{2}\right]$ und $m, n \in \mathbb{N}_0$. Eine Iteration des obigen Argumentes liefert jetzt

$$\theta(x + y) = \theta(a + b) \circ \psi^{m+n} = \theta(a) \circ \psi^m \circ \theta(b) \circ \psi^n$$
$$= \theta(x) \circ \theta(y).$$

Damit ist gezeigt, dass θ ein Gruppenhomomorphismus ist. Die Inklusion $2\pi\mathbb{Z} \subset \ker \theta$ folgt jetzt mit der 2π-Periodizität von θ. Die umgekehrte Inklusion folgt aus der Homomorphie und $\theta(x + y) \in k^+$ für $x, y \in \left[0, \frac{\pi}{2}\right]$. $\square$

Proposition 6.4.12 (Untergruppen von Isometrien mit Fixpunkten)

Seien (X, d) eine neutrale Ebene und $Z \in X$.

(i) Die endlichen Untergruppen von $\mathrm{Isom}^+(X)_Z$ sind genau die von Rotationen von der Form $\theta\left(\frac{2\pi}{n}\right)$ mit $n \in \mathbb{N}$ erzeugten zyklischen Gruppen Γ_n der Ordnung n, wobei $\theta : \mathbb{R} \to \mathrm{Isom}^+(X)_Z$ aus ▶ Lemma 6.4.11 ist.

(ii) Die endlichen Untergruppen von $\mathrm{Isom}(X)_Z$, die nicht nur aus Rotationen bestehen, sind genau die von den Γ_n und einer Spiegelung an einer Geraden durch Z erzeugten Gruppen. Diese haben die Ordnung $2n$ und werden als die **Diedergruppen** D_n bezeichnet.

Beweis

(i) Sei G eine endliche Untergruppe von $\mathbb{R}/2\pi\mathbb{Z}$ der Ordnung n und Γ ihr Urbild in $\mathbb{R}$. Sei α die kleinste Zahl in (der endlichen Menge) $]0, 2\pi[\cap \Gamma$. Dann ist Γ die von α erzeugte Gruppe: Wenn nämlich $\beta \in \Gamma$ beliebig ist, dann schreiben wir mittels Division mit Rest $\beta = k\alpha + \rho \in \gamma$ wobei ($k \in \mathbb{Z}, \rho \in [0, \alpha[$). Da $\beta, \alpha \in \Gamma$ ist auch $\rho \in \Gamma$. Da aber α als das kleinste echt positive Element in Γ definiert war, muss $\rho = 0$ gelten. Da die Nebenklasse $\alpha + 2\pi\mathbb{Z}$ Ordnung n hat, gilt $n\alpha \in 2\pi\mathbb{Z}$. Also ist α ein Vielfaches von $\frac{2\pi}{n}$. Da $\frac{2\pi}{n} + 2\pi\mathbb{Z}$ eine Untergruppe der Ordnung $n \in \mathbb{R}/2\pi\mathbb{Z}$ erzeugt, folgt die Behauptung.

(ii) Sei $G \subset \mathrm{Isom}(X)_Z$ eine endliche Untergruppe. Nach ▶ Definition 6.4.5 und ▶ Satz 6.4.6 zerfällt G dann disjunkt in $G \cap \mathrm{Isom}^+(X)_Z$ und

$$\{\sigma_h \in G \mid h \text{ ist eine Gerade durch } Z\}.$$

Dabei ist $G \cap \mathrm{Isom}^+(X)_Z$ als Schnitt von Gruppen eine Gruppe und endlich, weil G nach Voraussetzung endlich ist. Aus (i) folgt dann die Existenz eines $n \in \mathbb{N}$ mit $G \cap \mathrm{Isom}^+(X)_Z = \Gamma_n$.

Sind h, h' zwei Geraden durch Z mit $\sigma_h, \sigma_{h'} \in G$, dann liefert ► Korollar 6.4.4, dass $\sigma_h \circ \sigma_{h'} \in G \cap \mathrm{Isom}^+(X)_Z = \Gamma_n$ gelten muss. Gibt es nun keine Gerade h mit $\sigma_h \in G$, folgt $G = \Gamma_n$. Dieser Fall wurde aber in den Voraussetzungen ausgeschlossen.

Andernfalls, wenn es also eine Gerade h mit $\sigma_h \in G$ gibt, ist G die disjunkte Vereinigung von Γ_n und $\Gamma_n \sigma_h$ und hat genau die Ordnung $2n$. □

6.5 Weitere Isometrien der neutralen Ebene

Wir haben in ► Kap. 5 verschiedene Klassen von Isometrien der neutralen Ebene kennen gelernt. Dabei waren der Ausgangspunkt die *Spiegelungen,* deren Existenz wir axiomatisch im Rahmen des *Spiegelungsaxioms* ► 5.1.7 gefordert haben. Die Gültigkeit des Dreispiegelungssatzes in allgemeinen neutralen Ebenen (► Korollar 5.5.5) lieferte uns, wie schon im ersten Teil des Buches, die Möglichkeit, alle Isometrien einer neutralen Ebene durch systematisches Verknüpfungen von Spiegelungen mit bestimmten Konstellationen der Spiegelgeraden zu finden. In diesem Kapitel haben wir in diesem Sinne festgestellt, dass die Verknüpfung von zwei Spiegelungen an Geraden mit mindestens einem gemeinsamen Punkt eine *Rotation* um diesen Punkt darstellt (► Definition 5.4.1, ► Korollar 6.4.4). Vorher hatten die Verknüpfung von zwei Spiegelungen an zwei Geraden, die beide senkrecht zu einer dritten Gerade stehen, als *Translation* definiert (► Definition 5.7.1). Im euklidischen Raum $\mathbb{R}^2$ haben wir damit alle Möglichkeiten zur Verknüpfung von genau zwei Geradenspiegelungen (► Abschn. 2.3.2.1) abgehandelt. Das hängt damit zusammen, dass dort die Aussage, dass zwei Geraden eine „gemeinsame Senkrechte" besitzen für jedes Paar von Geraden zutrifft, das keinen Schnittpunkt hat. In der neutralen Ebene haben wir diese Aussage nicht gezeigt und sie ist in der Tat auch nicht in jeder neutralen Ebene korrekt. In ◘ Abb. 6.41 sieht man ein entsprechendes Gegenbeispiel in der Poincaré-Halbebene (► Beispiel 5.2.2). Die Verknüpfung der Spiegelungen an solchen Geraden ist dann keine Translation und stellt eine neue Art von Isometrie dar. In der Tat ist es sogar so, dass es bis auf Isomorphie genau zwei Modelle für neutrale Ebenen gibt, die über die Gültigkeit des Parallelenaxioms (siehe Teil III) dieses Buches unterschieden werden können. Die Existenz von Geraden ohne eine gemeinsame Orthogonale hängt dabei genau von dieser Unterscheidung ab. Aus diesem Grund werden wir in diesem Abschnitt keine weiteren Isometrien betrachten. Die vollständige Klassifikation

6

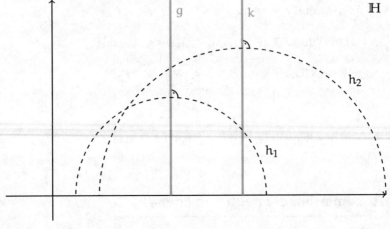

◘ **Abb. 6.41**   Die Geraden g und k in der Poincaré-Halbebene $\mathbb{H}$ (▶ Beispiel 5.2.2) sind parallel. Es gilt $h_1 \perp g$ und $h_2 \perp k$, aber h_1 und h_2 sind nicht orthogonal zur jeweils anderen Geraden. Allgemein: Es gibt keine Gerade, die sowohl zu g als auch zu k orthogonal ist, denn: Alle zu g bzw. k orthogonale Geraden sind euklidische Halbkreise, deren Mittelpunkt mit dem Fußpunkt von g bzw. k übereinstimmen. Diese Fußpunkte sind aber verschieden

der Isometrien, die durch drei Spiegelungen dargestellt werden können, baut auf einer vollständigen Klassifikation der Isometrien, die durch zwei Spiegelungen dargestellt werden können, auf. Nichtsdestotrotz haben wir bereits zwei Aussagen in diesem Kontext bewiesen: Wir haben gezeigt, dass (wie im euklidischen Raum $\mathbb{R}^2$) die Verknüpfung von drei Spiegelungen an Geraden, die alle senkrecht zu einer vierten Geraden stehen, wieder eine Spiegelung (an einer ebenfalls zu dieser vierten Gerade senkrecht stehenden Gerade) ist (▶ Satz 5.7.8). Weiter haben wir gezeigt, dass die Verknüpfung von drei Spiegelungen an Geraden, die durch einen gemeinsamen Punkt gehen, wieder eine Spiegelung an einer ebenfalls durch diesen Punkt verlaufenden Gerade ist (▶ Proposition 6.4.2).

Symmetrie

Inhaltsverzeichnis

© Der/die Autor(en), exklusiv lizenziert an Springer-Verlag GmbH, DE, ein Teil von Springer Nature 2024
M. Hoffmann et al., *Ebene euklidische Geometrie*,
https://doi.org/10.1007/978-3-662-67357-7_7

Bevor wir mit der Erläuterung des axiomatischen Aufbaus der ebenen euklidischen Geometrie fortfahren, machen wir in diesem Kapitel einen Exkurs zum *Symmetrie*-Begriff. Damit nehmen wir nach dem *Kongruenz*-Begriff (▸ Kapitel 3) einen weiteren wichtigen Begriff der Schulgeometrie in den Blick. Wir werden in diesem Kapitel zunächst einige generelle Grundlagen zur Formalisierung von Symmetrie in neutralen Ebenen behandeln (▸ Abschn. 7.1). Anschließend beschäftigen wir uns mit Eigenschaften spiegel- und drehsymmetrischer Figuren (▸ Abschn. 7.2). Das Kapitel schließt mit einigen weiterführenden Konzepten zur Symmetrie (▸ Abschn. 7.3), die aber trotz eines höheren Abstraktionsgrades eng mit der Behandlung des Themas im Mathematikunterricht verbunden sind.

7.1 Symmetrie und Symmetriegruppen

Wir formalisieren den Symmetriebegriff im Kontext einer beliebigen neutralen Ebene (X, d). Damit gelten alle Aussagen insbesondere auch für den schulmathematisch relevanten Fall des euklidischen Raumes $X = \mathbb{R}^2$. Die Ausführungen stellen damit eine *Hintergrundtheorie* zur schulischen Behandlung des Symmetriebegriffs dar. Ein Teil der Definitionen und Aussagen sind in ähnlicher Weise direkter Bestandteil des Mathematikunterrichts. Hinzu kommen Ergänzungen, die für das Herstellen eines rigorosen Theoriegebäudes notwendig sind, sowie Ausblicke auf mathematische Überlegungen, die „nur einen Schritt" von den curricular vorgeschriebenen Inhalten des Mathematikunterrichts entfernt sind.

Zunächst werden wir eine mathematische Formalisierung für Symmetrien einer Figur (unter Figuren verstehen wir Teilmengen von X) angeben. Motiviert durch den Gedanken, dass durch Symmetrien Möglichkeiten beschrieben werden, eine Figur unverzerrt auf sich selbst abzubilden, wird die Gesamtheit der Symmetrien einer Figur $F \subset X$ üblicherweise mit der Menge aller bijektiven Selbstabbildungen von F identifiziert, die zusätzlich Längen (und damit auch Winkel) erhalten. Dies ist gerade die Gruppe Isom(F) (▸ Bemerkung 4.3.6). Die offensichtliche Frage ist nun die nach dem Vorrat von Isometrien, aus denen Isom(F) gebildet werden kann. In vielen Standardlehrwerken zur Elementargeometrie werden direkt Einschränkungen der Isometriegruppe der umgebenden Ebene (hier Isom(X)) genutzt.

Zwar werden wir zeigen (▸ Satz 7.1.2), dass diese Tatsache – also dass die Symmetrien eine Figur zu Isometrien des umgebenden metrischen Raums fortgesetzt werden können – für neutrale Ebenen korrekt ist, aber im Allgemeinen nicht für

einen beliebigen metrischen Raum. Dies ist Inhalt des folgenden Beispiels.

Beispiel 7.1.1
Wir betrachten im metrischen Raum $(\mathbb{N}, |\cdot|)$ die Teilmenge
$F := \{1, 2\}$. Dann hat F zwei Symmetrien, nämlich die Identität und die Isometrie, die 1 und 2 vertauscht. Allerdings lässt
sich die Vertauschung von 1 und 2 nicht zu einer Isometrie von
$\mathbb{N}$ fortsetzen, denn: Gäbe es so eine Isometrie $\varphi : \mathbb{N} \to \mathbb{N}$ mit
$\varphi(1) = 2$ und $\varphi(2) = 1$, muss $\varphi(3) \geqslant 3$ sein, weil Isometri-
en injektiv sind. Daraus folgt dann aber $|3 - 2| = 1 \leqslant 2 \leqslant$
$|\varphi(3) - 1| = |\varphi(3) - \varphi(2)|$, also kann φ keine Isometrie sein.
Widerspruch. □

Aus der Theorie der neutralen Ebenen wissen wir, dass $\mathrm{Isom}(X)$
durch die Menge der Geradenspiegelungen erzeugt wird (Dreispiegelungssatz ▶ Korollar 5.5.5) und neben den Spiegelungen auf jeden Fall noch die Identität, die Rotationen um einen
Punkt (▶ Definition 5.4.1) und die Translationen (▶ Definition
5.7.1) entlang Geraden enthält. Ob diese Liste vollständig ist,
haben wir für die neutrale Ebene noch nicht allgemein geklärt
(▶ Abschn. 6.5). Für die spezielle neutrale Ebene $(\mathbb{R}^2, d_2)$ haben wir aber bewiesen, dass die Schubspiegelungen die Liste
der Isometrien abschließen (▶ Abschn. 2.3.2.2).
   Ob allerdings $\mathrm{Isom}(X)$ als Vorrat von Abbildungen zur Beschreibung der Symmetrien der oben genanten Figur $F \subsetneq X$
ausreicht, ist a priori unklar. Es gibt zunächst einmal keinen
Grund auszuschließen, dass es auf der kleineren Menge F neue
Symmetrien (also bijektive Isometrien $F \to F$) gibt, die nicht
fortsetzbar zu bijektiven Isometrien $X \to X$ sind. Dass dies
nicht der Fall ist, ist der Inhalt von ▶ Satz 7.1.2.

Satz 7.1.2 (Fortsetzbarkeit von Isometrien)
Seien (X, d) eine neutrale Ebene und $F \subsetneq X$ eine Figur. Dann
ist jede Isometrie auf $F \to F$ fortsetzbar zur einer Isometrie
$X \to X$.

Beweis
Zum Beweis betrachten wir drei Fälle für $F \subset X$:

1. *Es existieren* $P_1, P_2, P_3 \in F$, *die nicht auf einer gemeinsamen
   metrischen Geraden in X liegen.*
   Wir halten zunächst fest, dass dann die strikte Dreiecksungleichung ▶ Proposition 5.1.2 für alle Kombinationen von
   P_1, P_2 und P_3 gilt. Sei $\varphi \in \mathrm{Isom}(F)$. Dann gilt die strikte
   Dreiecksungleichung auch für die Punkte $Q_i := \varphi(P_i)$
   $(i \in \{1, 2, 3\})$. Wegen ▶ Satz 4.2.15 liegen die Q_i dann
   ebenfalls nicht auf einer Geraden. Da Isometrien in einer

7

neutralen Ebene bereits durch drei nicht kollineare Punkte eindeutig festgelegt sind (▶ Satz 5.5.3 liefert die Existenz, ▶ Korollar 5.5.4 die Eindeutigkeit), gibt es genau ein $\tilde{\varphi} \in \text{Isom}(X)$ mit $\tilde{\varphi}(P_i) = Q_i$.

Wir zeigen nun, dass $\tilde{\varphi}|_F$ dann bereits φ ist, φ also zu einer Isometrie auf ganz X fortgesetzt werden kann. Dazu sei $P \in F$ ein beliebiger weiterer Punkt sowie $Q := \varphi(P)$ und $\tilde{Q} = \tilde{\varphi}(P)$. Dann gilt

$$\begin{cases} d(Q, Q_1) = d(\tilde{Q}, Q_1), \\ d(Q, Q_2) = d(\tilde{Q}, Q_2), \\ d(Q, Q_3) = d(\tilde{Q}, Q_3), \end{cases}$$

da sowohl φ also auch $\tilde{\varphi}$ Isometrien sind. Wäre nun $Q \neq \tilde{Q}$, dann lägen die Q_i nach der Ortslinieneigenschaft (▶ Proposition 5.4.14) alle auf der eindeutig bestimmten Mittelsenkrechten von Q und $\tilde{Q}$, wären im Widerspruch zur Voraussetzung also kollinear. Es folgt $Q = \tilde{Q}$ und damit die Aussage.

2. *Seien* $g \subset X$ *eine Gerade,* $F \subset g$ *und* $P_1, P_2 \in F$ *zwei verschiedene Punkte.*

Seien $\varphi \in \text{Isom}(F)$ und $Q_1 := \varphi(P_1)$ sowie $Q_2 := \varphi(P_2)$. Da g isometrisch isomorph zu $\mathbb{R}$ ist (▶ Definition 4.2.4 der metrischen Geraden), gibt es eine eindeutige Isometrie $\tilde{\varphi} \in \text{Isom}(g)$ mit $Q_1 = \tilde{\varphi}(P_1)$ und $Q_2 = \tilde{\varphi}(P_2)$.

Wieder zeigen wir, dass $\tilde{\varphi}|_F$ dann bereits φ ist, φ also zu einer Isometrie auf ganz g und dann auch zu einer Isometrie auf ganz X fortgesetzt werden kann. Dazu sei $P \in F$ ein beliebiger weiterer Punkt sowie $Q := \varphi(P)$ und $\tilde{Q} = \tilde{\varphi}(P)$. Dann gilt

$$\begin{cases} d(Q, Q_1) = d(\tilde{Q}, Q_1), \\ d(Q, Q_2) = d(\tilde{Q}, Q_2), \end{cases}$$

da φ und $\tilde{\varphi}$ Isometrien sind. Wäre nun $Q \neq \tilde{Q}$, dann wären sowohl Q_1 als auch Q_2 der eindeutig bestimmte Mittelpunkt von Q und $\tilde{Q}$, was wegen $Q_1 \neq Q_2$ unmöglich ist. $\tilde{\varphi}$ ist eine Isometrie auf g. Nach ▶ Beispiel 4.3.7 kann es sich nur um Einschränkung einer Translation entlang g (▶ Korollar 5.7.9) oder um die Einschränkung einer Punktspiegelung an einem Punkt auf g handeln. Also kann $\tilde{\varphi}$ über φ zu einer Isometrie auf ganz X fortgesetzt werden.

3. *Seien* $P \in X$ *und* $F := \{P\}$.

Hier ist die Identität die einzige Selbstabbildung und insbesondere auch die einzige Isometrie. Da die Identität in kanonischer Weise auf ganz X fortsetzbar ist, brauchen wir hier nichts weiter zu zeigen. □

Damit ist die –auch für die Schulmathematik relevante –Frage, ob es für Figuren in einer neutralen Ebene Symmetrien geben kann, die nicht durch Abbildungen aus $\mathrm{Isom}(X)$ beschrieben werden können, geklärt. Für den euklidischen Raum $\mathbb{R}^2$ bedeutet diese Erkenntnis, dass Figuren dort keine weiteren Symmetrien neben *Spiegelsymmetrie, Drehsymmetrie, Verschiebesymmetrie* oder *Schubspiegelungssymmetrie* haben können.

Bezogen auf die neutrale Ebene liefert ▸ Satz 7.1.2, dass alle Symmetrien von beliebigen Figuren in neutralen Ebenen durch Isometrien von X beschrieben werden können. Damit ist die folgende ▸ Definition 7.1.3 sinnvoll.

Definition 7.1.3 (Symmetriegruppe)

Sei (X, d) eine neutrale Ebene und $F \subset X$ eine beliebige Figur (Teilmenge). Dann definieren wir die **Symmetriegruppe** von F als

$$\mathrm{Sym}(F) := \{\varphi \in \mathrm{Isom}(X) \mid \varphi(F) = F\}$$

Die Bezeichnung Symmetrie*gruppe* ist passend, da es sich bei der in ▸ Definition 7.1.3 definierten Menge in der Tat um eine Gruppe bezüglich der üblichen Verknüpfung von Abbildungen handelt (▸ Proposition 7.1.4).

Proposition 7.1.4 (Gruppeneigenschaft der Symmetriegruppe)
Sei (X, d) eine neutrale Ebene und $F \subset X$ eine beliebige Figur (Teilmenge). Dann ist $(\mathrm{Sym}(F), \circ)$ eine Gruppe.

Beweis Man rechnet schnell mit dem Untergruppenkriterium nach, dass $(\mathrm{Sym}(F), \circ)$ eine Untergruppe von $(\mathrm{Isom}(X), \circ)$ ist: Sind nämlich $\varphi, \psi \in \mathrm{Sym}(F)$, so sind wegen $\varphi(\psi(F)) = \varphi(F) = F$ und der Bijektivität von φ auch $\varphi \circ \psi$ und φ^{-1} Elemente von $\mathrm{Sym}(F)$. $\qquad\square$

Die Gruppenstruktur ermöglicht es, weitere Aussagen über Symmetrien zu machen, die in den folgenden Definitionen im üblichen Sinne benannt werden.

Definition 7.1.5 (Spiegel- bzw. Achsensymmetrie)

Seien k eine Gerade in einer neutrale Ebene (X, d) und $F \subset X$ eine beliebige Figur. Wir bezeichnen F als **spiegel-** bzw. **achsensymmetrisch** zu k, wenn $\sigma_k \in \mathrm{Sym}(F)$ ist.

> **Definition 7.1.6 (Punktsymmetrie)**
>
> Seien P ein Punkt in einer neutrale Ebene (X, d) und $F \subset X$ eine beliebige Figur. Wir bezeichnen F als **punktsymmetrisch** zu P, wenn für die Punktspiegelung $\rho_P : X \to X$ an P gilt: $\rho_P \in \mathrm{Sym}(F)$.

> **Definition 7.1.7 (Drehsymmetrie)**
>
> Seien P ein Punkt in einer neutrale Ebenen (X, d), $\alpha \in [0, 2\pi[$ und $F \subset X$ eine beliebige Figur. Wir bezeichnen F als α-**drehsymmetrisch** zu P, wenn für die Drehung $\rho_{P,\alpha}$ um P mit Winkel α gilt: $\rho_{P,\alpha} \in \mathrm{Sym}(F)$.
>
> (Insbesondere sind π-Drehsymmetrie und Punktsymmetrie äquivalente Bezeichnungen.)

7

Damit sind alle Symmetrien in X erfasst, deren zugrunde liegende Isometrie mindestens einen Fixpunkt (in X) hat. Es fehlen noch Fixpunkt-freie Symmetrien, wie die auf Translationen beruhende *Verschiebesymmetrie/Translationssymmetrie*. Da wir im Kontext der neutralen Ebene die fixpunktfreien Isometrien nicht vollständig klassifiziert haben (▶ Abschn. 6.5), gehen wir auf damit korrespondierende Isometrien an dieser Stelle nicht weiter ein. Für den Spezialfall des euklidischen Raums $\mathbb{R}^2$ mündet die Beschäftigung mit fixpunktfreien Isometrien in der Charakterisierung der Fries- und Kristallgruppen. Diese ist bereits an anderen Stellen ausführlich aufgeschrieben, sodass eine detaillierte Thematisierung an dieser Stelle keinen Mehrwert bringt. Eine sehr schöne und vollständige Darstellung der Thematik findet man zum Beispiel im Buch *Parkettierungen der Ebene* (Behrends, 2019). Die Beweise, die dort verwendet werden, können auch auf der in diesem Buch geschaffenen Argumentationsgrundlage nachvollzogen werden.

7.2 Dreh- und spiegelsymmetrische Figuren

Wir widmen uns in diesem Abschnitt im Detail einigen Eigenschaften dreh- und spiegelsymmetrischer Figuren. Diese sind − auch im Kontext des Geometrieunterrichts − deshalb interessant, weil deutlich wird, wie die Gruppenstruktur der Symmetrien (▶ Proposition 7.1.4) garantiert, dass aus dem Wissen über das Vorhandensein gewisser Symmetrien auf das Vorhandensein anderer Symmetrien geschlossen werden kann.

Wir werden zunächst zwei wesentliche Eigenschaften von dreh- und spiegelsymmetrischen Figuren im allgemeinen Kontext der neutralen Ebene beweisen (▶ Abschn. 7.2.1). Im Anschluss behandeln wir einige Details, für die uns in der neutralen Ebene die theoretischen Hintergründe fehlen, im schulrelevanten Spezialfall des euklidischen Raums $\mathbb{R}^2$ (▶ Abschn. 7.2.2).

7.2.1 Eigenschaften dreh- und spiegelsymmetrischer Figuren in der neutralen Ebene

Die Existenz der Gruppenstruktur auf Sym(F) (▶ Proposition 7.1.4) führt dazu, dass Symmetrien weitere Symmetrien automatisch zur Folge haben. Auch wenn entsprechende Aussagen in der Regel nicht systematisch im Mathematikunterricht behandelt werden, so liegen sie doch als fachlicher Hintergrund immer dann zugrunde, wenn inhaltlich anschaulich im Sinne von „Weil die Figur zwei Spiegelachsen hat, ist sie auch drehsymmetrisch" oder „Weil die Figur 10°-drehsymmetrisch ist, ist sie auch 20°-drehsymmetrisch" argumentiert wird. Einige wesentliche dieser Abhängigkeiten sind Bestandteil der folgenden ▶ Lemmata 7.2.1 und 7.2.2. Teile dieser Aussagen folgen aus der allgemeinen ▶ Proposition 6.4.12, werden hier aber hier zur Stärkung der Schnittstellenbezüge zum Mathematikunterricht noch einmal in schulnäherer Weise bewiesen.

Lemma 7.2.1 (Eigenschaften von Drehsymmetrien)
Sei (X, d) eine neutrale Ebene und $F \subset X$ eine beliebige Figur. Dann gelten folgende Aussagen:

(i)   Seien $\alpha, \beta \in [0, 2\pi[$ und $Z \in X$. Ist die Figur F α- und β-drehsymmetrisch zu Z, so ist sie auch $(\alpha + \beta \mod 2\pi)$-drehsymmetrisch zu Z.

(ii) Sei $\alpha \in [0, 2\pi[$ und $Z \in X$. Ist die Figur F α-drehsymmetrisch zu Z, so ist sie auch $(k \cdot \alpha \mod 2\pi)$-drehsymmetrisch zu Z für alle $k \in \mathbb{N}$.

(iii) Falls es einen kleinsten Winkel $\alpha_{min} > 0$ gibt, so dass F α_{min}-drehsymmetrisch ist, so ist $\alpha_{min} = \frac{2\pi}{k}$ mit $k \in \mathbb{N}$.

(iv) Es besteht die Möglichkeit, dass es so einen kleinsten Winkel wie in (iii) nicht gibt.

Beweis

(i) Da Sym(F) als Gruppe unter Verknüpfung abgeschlossen ist, ist die Verknüpfung der Drehungen mit den Winkeln α und β ebenfalls Element von Sym(F). Da die Verknüpfung von zwei Drehungen mit gleichem Zentrum wieder eine Drehung um dieses Zentrum und Drehwinkel $\alpha + \beta$ ist (▶ Lemma 6.4.11), folgt die gewünschte Aussage.

(ii) Die Aussage folgt mit $\alpha = \beta$ und vollständiger Induktion direkt aus (i).

(iii) Angenommen α_{min} wäre nicht von der entsprechenden Form. Dann gäbe es nach Teilen mit Rest $\beta \in \ ]0, \alpha_{min}[$ und $k \in \mathbb{N}$ mit $k \cdot \alpha_{min} = 2\pi + \beta$ im Widerspruch zur Minimaleigenschaft von α_{min}.

(iv) Seien $M \in X$ ein Punkt und $r \in \mathbb{R}_{>0}$. Dann ist $K_r(M)$ α-drehsymmetrisch zu M für alle $\alpha \in [0, 2\pi[$. $\qquad\square$

Lemma 7.2.2 (Abhängigkeiten zwischen Spiegel- und Drehsymmetrien)

Sei (X, d) eine neutrale Ebene und $F \subset X$ eine beliebige Figur, die spiegelsymmetrisch zu zwei Geraden $g, h \subset X$ ist. Dann gelten folgende Aussagen:

(i) Gilt $g \perp h$, so ist F punktsymmetrisch zum Schnittpunkt der Geraden.

(ii) Gilt $g \cap h = \{P\}$ mit $P \in \mathbb{R}^2$, so ist $F \pm 2\alpha$-drehsymmetrisch zum P, wobei $\alpha \in \ ]0, \pi]$ die Größe eines der Winkel zwischen g und h ist.

Beweis Aussage (i) folgt sofort aus ▶ Satz 5.4.7. Dass die Figur aus (ii) drehsymmetrisch ist, folgt aus ▶ Korollar 6.4.4. Seien nun g_+, h_+ so gewählt, dass $\angle(g_+, h_+) < \frac{\pi}{2}$ und $Q \in g_+$. Dann ist $\rho(Q) = \sigma_h \circ \sigma_g(Q) \in \sigma_h(g_+)$. Da nun $\sigma_h (\angle(g_+, h_+)) = \angle(h_+, \sigma_h(g_+))$ gilt, folgt aufgrund der Additivität des Bogenmaßes (▶ Lemma 6.2.24) $\angle QP\rho(Q) = \angle(g_+, \sigma_h(g_+)) = 2\angle(g_+, h_+)$, wie gewünscht. $\qquad\square$

7.2.2 Symmetrien beschränkter Figuren im euklidischen Raum $\mathbb{R}^2$

Im Fokus von Symmetrieuntersuchungen im Mathematikunterricht stehen endliche (im Sinne von beschränkten) Figuren. Aus den schon gewonnenen Erkenntnissen über Isom($\mathbb{R}^2$) kann man ableiten, dass die oben definierten Symmetrien tatsächlich ausreichen, um sämtliche Symmetrieeigenschaften beschränkter Figuren in $(\mathbb{R}^2, d_2)$ zu beschreiben (▶ Satz 7.2.3).

Satz 7.2.3 (Symmetrien beschränkter Figuren)

Sei $F \subset \mathbb{R}^2$ eine beliebige beschränkte Figur. Dann haben alle Abbildungen $\varphi \in \text{Sym} \, F$ einen Fixpunkt in $\mathbb{R}^2$.

Beweis Angenommen es gäbe $\varphi \in \text{Sym}(F)$ ohne Fixpunkt. Dann müsste es sich um eine Translation (▶ Beispiel 1.2.2) oder eine Schubspiegelung (▶ Definition 2.3.16) handeln. Sei nun $P \in F$ beliebig und $l \in \mathbb{R}_{>0}$ die Länge der Translation bzw. des Translationsteils der Schubspiegelung. Bei der Translation direkt und bei der Schubspiegelung nach Anwendung der Dreiecksungleichung folgt für $n \in \mathbb{N}$

$$\|P - \varphi^n(P)\| \geqslant n \cdot l.$$

Da $\text{Sym}(F)$ eine Gruppe ist, ist auch $\varphi^n \in \text{Sym}(F)$ und $\varphi^n(P)$ ein Punkt in F. Für jeden vorgegebenen Abstand finden wir also ein $n \in \mathbb{N}$, so dass $\varphi^n(P)$ weiter von P entfernt ist. Dies steht im Widerspruch zur Beschränktheit der Figur F. $\qquad \square$

Korollar 7.2.4 (Klassifikation der Symmetrieeigenschaften beschränkter euklidischer Figuren)

Beschränkte Figuren des euklidischen Raums $\mathbb{R}^2$ können nur spiegel-, punkt-, und/oder drehsymmetrisch sein. Andere Symmetrien sind nicht möglich.

Beweis Die Aussage folgt direkt aus ▶ Satz 7.2.3. $\qquad \square$

Eine weitere Eigenschaft beschränkter Figuren im euklidischen Raum $\mathbb{R}^2$ ist, dass es maximal ein Drehsymmetrie-Zentrum geben kann:

Lemma 7.2.5 (Anzahl der Symmetriezentren beschränkter Figuren)

Sei $F \subset \mathbb{R}^2$ eine beliebige beschränkte Figur im euklidischen Raum $\mathbb{R}^2$. Dann haben alle nichttrivialen Drehsymmetrien von F dasselbe Zentrum $Z \in \mathbb{R}^2$.

Beweis Angenommen $\text{Sym}(F)$ enthält zwei nicht triviale Rotationen $\rho_1, \rho_2 : X \to X$ mit unterschiedlichen Zentren $Z_1, Z_2 \in X$ und Rotationswinkeln $\alpha_1, \alpha_2 \in [-\pi, \pi] \setminus \{0\}$.

Im Fall $\alpha_1 + \alpha_2 = 0 \mod 2\pi$, ist $\rho_2 \circ \rho_1 \in \text{Sym}(F)$ nach der ▶ Satz 2.3.14 eine nichttriviale Translation um ein $b \in \mathbb{R}^2$. Dann ist für $n \in \mathbb{N}$ auch die Translation um $n \cdot b$ in $\text{Sym}(F)$ und es folgt die Unbeschränktheit von F.

Ist andernfalls $\alpha_1 + \alpha_2 \neq 0 \mod 2\pi$, so ist $\rho_3 := \rho_2 \circ \rho_1 \circ \rho_2^{-1} \in \text{Sym}(F)$ nach der ▶ Satz 2.3.14 eine Rotation mit Rotationswinkel α_1. Wegen $\rho_3(\rho_2(Z_1)) = \rho_2(Z_1)$ hat ρ_3 das Zentrum

$\rho_2(Z_1)$. Dann ist auch ρ_3^{-1} (Rotationszentrum $\rho_2(Z_1)$), Rotationswinkel $-\alpha_1$) Element von $\mathrm{Sym}(F)$, also auch $\rho_3^{-1} \circ \rho_1$. Da die Rotationswinkel von ρ_3^{-1} und ρ_1 invers sind, folgt wieder mit ▶ Satz 2.3.14, dass die Symmetriegruppe von F mit $\rho_3^{-1} \circ \rho_1$ eine nichttriviale Translation enthält. Damit folgt, wie im vorigen Abschnitt sofort die Unbeschränktheit von F.   □

In Ergänzung zu ▶ Lemma 7.2.2 können wir außerdem noch den Fall behandeln, dass eine Figur zwei sich nicht schneidende Symmetrieachsen hat:

Proposition 7.2.6 (Spiegelsymmetrische Figuren mit disjunkten Symmetrieachsen)
Sei $F \subset \mathbb{R}^2$ eine beliebige Figur, die spiegelsymmetrisch zu zwei Geraden $g, h \subset \mathbb{R}^2$ ist. Gilt $g \cap h = \emptyset$, so ist F unbeschränkt.

Beweis Die Aussage folgt aus ▶ Korollar 7.2.4, weil die Verknüpfung der Spiegelung an zwei parallelen Geraden eine Translation ist (▶ Proposition 2.3.20).   □

7.3 Weiterführende Konzepte zum Symmetriebegriff

Im letzten Abschnitt dieses Kapitels blicken wir aus einer anderen Perspektive auf Symmetrie und zeigen, wie die Intuition formalisiert werden kann, dass das „Aussehen" einer symmetrischen Figur bereits vollständig durch eine geeignete Teilfigur und die Symmetrien bestimmt ist. Im Mathematikunterricht begegnet einem diese Sichtweise zum Beispiel dann, wenn es darum geht, Teilfiguren symmetrisch zu ergänzen. Zur präzisen Beschreibung dieses Phänomens führen wir zunächst das Konzept des *Orbits* ein (▶ Definition 7.3.1). Die Idee ist, für einen beliebigen Punkt einer Figur alle Bilder bezogen auf die Elemente der Symmetriegruppe zusammenzufassen.

Definition 7.3.1 (Orbit)

Sei F eine Figur in einer neutralen Ebene (X, d). Dann definieren wir für $P \in F$ durch

$$\mathrm{Sym}(F) \cdot P := \{\varphi(P) \mid \varphi \in \mathrm{Sym}(F)\}$$

den **Orbit** von P.

In ◘ Abb. 7.1 ist ein Beispiel für einen solchen Orbit dargestellt.

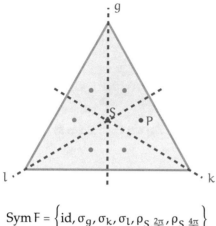

$$\text{Sym}\,F = \left\{ \text{id}, \sigma_g, \sigma_k, \sigma_l, \rho_{S,\frac{2\pi}{3}}, \rho_{S,\frac{4\pi}{3}} \right\}$$

■ **Abb. 7.1** Der Orbit eines Punktes P

Um eine Figur eindeutig festzulegen, reicht es aus, eine Teilmenge zu kennen, die aus dem Orbit jedes Punktes der Figur genau einen Punkt enthält. Der Rest der Figur ergibt sich dann durch Anwenden der Symmetrieabbildungen auf diese Teilmenge. Teilmengen dieser Art, die minimal sind, werden üblicherweise als *Fundamentalbereiche* bezeichnet (▶ Bemerkung 7.3.2).

Bemerkung 7.3.2 (Definition und Satz: Fundamentalbereich)
Sei F eine Figur in einer neutralen Ebene (X, d). Dann nennen wir eine Menge $B \subset F$ einen **Fundamentalbereich** von F, falls für jedes $P \in F$ die Menge

$$(\text{Sym}(F) \cdot P) \cap B$$

genau einen Punkt enthält.

Aus jedem Fundamentalbereich B einer Figur F lässt sich wegen

$$F = \{\varphi(P) \in X \mid \varphi \in \text{Sym}(F) \text{ und } P \in B\} = \bigcup_{P \in B} \text{Sym}(F) \cdot P$$

die Figur wieder zusammensetzen.

Die Definition des *Fundamentalbereichs* ist relational und nicht konstruktiv. Sie liefert eine Möglichkeit zur Überprüfung, ob ein Fundamentalbereich gefunden wurde, aber kein Vorgehen, wie ein Fundamentalbereich gefunden werden kann. In der Tat sind Fundamentalbereiche nicht eindeutig bestimmt, sondern es gibt für viele Figuren eine unendliche Anzahl an Fundamentalbereichen. Für die Figur aus ■ Abb. 7.1 sind in Abb. 7.2 drei verschiedene Fundamentalbereiche skizziert. In

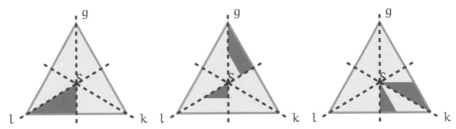

◘ Abb. 7.2 Darstellung verschiedener Fundamentalbereiche der Figur F aus ◘ Abb. 7.1 mit Sym(F) = $\left\{ \text{id}, \sigma_g, \sigma_k, \sigma_l, \rho_{S, \frac{2\pi}{3}}, \rho_{S, \frac{4\pi}{3}} \right\}$

7

jedem Fall lässt sich das komplette Dreieck durch Anwendung aller Abbildungen der Symmetriegruppe aus den blauen Teilflächen rekonstruieren. Das Beispiel illustriert insbesondere, dass es beliebig viele unterschiedliche Fundamentalbereiche für eine Figur geben kann, da das Aufteilen des linken Fundamentalbereichs auf die verschiedenen Teildreiecke beliebig weit fortgesetzt werden kann.

Abschließend gehen wir noch auf die Frage danach ein, ob man zu einem gegebenen geometrischen Objekt alle Symmetrien gefunden hat. Im Mathematikunterricht und auch darüber hinaus wird oft von *den* Symmetrien einer Figur gesprochen. Natürlich ist klar, dass jede Figur eine eindeutige Symmetriegruppen (im Zweifelsfall die triviale Symmetriegruppen {id}) besitzt. Daraus ergibt sich aber a priori kein offensichtliches Verfahren, *alle* Symmetrien einer Figur zu finden bzw. zu entscheiden, ob es noch eine weitere Symmetrie gibt, die noch nicht gefunden wurde. Das Problem des Nachweises der Komplettheit von Symmetriegruppen ist (gerade für Figuren mit unendlichen Symmetriegruppen) komplex und für die meisten Mengen nicht oder nur sehr schwer lösbar. In ▶ Beispiel 7.3.3 erläutern wir eine mögliche Argumentationslinie zur Begründung der Komplettheit der Symmetriegruppe des Quadrats, die auch für die Behandlung im Mathematikunterricht elementarisierbar ist. Es zeigt sich, dass bereits für so eine relativ minder-komplexe Figur, die Argumentation viele Quadratspezifische geometrische Eigenschaften nutzt und nicht einfach auf andere Figuren verallgemeinerbar ist. An dieser Stelle zeigt sich aber auch eine Stärke der strukturtheoretischen Sichtweise aus ▶ Proposition 6.4.12: Diese ermöglicht es für beliebige beschränkte Figuren (also solche mit einem Fixpunkt, ▶ Satz 7.2.3) die Symmetriegruppe durch finden des kleinsten Drehwinkels einfach zu bestimmen.

Beispiel 7.3.3 (Komplettheit von Symmetriegruppen)
Wir zeigen, dass die in der Abbildung angegebenen Isometrien
tatsächlich alle Elemente von Sym($\square$) sind und wir damit alle
Symmetrien gefunden haben.

$$\text{Sym}(\square) = \left\{ \sigma_1, \sigma_2, \sigma_3, \sigma_4, \text{id}, \rho_{\frac{\pi}{2}}, \rho_\pi, \rho_{3\frac{\pi}{2}} \right\}$$

Quadrat

Eckpunkte müssen auf Eckpunkte abgebildet werden (Abstand
zum Mittelpunkt des Quadrates muss unter Isometrie erhalten
bleiben). Das Quadrat hat vier Eckpunkte. Es gibt also maximal $4! = 4 \cdot 3 \cdot 2 = 24$ Möglichkeiten.

(i) Es kann nicht sein, dass genau eine Ecke fest bleibt. Dann
     würde eine benachbarte Ecke zu einer gegegenüberliegen-
     den Ecke werden, was aber mit einer Isometrie nicht zu er-
     reichen ist. Damit fallen für jeden Eckpunkt 2 Möglichkei-
     ten (Anzahl der Möglichkeiten drei Zahlen ohne Fixpunkt
     zu permutieren) weg, also insgesamt 8 Möglichkeiten. Es
     bleiben maximal 16 Möglichkeiten.
(ii) Eine Isometrie kann nicht zwei benachbarte Ecken fest las-
     sen, die beiden anderen Ecken aber vertauschen. Damit
     fallen weitere 4 Möglichkeiten (Anzahl der Nachbarpaa-
     re) weg. Es bleiben maximal 12 Möglichkeiten.
(iii) Eine Isometrie kann nicht zwei benachbarte Ecken um zwei
     Positionen verschieben und für die anderen beiden Ecken
     ihre Reihenfolge ändern. Damit fallen weitere 4 Möglich-
     keiten (Anzahl der Nachbarpaare) weg. Es bleiben genau
     8 Möglichkeiten. Da

$$\text{Sym}(\square) = \left\{ \sigma_1, \sigma_2, \sigma_3, \sigma_4, \text{id}, \rho_{\frac{\pi}{2}}, \rho_\pi, \rho_{3\frac{\pi}{2}} \right\}$$

genau 8 Elemente enthält, haben wir alle Symmetrien des
Quadrats gefunden.

(Insgesamt haben wir somit alle Möglichkeiten, bei denen gegenüberliegende Punkte zu Nachbarn werden, ausgeschlossen.) $\square$

7

Schnittstelle 9 (Aspekte des Symmetriebegriffs)

Wie schon für den Kongruenzbegriff (Schnittstelle ▶ 3) können auch für den Symmetriebegriff wesentliche Charakteristika unabhängig vom speziellen axiomatischen Zugang identifiziert werden. Diese sind in den folgenden vier *Aspekten des Symmetriebegriffs* (übernommen aus Hoffmann (2022, S. 239 f.)) zusammengefasst und auch als Hintergrund für die Behandlung des Themas im Mathematikunterricht gültig:

| Invarianzaspekt | Rekonstruktions- und Reduktionsaspekt | Gruppenaspekt |

Invarianzaspekt: In der zentralen Definition der Symmetriegruppe (▶ Definition 7.1.3) werden Symmetrien als die Möglichkeiten aufgefasst, eine Figur bijektiv (durch Isometrien) auf sich selbst abzubilden. Unter diesen Isometrien ist die Figur *invariant*. Zum Beispiel ist das Rechteck in der folgenden Abbildung unter verschiedenen Isometrien invariant. Ohne die Beschriftung der Ecken würde man deren Anwendung „nicht erkennen".

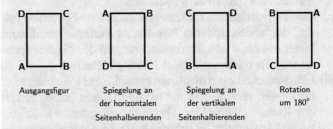

| Ausgangsfigur | Spiegelung an der horizontalen Seitenhalbierenden | Spiegelung an der vertikalen Seitenhalbierenden | Rotation um 180° |

In diesem Zugang kann man Symmetrie wie folgt begründen:

– Das Rechteck in der obigen Abbildung ist spiegelsymmetrisch zur horizontalen Seitenhalbierenden, weil es durch die Spiegelung an dieser Geraden invariant gehalten wird.

– Das Rechteck in der obigen Abbildung ist 180°-drehsymmetrisch zum Schnittpunkt der Seitenhalbierenden, weil es durch eine halbe Drehung um diesen Punkt invariant gehalten wird.

In Hoffmann (2022) wird diese Sichtweise auf den Symmetriebegriff als der *Invarianzaspekt* der Symmetrie bezeichnet.

Rekonstruktions- und Reduktionsaspekt: Der in ▶ Definition 7.3.2 beschriebene Begriff des *Fundamentalbereichs* begründet den Ansatz, Symmetrien einer Figur über die Möglichkeiten zu beschreiben, diese aus einer Teilmenge von sich selbst unter Verwendung der Symmetrien zu rekonstruieren. Eine Figur ist symmetrisch, wenn Sie aus mehreren „gleichen Teilen" zusammengesetzt ist, die durch die Abbildungen der Symmetriegruppe ineinander überführt werden können. Kandidaten für eine solche Teilmenge, die bezogen auf ihren Informationsgehalt minimal ist, beschreibt der Begriff *Fundamentalbereich*. Zu beachten ist, dass dieser selbst keine Informationen darüber enthält, *wie* die Rekonstruktion durchgeführt wird. Somit kann eine Menge ein Fundamentalbereich für verschiedene Figuren mit unterschiedlichen Symmetrien sein:

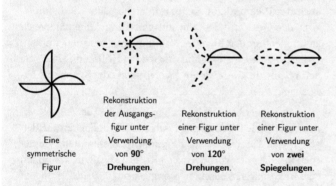

| Eine symmetrische Figur | Rekonstruktion der Ausgangsfigur unter Verwendung von **90°** **Drehungen**. | Rekonstruktion einer Figur unter Verwendung von **120°** **Drehungen**. | Rekonstruktion einer Figur unter Verwendung von **zwei** **Spiegelungen**. |

Die Symmetrien der Figuren werden festgelegt über die Isometrien, die notwendig sind, um die Figur zu rekonstruieren. Hat die Symmetriegruppe endlich viele Elemente, kann ein Konstruktionsverfahren angegeben werden: Die Elemente der Symmetriegruppe werden zunächst auf den Fundamentalbereich angewandt und die Vereinigung der Bilder mit dem Fundamentalbereich ergeben eine neue Figur, auf die dann erneut die Operationen angewandt werden. Dies geschieht so lange, bis ein erneutes Anwenden bei keiner der Operationen zu neuen Punkten führt.

Die folgende Abbildung zeigt die Rekonstruktion einer 90°-drehsymmetrischen Figur aus einem Fundamentalbereich. Jede weitere Anwendung der 90°-Drehung lässt die Figur invariant. Die Ausgangsfigur ist 90°-drehsymmetrisch, weil wir eine Teilmenge der Figur angeben können, aus der durch die Vereinigung der Bilder endlich vieler iterierte 90°-Drehungen genau die Figur erzeugt werden kann.

7

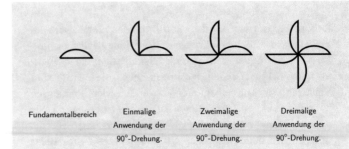

| Fundamentalbereich | Einmalige Anwendung der 90°-Drehung. | Zweimalige Anwendung der 90°-Drehung. | Dreimalige Anwendung der 90°-Drehung. |

Eingeschränkt auf die so konstruierte Figur, sind die zur Konstruktion verwendeten Isometrien, Selbstabbildungen der Figur. Sie beschreiben mindestens einen Teil der Symmetrien. Die Begründung von Symmetrien kann wie im vorangegangenen Beispiel geschehen.

Dreht man die beschriebene Sichtweise um, so stellt man fest, dass mit der Möglichkeit der Rekonstruktion umgekehrt auch das Potenzial zur Reduktion einhergeht. Die Komplexität der Gesamtfigur kann auf einen Fundamentalbereich zusammen mit den Symmetrieabbildungen reduziert werden. Diese Perspektive auf Symmetrie wird in Hoffmann (2022) als der *Rekonstruktions- und Reduktionsaspekt* der Symmetrie bezeichnet.

Hinter dem oben beschriebenen Verfahren zur *Rekonstruktion* verbirgt sich darüber hinaus auch die Möglichkeit zur zielgerichteten *Konstruktion* von Figuren mit bestimmten Symmetrien in folgender Weise: Aus einer Ausgangsfigur kann man eine Figur mit gewünschten Symmetrien *konstruieren*, indem man die zu den intendierten Symmetrien zugehörigen geometrischen Abbildungen mehrfach anwendet und die dabei entstehenden Bilder vereinigt.

Gruppenaspekt: Wir haben gezeigt (▶ Proposition 7.1.4), dass die Abbildungen, die die Symmetrie einer Figur beschreiben, zusammen mit der üblichen Verknüpfung eine Gruppe bilden. Unter Verwendung der Gruppenstruktur kann aus der Gültigkeit bestimmter Symmetrien auf die Gültigkeit weiterer Symmetrien geschlossen werden. Diese wichtige Eigenschaft des Symmetriebegriffs wird in Hoffmann (2022) als der *Gruppenaspekt* der Symmetrie bezeichnet. Dieser liefert eine Abhängigkeit unterschiedlicher Symmetrien voneinander und versieht die Symmetrien einer Figur mit einer algebraischen Struktur. Diese Struktur bildet das wesentliche Instrument bei der systematischen Untersuchung von Symmetrien und liefert Aussagen über sowohl die Notwendigkeit als auch die Unmöglichkeit bestimmter Konstellationen:

– Es muss jede $100°$-drehsymmetrische Figur auch $200°$-drehsymmetrisch sein. Andererseits kann eine $100°$-drehsymmetrische Figur gar nicht existieren, wenn sie nicht auch $40°$-drehsymmetrisch ist, da $4 \cdot 100° = 400° = 40°$ mod $360°$ ist.

– Jede Figur mit zwei Spiegelsymmetrien an sich schneidenden Geraden ist automatisch auch drehsymmetrisch. Die Umkehrung gilt allerdings nicht, wie zum Beispiel die rechte Figur in der vorigen Abbildung belegt.

Fragen dieser Art können auch Bestandteil des Mathematikunterrichts sein, auch wenn der Begriff *Gruppe* dort in aller Regel nicht explizit genannt wird. Darüber hinaus bildet die gruppentheoretische Sichtweise auf Symmetrie für den Fall endlicher Symmetriegruppen auch die Grundlage dafür, eine Teilmenge der Symmetriegruppe anzugeben, durch die alle anderen Symmetrien erzeugt werden.

Das Parallelenaxiom: Geometrie in der euklidischen Ebene

Vorwort zu Teil III: „Das Parallelenaxiom: Geometrie in der euklidischen Ebene"

Im dritten Teil dieses Buches bauen wir auf der Theorie der neutralen Ebenen aus Teil II auf und vollziehen den letzten Schritt hin zur Axiomatisierung der bekannten euklidischen Geometrie. Dazu setzen wir uns mit einem Begriff auseinander, den wir bisher bei der Behandlung der ebenen Geometrie ausgespart haben: *Parallelität*. Dass wir den Begriff in den vorangegangen Abschnitten noch nicht behandelt haben, liegt nicht daran, dass er in einer allgemeinen neutralen Ebene nicht definierbar wäre (wir werden genau dies in ▶ Kap. 8 tun), sondern daran, dass er in allgemeinen neutralen Ebenen nicht in dem Maße nützlich ist, wie man es vielleicht aus dem Mathematikunterricht gewöhnt ist. Denn in der Schulgeometrie wird oft ausgenutzt, dass es zu einem Punkt und einer Gerade *genau eine* Parallele durch diesen Punkt zu dieser Gerade gibt. Die Eindeutigkeit ist aber nicht aus den bisherigen Axiomen ableitbar. In der Tat gibt es mit der *Poincaré-Halbebene* (Beispiel 5.2.2) ein Modell für eine neutrale Ebene, in dem diese Aussage falsch ist (▶ Abschn. 8.3). Aus diesem Grund bedarf es zur Beschreibung der ebenen euklidischen Geometrie, wie sie aus der Schule bekannt ist, eines weiteren Axioms *(Parallelenaxiom 8.2.1)*, das die oben geschilderte Aussage über die eindeutige Existenz einer Parallelen postuliert. Damit wird dann die Geometrie bis auf eine natürliche Äquivalenz festgelegt.

In ▶ Kap. 9 nutzen wir das Parallelenaxiom um die aus der Schule bekannte Vektorraumstruktur „nachzubauen". Dann können wir beweisen, dass jede neutrale Ebene, die das Parallelenaxiom erfüllt (wir bezeichnen diese als *euklidische Ebene*, Definition 8.2.2), im Wesentlichen (heißt:

bis auf die erwähnte natürliche Äquivalenz) der euklidische Raum ist. Damit können wir auch den Bogen zurück zu Teil I dieses Buches schlagen. Wir schließen den Hauptteil dieses Buches mit zwei Vertiefungen zu euklidischen Ebenen (▶ Kap. 10) ab. Dabei werden wir zum einem auf der Basis unseres axiomatischen Zugangs einige schulrelevante Sätze der ebenen euklidischen Geometrie beweisen und zum anderen drei alternative Formulierungen des Parallelenaxioms diskutieren.

Inhaltsverzeichnis

Parallelität in der neutralen Ebene

Inhaltsverzeichnis

© Der/die Autor(en), exklusiv lizenziert an Springer-Verlag GmbH, DE, ein Teil
von Springer Nature 2024
M. Hoffmann et al., *Ebene euklidische Geometrie*,
https://doi.org/10.1007/978-3-662-67357-7_8

Wir haben bis zu diesem Punkt im Buch den Begriff *Parallelität* bewusst ausgeklammert. In ▶ Abschn. 8.1 liefern wir diese Definition und erklären, warum wir in einer allgemeinen neutralen Ebene nicht sehr viel weitere Theorie auf Grundlage dieser Definition aufbauen können. Anschließend greifen wir in ▶ Abschn. 8.3 das Modell der Poincaré-Halbebene wieder auf (▶ Beispiel 5.2.2) welches eine neutrale Ebene darstellt, die sich bezogen auf Parallelitätsaussagen komplett anders verhält, als die euklidische Geometrie. In ▶ Kap. 9 werden wir dann als Konsequenz der in Kap. 8 präsentierten Überlegungen, das *Parallelenaxiom* zu unserem theoretischen Aufbau hinzufügen.

8.1 Parallelität in neutralen Ebenen

Definition 8.1.1 (Parallelität)

Sei (X, d) ein metrischer Raum. Wir bezeichnen zwei Geraden $g, h \subset X$ als **parallel** (kurz: $g \parallel h$), wenn $g \cap h = \emptyset$ oder $g = h$ gilt.

In der folgenden Proposition zeigen wir, dass es in einer neutralen Ebene zu jedem Geraden-Punkt-Paar eine Parallele zu der Geraden durch den Punkt gibt. Wir machen keine Aussage über die Eindeutigkeit dieser Parallelen und werden in ▶ Abschn. 8.3 ein Beispiel vorführen, für das die Eindeutigkeit auch nicht gegeben ist.

Proposition 8.1.2 (Automatische Existenz einer Parallelen durch einen Punkt)
In einer neutralen Ebene (X, d) gibt es für jede Gerade $g \subset X$ und jeden Punkt $P \in X$ *mindestens* eine zu g parallele Gerade h, die P enthält.

Beweis Für $P \in g$ wählen wir $h = g$ und haben die Aussage gezeigt. Sei also $P \notin g$. Wegen ▶ Proposition 5.4.15 existieren eindeutige Geraden $k, h \subset X$ mit folgenden Eigenschaften: k ist die zu g orthogonale Gerade durch P und h die zu k orthogonale Gerade durch P (vgl. ◪ Abb. 8.1). Dann können die zu k senkrechten Geraden g und h nach ▶ Korollar 5.7.4 keinen gemeinsamen Punkt haben. □

Wie schon die *Orthogonalität* (▶ Proposition 5.3.11), bleibt auch die *Parallelität* unter Isometrien erhalten.

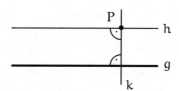

◘ Abb. 8.1　Konstruktion einer parallelen Geraden durch einen Punkt in einer neutralen Ebene

Proposition 8.1.3 (Parallelität unter Isometrien)

Seien (X, d) eine neutrale Ebene und $g, h \subset X$ Geraden mit $g \parallel h$. Ist $\varphi : X \to X$ eine Isometrie, so gilt $\varphi(g) \parallel \varphi(h)$.

Beweis Der Fall $g = h$ ist evident, sei also $g \neq h$. Angenommen, es gibt ein $S \in \varphi(g) \cap \varphi(h)$. Da φ als Isometrie bijektiv ist, sind $\varphi^{-1}(S) \in g$ und $\varphi^{-1}(S) \in h$. Das heißt, g und h schneiden sich im Punkt $\varphi^{-1}(S)$, was ein Widerspruch zur Voraussetzung ist.　　□

Hands On …
…und probieren Sie den Beweis zunächst selbst!

Auch durch Anwendung der Punktspiegelung kann immer eine parallele Gerade erzeugt werden.

Proposition 8.1.4 (Parallele durch Punktspiegelung I)

Seien (X, d) eine neutrale Ebene, $Z \in X$ ein Punkt und $\rho_Z : X \to X$ die Punktspiegelung an Z. Dann ist für jede Gerade $g \subset X$ die Bildgerade $\rho_Z(g)$ parallel zu g.

Beweis Wegen ▸ Lemma 4.3.5 ist $\rho_Z(g)$ stets eine Gerade. Für $Z \in g$ ist nach ▸ Definition 5.4.2 der Punktspiegelung $g = \rho_Z(g)$ und wir sind fertig. Sei also $Z \notin g$. Angenommen g und $\rho_Z(g)$ wären nicht parallel. Dann gibt es einen Punkt S in $g \cap \rho_Z(g)$ mit $S \neq Z$. Dann ist auch $\rho_Z(S) \in \rho_Z(g) \cap \rho_Z(\rho_Z(g)) = g \cap \rho_Z(g)$. Da nach ▸ Satz 5.4.7 dann Z der Mittelpunkt von S und $\rho_Z(S)$ ist, müssen S und $\rho_Z(S)$ verschiedene Punkte sein. Dann stimmen aber g und $\rho_Z(g)$ in zwei verschiedenen Punkten überein und müssen nach dem Inzidenzaxiom ▸ Axiom 5.1.1 identisch sein, was wegen $Z \notin g$ nicht sein kann. Widerspruch.　　□

Hands On …
…und probieren Sie den Beweis zunächst selbst!

Korollar 8.1.5 (Parallele durch Punktspiegelung II)

Seien (X, d) eine neutrale Ebene, $g \subset X$ eine Gerade und $P \in X$ ein Punkt. Sei ferner $Q \in g$ ein beliebiger Punkt auf g und M der Mittelpunkt von P und Q. Dann ist $\rho_M(g)$ eine Parallele zu g durch P, wobei ρ_M die Punktspiegelung an M ist.

Hands On …
…und probieren Sie den Beweis zunächst selbst!

Beweis Wegen ▸ Proposition 8.1.4 ist $\rho_M(g)$ parallel zu g und nach ▸ Satz 5.4.7 ist $P \in \rho_M(g)$.　　□

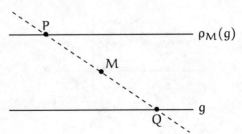

◘ **Abb. 8.2**   Skizze zu ▶ Korollar 8.1.5. M ist der Mittelpunkt von P und Q

8

Bemerkung 8.1.6

Wählt man in der Situation von ▶ Korollar 8.1.5 den Punkt Q als die orthogonale Projektion von P auf g, ist nach ▶ Proposition 5.3.11 die so konstruierte parallele Gerade genau die Gerade, die man auch mit der Konstruktion aus ▶ Proposition 8.1.2 erhält (Abb. 8.2).

8.2 Das Parallelenaxiom

Wir sind bereits in ▶ Abschn. 5.2 darauf eingegangen, dass es im Wesentlichen zwei Arten von Modellen für neutrale Ebenen gibt, die sich dadurch unterscheiden, ob es jedem Punkt zu jeder Geraden nicht nur mindestens eine (wie es ▶ Proposition 8.1.2 garantiert), sondern genau eine Parallele gibt. Diese Eigenschaft bezeichnen wir als *Parallelenaxiom:*

Axiom 8.2.1 (Parallelenaxiom)

Sei (X, d) ein metrischer Raum. Wir sagen, dass X das **Parallelenaxiom** erfüllt, wenn es zu jeder metrischen Geraden (▶ Definition 4.2.4) $g \subset X$ und jedem Punkt $P \in X$ genau eine metrische Gerade $h \subset X$ mit $P \in h$ und $g \parallel h$ gibt.

In der Geschichte der Geometrie wurde das Parallelenaxiom in unterschiedlicher Weise formuliert bzw. stattdessen äquivalente Aussagen verwendet. In ▶ Abschn. 10.2 geben wir dazu einen Überblick. Im Vorgriff auf unser Hauptresultat (▶ Satz 9.4.1) nennen wir neutrale Ebenen, die das Parallelenaxiom erfüllen, *euklidisch* und solche, die es explizit nicht erfüllen, *hyperbolisch:*

┌─ **Definition 8.2.2 (Euklidische Ebene)** ─────────────

│ Wir nennen eine neutrale Ebene (▶ Definition 5.1.9) eine **euklidische Ebene,** wenn sie das Parallelenaxiom erfüllt.

Beispiel 8.2.3 (Der euklidische Raum $\mathbb{R}^2$ als euklidische Ebene)
Der euklidische Raum $(\mathbb{R}^2, d_2)$ ist eine euklidische Ebene (siehe
Satz B.4.1 im Anhang B).   □

Definition 8.2.4 (Hyperbolische Ebene)

Wir nennen eine neutrale Ebene (▶ Definition 5.1.9) eine **hyperbolische Ebene,** wenn sie das Parallelenaxiom nicht erfüllt.

Auf euklidische Ebenen werden wir im Detail im nächsten Kapitel (▶ Kap. 9) eingehen. Den Rest dieses Kapitels nutzen wir dafür, kurz auf die Poincaré-Halbebene (als Modell für eine hyperbolische Ebene) einzugehen.

8.3 Die Poincaré-Halbebene als hyperbolische Ebene

Wir greifen in diesem Abschnitt noch einmal ▶ Beispiel 5.2.2 auf. Dort haben wir die *Poincaré-Halbebene* als Modell für eine neutrale Ebene beschrieben. Diese erfüllt das Parallelenaxiom nicht (◘ Abb. 8.3) und ist somit entsprechend ▶ Definition 8.2.4 ein Modell für eine hyperbolische Ebene.

Wir haben in diesem Buch an verschiedenen Stellen interessante Phänomene der hyperbolischen Geometrie – nämlich solche, die mit unser euklidisch geprägten Intuition brechen – in exemplarischen Abbildungen thematisiert. Die folgende

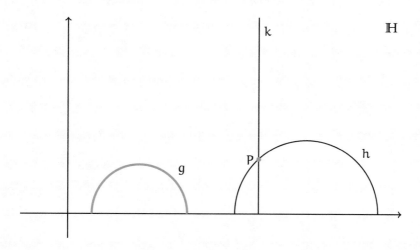

◘ **Abb. 8.3**   Das Parallelenaxiom ▶ 8.2.1 ist in der Poincaré-Halbebene $\mathbb{H}$ nicht erfüllt: Durch den Punkt P gibt es mindestens zwei zu g parallele Geraden h und k

Auflistung gibt einen Überblick:

1. In der Poincaré-Halbebene $\mathbb{H}$ gibt es Dreiecke, bei denen sich die drei Mittelsenkrechten nicht schneiden: ◘ Abb. 6.4

2. In der Poincaré-Halbebene $\mathbb{H}$ können vier Geraden drei rechte Winkel einschließen, ohne dass daraus ein Rechteck wird: ◘ Abb. 9.2

3. In der Poincaré-Halbebene $\mathbb{H}$ gibt es (im Gegensatz zur euklidischen Ebene, ▶ Korollar 9.1.9) Lambert- und Saccheri-Vierecke, die keine Rechtecke sind: ◘ Abb. 6.34

4. In der Poincaré-Halbebene $\mathbb{H}$ gibt es (im Gegensatz zur euklidischen Ebene) parallele Geraden, die keine gemeinsame Orthogonale haben: ◘ Abb. 6.41

8

Euklidische Ebenen

Inhaltsverzeichnis

M. Hoffmann et al., *Ebene euklidische Geometrie*, https://doi.org/10.1007/978-3-662-67357-7_9

Wir haben im vorigen Kapitel das Konzept der Parallelität eingeführt (▶ Definition 8.1.1) und das Parallelaxiom ▶ Axiom 8.2.1 formuliert, um damit die sogenannten euklidischen Ebenen (▶ Definition 8.2.2) von den hyperbolischen Ebenen (▶ Definition 8.2.4) zu unterscheiden. Wir haben in ▶ Abschn. 8.3 bereits einige Schlaglichter auf die Geometrie der Poincaré-Halbebene (als Beispiel für eine hyperbolische Ebene, siehe auch ▶ Beispiel 5.2.2) geworfen. Die beiden abschließenden Kapitel sind der Untersuchung von euklidischen Ebenen gewidmet.

Wir konzentrieren uns in diesem Kapitel im Wesentlichen auf zwei Fragestellungen:

1. Wie kann unser Axiomensystem erweitert werden, damit wir den in der Oberstufe üblichen vektoriellen Zugang zur euklidischen Geometrie beschreiben können?

2. Wenn wir, bezogen auf Frage 1, unser Axiomensystem erweitert haben, ist dann die uns bekannte euklidische Geometrie die einzige passende Geometrie?

9

Zur Beantwortung dieser Fragen werden wir in den folgenden Schritten vorgehen: Zunächst beweisen wir einige vorbereitende Aussagen zu Parallelogrammen und Rechtecken in euklidischen Ebenen, die der Gültigkeit des Parallelenaxioms bedürfen (▶ Abschn. 9.1). Im Anschluss werden wir auf dieser Grundlage – mit dem Vektorbegriff der Oberstufe im Hinterkopf – sogenannte *Parallelverschiebungen* einführen und zeigen, dass diese genau den Translationen aus ▶ Abschn. 5.7 entsprechen[1], aber im Kontext euklidischer Ebenen zusätzliche nützliche Eigenschaften haben, die in allgemeinen neutralen Ebenen nicht gültig sind (▶ Abschn. 9.2). Weiter zeigen wir, wie die Parallelverschiebungen mit den Punkten einer euklidischen Ebene identifiziert werden können, und versehen dann die Menge der Parallelverschiebungen mit einer elementargeometrisch fundierten Vektorraumstruktur (▶ Abschn. 9.3). Damit können wir die oben formulierte 1. Fragestellung beantworten. Auf dieser Basis beweisen wir im ▶ Abschn. 9.4, dass alle euklidischen Ebenen isometrisch isomorph zum euklidi-

---

1 *Didaktischer Hinweis:* Wir haben uns in diesem Buch dafür entschieden, die Parallelverschiebungen in einer sehr natürlichen und geometrischen Weise einzuführen, bei der von vorne herein die Relevanz des Parallelenaxioms für die durchgeführten Konstruktionen deutlich wird. Später wird dann gezeigt (▶ Satz 9.2.10), dass die so definierten Isometrien genau die bereits aus der neutralen Ebene bekannten Translationen sind (▶ Abschn. 5.7). Falls nötig (z. B. aus zeitlichen Gründen), kann ▶ Abschn. 9.2 ausgelassen und Parallelverschiebungen direkt als Translationen definiert werden. Es bedarf dann Umformulierungen von ▶ Definition 9.2.5 und der ▶ Propositionen 9.2.4 und 9.2.7. Die neuen Beweise der beiden Propositionen sind aber nicht kompliziert.

schen Raum $(\mathbb{R}^2, d_2)$ sind und beantworten damit auch Fragestellung 2.

9.1 Parallelogramme und Rechtecke in euklidischen Ebenen

Wir halten zunächst fest, dass in euklidischen Ebenen Parallelität eine Äquivalenzrelation darstellt. In allgemeinen neutralen Ebenen ist dies nicht der Fall, da ohne das Parallelenaxiom die Transitivität nicht gefolgert werden kann (siehe auch das Beispiel in ◘ Abb. 8.3).

Lemma 9.1.1 (Parallelität als Äquivalenzrelation)
Die Parallelität in einer euklidischen Ebene $(\mathbb{E}, d)$ ist eine Äquivalenzrelation auf der Menge aller Geraden in $\mathbb{E}$.

Beweis Reflexivität und Symmetrie sind evident. Für den Beweis der Transitivität ist nur der Fall nicht klar, in dem drei Geraden $g, h, k \in E$ paarweise verschieden sind und $g \cap h = \emptyset$ sowie $h \cap k = \emptyset$ gilt. Gäbe es $P \in g \cap k$, dann wären g und k zwei unterschiedliche Parallelen zu h durch P, was durch das Parallelenaxiom ausgeschlossen ist. Also gilt $g \cap k = \emptyset$ und damit $g \parallel k$. Damit ist auch die Transitivität gezeigt. $\square$

Im Rahmen von ► Abschn. 6.3 haben wir bereits zwei besondere Typen von Vierecken in allgemeinen neutralen Ebenen definiert. Wir ergänzen diese Definitionen im Kontext von euklidischen Ebenen um zwei weitere besondere Typen von Vierecken, die schon aus dem Mathematikunterricht bekannt sind: *Parallelogramme* (► Definition 9.1.2) und *Rechtecke* (► Definition 9.1.5).

Definition 9.1.2 (Parallelogramm)

Sei □ABCD ein Viereck (► Definition 6.3.3) in einer euklidischen Ebene $(\mathbb{E}, d)$. Wir bezeichnen mit g_1 und g_2 die Geraden durch A und D bzw. durch B und C und mit h_1 und h_2 die Geraden durch A und B bzw. durch C und D. Dann wir nennen das Viereck □ABCD ein **Parallelogramm**, wenn $g_1 \parallel g_2$ und $h_1 \parallel h_2$ gilt.

Proposition 9.1.3 (Ergänzung von drei Punkten zum Parallelogramm)
Seien $(\mathbb{E}, d)$ eine euklidische Ebene und $A, B, D \in \mathbb{E}$ drei verschiedene Punkte, die nicht auf einer gemeinsamen Geraden liegen. Dann schneiden sich die zur Geraden durch A und B

parallele Gerade durch D und die zur Geraden durch A und D parallele Gerade durch B in genau einem Punkt C. Insbesondere ist □ABCD ein Parallelogramm und es gibt keinen weiteren Punkt C′, sodass □ABC′D ein Parallelogramm ist.

Beweis Gäbe es so einen Schnittpunkt C nicht, wären die beiden Geraden parallel. Mit der Transitivität der Parallelität (▶ Lemma 9.1.1) wären dann auch die Gerade durch A und D parallel zur Geraden durch A und B, was nicht sein kann. Also gibt es so ein C. Dass es sich dann um ein Parallelogramm handelt, folgt aus der Konstruktion.

Gäbe es einen weiteren Punkt C′, sodass □ABC′D ein Parallelogramm ist, müsste dieser Punkt nach der Definition des Parallelogramms (▶ Definition 9.1.2) und dem Parallelenaxiom ▶ 8.2.1 sowohl auf der Geraden durch C und D als auch auf der Geraden durch B und C liegen. Dann wären diese beiden Geraden nach dem Inzidenzaxiom ▶ Axiom 5.1.1 identisch. Widerspruch.   □

9

Hands On ...
...und probieren Sie den Beweis zunächst selbst!

Proposition 9.1.4 (Seitenlängen im Parallelogramm)
In einem Parallelogramm □ABCD in einer euklidischen Ebene $(\mathbb{E}, d)$ gelten $d(A, D) = d(B, C)$ und $d(A, B) = d(D, C)$.

Beweis Sei M der Mittelpunkt von A und C und ρ_M die Punktspiegelung an M (siehe ◨ Abb. 9.1). Dann gilt nach ▶ Satz 5.4.7 sofort $\rho_M(A) = C$. Nach ▶ Korollar 8.1.5 wird die Gerade durch A und B auf eine parallele Gerade abgebildet. Wegen $\rho_M(A) = C$ und dem Parallelenaxiom muss diese bereits die Gerade durch D und C sein. Analog liegt $\rho_M(B)$ auch auf der Geraden durch A und D. Wegen des Inzidenzaxioms (die beiden verschiedenen Geraden durch D können maximal einen Schnittpunkt haben) folgt sofort $\rho_M(B) = D$.

Da ρ_M als Punktspiegelung eine Isometrie ist, folgt die Aussage aus

$$d(A, B) = d(\rho_M(A), \rho_M(B)) = d(C, D),$$
$$d(B, C) = d(\rho_M(B), \rho_M(C)) = d(D, A).$$

□

Definition 9.1.5 (Rechteck)

Sei □ABCD ein Viereck (▶ Definition 6.3.3) in einer euklidischen Ebene $(\mathbb{E}, d)$, das rechte Winkel in allen vier Ecken hat. Dann bezeichnen wir es als **Rechteck**.

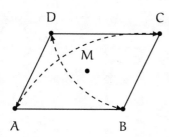

◘ **Abb. 9.1** Beweisskizze zu ▶ Proposition 9.1.4

Korollar 9.1.6 (Rechteck als Parallelogramm)

In einer euklidischen Ebene $(\mathbb{E}, d)$ ist jedes Rechteck (▶ Definition 9.1.5) ein Parallelogramm (▶ Definition 9.1.2).

Hands On ...
...und probieren Sie den Beweis zunächst selbst!

Beweis Die Aussage folgt sofort, weil nach Definition des Rechtecks gegenüberliegende Seiten parallel sind (siehe die Konstruktion im Beweis von ▶ Proposition 8.1.2). ☐

Korollar 9.1.7 (Rechteck als Lambert- und Saccheri-Viereck)

In einer euklidischen Ebene $(\mathbb{E}, d)$ ist jedes Rechteck (▶ Definition 9.1.5) sowohl ein Lambert-Viereck (▶ Definition 6.3.5) als auch ein Saccheri-Viereck (▶ Definition 6.3.7).

Hands On ...
...und probieren Sie den Beweis zunächst selbst!

Beweis Dass jedes Rechteck ein Lambert-Viereck ist, folgt sofort aus der Definition. Dass darüber hinaus auch die Eigenschaften eines Saccheri-Vierecks erfüllt sind, folgt aus der Definition in Verbindung mit ▶ Korollar 9.1.6 und ▶ Korollar 9.1.4. ☐

Dass vier Geraden, die sich in drei rechten Winkeln schneiden, stets ein Viereck und sogar ein Rechteck bilden wirkt plausibel ist aber in der neutralen Ebene im Allgemeinen falsch (◘ Abb. 9.2). Dass diese Aussage aber in der euklidischen Ebene zutrifft, ist Inhalt des folgenden Satzes.

Satz 9.1.8 (Rechtecke)

Sei $(\mathbb{E}, d)$ eine euklidische Ebene und seien $g_1, g_2, h_1, h_2 \subset \mathbb{E}$ paarweise verschiedene Geraden mit folgenden Eigenschaften:

- $g_1 \perp h_1$ mit Schnittpunkt $A \in \mathbb{E}$,

- $g_2 \perp h_1$ mit Schnittpunkt $D \in \mathbb{E}$,

- $g_1 \perp h_2$ mit Schnittpunkt $B \in \mathbb{E}$.

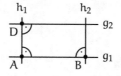

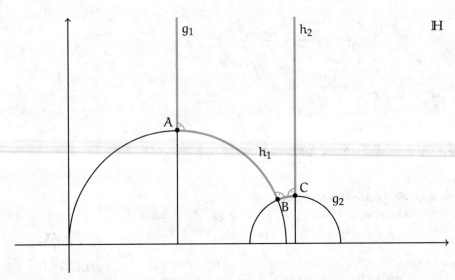

◘ Abb. 9.2 Es gelten $g_1 \perp h_1$, $h_1 \perp g_2$ und $g_2 \perp h_2$, aber g_1 und h_2 haben keinen gemeinsamen Punkt. Vier Geraden mit dieser Eigenschaft bilden also (im Gegensatz zur euklidischen Ebene, ▶ Satz 9.1.8) in der Poincaré-Halbebene (▶ Beispiel 5.2.2) trotz dreier rechter Winkel kein Rechteck

9

Dann schneiden sich h_2 und g_2 in einem Punkt $C \in \mathbb{E}$ und es gilt $h_2 \perp g_2$.

Beweis Nach der Konstruktion im Beweis von ▶ Proposition 8.1.2 sind g_1 und g_2 bzw. h_1 und h_2 parallel.

Nach ▶ Proposition 9.1.3 schneiden sich h_2 und g_2 in einem Punkt, den wir C nennen. Wegen $h_2 \perp g_1$ gilt $C^{g_1} = B$ und wegen $g_2 \perp h_1$ gilt $C^{h_1} = D$.

Sei $k \subset \mathbb{E}$ die eindeutige zu h_2 orthogonale Gerade durch C (existiert nach ▶ Proposition 5.4.15). Wieder nach der Konstruktion im Beweis von ▶ Proposition 8.1.2 ist diese parallel zu g_1. Da das Parallelenaxiom gilt und g_2 ebenfalls parallel zu g_1 ist und C beeinhaltet, folgt $k = g_2$. Nach Konstruktion ist dann $g_2 \perp h_2$, wie gewünscht. $\square$

Damit ist insbesondere klar, dass es in einer euklidischen Ebene kein *Lambert-* oder *Saccheri-Viereck* geben kann, das nicht bereits ein Rechteck ist.

Korollar 9.1.9 (Lambert- und Saccheri-Viereck als Rechteck)

In einer euklidischen Ebene $(\mathbb{E}, d)$ ist sowohl jedes Lambert-Viereck (▶ Definition 6.3.5) als auch jedes Saccheri-Viereck (▶ Definition 6.3.7) ein Rechteck.

Hands On …
…und probieren Sie den Beweis zunächst selbst!

Beweis Sei □ABCD ein Lambert-Viereck mit rechten Winkeln in A, B und D. Dann gibt es nach ▶ Satz 9.1.8 auch einen rechten Winkel bei C. Also handelt es sich nach ▶ Definition 9.1.5 um ein Rechteck.

Sei nun □ABCD ein Saccheri-Viereck mit rechten Winkeln in A und B. Dann kann man das Viereck wie im Beweis von ▶ Proposition 6.3.8 (insb. ◪ Abb. 6.36) in zwei Lambert-Vierecke unterteilen. Mit dem ersten Teil dieses Beweises erhält man dann, dass es bei C und D rechte Winkel geben muss und es sich damit auch in diesem Fall um ein Rechteck handelt. □

9.2 Parallelverschiebungen

Wir erklären nun in konstruktiver Weise, wieso euklidische Ebenen im Wesentlichen genau die Geometrie liefern, die auch in der Oberstufe im Schulunterricht behandelt wird. Dazu „bauen" wir die Oberstufengeometrie in unserem axiomatischen Ansatz nach. Genauer gesagt: Wir zeigen, dass wir eine euklidische Ebene mit einer Vektorraumstruktur versehen können, die bis auf Isomorphie dem euklidischen Raum $\mathbb{R}^2$ entspricht.

1. Wir geben ein Analogon zu den in der Schule verwendeten Vektoren (Pfeilklassen) an (▶ Abschn. 9.2).
2. Wir versehen die Objekte aus 1. mit einer passenden Addition und einem Längenbegriff (▶ Abschn. 9.3).
3. Wir versehen die Objekte mit einer geometrisch motivierten $\mathbb{R}$-Skalarmultiplikation (▶ Abschn. 9.3).
4. Abschließend definieren wir ein geeignetes Skalarprodukt und zeigen, dass das entstandene Modell isometrisch isomorph zu $(\mathbb{R}^2, \langle \cdot, \cdot \rangle)$ ist (▶ Abschn. 9.4).

Die Vektoren aus dem Mathematikunterricht der Oberstufe (2- bzw 3-Tupel) können in verschiedener Weise geometrisch interpretiert werden. Eine Möglichkeit ist, sie als Abbildungen, sogenannte *Parallelverschiebungen,* aufzufassen. Anschaulich verbirgt sich hinter diesem Begriff die Idee, dass wenn eine Parallelverschiebung A auf B abbildet, dieselbe Parallelverschiebungen jeden weiteren Punkt P auf der (eindeutigen!) zur Geraden durch A und B parallelen Gerade durch P in um eine durch A und B vorgegebene Orientierung und Länge verschiebt. Liegt der Punkt P nicht auf der Geraden durch A und B kann

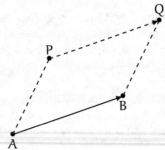

◘ Abb. 9.3   Um die Parallelverschiebung, die A auf B abbildet, auf einen Punkt P anzuwenden, der nicht auf der Geraden durch A und B liegt, wird der nach ▶ Proposition 9.1.3 eindeutige Punkt Q konstruiert, der die Konfiguration zu einem Parallelogramm □ABQP ergänzt

diese Idee einfach durch die Konstruktion eines Parallelogramms umgesetzt werden (◘ Abb. 9.3).

Für eine vollständige Definition einer Parallelverschiebung auf ganz $\mathbb{E}$ reicht diese Konstruktion allerdings nicht aus, da sie nicht funktioniert, falls P auf der Geraden durch A und B liegt. In diesem Fall nutzen wir eine Hilfskonstruktion über einen Punkt C (◘ Abb. 9.4).

Um basierend auf den Konstruktionsprinzipien aus den beiden Abbildungen eine formale Definition für Parallelverschiebungen zu formulieren, müssen wir zunächst zeigen, dass in der Situation aus ◘ Abb. 9.4 die Position des Punktes Q nicht von der Wahl des Hilfspunktes C abhängt:

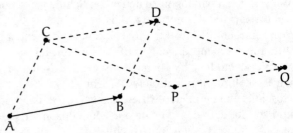

◘ Abb. 9.4   Um die Parallelverschiebung, die A auf B abbildet, auf einen Punkt P anzuwenden, der auf der Geraden durch A und B liegt, wenden wir die Konstruktion aus Abb. 9.3 zweimal hintereinander an

Proposition 9.2.1

Seien $(\mathbb{E}, d)$ eine euklidische Ebene und $A, B, P \in \mathbb{E}$ Punkte auf einer Geraden $g \subset \mathbb{E}$. Sei nun $C \in \mathbb{E} \setminus g$. Nach ▶ Proposition 9.1.3 gibt es genau einen Punkt D, sodass □ABDC ein Parallelogramm ist und genau einen Punkt Q, sodass □CDQP ein Parallelogramm ist (siehe auch ▣ Abb. 9.4). Dann hängt die Position von Q nicht von der Wahl von C ab.

Beweis Für $P = A$ ist nichts zu zeigen, denn dann gilt sofort $Q = B$. Sei also im folgenden $P \neq A$. Wir stellen zunächst fest, dass nach Konstruktion Q für jede Wahl von C auf der nach dem Parallelenaxiom ▶ Axiom 8.2.1 eindeutigen Gerade durch P liegt, die parallel zur Geraden durch C und D ist. Ebenfalls nach Konstruktion ist die Gerade durch C und D parallel zu g und mit der Transitivität der Parallelität (▶ Lemma 9.1.1) folgt, dass Q ebenfalls auf g liegt.

Wir definieren g_+ als den Strahl auf g mit Ursprung P auf dem A liegt und g_- als den anderen Strahl mit Ursprung P. Wegen ▶ Proposition 9.1.4 gilt $d(A, B) = d(P, Q)$. Also ist nach ▶ Lemma 4.2.10 die Position von Q genau dann eindeutig bestimmt, wenn die Frage auf welchen der beiden Strahlen Q liegt, nicht von der Wahl von C sondern nur von der Position von P auf g abhängt.

Wir unterscheiden zwei Fälle für die Lage von P im Verhältnis zu A und B.

Fall 1: A liegt auf g zwischen P und B (▣ *Abbildung* 9.5): Seien h die Gerade durch P und C, k die Gerade durch A und C und g' die Gerade durch C und D.

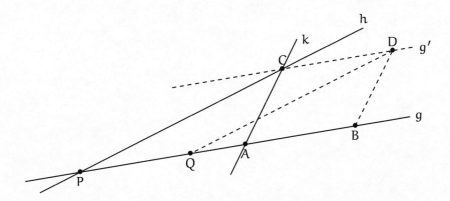

▣ **Abb. 9.5** Skizze zu Fall 1 (A liegt zwischen P und B) im Beweis von ▶ Proposition 9.2.1.

Da die Gerade durch B und D parallel zu k ist, liegen B und D auf der selben Seite von k, die wir als k^+ bezeichnen. Nach Voraussetzung liegt P dann in der anderen Seite k^-. Außerdem liegen nach Voraussetzung A und B auf der selben Seite von h, die wir als h^+ bezeichnen.

Die Gerade g' schneidet sowohl k als auch h in C und läuft damit durch genau zwei der durch k und h festgelegten Seitenschnitte. Wäre $g' \setminus \{C\} \subset (h^+ \cap k^-) \cup (h^- \cap k^+)$, gäbe es einen Punkt auf g', der auf der selben Seite von h liegt wie A und auf der selben Seite von k wie P. Nach ▸ Satz 6.1.2 schneidet g' dann g. Dies steht aber im Widerspruch zu $g \parallel g'$.

Also liegen die Punkte von $g' \setminus \{C\}$ in $h^+ \cap g^+$ oder in $h^- \cap g^-$. Da $D \in g$ in k^+ liegt, muss D auch in h^+ liegen. Da □PQDC ein Parallelogramm ist, liegt dann auch Q in h^+.

Insgesamt folgt, dass unabhängig von der Wahl von C gilt: $Q \in g_+$.

Fall 2: A liegt nicht zwischen P *und* B *(❏ Abb. 9.6):* Wir verfolgen eine ähnliche Strategie wie in Fall 1. Seien jetzt k^+ die Seite von k, auf der B und P liegen, und h^+ die Seite von h, auf der A nicht liegt.

Mit dem selben Argument wie in Fall 1 liegt dann $g' \setminus \{C\}$ wieder in $h^+ \cap g^+$ oder in $h^- \cap g^-$. Wegen $B \in k^+$ folgt $D \in k^+$ und wegen $D \in g'$ dann $D \in h^+$. Da □PQDC ein Parallelogramm ist, liegt dann auch Q in h^+. Wegen $A \in h^-$ folgt $Q \in g_-$, unabhängig von der Wahl von C. □

Damit können wir nun folgende Definition für Parallelverschiebungen angeben:

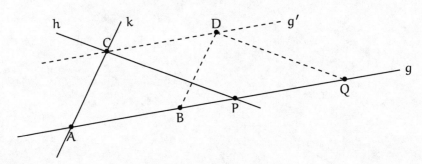

❏ **Abb. 9.6** Skizze zu Fall 2 (A liegt *nicht* zwischen P und B) im Beweis von ▸ Proposition 9.2.1

Definition 9.2.2 (Parallelverschiebung)

Seien A und B Punkte in einer euklidischen Ebene $(\mathbb{E}, d)$. Dann definieren wir die **Parallelverschiebung** $\tau_{AB} : \mathbb{E} \to \mathbb{E}$ wie folgt: Für $A = B$ setzten wir $\tau_{AB} = \mathrm{id}_{\mathbb{E}}$. Andernfalls sei g die Gerade durch A und B.

(1) Sei $P \in \mathbb{E} \setminus \{g\}$. Dann gibt es nach ▶ Proposition 9.1.3 genau einen Punkt Q, sodass $\square ABQP$ ein Parallelogramm ist. Wir definieren $\tau_{AB}(P) = Q$.

(2) Sei $P \in g$. Dann wählen wir $C \in \mathbb{E} \setminus g$ und definieren mit (1) $\tau_{AB}(P)$ durch

$$\tau_{AB}(P) = \tau_{C\tau_{AB}(C)}(P).$$

Nach ▶ Proposition 9.2.1 ist die Konstruktion unabhängig von der Wahl von C.

Wir bezeichnen die Menge der Parallelverschiebungen mit

$$V(\mathbb{E}) := \{\tau : \mathbb{E} \to \mathbb{E} \mid \tau \text{ ist Parallelverschiebung}\}.$$

Bemerkung 9.2.3 (Alternative Definition von Parallelverschiebungen)

Wir haben uns in ▶ Definition 9.2.2 für eine sehr geometrische Einführung von Parallelverschiebungen entschieden; die entsprechenden Konstruktionen könnten sogar rein zeichnerisch durchgeführt werden. Die Theorie der euklidischen Ebenen und insbesondere der auf der Idee der isometrischen Parametrisierung basierende Geradenbegriff (▶ Definition 4.2.4) erlaubt auch einen äquivalenten, deutlich algebraischeren Zugang, den wir hier kurz skizzieren möchten: Seien dazu $A, B \in \mathbb{E}$ verschiedene Punkte und g die Gerade durch A und B. Dann definieren wir die Parallelverschiebungen τ_{AB} wie folgt. Sei $\gamma : \mathbb{R} \to X$ die Parametrisierung von g mit $\gamma(0) = A$ und $\gamma(c) = B$ mit $c := d(A, B)$. Diese existiert nach ▶ Lemma 4.2.11.

1. Sei $P \in g$. Dann definieren wir $\tau_{AB}(P) := \gamma(p + c)$ wobei $\gamma(p) = P$ ist.

2. Seien $P \notin g$ und k die Parallele zu k durch P. Wir wählen eine Parametrisierung $\tilde{\gamma}$ von k mit $\tilde{\gamma}(0) = P$ die zu γ „gleichgerichtet" ist. Damit meinen wir, dass $d(\gamma(s), \tilde{\gamma}(s))$ für $s \to \pm\infty$ beschränkt ist. Diese Formalisierung ist sinnvoll, weil es zum einen nach ▶ Lemma 4.2.11 genau zwei Parametrisierungen mit $\tilde{\gamma}(0) = P$ gibt und zum anderen in der euklidischen Ebene der Abstand zwischen parallelen Geraden konstant ist (siehe ▶ Satz 10.2.2). Dann definieren wir $\tau_{AB}(P) := \tilde{\gamma}(c)$.

Das diese Definition äquivalent zu ▶ Definition 9.2.2 ist, überlassen wir dem Leser als Übung. □

Genau wie in der analytischen Geometrie in der Schule Vektoren einen Betrag haben[2], ordnen wir jeder Parallelverschiebungen eine Länge zu.

Proposition 9.2.4
Sei $(\mathbb{E}, d)$ eine euklidische Ebene. Dann hängt die für $P \in \mathbb{E}$ durch

$$| \cdot | : V(\mathbb{E}) \to \mathbb{R}^+, \quad \tau \mapsto d(P, \tau(P))$$

definierte Abbildung nicht von der Wahl von P ab.

Beweis $A, B \in \mathbb{E}$ die (verschiedenen) Punkte, die $\tau(= \tau_{AB})$ entsprechend ▶ Definition 9.2.2 festlegen. Dann folgt $d(P, \tau(P)) = d(A, B)$ für alle P aus ▶ Proposition 9.1.4. □

Definition 9.2.5 (Länge einer Parallelverschiebung)

Sei $(\mathbb{E}, d)$ eine euklidische Ebene und $\tau \in V(\mathbb{E})$. Dann heißt $|\tau|$ die **Länge** von τ.

Korollar 9.2.6 (Identität als Spezialfall einer Parallelverschiebung)
Sei $\tau \in V(\mathbb{E})$ eine Parallelverschiebung in einer euklidischen Ebene $(\mathbb{E}, d)$. Ist dann $\tau(P) = P$ für irgendeinen Punkt $P \in \mathbb{E}$, gilt sofort $\tau = \mathrm{id}_{\mathbb{E}}$.

Beweis Angenommen τ ist nicht die Identität. Dann ist $\tau = \tau_{AB}$ mit $A, B \in \mathbb{E}$ verschieden. Mit ▶ Proposition 9.2.4 und ▶ Definition 9.2.5 folgt dann sofort, dass für alle $Q \in \mathbb{E}$ gilt

$$d(Q, \tau(Q)) = d(P, \tau(P)) = d(P, P) = 0 \Rightarrow Q = \tau(Q),$$

im Widerspruch zur Annahme. □

Wir zeigen nun, das eine Parallelverschiebung durch zwei Punkte bereits eindeutig definiert ist.

---

2 Der Betrag eines Vektors wird in der Schule als die euklidische Länge eines Repräsentantenpfeiles definiert.

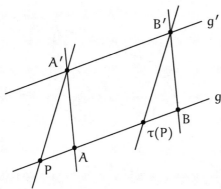

Proposition 9.2.7 (Eindeutige Festlegung von Parallelverschiebungen)

Seien A, B Punkte in einer euklidischen Ebene $(\mathbb{E}, d)$ und $\tau \in V(\mathbb{E})$ eine Parallelverschiebung mit $\tau(A) = B$. Dann gilt $\tau = \tau_{AB}$.

Beweis   Für $A = B$ ist $\tau = \tau_{AB} = \mathrm{id}_{\mathbb{E}}$ nach ► Korollar 9.2.6. Sei also im Folgenden $A \neq B$. Seien $A', B' \in \mathbb{E}$ die Punkte, die τ entsprechend ► Definition 9.2.2 festlegen. Seien ferner g' die Gerade durch A' und B' und g die Gerade durch A und B. Wegen $\tau(A) = B$ muss nach ► Definition 9.2.2 auf jeden Fall $g \parallel g'$ gelten.

Fall 1 $(g = g')$: Mit ► Proposition 9.2.1 folgt dann für alle $P \in \mathbb{E}$ sofort $\tau_{AB}(P) = \tau_{A'B'}(P)$ und damit insgesamt $\tau_{AB} = \tau_{A'B'}$.

Fall 2 $(g \cap g' = \emptyset)$: Wir betrachten zunächst den Unterfall $P \in g$ (⬛ Abb. 9.7). Dann folgt $\tau_{A'B'}(P) = \tau_{AB}(P)$ unmittelbar mit ► Definition 9.2.2. Den Unterfall $P \in g'$ behandelt man analog.

Sei nun abschließend $P \in \mathbb{E} \setminus (g \cup g')$. Dann liegt nach Konstruktion $\tau(P)$ auf der eindeutigen Geraden p, die P enthält und parallel zu sowohl g als auch g' ist. Insbesondere schneidet P sowohl die Gerade durch A und A' als auch die Gerade durch B und B' in einem Punkt A'' bzw. B'' (⬛ Abb. 9.8). Da sowohl $\square ABB''A''$ als auch $\square A'B'B''A''$ Parallelogramme sind, gilt mit ► Definition 9.2.2 dann $\tau_{A'B'}(A'') = B'' = \tau_{AB}(A'')$. Wir können nun ► Proposition 9.2.1 auf die Punkte A'', B'' und P anwenden und erhalten (wieder mit ► Definition 9.2.2) $\tau_{A'B'}(P) = \tau_{AB}(P)$, wie gewünscht und wir erhalten insgesamt $\tau_{AB} = \tau_{A'B'}$.   □

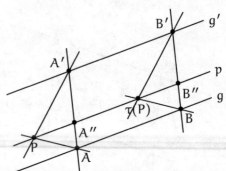

◘ Abb. 9.8   Beweisskizze zu ▶ Proposition 9.2.7 für den Fall $g \cap g' = \emptyset$ und $P \in \mathbb{E} \setminus (g \cup g')$

Diese Aussage ermöglicht es uns, Punkte eine euklidischen Ebene mit Parallelverschiebungen zu identifizieren.

Korollar 9.2.8
In einer euklidischen Ebene $(\mathbb{E}, d)$ gibt es immer eine Bijektion

$$\Phi : \mathbb{E} \to V(\mathbb{E}).$$

Beweis   Wir wählen einen beliebigen Punkt $O \in \mathbb{E}$ und definieren

$$\Phi_O : \mathbb{E} \to V(\mathbb{E}), \quad P \mapsto \tau_{OP}.$$

Wegen ▶ Proposition 9.2.7 ist Φ_O invertierbar mit $\Phi_O^{-1}(\tau) = \tau(O) \in \mathbb{E}$. □

Das ▶ Korollar 9.2.8 und seinen Beweis kann man wie folgt interpretieren: Es wird ein Ursprung $O \in \mathbb{E}$ gewählt, von dem aus man jeden anderen Punkt durch jeweils genau eine Parallelverschiebung erreichen kann. Die Repräsentation einer Parallelverschiebung durch einen Ursprung und einen weiteren Punkt entspricht dem aus der Schule bekannten Konzept des *Ortsvektors*.

Aus ▶ Proposition 9.1.4 können wir außerdem sofort folgern, dass Parallelverschiebungen Isometrien sind.

Korollar 9.2.9
Sei $\tau \in V(\mathbb{E})$ eine Parallelverschiebung in einer euklidischen Ebene $(\mathbb{E}, d)$. Dann ist τ eine Isometrie.

Beweis   Seien $A, B \in \mathbb{E}$ mit $\tau = \tau_{AB}$. Seien ferner $P, Q \in \mathbb{E}$ und ohne Einschränkung sind die Geraden durch P und Q und durch durch A und B nicht parallel (ansonsten wendet man das folgende Argument zweimal an).

Dann gilt nach ▶ Proposition 9.2.7 $\tau = \tau_{P\tau(P)}$ und damit $\tau(Q) = \tau_{P\tau(P)}(Q)$. Nach ▶ Definition 9.2.2 ist $\Box P \tau_{P\tau(P)}(P)$ $\tau_{P\tau(P)}(Q)Q$ ein Parallelogramm und mit ▶ Proposition 9.1.4 folgt

$$d(P, Q) = d\left(\tau_{P\tau(P)}(P), \tau_{P\tau(P)}(Q)\right) = d(\tau(P), \tau(Q)),$$

wie gewünscht. □

Zum Abschluss des Abschnitts können wir nun zeigen, dass die geometrisch definierten Parallelverschiebungen nichts anderes sind als die bereits aus ▶ Abschn. 5.7 bekannten Translationen. Diese haben mit der Gültigkeit des Parallelenaxioms enorm an hilfreichen Eigenschaften gewonnen, die uns in den folgenden Abschnitten sehr nützlich sein werden.

Satz 9.2.10 (Parallelverschiebungen sind Translationen)

Sei $(\mathbb{E}, d)$ eine euklidische Ebene. Dann sind die Parallelverschiebungen (▶ Definition 9.2.2) genau die Translationen (▶ Definition 5.7.1).

Beweis Seien $A, B \in \mathbb{E}$. Wir zeigen, dass τ_{AB} eine Translation ist. Für $A = B$ ist nichts weiter zu zeigen, wir fordern also $A \neq B$. Seien dann g die Gerade durch A und B, k die Orthogonale zu g durch A und m die Mittelsenkrechte von A und B. Wir betrachten die Abbildung $\varphi = \sigma_m \circ \tau_{AB}$, wobei σ_m die Spiegelung an m ist. Dann ist mit ▶ Korollar 9.2.9 φ als Verknüpfung von zwei Isometrien eine Isometrie mit $\varphi(A) = A$. Weil es nach ▶ Proposition 5.4.15 genau eine zu g orthogonale Gerade durch A gibt, gilt mit ▶ Proposition 5.3.11 außerdem $\varphi(k) = k$. Da weder σ_m (wegen ▶ Korollar 5.4.8) noch τ_{AB} (da eine Seite des Parallelogramms auf g liegt) die Seiten von g vertauscht, fixiert φ die Gerade k also punktweise.

Außerdem wird B unter φ auf einen Punkt auf g abgebildet, der auf der anderen Seite von m liegt, bleibt also nicht invariant. Dann folgt mit ▶ Satz 5.3.4, dass φ die Spiegelung an k sein muss. Wir erhalten

$$\sigma_m \circ \tau_{AB} = \sigma_k \quad \Leftrightarrow \quad \tau_{AB} = \sigma_m \circ \sigma_k.$$

Damit ist τ_{AB} nach ▶ Definition 5.7.1 eine Translation.

Sein nun umgekehrt τ eine Translation entlang einer Geraden $g \subset \mathbb{E}$. Nach ▶ Definition 5.7.1 gibt es also zu g orthogonale Geraden k und h mit $\tau = \sigma_h \circ \sigma_k$. Wir definieren A als den Schnittpunkt von k mit g und B als den Punkt auf g, den man erhält, wenn man A an h spiegelt. Dann gilt sofort $\tau(A) = \tau_{AB}(A)$ (nach Definition) und $\tau(B) = \tau_{AB}(B)$ (nach ▶ Korollar 5.7.9). Sei außerdem l die Orthogonale zu

g durch B. Dann ist für $P \in k$ das Viereck $\square AB\tau(P)P$ nach
► Korollar 9.1.9 ein Rechteck und damit insbesondere ein
Parallelogramm. Es gilt also auch $\tau(P) = \tau_{AB}(P)$. Damit stimmen τ und τ_{AB} in den Bildern von drei Punkten überein, die
nicht auf einer Gerade liegen und sind damit
nach ► Korollar 5.5.4 identisch. Also ist τ eine Parallelverschiebung.   □

9.3 Entwicklung einer elementargeometrisch fundierten Vektorraumstruktur

Wir werden nun die Parallelverschiebungen aus dem letzten
Abschnitt mit einer algebraischen Struktur versehen. Dabei
werden wir die Begriffe *Parallelverschiebung* und *Translationen*
synonym gebrauchen und immer die Definition verwenden, die
im jeweiligen Kontext nützlicher ist.

9.3.1 Die abelsche Gruppe der Parallelverschiebungen

Nützlich für das Folgende ist insbesondere die Darstellung
von Translationen durch Punktspiegelungen (► Proposition
5.7.11).

Lemma 9.3.1
In einer euklidischen Ebene $(\mathbb{E}, d)$ ist die Verknüpfung von drei
Punktspiegelungen wieder eine Punktspiegelung.

Beweis Seien $A, B, C \in \mathbb{E}$ und ρ_A, ρ_B, ρ_C die zugehörigen
Punktspiegelungen. Wir zeigen, dass es einen Punkt $D \in \mathbb{E}$
gibt, sodass $\rho_A \circ \rho_B \circ \rho_C = \rho_D$ eine Punktspiegelung an D ist.
   Falls $B = C$, ist nichts weiter zu zeigen. Sei also $B \neq C$ und
n die Gerade durch B und C. Ferner sei $m \subset \mathbb{E}$ die eindeutig
bestimmte Parallele zu n durch A. Seien weiter $a, b, c \subset \mathbb{E}$
zu n orthogonale Geraden durch A, B, C (vgl. ◘ Abb. 9.9).
Die Existenz dieser Geraden liefern ► Proposition 5.3.8 und
► Korollar 5.3.14.

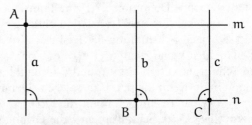

◘ **Abb. 9.9**   Beweisskizze zu ► Lemma 9.3.1

Aus $a \perp n$ und $m \parallel n$ folgt $a \perp m$, denn: Wegen $m \parallel n$ folgt mit ▸ Proposition 8.1.3 direkt $\sigma_a(m) \parallel \sigma_a(n) = n$. Das Parallelenaxiom liefert uns dann wegen $A \in \sigma_a(m)$ bereits $\sigma_a(m) = m$ und damit $a \perp m$.

Mit ▸ Satz 5.4.7 rechnen wir

$$\rho_A \circ \rho_B \circ \rho_C = (\sigma_m \circ \sigma_a) \circ (\sigma_b \circ \sigma_n) \circ (\sigma_n \circ \sigma_c)$$
$$= \sigma_m \circ (\sigma_a \circ \sigma_b \circ \sigma_c).$$

▸ Satz 5.7.8 liefert die Existenz einer Geraden $d \perp n$ mit $\sigma_a \circ \sigma_b \circ \sigma_c = \sigma_d$. Mit ▸ Satz 9.1.8 folgt aus $a \perp n$, $a \perp m$ und $d \perp n$, dass $d \perp m$. Also gilt für $D := d \cap m$, dass

$$\rho_A \circ \rho_B \circ \rho_C = \sigma_m \circ \sigma_d = \rho_D$$

eine Punktspiegelung ist. □

Korollar 9.3.2 (Reihenfolge von drei Punktspiegelungen)
Seien ρ_1, ρ_2, ρ_3 Punktspiegelungen in eine euklidischen Ebene $(\mathbb{E}, d)$. Dann gilt

$$\rho_1 \circ \rho_2 \circ \rho_3 = \rho_3 \circ \rho_2 \circ \rho_1.$$

Beweis Nach ▸ Lemma 9.3.1 ist $\rho_1 \circ \rho_2 \circ \rho_3$ eine Punktspiegelung. Da Punktspiegelungen Involutionen (selbstinvers) sind, folgt:

$$\rho_1 \circ \rho_2 \circ \rho_3 = (\rho_1 \circ \rho_2 \circ \rho_3)^{-1} = \rho_3^{-1} \circ \rho_2^{-1} \circ \rho_1^{-1} = \rho_3 \circ \rho_2 \circ \rho_1.$$

□

Proposition 9.3.3 (Gruppe der Parallelverschiebungen)
Sei $(\mathbb{E}, d)$ eine euklidische Ebene. Die Menge $V(\mathbb{E})$ der Parallelverschiebungen bildet zusammen mit der Verknüpfung von Abbildungen eine abelsche Untergruppe von $\mathrm{Isom}(\mathbb{E})$.

Beweis Zum Beweis fasst man Parallelverschiebungen als Translationen auf (▸ Satz 9.2.10), die man als Verknüpfung von Punktspiegelungen darstellt (▸ Proposition 5.7.11). Dann rechnet man die Untergruppeneigenschaften sowie die Kommutativität unter Verwendung von ▸ Lemma 9.3.1 und ▸ Korollar 9.3.2 nach: Zunächst stellen wir fest, dass wegen $\mathrm{id}_{\mathbb{E}} \in V(\mathbb{E})$ gilt $V(\mathbb{E}) \neq \emptyset$. Seien nun $\tau_1, \tau_2 \in V(\mathbb{E})$. Dann gibt es nach ▸ Satz 9.2.10 und ▸ Proposition 5.7.11 Punktspiegelungen $\rho_A, \rho_B, \rho_C, \rho_D$ mit $\tau_1 = \rho_A \circ \rho_B$ und $\tau_2 = \rho_C \circ \rho_D$. Für die Kommutativität nutzen wir ▸ Korollar 9.3.2 zweimal in Folge. Wir erhalten

$$\tau_1 \circ \tau_2 = \rho_A \circ \rho_B \circ \rho_C \circ \rho_D = \rho_C \circ \rho_B \circ \rho_A \circ \rho_D$$
$$= \rho_C \circ \rho_D \circ \rho_A \circ \rho_B = \tau_2 \circ \tau_1.$$

Außerdem gelten

$$\tau_1 \circ \tau_2 = \underbrace{\rho_A \circ \rho_B \circ \rho_C}_{\text{Pktsp. nach Lemma 9.3.1}} \circ \rho_D \in V(\mathbb{E}),$$

$$\tau_1^{-1} = (\rho_A \circ \rho_B)^{-1} = \rho_B^{-1} \circ \rho_A^{-1} = \rho_B \circ \rho_A \in V(\mathbb{E}).$$

$\square$

9.3.2 Zentrische Streckungen als Skalarmultiplikation

In der Schulmathematik wird das Produkt einer reellen Zahl mit einem Vektor (Skalarmultiplikation) geometrisch als die Längenveränderung und Orientierungsumkehr eines Repräsentantenpfeils interpretiert. In diesem Abschnitt nutzen wir diese geometrische Interpretation zur Einführung einer Skalarmultiplikation für Parallelverschiebungen in euklidischen Ebenen. Dafür definieren wir zunächst zentrische Streckungen. Dahinter verbirgt sich die Idee, dass in der Schulmathematik die Längenveränderung bzw. Orientierungsumkehr eines Repräsentantenpfeils der Anwendung einer zentrischen Streckung mit dem Startpunkt des Pfeils als Streckzentrum entspricht.

Definition 9.3.4 (Zentrische Streckung)

Sei (X, d) eine neutrale Ebene, $Z \in X$ und $\lambda \in \mathbb{R}$. Wir definieren eine Abbildung $\zeta_{Z,\lambda} : X \to X$ durch folgende Vorschrift:

- $\zeta_{Z,\lambda}(Z) = Z$
- Für $P \neq Z$ definieren wir $p := d(Z, P)$. Ferner sei $\gamma_P : \mathbb{R} \to X$ die Parametrisierung der Geraden durch Z und P mit $\gamma_P(0) = Z$ und $\gamma_P(p) = P$. Dann definieren wir

$$\zeta_{Z,\lambda}(P) := \gamma_P(\lambda \cdot p).$$

Wir nennen $\zeta_{z,\lambda}$ die **zentrische Streckung mit Zentrum** Z **und Streckfaktor** λ.

Bemerkung 9.3.5

Auch wenn wir die zentrischen Streckung erst jetzt, im Kapitel über euklidische Ebenen eingeführt haben, beruht die

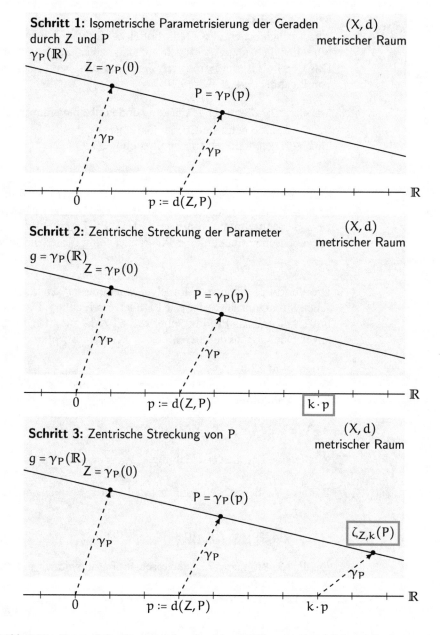

Abb. 9.10 Konstruktion der zentrischen Streckung mit Zentrum Z und Faktor k in einer neutralen Ebene (▶ Definition 9.3.4)

Definition der zentrischen Streckung nur auf dem Inzidenzaxiom und kann daher auch in einer allgemeinen neutralen Ebene formuliert werden. □

Bemerkung 9.3.6

Anschaulich bedeutet ▶ Definition 9.3.4: Strecke den zu P gehörenden Parameter zentrisch auf der reellen Zahlengerade. Das Ergebnis ist der Parameter, der zur zentrischen Streckung von P gehört (vgl. ◘ Abb. 9.10).   □

Korollar 9.3.7 (Zentrische Streckung und Punktspiegelung)

Sei (X, d) eine neutrale Ebene. Dann ist die Punktspiegelung an $Z \in X$ genau die zentrische Streckung $\zeta_{Z,-1}$.

Beweis Seien $P \in X$ und $\gamma : \mathbb{R} \to X$ die isometrische Parametrisierung der Geraden durch Z und P mit $\gamma(0) = Z$ und $\gamma(p) = P$ mit $p := d(P, Z)$. Dann ist $\zeta_{Z,-1}(P) = \gamma(-p)$. Also ist Z der Mittelpunkt von P und $\zeta_{Z,-1}(P)$. Damit entspricht die zentrische Streckung der Punktspiegelung für jeden Punkt P.   □

Die Verknüpfung einer Parallelverschiebung mit einer zentrischen Streckung ist wieder eine Parallelverschiebung. Das wird uns erlauben, das Produkt einer reellen Zahl mit einer Parallelverschiebung zu definieren.

Proposition 9.3.8

Sei $(\mathbb{E}, d)$ eine euklidische Ebene, $\tau \in V(\mathbb{E})$ und $\lambda \in \mathbb{R}$. Dann ist die Abbildung

$$\lambda \cdot \tau : \mathbb{E} \to \mathbb{E}, \quad P \mapsto \zeta_{P,\lambda}(\tau(P))$$

wieder eine Parallelverschiebung.

Beweis Wir betrachten zunächst den Fall $\tau = \mathrm{id}_{\mathbb{E}}$. Dann gilt für $P \in \mathbb{E}$

$$\zeta_{P,\lambda}(\mathrm{id}_{\mathbb{E}}(P)) = \zeta_{P,\lambda}(P) = P = \mathrm{id}_{\mathbb{E}}(P).$$

Da die Identität eine Parallelverschiebung ist, sind wir mit diesem Fall fertig.

Sei $\tau \neq \mathrm{id}_{\mathbb{E}}$ und $A \in \mathbb{E}$ beliebig. Wir setzen

$$B := \tau(A),$$
$$C := \zeta_{A,\lambda}(\tau(A)) = \zeta_{A,\lambda}(B).$$

Die Punkte A, B und C liegen auf einer Geraden, die wir durch $\gamma : \mathbb{R} \to \mathbb{E}$ mit $\gamma(0) = A$ und $\gamma(b) = B$ (mit $b := d(A, B)$) in eindeutiger Weise parametrisieren.

Wenn wir zeigen können, dass $\lambda \cdot \tau = \tau_{AC}$, dann sind wir fertig. Wir definieren für $P \in \mathbb{E}$ die Isometrie

$$\delta := \tau_{AP} \circ \gamma : \mathbb{R} \to \mathbb{E},$$

die

$$\delta(0) = \tau_{AP}(A) = P,$$

$$\delta(b) = \tau_{AP}(B) = \tau_{AP}(\tau(A)) \overset{\text{Prop. 9.3.3}}{=} \tau(\tau_{AP}(A)) = \tau(P)$$

erfüllt. Damit rechnen wir

$$\zeta_{P,\lambda}(\tau(P)) = \delta(\lambda b) = \tau_{AP}(\gamma(\lambda b)) = \tau_{AP}\left(\zeta_{A,\lambda}(B)\right) = \tau_{AP}(C)$$

$$= \tau_{AP}\left(\tau_{AC}(A)\right) \overset{\text{Prop. 9.3.3}}{=} \tau_{AC}\left(\tau_{AP}(A)\right) = \tau_{AC}(P).$$

$\square$

Definition 9.3.9 (Skalarmultiplikation für Parallelverschiebungen)

Sei $(\mathbb{E}, d)$ eine euklidische Ebene. Für $\tau \in V(\mathbb{E})$ und $\lambda \in \mathbb{R}$ definieren wir eine Skalarmultiplikation $\lambda \cdot \tau$ als Abbildung $\mathbb{R} \times V(\mathbb{E}) \to V(\mathbb{E})$ durch

$$\lambda \cdot \tau = \left(P \mapsto \zeta_{P,\lambda}(\tau(P))\right).$$

Bemerkung 9.3.10 (Zwischenstand)

Wir haben gezeigt, dass $V(\mathbb{E}) \subset \text{Isom}(\mathbb{E})$ eine abelsche Gruppe ist und wir schreiben im Folgenden für die Verknüpfung

$$+ : V(\mathbb{E}) \times V(\mathbb{E}) \to V(\mathbb{E}), \quad (\tau, \delta) \mapsto \tau + \delta := \tau \circ \delta.$$

Außerdem haben wir die Abbildung

$$\cdot : \mathbb{R} \times V(\mathbb{E}) \to V(\mathbb{E}), \quad (\lambda, \tau) \mapsto \lambda \cdot \tau : P \mapsto \zeta_{P,\lambda}(\tau(P)),$$

sowie

$$|\cdot| : V(\mathbb{E}) \to \mathbb{R}_{\geqslant 0}, \quad \tau \mapsto |\tau| = d(A, \tau(A)), \text{ für } A \in \mathbb{E} \text{ beliebig.}$$

Es bleibt zu zeigen, dass $(V(\mathbb{E}), +, \cdot, |\cdot|)$ ein normierter Vektorraum ist. $\square$

Lemma 9.3.11

Mit der Notation aus ▶ Bemerkung 9.3.10 gelten die folgenden Aussagen:

1. $|\tau| = 0 \quad \Leftrightarrow \quad \tau = \mathrm{id}_{\mathbb{E}}$
2. $|\tau + \delta| \leqslant |\tau| + |\delta|, \quad \forall \tau, \delta \in V(\mathbb{E})$
3. $|\lambda \cdot \tau| = |\lambda| \cdot |\tau|, \quad \forall \lambda \in \mathbb{R}, \tau \in V(\mathbb{E})$

Beweis

1. Sei $P \in \mathbb{E}$. Aus $0 = |\tau| = d(P, \tau(P))$ folgt $P = \tau(P)$ aus der Metrikeigenschaft (M1). Weil P beliebig war, folgt $\tau = \mathrm{id}_{\mathbb{E}}$. Sei umgekehrt $\tau = \mathrm{id}_{\mathbb{E}}$. Dann gilt für alle $P \in \mathbb{E}$ (wieder wegen (M1)) $|\tau| = d(P, \tau(P)) = d(P, P) = 0$. Damit ist die Aussage bewiesen.
2. Sei $P \in \mathbb{E}$. Dann gilt mit der Dreiecksungleichung der Metrik:

$$|\tau + \sigma| = d(P, \tau(\sigma(P))) \leqslant d(P, \sigma(P)) + d(\sigma(P), \tau(\sigma(P)))$$
$$= |\sigma| + |\tau|,$$

da die Länge der Parallelverschiebungen unabhängig von der Wahl eines Punktes ist.
3. Nach den ▶ Definitionen 9.3.4 und 9.3.9 ist für ein $P \in \mathbb{E}$ der Punkt $(\lambda \cdot \tau)(P)$ wie folgt definiert:

$$(\lambda \cdot \tau)(P) := \zeta_{P,\lambda}(\tau(P)) = \gamma_{\tau(P)}(\lambda |\tau|).$$

Dabei ist $\gamma_{\tau(P)}$ entsprechend der Konstruktion in ▶ Definition 9.3.4 die nach ▶ Lemma 4.2.11 eindeutige Parametrisierung der Gerade durch P und $\tau(P)$ mit $\gamma_{\tau(P)}(0) = P$ und $\gamma_{\tau(P)}(|\tau|) = \tau(P)$.
Damit berechnet sich die Länge von $\lambda \cdot \tau$ nach ▶ Definition 9.2.5 und ▶ Proposition 9.2.4 mit $P \in \mathbb{E}$ durch

$$|\lambda \cdot \tau| = d(P, (\lambda \cdot \tau)(P))$$
$$= d\left(\gamma_{\tau(P)}(0), \gamma_{\tau(P)}(\lambda \cdot |\tau|)\right) \overset{\gamma_{\tau(P)}:\mathbb{R}\to\mathbb{E} \text{ ist Isom.}}{=} |0 - \lambda |\tau||$$
$$= |\lambda| |\tau|,$$

wie gewünscht. $\qquad\qquad\qquad\qquad\qquad\qquad\qquad\square$

Proposition 9.3.12 (Parallelität von Bild- und Urbildgerade bei Parallelverschiebungen)

Seien $(\mathbb{E}, d)$ eine euklidische Ebene, $g \subset \mathbb{E}$ eine metrische Gerade und $\tau \in V(\mathbb{E})$ eine Parallelverschiebung. Dann ist $g \parallel \tau(g)$.

Beweis Die Aussage folgt, weil Punktspiegelungen Geraden auf parallele Geraden abbilden (▶ Proposition 8.1.5). $\qquad\square$

Satz 9.3.13 (Vektorraumstruktur einer euklidischen Ebene)

Mit den Notationen aus ▶ Bemerkung 9.3.10 ist $(V(\mathbb{E}), +, \cdot, |\cdot|)$ ein normierter Vektorraum.

Beweis Wir wissen bereits aus ▶ 9.3.3, dass $(V(\mathbb{E}), +)$ eine abelsche Gruppe ist, und ▶ 9.3.11 liefert die Normeigenschaften. Es bleiben für $\tau, \delta \in V(\mathbb{E})$ und $\lambda, \mu \in \mathbb{R}$ noch die folgenden Rechengesetze zu zeigen:

(i) $1 \cdot \tau = \tau$,
(ii) $0 \cdot \tau = \mathrm{id}_{\mathbb{E}}$,
(iii) $\lambda \cdot (\mu \cdot \tau) = (\lambda\mu) \cdot \tau$,
(iv) $(\lambda + \mu) \cdot \tau = \lambda \cdot \tau + \mu \cdot \tau$,
(v) $\lambda \cdot (\tau + \delta) = \lambda \cdot \tau + \lambda \cdot \delta$.

Sei im Folgenden $P \in \mathbb{E}$.

zu (i): $(1 \cdot \tau)(P) = \zeta_{P,1}(\tau(P)) = \tau(P)$.

zu (ii): $(0 \cdot \tau)(P) = \zeta_{P,0}(\tau(P)) = P$.

zu (iii): $\lambda \cdot (\mu \cdot \tau)(P) = \zeta_{P,\lambda}((\mu \cdot \tau)(P)) = \zeta_{P,\lambda}$ $\left(\zeta_{P,\mu}(\tau(P))\right) = \zeta_{P,\lambda\mu}(\tau(P)) = (\lambda\mu) \cdot \tau$.

zu (iv): Seien $A \in \mathbb{E}$, $B := \tau(A)$, $C := (\mu \cdot \tau)(A)$ und $D := \tau(C)$. Nach den ▶ Definitionen 9.3.9 und 9.3.4 liegen A, B und C auf einer Geraden. Da τ eine Parallelverschiebung ist, muss diese Gerade nach ▶ Proposition 9.3.12 parallel zur Geraden durch $\tau(A) = B$ und $\tau(C) = D$ sein. Da B auf beiden Geraden liegt, folgt, dass alle vier Punkte auf einer Geraden g liegen.

Wir betrachten die folgenden zwei isometrischen Parametrisierungen von g:

$$\gamma_1 : \mathbb{R} \to \mathbb{E}, \quad \gamma_1(0) = A, \quad \gamma_1(|\tau|) = B,$$

$$\gamma_2 := (\mu \cdot \tau) \circ \gamma_1 : \mathbb{R} \to \mathbb{E}, \quad \gamma_2(0) = C, \quad \gamma_2(|\tau|) \overset{(\star)}{=} D.$$

zu $(\star)$: $\gamma_2(|\tau|) = (\mu \cdot \tau)(B) = (\mu \cdot \tau) \circ \tau(A) = \tau \circ (\mu \cdot \tau)(A) = \tau(C) = D$

τ und $\mathrm{id}_{\mathbb{E}}$ sind als Parallelverschiebungen nach ▶ Satz 9.2.10 Translationen und zwar entlang g. Mit ▶ Satz 5.7.9 erhalten wir dann für alle $t \in \mathbb{R}$ die Gleichheit

$$\gamma_2(t) = \gamma_1\left(\mu \cdot |\tau| + t\right).$$

Damit haben wir dann insgesamt

$$
\begin{aligned}
(\lambda \cdot \tau + \mu \cdot \tau)(A) &= (\lambda \cdot \tau) \circ (\mu \cdot \tau)(A) \\
&= (\lambda \cdot \tau)(C) = \zeta_{C,\lambda}(\tau(C)) = \gamma_2(\lambda \cdot |\tau|) \\
&= \gamma_1(\lambda |\tau| + \mu |\tau|) = \gamma_1((\lambda + \mu) |\tau|) \\
&= \zeta_{A,\lambda+\mu}(\tau(A)) \\
&= (\lambda + \mu) \cdot \tau(A).
\end{aligned}
$$

zu (v):   Wir zeigen die Identität schrittweise für $\lambda \in \mathbb{N}, \mathbb{Z}, \mathbb{Q}$ und $\mathbb{R}$.

Sei $\lambda \in \mathbb{N}$. Wir verwenden vollständige Induktion. Zunächst gilt mit

$$1 \cdot (\tau + \delta) \stackrel{(i)}{=} \tau + \delta \stackrel{(i)}{=} 1 \cdot \tau + 1 \cdot \delta$$

der Induktionsanfang. Für den Induktionsschritt rechnen wir dann

$$(\lambda + 1)(\tau + \delta) \stackrel{(iv)}{=} 1 \cdot (\tau + \delta) + \lambda \cdot (\tau + \delta) = 1 \cdot \tau + 1 \cdot \delta + \lambda \cdot \tau + \lambda \cdot \delta$$
$$\stackrel{(iv)}{=} (\lambda + 1)\tau + (\lambda + 1)\delta.$$

Sei $\lambda \in \mathbb{Z}$. Wir betrachten zunächst den Fall $\lambda = -1$. Dann gilt für alle $\tau \in V(\mathbb{E})$

$$\tau + (-1) \cdot \tau \stackrel{(iv)}{=} (1 - 1)\tau = \mathrm{id}_{\mathbb{E}},$$

woraus folgt, dass $(-1) \cdot \tau = -\tau$ ist.

Weiter gilt

$$(\tau + \delta) + (-1) \cdot \tau + (-1) \cdot \delta \stackrel{(iv)}{=} (1 - 1) \cdot \tau + (1 - 1) \cdot \delta = \mathrm{id}_{\mathbb{E}}$$

$$\Rightarrow (-1) \cdot \tau + (-1) \cdot \delta = -(\tau + \delta) = (-1) \cdot (\tau + \delta).$$

Mit diesen Vorbereitungen können wir den Fall $\lambda \in \mathbb{Z}$ beliebig folgern. Für $\lambda \geqslant 0$ folgt die Aussage aus den Überlegungen zu $\lambda \in \mathbb{N}$; für $\lambda < 0$ ist $\lambda = (-1) |\lambda|$ und wir erhalten

$$\lambda \cdot (\tau + \delta) = ((-1) \cdot |\lambda|) \cdot (\tau + \delta) \stackrel{(iii)}{=} (-1) \cdot (|\lambda| (\tau + \delta))$$
$$\stackrel{|\lambda| \in \mathbb{N}}{=} (-1) \cdot (|\lambda| \tau + |\lambda| \delta) = (-1 \cdot |\lambda|)\tau + (-1 \cdot |\lambda|)\delta$$
$$= \lambda \tau + \lambda \delta$$

Sei $\lambda = \frac{r}{s} \in \mathbb{Q}$ mit $r, s \in \mathbb{Z}$. Dann gilt

$$\frac{r}{s} \cdot (\tau + \delta)^{(iii)} = \frac{1}{s}(r \cdot (\tau + \delta))$$
$$\stackrel{r \in \mathbb{Z}}{=} \frac{1}{s}(r \cdot \tau + r \cdot \delta) \stackrel{(iii)}{=} \frac{1}{s}\left(s \cdot \left(\frac{r}{s} \cdot \tau\right) + s \cdot \left(\frac{r}{s} \cdot \delta\right)\right)$$
$$\stackrel{s \in \mathbb{Z}}{=} \frac{1}{s} \cdot \left(s \cdot \left(\frac{r}{s} \cdot \tau + \frac{r}{s} \cdot \delta\right)\right) \stackrel{(iii)}{=} \frac{r}{s} \cdot \tau + \frac{r}{s} \cdot \delta.$$

Sei $\lambda \in \mathbb{R}$. Sei außerdem $(\lambda_n)_{n \in \mathbb{N}} \subset \mathbb{Q}$ eine Folge mit $\lambda_n \to \lambda$ für $n \to \infty$. Dann gilt

$$|\lambda \cdot \tau + \lambda \cdot \delta - \lambda \cdot (\tau + \delta)|$$

$$= |\lambda \cdot \tau + \lambda \cdot \delta - \lambda \cdot (\tau + \delta) - \lambda_n \cdot \tau - \lambda_n \cdot \delta + \lambda_n \cdot (\tau + \delta)|$$

$$\overset{\substack{\mu_n = \lambda - \lambda_n \\ +(iv)}}{=} |\mu_n \cdot \tau + \mu_n \cdot \delta - \mu_n \cdot (\delta + \tau)|$$

$$\overset{9.3.11}{\leqslant} |\mu_n \cdot \tau| + |\mu_n \cdot \delta| + |\mu_n(\tau + \delta)|$$

$$= \underbrace{|\mu_n|}_{\to 0}(|\tau| + |\delta| + |\tau + \delta|)$$

Wieder mit ▶ Lemma 9.3.11 folgt dann $\lambda \cdot \tau + \lambda \cdot \delta - \lambda \cdot (\tau + \delta) = 0$, wie behauptet. $\qquad\square$

9.3.3 Vektorraumgeraden in der euklidischen Ebene

Satz 9.3.14 (Punkt-Richtungs-Form von Geraden in der euklidischen Ebene)

Seien $(\mathbb{E}, d)$ eine euklidische Ebene, $\tau \in V(\mathbb{E}) \setminus \{0\}$ und $A \in \mathbb{E}$. Dann ist

$$g_{\tau,A} := \{(\lambda \cdot \tau)(A) \mid \lambda \in \mathbb{R}\} \subset \mathbb{E}$$

eine metrische Gerade. Wir nennen τ die **Richtung** und A den **Stützpunkt** von $g_{\tau,A}$.

Umgekehrt lässt sich jede metrische Gerade in $\mathbb{E}$ auf diese Art (durch Richtung und Stützpunkt) ausdrücken.

Beweis Um zu zeigen, dass $g_{\tau,A}$ eine metrische Gerade ist, zeigen wir, dass

$$\gamma : \mathbb{R} \to \mathbb{E}, \quad \lambda \mapsto \left(\frac{\lambda}{|\tau|} \cdot \tau\right)(A)$$

eine isometrische Parametrisierung ist. Die Gleichheit $\gamma(\mathbb{R}) = g_{\tau,A}$ ist evident und auch die Isometrie folgt sofort durch Nachrechnen mit Hilfe der oben bewiesenen Eigenschaften von $(V(\mathbb{E}), +, \cdot, |\cdot|)$ (▶ Lemma 9.3.11, ▶ Satz 9.3.13).

Sei $g \subset \mathbb{E}$ eine metrische Gerade mit einer isometrischen Parametrisierung $\gamma : \mathbb{R} \to \mathbb{E}$ von g. Wir definieren $\tau \in V(\mathbb{E})$ als die Parallelverschiebung, die $\gamma(0)$ auf $\gamma(1)$ abbildet (also $|\tau| = 1$). Wir behaupten, dass $g = g_{\tau,\gamma(0)}$ gilt.

Aus dem ersten Teil dieses Beweises können wir benutzen, dass $g_{\tau,\gamma(0)}$ eine metrische Gerade ist. Außerdem sind nach Definition von $g_{\tau,\gamma(0)}$ die verschiedenen Punkte $\gamma(0)$ und $\gamma(1)$ beide Elemente von $g_{\tau,\gamma(0)}$. Damit haben wir zwei verschiedene Punkte im Schnitt der metrischen Geraden g und $g_{\tau,\gamma(0)}$ gefunden. Mit dem Inzidenzaxiom ▶ Axiom 5.1.1 folgt die Gleichheit $g = g_{\tau,\gamma(0)}$. $\qquad\square$

Satz 9.3.15 (Parallelität von Geraden gleicher Richtung)

Seien g_1 und g_2 Geraden in einer euklidischen Ebene $(\mathbb{E}, d)$ mit gleicher Richtung $\tau \in V(\mathbb{E})$. Dann gilt $g_1 \parallel g_2$.

Hands On ...
...und probieren Sie den Beweis zunächst selbst!

Beweis Seien A_1 und A_2 Stützpunkte von g_1 bzw. g_2. Liegt A_2 auf g_1, so kann man A_2 nach ▸ Satz 9.3.14 als $(\lambda \cdot \tau)(A_1)$ mit $\lambda \in \mathbb{R}$ darstellen. Sei $(\mu \cdot \tau)(A_2) \in g_2$ mit $\mu \in \mathbb{R} \setminus \{0\}$ ein weiterer Punkt auf g_2. Dann gilt mit den Rechenregeln aus ▸ Satz 9.3.13

$$(\mu \cdot \tau)(A_2) = ((\mu + \lambda) \cdot \tau)(A_1) \in g_1.$$

Also stimmen g_1 und g_2 in mindestens zwei Punkten überein und mit dem Inzidenzaxiom ▸ 5.1.1 folgt die Gleichheit und damit nach ▸ Definition 8.1.1 die Parallelität. Das Argument funktioniert mit vertauschen Rollen auch für den Fall $A_1 \in g_2$.

Seien also $A_1 \notin g_2$ und $A_2 \notin g_1$. Angenommen es gäbe $P \in g_1 \cap g_2$. Dann gäbe es nach ▸ Satz 9.3.14 insbesondere $\lambda_1, \lambda_2 \in \mathbb{R}$ mit

$$(\lambda_1 \cdot \tau)(A_1) = P = (\lambda_2 \cdot \tau)(A_2) \quad \Leftrightarrow \quad ((\lambda_1 - \lambda_2) \cdot \tau)(A_1)$$
$$= A_2 \quad \Rightarrow \quad A_2 \in g_1,$$

was ein Widerspruch zur Voraussetzung ist. $\qquad\square$

Korollar 9.3.16 (Richtung paralleler Geraden)

Seien $(\mathbb{E}, d)$ eine euklidische Ebene, $A, B \in \mathbb{E}$ und $\tau_1, \tau_2 \in V(\mathbb{E})$ so, dass $g_{\tau_1, A} \parallel g_{\tau_2, B}$. Dann gehen die Richtungsvektoren durch zentrische Streckung auseinander hervor, es gibt also ein $\lambda \in \mathbb{R}$ mit $\tau_1 = \lambda \cdot \tau_2$.

Hands On ...
...und probieren Sie den Beweis zunächst selbst!

Beweis Nach ▸ Satz 9.3.15 ist $g_{\tau_2, A}$ genauso wie $g_{\tau_1, A}$ eine zu $g_{\tau_2, B}$ parallele Gerade durch A. Damit müssen diese nach dem Parallelenaxiom ▸ Axiom 8.2.1 identisch sein und es folgt, mit ▸ Satz 9.3.14, dass es ein $\lambda \in \mathbb{R}$ gibt mit $\tau_1(A) = (\lambda \cdot \tau_2)(A)$. Nach ▸ Proposition 9.2.7 ist dann bereits $\tau_1 = \lambda \cdot \tau_2$, wie gewünscht. $\qquad\square$

Satz 9.3.17

Sei Z ein Punkt in einer euklidischen Ebene $(\mathbb{E}, d)$.

(i)   Falls $g \subset \mathbb{E}$ eine Gerade ist, so ist für $\lambda \in \mathbb{R} \setminus \{0\}$ auch $\zeta_{Z,\lambda}(g) \subset \mathbb{E}$ eine zu g parallele Gerade.

(ii) Falls $A, B \in \mathbb{E}$ und $\lambda \in \mathbb{R}$, so gilt

$$d\left(\zeta_{Z,\lambda}(A), \zeta_{Z,\lambda}(B)\right) = |\lambda|\, d(A, B).$$

Beweis

(i) Für $\lambda = 1$ ist die zentrische Streckung die Identität und es ist nichts weiter zu zeigen. Wir nehmen also an, dass $\lambda \neq 1$. Seien $A, B \in g$ verschieden. Dann gilt $g = g_{A, \tau_{AB}}$. Wir definieren $A' := \zeta_{Z,\lambda}(A)$.

Wir betrachten einen Punkt $P \in g$. Dann gibt es $\mu \in \mathbb{R}$ mit $P = (\mu \cdot \tau_{AB})(A)$. Außerdem gilt nach den ▸ Propositionen 9.3.3, 9.2.7 und 9.3.8

$$\tau_{ZP} = \mu \cdot \tau_{AB} + \tau_{ZA} \; (\star)$$

und wir erhalten

$$\zeta_{Z,\lambda}(P) \overset{9.3.8}{=} (\lambda \cdot \tau_{ZP})(Z) = (\lambda\mu \cdot \tau_{AB} + \lambda \cdot \tau_{ZA})(Z)$$
$$\overset{9.3.13, \, 9.3.9}{=} (\lambda\mu) \cdot \tau_{AB}(A').$$

Also ist

$$\zeta_{Z,\lambda}(g) = \left\{ (\nu \cdot \tau_{AB})(A') \mid \nu \in \mathbb{R} \right\} \subset \mathbb{E}$$

nach ▸ Satz 9.3.14 eine Gerade und nach ▸ Satz 9.3.15 parallel zu g.

(ii) Seien $A' := \zeta_{Z,\lambda}(A)$ und $B' := \zeta_{Z,\lambda}(B)$. Dann gilt

$$\lambda \cdot \tau_{AB} = \lambda \cdot (\tau_{ZB} + \tau_{AZ}) = \lambda \cdot (\tau_{ZB} - \tau_{ZA})$$
$$= \lambda \cdot \tau_{ZB} - \lambda \cdot \tau_{ZA} = \tau_{ZB'} - \tau_{ZA'}$$
$$= \tau_{A'B'}$$

und

$$d\left(\zeta_{Z,\lambda}(A), \zeta_{Z,\lambda}(B)\right) = d(A', B') = |\tau_{A'B'}|$$
$$= |\lambda \cdot \tau_{AB}| = |\lambda| \, |\tau_{AB}| = |\lambda| \, d(A, B).$$

$\square$

Schnittstelle 10 (Strahlensatz)

Insgesamt liefert ▸ Satz 9.3.17 gerade den aus der Schule bekannten Strahlensatz:

In der Konfiguration aus der obigen Abbildung gilt, dass die Geraden durch A und B bzw. durch A′ und B′ genau dann parallel sind, wenn gilt

$$\frac{d(Z,A)}{d(Z,A')} = \frac{d(A,B)}{d(A',B')} = \frac{d(Z,B)}{d(Z,B')}.$$

Die Verhältnisgleichheit ergibt sich direkt aus ▶ 9.3.17 (ii). Umgekehrt legen die Verhältnisse eindeutig die Position von A′ und B′ auf den Strahlen von Z durch A und B fest. Dann gibt es eine zentrische Streckung mit Zentrum Z die A auf A′ und B auf B′ und damit auch die Gerade durch A und B auf die Gerade durch A′ und B′ abbildet. Die Parallelität der beiden Geraden folgt dann sofort aus ▶ 9.3.17 (i) und dem Inzidenzaxiom.

9.4 Klassifikation euklidischer Ebenen

Im ▶ Abschn. 9.3.3 haben wir erklärt, wie eine beliebige euklidische Ebene mit einer Vektorraumstruktur versehen werden kann. In diesem Abschnitt zeigen wir zunächst, dass wir so (bis auf Isomorphie) den Vektorraum $\mathbb{R}^2$ erhalten. Anschließend zeigen wir, dass auch die Metrik jeder euklidischen Ebene dem euklidischen Abstandskonzept entspricht.

9.4.1 Koordinatisierung von euklidischen Ebenen

Der folgende Satz besagt, dass wir eine beliebige euklidische Ebene durch zwei Parallelverschiebungen der Länge eins, die entlang zueinander orthogonaler Geraden verlaufen, koordinatisieren können.

Satz 9.4.1

Seien $(\mathbb{E}, d)$ eine euklidische Ebene und $x_1, x_2 \subset \mathbb{E}$ zwei Geraden mit $x_1 \perp x_2$, die sich in einem Punkt O schneiden. Ferner seien $E_1 \in x_1$ und $E_2 \in x_2$ Punkte mit $d(O, E_1) = d(O, E_2) = 1$.

Dann gibt es einen Vektorraumisomorphismus $\psi : V(\mathbb{E}) \rightarrow \mathbb{R}^2$ mit $\psi\left(\tau_{OE_1}\right) = (1, 0)$ und $\psi\left(\tau_{OE_2}\right) = (0, 1)$.

Beweis Wir zeigen zunächst, dass $\left\{\tau_{OE_1}, \tau_{OE_2}\right\}$ bereits ein Erzeugendensystem für $V(\mathbb{E})$ ist. Seien dazu $\tau \in V(\mathbb{E})$ und $P := \tau(O)$. Wir betrachten die orthogonalen Projektionen $P_1 := P^{x_1} \in x_1$ und $P_2 := P^{x_2} \in x_2$. Dann ist nach ▶ Proposition 8.1.2 die Gerade durch P und P_1 parallel zu x_2 und die Gerade durch P und P_2 parallel zu x_1 (vgl. ◻ Abb. 9.11).

Nach ▶ Satz 9.3.14 gibt es $\lambda, \mu \in \mathbb{R}$ mit $P_1 = (\lambda \cdot \tau_{OE_1})(O)$ und $P_2 = (\mu \cdot \tau_{OE_2})(O)$. Wir betrachten $\tilde{\tau} := \lambda \cdot \tau_{OE_1} + \mu \cdot \tau_{OE_2}$ und erhalten

$$\tilde{\tau}(O) = (\lambda \cdot \tau_{OE_1})(P_2) = (\mu \cdot \tau_{OE_2})(P_1).$$

Mit ▶ Satz 9.3.15 sehen wir, dass $\tilde{\tau}(O)$ auf der Parallelen zu x_1 durch P_2 sowie auf der Parallelen zu x_2 durch P_1 liegt. Wegen des Parallelenaxioms liegt $\tilde{\tau}(O)$ im Schnitt der Geraden durch P und P_1 sowie P und P_2, was $\tilde{\tau}(O) = P$ und somit $\tau = \lambda \cdot \tau_{OE_1} + \mu \cdot \tau_{OE_2}$ impliziert.

Außerdem sind τ_{OE_1} und τ_{OE_2} (beide von $id_{\mathbb{E}}$ verschieden) linear unabhängig: Angenommen $\lambda \tau_{OE_1} = \tau_{OE_2}$, dann wäre $\lambda \neq 0$ und $x_1 \ni \lambda \tau_{OE_1}(O) = \tau_{OE_2}(O) \in x_2$ und x_1 und x_2 hätten zwei gemeinsame Punkte, was im Widerspruch zur Orthogonalität steht. Mit dem selben Argument mit vertauschten Rollen von x_1 und x_2 folgt die lineare Unabhängigkeit.

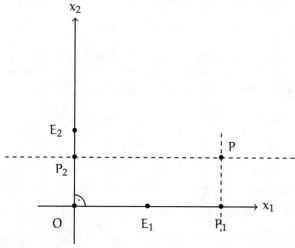

◻ **Abb. 9.11** Beweisfigur zu ▶ Satz 9.4.1

Wir haben also gezeigt, dass $\{\tau_{OE_1}, \tau_{OE_2}\}$ ein linear unabhängiges Erzeugendensystem, sprich eine Basis, von $V(\mathbb{E})$ bilden. Damit ist insbesondere die Darstellung von $\tilde{\tau}$ als Linearkombination von τ_{OE_1} und τ_{OE_2} eindeutig und wir erhalten eine Bijektion

$$\psi : V(\mathbb{E}) \to \mathbb{R}^2, \quad \tau = \lambda \cdot \tau_{OE_1} + \mu \cdot \tau_{OE_2} \mapsto (\lambda, \mu).$$

Die Linearität von ψ zeigt man, indem man für $\tau_1, \tau_2 \in V(\mathbb{E})$ und $\nu \in \mathbb{R}$ direkt $\psi(\nu \cdot \tau_1 + \tau_2) = \nu \cdot \psi(\tau_1) + \psi(\tau_2)$ nachrechnet. Damit haben wir gezeigt, dass $V(\mathbb{E})$ in der Tat isomorph zu $\mathbb{R}^2$ ist. $\qquad\Box$

Bemerkung 9.4.2 (Koordinatisierung und das Parallelenaxiom)
Man kann sich an dieser Stelle fragen, ob eine Koordinatisierung wie in ▶ Satz 9.4.1 nicht auch in einer beliebigen neutralen Ebene (X, d) möglich ist. Tatsächlich kann man auch dort zwei zueinander orthogonale Geraden $x_1, x_2 \in X$ mit Schnittpunkt $O \in X$ sowie davon verschiedene Punkte $E_1 \in x_1$ und $E_2 \in x_2$ wählen. Einem beliebigen Punkt $P \in X$ kann man nun als Koordinaten die Abstände der orthogonalen Projektion P^{x_1} und P^{x_2} zu O zuordnen. Dabei werden die Vorzeichen dadurch festlegt, ob der Punkt auf der selben Seite von x_2 wie E_1 bzw. auf der selben Seite von x_1 wie E_2 liegt. Auf diese Weise erhält man dann zwar eine injektive Abbildung $X \to \mathbb{R}^2$, die allerdings als Koordinatisierung nicht geeignet ist, da nicht klar ist, ob diese Abbildung auch bijektiv ist. Da dies im Allgemeinen (nämlich in der Poincaré-Halbebene) nicht der Fall ist, es also $(x, y) \in \mathbb{R}^2$ gibt, die keinen Punkt in X beschreiben, folgt direkt mit dem Beispiel aus ◨ Abb. 9.2. Tatsächlich hängt die Möglichkeit der bijektiven Koordinatisierung über orthogonale Projektionen also davon ab, ob sich vier Geraden mit drei rechten Winkeln immer zu einem Rechteck ergänzen, oder nicht. $\qquad\Box$

9.4.2 Der Hauptsatz über euklidische Ebenen

Bemerkung 9.4.3 (Weiteres Vorgehen)
Seien $x_1, x_2 \subset \mathbb{E}$ und $E_1, E_2, O \in \mathbb{E}$ wie in ▶ Satz 9.4.1. Dann haben wir

$$\Theta : \begin{cases} \mathbb{E} \xrightarrow{\Phi_O} V(\mathbb{E}) \xrightarrow{\psi} \mathbb{R}^2, \\ P \underset{\substack{\text{bij.}\\(9.2.8)}}{\longmapsto} \tau_{OP} \underset{\substack{\text{VR Isom.}\\(9.4.1)}}{\longmapsto} (\lambda, \mu). \end{cases} \quad , \quad \text{mit } \tau_{OP} = \lambda\tau_{OE_1} + \mu\tau_{OE_2}.$$

Um eine euklidische Ebene vollständig mit $(\mathbb{R}^2, \langle \cdot, \cdot \rangle_2)$ identifizieren zu können, bleibt noch zu zeigen, dass

$$\Theta : (\mathbb{E}, d) \longrightarrow \left(\mathbb{R}^2, d_2 \right)$$

eine Isometrie ist. Hierfür genügt es zu zeigen, dass für alle $P \in \mathbb{E}$ gilt

$$\| \Theta(P) \|_2 = d(O, P),$$

denn dann rechnet man für $P, Q \in \mathbb{E}$ sofort nach:

$$\begin{aligned}
d(P, Q) &= d(O, \tau_{PQ}(Q)) = \| \Theta(\tau_{PO}(Q)) \|_2 = \| \psi(\Phi_O(\tau_{PO}(Q))) \|_2 \\
&= \| \psi(\tau_{PO} + \tau_{OQ}) \|_2 = \| \psi(\tau_{OQ}) - \psi(\tau_{OP}) \|_2 \\
&= \| \Theta(P) - \Theta(Q) \|_2 = d_2 \left(\Theta(P), \Theta(Q) \right).
\end{aligned}$$

Um einen Ansatz für den Beweis von $\| \Theta(P) \|_2 = d(O, P)$ zu finden, betrachten wir ◘ Abb. 9.12.

Wir wissen, dass $\Theta(P) = (\lambda, \mu) \in \mathbb{R}^2$, also gilt $\| \Theta(P) \|_2 = |\lambda|^2 + |\mu|^2$. Es bleibt zu zeigen, dass $d(O, P_1)^2 + d(P_1, P)^2 = d(O, P)^2$ ist. Wir müssen also die Gültigkeit des *Satzes von Pythagoras* für euklidische Ebenen beweisen. $\qquad \square$

Satz 9.4.4 (Satz des Pythagoras)

Seien $(\mathbb{E}, d)$ eine euklidische Ebene und $\triangle ABC$ ein Dreieck, bei dem die Seite durch A und C orthogonal auf der Seite durch B und C steht. Wir definieren $a = d(B, C)$, $b = d(A, C)$ und $c = d(A, B)$. Dann gilt

$$a^2 + b^2 = c^2.$$

Wir stellen den Beweis zurück und beweisen zunächst folgendes Lemma (◘ Abb. 9.13).

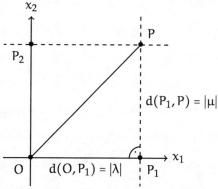

◘ **Abb. 9.12**   Skizze zum Nachweis von $\| \Theta(P) \|_2 = d(O, P)$

Lemma 9.4.5

Seien $(\mathbb{E}, d)$ eine euklidische Ebene, $\tau_1, \tau_2 \in V(\mathbb{E}) \setminus \{id_\mathbb{E}\}$ und $O \in \mathbb{E}$. Wir definieren (unter Nutzung von ▶ Satz 9.3.14)

$$s_{\tau_1}(\tau_2) := |\tau_1| \cdot d\left(O, \tau_2(O)^{g_{O,\tau_1}}\right).$$

Dann gelten für $\lambda > 0$

$$s_{\lambda \cdot \tau_1}(\tau_2) = \lambda s_{\tau_1}(\tau_2) = s_{\tau_1}(\lambda \cdot \tau_2) \quad \text{und} \quad s_{\tau_1}(\tau_2) = s_{\tau_2}(\tau_1).$$

Beweis Es gilt

$$s_{\lambda \cdot \tau_1}(\tau_2) = \underbrace{|\lambda \cdot \tau_1|}_{\lambda |\tau|_1} \cdot d\left(O, \tau_2(O)^{g_{O,\tau_1}}\right) = \lambda \cdot s_{\tau_1}(\tau_2)$$

Die zweite Gleichheit folgt aus ▶ Satz 9.3.17.

Wir zeigen noch die Symmetrie in τ_1 und τ_2: Es gilt $s_{\tau_1}(\tau_2) = |\tau_1| \cdot |\tau_2| \cdot s_{\tilde{\tau}_1}(\tilde{\tau}_2)$, wobei $\tilde{\tau}_i := \frac{\tau_i}{|\tau_i|}$ ist. Wir betrachten die Mittelsenkrechte m von $\tilde{\tau}_1(O)$ und $\tilde{\tau}_2(O)$. Wegen $|\tilde{\tau}_i| = 1$ folgt $O \in m$. Durch die Spiegelung an m erhält man die Symmetrie der beiden Situationen und damit die Gleichheit der Längen.□

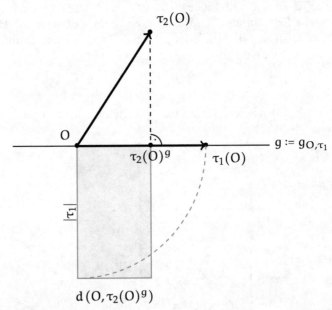

☐ Abb. 9.13 Skizze zur Konstruktion aus ▶ Lemma 9.4.5. $s_{\tau_1}(\tau_2)$ kann aus schulgeometrischer Perspektive als der Flächeninhalt des grau gefärbten Rechtecks interpretiert werden

Bemerkung 9.4.6

Für $\tau_1, \tau_2 \in V(\mathbb{E})$ entspricht $s_{\tau_1}(\tau_2)$ genau der geometrischen Interpretation des (Betrags des) Skalarprodukts, wie es in der Schule eingeführt wird (vgl. Schnittstelle ▶ 1). In ▶ Lemma 9.4.5 haben wir gezeigt, dass $s_{\tau_1}(\tau_2)$ homogen bezüglich Skalierung in beiden Variablen sowie symmetrisch ist. Wir haben jedoch nicht bewiesen, dass es bilinear ist.

Folgender Satz zeigt, dass aus der *Symmetrie* von $s_{\tau_1}(\tau_2)$ direkt der Kathetensatz und damit der Satz des Pythagoras folgt. ☐

Satz 9.4.7 (Kathetensatz)

Seien $(\mathbb{E}, d)$ eine euklidische Ebene und $\triangle ABC$ ein Dreieck, bei dem die Seite durch A und C orthogonal auf der Seite durch B und C steht. Ferner sei P die orthogonale Projektion von C auf die Gerade durch A und B (◘ Abb. 9.14). Dann gelten die zwei Gleichheiten

$$d(A, C)^2 = d(A, B) \cdot d(A, P) \quad \text{und} \quad d(B, C)^2 = d(A, B) \cdot d(B, P).$$

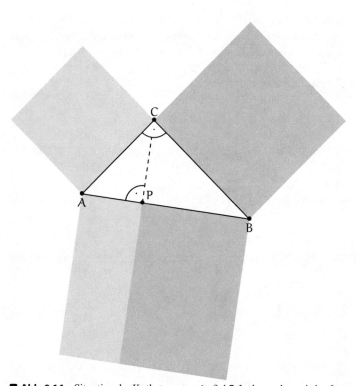

◘ **Abb. 9.14** Situation des Kathetensatzes ▶ 9.4.7. Insbesondere wird sofort deutlich, wie aus dem Kathetensatz der Satz des Pythagoras (▶ Satz 9.4.4) gefolgert werden kann

Beweis

$$d(A, C)^2 = s_{\tau_{AC}}(\tau_{AB}) = s_{\tau_{AB}}(\tau_{AC}) = d(A, B) \cdot d(A, P).$$

Die zweite Gleichung zeigt man komplett analog. □

Nun können wir den Satz des Pythagoras beweisen.

Hands On ...
...und probieren Sie den Beweis zunächst selbst!

Beweis (von ► Satz 9.4.4)

$$a^2 + b^2 \stackrel{\text{Satz 9.4.7}}{=} d(A, B) \cdot d(A, P) + d(A, B) \cdot d(B, P)$$
$$= d(A, B) \cdot (d(A, P) + d(B, P)) = c^2$$

□

Mit ► Bemerkung 9.4.3 ergibt sich, dass es bis auf Isometrie nur genau eine euklidische Ebene gibt.

Satz 9.4.8 (Hauptsatz über euklidische Ebenen)
Jede euklidische Ebene ist isometrisch isomorph zu $\left(\mathbb{R}^2, \langle \cdot, \cdot \rangle_2\right)$.

Unser Axiomensystem beschreibt also (bis auf Isomorphie) genau die aus der Schule bekannte Geometrie. Durch die Herleitung dieses Resultats wird insbesondere klar, wie zentrale Sätze der Mittelstufengeometrie und der analytischen Geometrie der Oberstufe zusammenspielen.

9

Vertiefungen zu euklidischen Ebenen

Inhaltsverzeichnis

M. Hoffmann et al., *Ebene euklidische Geometrie*,
https://doi.org/10.1007/978-3-662-67357-7_10

Wir schließen unsere Theorie euklidischer Ebenen mit zwei Vertiefungen: In ▶ Abschn. 10.1 widmen wir uns typischen Sätzen der ebenen euklidischen Geometrie. Dabei haben wir solche Sätze ausgewählt, die zum einen typische Inhalte des Mathematikunterrichts sind und zum anderen die Gemeinsamkeit haben, dass sie nicht in allgemeinen neutralen Ebenen gelten, sondern tatsächlich das Parallelenaxiom benötigen. In der zweiten Vertiefung (▶ Abschn. 10.2) behandeln wir zum Parallelenaxiom äquivalente Aussagen, also Aussagen, die man statt des Parallelenaxioms als ergänzendes Axiom zur neutralen Ebene fordern kann, um die selbe euklidische Ebene zu erhalten.

10.1 Ausgewählte Sätze der ebenen euklidischen Geometrie

Satz 10.1.1 (Der Satz des Thales)
Seien $(\mathbb{E}, d)$ eine euklidische Ebene, $A, B \in \mathbb{E}$ verschieden und M der Mittelpunkt von A und B. Ferner sei $K := K_r(M)$ der Kreis mit Mittelpunkt M und Radius $r = \frac{1}{2} \cdot d(A, B)$. Dann stehen für jedes $P \in K \backslash \{A, B\}$ die Gerade durch A und P und die Gerade durch B und P orthogonal zueinander (■ Abb. 10.1).

Beweis Seien m_{AP}, m_{BP} die Mittelsenkrechten von A und P bzw. B und P. Wegen $A, B, P \in K$ gilt $d(A, M) = d(P, M) = d(B, M)$. Nach der Ortslinieneigenschaft der Mittelsenkrechten (▶ Proposition 5.4.14) folgt, dass $M \in m_{AP} \cap m_{BP}$ gelten muss (■ Abb. 10.2).

Wir zeigen nun, dass die beiden Mittelsenkrechten in M zueinander orthogonal sind. Seien dazu σ_1 die Spiegelung an m_{AP} und σ_2 die Spiegelung an m_{BP}. Wir zeigen, dass $\rho := \sigma_1 \circ \sigma_2$ die Punktspiegelung an M ist. Dann folgt die Orthogonalität aus ▶ Satz 5.4.7.

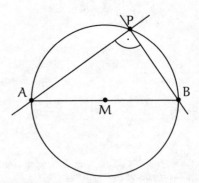

■ **Abb. 10.1**   Skizze zum ▶ Satz des Thales 10.1.1

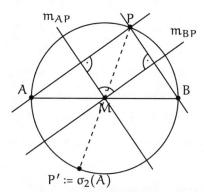

■ **Abb. 10.2** Skizze zum Beweis vom ▶ Satz des Thales 10.1.1: σ_1 ist die Spiegelung an m_{AP} und σ_2 die Spiegelung an m_{BP}

Wir definieren $P' := \sigma_2(A)$. Wegen $\sigma_2(B) = P$ erhalten wir dann, dass σ_2 die Gerade durch A und B auf die Gerade durch P' und P abbildet. Da M auf der Geraden durch A und B liegt und $\sigma_2(M) = M$ ist, liegen also M, P, P' auf einer Geraden. Es gilt $\rho(P') = \sigma_1(\sigma_2(\sigma_2(A))) = \sigma_1(A) = P$ und $\rho(M) = M$. Also fixiert ρ die Gerade durch P, M und P'. Da ρ nicht die Identität sein kann und $\rho(P)$ ein Punkt sein muss, der ebenfalls auf dieser Gerade liegt und den selben Abstand von M hat wie P, bleibt nur $\rho(P) = P'$. Außerdem ist M der Mittelpunkt von P und P'.

Wir zeigen im nächsten Schritt, dass ρ die Punktspiegelung ρ_M an M ist: Sei dazu g die Gerade durch A und B. Es gilt $\rho_M(A) = B$ und $\rho_M(P') = P$. Damit erhalten wir $\rho \circ \rho_M(M) = M$, $\rho \circ \rho_M(P') = \rho(P) = P'$ und

$$\rho \circ \rho_M(A) = \rho(B) = \sigma_1\sigma_2(B) = \sigma_1(P) = A.$$

Also gilt nach ▶ Korollar 5.5.4 bereits $\rho \circ \rho_M = id_\mathbb{E}$ und damit $\rho = \rho_M^{-1} = \rho_M$. Wir erhalten

$$\sigma_1 \circ \sigma_2 = \rho = \rho^{-1} = \sigma_2 \circ \sigma_1$$

und dann mit ▶ Proposition 5.4.5 die Orthogonalität von m_{AP} und m_{BP}.

Die Geraden durch A und P, bzw. durch B und P sind nach ▶ Definition 5.4.16 der Mittelsenkrechten orthogonal zu den jeweiligen Mittelsenkrechten. Damit haben wir insgesamt die Ausgangssituation für den ▶ Satz 9.1.8. Dieser liefert uns dann die Orthogonalität der Geraden durch A und P und der Gerade durch B und P, wie gewünscht. □

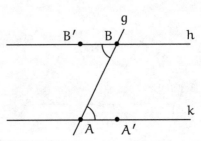

Abb. 10.3 Skizze zum Wechselwinkelsatz ▸ 10.1.2. Es gilt $k \parallel h$

Satz 10.1.2 (Wechselwinkelsatz)

Seien $(\mathbb{E}, d)$ eine euklidische Ebene und $g, k, h \subset \mathbb{E}$ Geraden mit $k \parallel h$, so dass g die Gerade k in A und die Gerade h in B schneidet (▪ Abb. 10.3). Seien ferner $A' \in k$ und $B' \in h$ Punkte, die auf unterschiedlichen Seiten von g liegen. Dann gilt

$$\angle A'AB = \angle B'BA.$$

Hands On ...
...und probieren Sie den Beweis zunächst selbst!

Beweis Wir nehmen ohne Einschränkung $d(A, A') = d(B, B')$ an. Sei M der Mittelpunkt von A und B. Wir betrachten die Punktspiegelung $\rho_M : \mathbb{E} \to \mathbb{E}$ an M. Dann gelten $\rho_M(A) = B$, $\rho_M(B) = A$ und $\rho_M(g) = g$. Nach ▸ Korollar 8.1.5 ist $\rho_M(k) \parallel k$. Da in $\mathbb{E}$ das Parallelenaxiom gilt, ist $\rho_M(k)$ die eindeutige Parallele zu k durch B, also $\rho_M(k) = h$.

Weil ρ_M die Punkte A und B vertauscht, wird der Strahl von A durch B auf den Strahl von B durch A abgebildet. Außerdem liegt $\rho_M(A')$ auf h und nach ▸ Proposition 5.4.9 auf der anderen Seite von g als A'. Wegen $d(B', B) = d(A, A')$ muss dann $\rho_M(A') = B'$ sein (▸ Lemma 4.2.10). Zusammengefasst erhalten wir $\rho_M(A) = B$, $\rho_M(B) = A$ und $\rho_M(A') = B'$. Also sind die Winkel $\angle A'AB$ und $\angle B'BA$ kongruent und damit nach ▸ Lemma 6.2.21 gleich groß, wie gewünscht. □

Satz 10.1.3 (Stufenwinkelsatz)

Seien $(\mathbb{E}, d)$ eine euklidische Ebene und $g, k, h \subset \mathbb{E}$ Geraden mit $k \parallel h$, so dass g die Gerade k in A und die Gerade h in B schneidet (▪ Abb. 10.4). Seien ferner $A' \in k$ und $B' \in h$ Punkte, die auf derselben Seiten von g liegen sowie $B'' \in g$ ein Punkt, der auf der anderen Seite von h liegt als A. Dann gilt

$$\angle A'AB = \angle B'BB''.$$

Hands On ...
...und probieren Sie den Beweis zunächst selbst!

Beweis Die Aussage folgt direkt aus dem Wechselwinkelsatz ▸ Satz 10.1.2 in Verbindung mit dem Scheitelwinkelsatz ▸ Satz 5.6.12. □

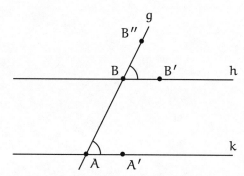

Abb. 10.4 Skizze zum Stufenwinkelsatz ▸ Satz 10.1.3. Es gilt $k \parallel h$

Satz 10.1.4 (Innenwinkelsummensatz für Dreiecke)

Sei $\triangle ABC$ ein Dreieck in einer euklidischen Ebene $(\mathbb{E}, d)$. Dann gilt in Verschärfung der allgemeinen Formulierung für neutrale Ebenen (▸ Satz 6.3.11) für die Summen der Innenwinkel

$$\angle BAC + \angle ACB + \angle CBA = \pi.$$

Hands On …
…und probieren Sie den Beweis zunächst selbst!

Beweis Sei g die nach dem Parallelenaxiom ▸ Axiom 8.2.1 eindeutige zur Geraden durch A und B parallele Gerade durch C. Dann addiert sich die Größe der Wechselwinkel (▸ Satz 10.1.2) der Innenwinkel bei A und bei B zusammen mit der Größe des Innenwinkels bei C zu genau π (**Abb. 10.5**). ☐

10.2 Äquivalenzen zum Parallelenaxiom

Wir erinnern noch einmal an das Parallelenaxiom ▸ Axiom 8.2.1, mit dem wir euklidische von nichteuklidischen (hyperbolischen) Ebenen (▸ Definitionen 8.2.2, 8.2.4) unterschieden haben[1]. Bei der Axiomatisierung der ebenen Geometrie ist das Parallelenaxiom – insbesondere auch aus mathematikhistorischer Perspektive – von besonderer Bedeutung. Euklid formulierte es in den *Elementen* als das bereits durch seine bloße Länge hervorstechende Postulat 5 in folgender Weise (**Abb. 10.5**):

---

1 Der folgende Abschnitt ist teilweise aus (Hoffmann, 2022, S. 98 ff.) übernommen.

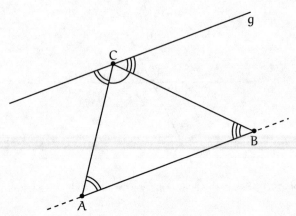

◻ Abb. 10.5   Skizze zum Beweis des Innenwinkelsummensatzes für Dreiecke in euklidischen Ebenen (▶ Satz 10.1.4)

> [Gefordert soll sein], daß, wenn eine gerade Linie beim Schnitt mit zwei geraden Linien bewirkt, daß innen auf derselben Seite entstehende Winkel zusammen kleiner als zwei rechte werden, dann die zwei geraden Linien bei Verlängerung ins Unendliche sich treffen auf der Seite, auf der die Winkel liegen, die zusammen kleiner als zwei rechte sind.

(Euklid (1980) zitiert nach Trudeau (1998, S. 50))

10

Jahrhundertelang haben Mathematiker (letztendlich erfolglos) versucht, diese Aussage als Satz aus den anderen Axiomen zu folgern. Schon die *Elemente* selbst erwecken den Eindruck, dass auch Euklid Zweifel daran hatte, dass es sich tatsächlich um ein notwendiges Postulat handelt. Trudeau (1998) formuliert hierzu:

> Die Tatsache, daß bis zum Satz 29 kein Satz von ihm [dem Postulat 5] abhängt, danach aber *jeder* Satz mit Ausnahme von Satz 31, erweckt den Eindruck, als habe er seine Verwendung so lange wie möglich hinausschieben wollen. Darüber hinaus gibt es Sätze, bei denen er sich der Mühe unterzieht, sie ohne Postulat 5 zu beweisen, obwohl er sie viel leichter hätte beweisen können, wenn er darauf gewartet hätte, daß das Postulat auf der Bildfläche erscheint – z.B. der WWS-Teil des Satzes 26, der eine unmittelbare Konsequenz von Satz 32 ist.

(Trudeau, 1998, S. 139 f.)

Bei dem Versuch das Parallelenaxiom (Postulat 5) zu beweisen, stießen Mathematiker auf verschiedenste Ersatzpostulate. Alle erwiesen sich aber im Endeffekt als äquivalent zum Parallelenaxiom. Die folgende Auflistung einiger dieser Aussagen zeigt deren breite Fächerung. Sie ist Teil einer umfangreichen Sammlung von Trudeau (1998, S. 151 f.):

- Parallele gerade Linien sind äquidistant. (Poseidonios, erstes Jahrhundert vor Christus.)

- Alle Punkte, die von einer gegebenen Linie äquidistant sind und auf einer gegebenen Seite liegen, bilden eine Gerade (Christoph Clavius, 1574)
- Es gibt mindestens ein Paar äquidistanter Linien.
- Es existiert mindestens ein Rechteck. (Gerolamo Saccheri, 1733)
- Die Winkelsumme im Dreieck beträgt 180°. (Gerolamo Saccheri, 1733)
- Es ist möglich ein Dreieck zu konstruieren, dessen Fläche größer ist als eine gegebene Fläche. (Carl Friedrich Gauß, 1799)

Im Rahmen der in diesem Buch entwickelten Theorie, können wir nicht alle diese Äquivalenzen beweisen, da es für manche (z. B. den letzten) eines genaueren Studiums der hyperbolischen Ebenen bedarf. Bei einigen der Aussagen haben wir zumindest eine der Richtungen bereits gezeigt. Im Folgenden geben wir nun drei Beispiele für zum Parallelenaxiom äquivalente Aussagen an, bei denen wir den kompletten Beweis mit den uns zur Verfügung stehenden Mitteln führen können.

Satz 10.2.1 (Äquivalenz zum Parallelenaxiom | Playfair)

Sei (X, d) eine neutrale Ebene. Dann ist die folgende Aussage äquivalent zum Parallelenaxiom ▶ Axiom 8.2.1:

Sei $g \subset X$ eine Gerade und $h_1 \perp g$. Sei h_2 eine weitere Gerade, die g schneidet, aber nicht senkrecht zu g ist, dann schneiden sich h_1 und h_2.

Hands On ...
...und probieren Sie den Beweis zunächst selbst!

Beweis Angenommen das Parallelenaxiom ▶ Axiom 8.2.1 gilt und h_1 und h_2 schneiden sich nicht, dann sind sie parallel. Sei $P = g \cap h_2$, dann existiert nach ▶ Proposition 5.4.15 eine zu g orthogonale Gerade durch P, die wir h_2' nennen. Da h_1 und h_2' beide orthogonal zu g sind wissen wir nach ▶ Proposition 8.1.2, dass h_2' parallel zu h_1 ist. Wir hätten also mit h_2 und h_2' zwei verschiedene zu h_1 parallele Geraden durch P was einen Widerspruch zum Parallelenaxiom darstellt.

Sei umgekehrt h_1 eine Gerade und P ein Punkt. Sei g die zu h_1 senkrechte Gerade durch P (▶ Proposition 5.4.15). Unsere Annahme besagt dann, dass die einzige Gerade durch P, die h_1 nicht schneidet, die zu g senkrechte Gerade durch P ist. Von dieser wissen wir schon, dass sie zu h_1 parallel ist (▶ Proposition 8.1.2). Wir haben also gezeigt, dass es eine eindeutige zu h_1 parallele Gerade durch P gibt. $\square$

Satz 10.2.2 (Äquivalenz zum Parallelenaxiom | Poseidonios)

Sei (X, d) eine neutrale Ebene. Dann ist die folgende Aussage äquivalent zum Parallelenaxiom ▶ Axiom 8.2.1:

Zwei Geraden $g, h \subset X$ sind genau dann parallel, wenn ihr Abstand konstant ist, d. h. wenn ein $c \in \mathbb{R}_{\geq 0}$ existiert, sodass für alle $P \in g$ gilt:

$$d(P, P^h) = c$$

Hands On ...
...und probieren Sie den Beweis zunächst selbst!

Beweis Angenommen das Parallelenaxiom gilt und $g, h \subset X$ sind parallele Geraden. Falls $g = h$ ist die Aussage für $c = 0$ erfüllt. Sei also im Folgenden $g \cap h = \emptyset$. Wir wählen $P_1, P_2 \in g$ und betrachten für $i \in \{1, 2\}$ die Geraden k_i durch P_i und P_i^h ($\bullet$ Abb. 10.6, links). Da beide senkrecht auf h stehen, wissen wir nach $\blacktriangleright$ Proposition 8.1.2, dass k_1 und k_2 parallel sind. Damit ist das Viereck $\square P_1 P_2 P_2^h P_1^h$ ein Parallelogramm. Bei diesem sind nach $\blacktriangleright$ Proposition 9.1.4 gegenüberliegende Seiten gleich lang. Es folgt also $d(P_1, P_1^h) = d(P_2, P_2^h) =: c$. Da $P_1, P_2 \in g$ beliebig waren, gilt dann bereits $d(P, P^h)$ für alle $P \in g$, wie gewünscht.

Seien umgekehrt h eine Gerade und $P \in X \setminus h$ ein Punkt. Wir wissen aus $\blacktriangleright$ Proposition 8.1.2, dass es mindestens eine Parallele zu h durch P gibt. Angenommen es gäbe durch P zwei verschiedene zu h parallele Geraden g_1, g_2 ($\bullet$ Abb. 10.6, rechts).

Da g_1 und h parallel sind, liegt h auf einer Seite von g_1. Da sich g_1 und g_2 in einem Punkt schneiden, aber verschieden sind, liegen die Punkte von g_2 nicht nur auf einer Seite von g_1. Sei $Q \in g_2$ ein Punkt auf der Seite von g_1, auf der nicht h liegt. Dann schneidet die Strecke $[Q, Q^h]$ die Gerade g_1 in einem Punkt, den wir Q' nennen. Für diesen Punkt gilt dann $Q'^h = Q^h$ und folglich $d(Q, Q^h) > d(Q', Q'^h)$. Das kann aber nicht sein, da nach obiger Aussage für die parallelen Geraden g_1 und h die Gleichheit $d(Q', Q'^h) = d(P, P^h)$ und für die parallelen Geraden g_2 und h die Gleichheit $d(P, P^h) = d(Q, Q^h)$ gelten müsste. $\square$

Satz 10.2.3 (Äquivalenz zum Parallelenaxiom | Pythagoras)

Sei (X, d) eine neutrale Ebene. Dann ist die Gültigkeit vom Satzes des Pythagoras ($\blacktriangleright$ Satz 9.4.4) äquivalent zum Parallelenaxiom $\blacktriangleright$ Axiom 8.2.1.

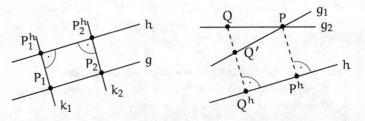

$\bullet$ **Abb. 10.6** Skizzen zu den Beweisen beider Richtungen aus $\blacktriangleright$ Satz 10.2.2

Beweis Dass wenn das Parallelenaxiom gilt, auch ▶ Satz 9.4.4 gilt, haben wir bereits gezeigt.

Es gelte umgekehrt der Satz des Pythagoras: Wenn $\triangle ABC$ ein Dreieck in der neutralen Ebene (X, d) ist, bei dem die Seite durch A und C orthogonal auf der Seite durch B und C steht, gilt mit $a := d(B, C)$, $b := d(A, C)$ und $c := d(A, B)$

$$a^2 + b^2 = c^2. \quad (\star)$$

Wir merken an, dass alle in der Aussage genutzten Konzepte in jeder beliebigen neutralen Ebene funktionieren und nicht des Parallelenaxioms bedürfen.

Sei nun h eine Gerade und $P \in X \setminus h$ ein Punkt. Sei ferner k die Orthogonale (▶ Proposition 5.4.15) zu h durch P. Wir wissen aus ▶ Proposition 8.1.2, dass es mindestens eine Parallele g' zu h durch P gibt, wobei $g' \perp k$. Sei nun g eine beliebige andere Gerade durch P. Wir zeigen, dass dann g einen gemeinsamen Punkt mit h hat, also nicht parallel zu h ist.

Zunächst stellen wir fest, dass es wegen $g' \perp k$, $P \in g \cap g' \cap k$ und ▶ Proposition 5.4.9 Punkte auf g geben muss, die auf der selben Seite von g' liegen, wie h. Sei $R \in g$ so ein Punkt. Dann liegt dessen orthogonale Projektion $Q := R^k$ in $[P^h, P]$. Insbesondere ist das Dreieck $\triangle PQR$ rechtwinklig in Q und mit $b := d(P, Q)$, $a := d(Q, R)$ und $c := d(R, P)$ gilt nach Voraussetzung $a^2 + b^2 = c^2$.

Sei nun $\mu > 0$ und $\lambda = 1 + \mu$. Wir betrachten die zentrische Streckung $\zeta_{P,\lambda}$ und definieren $R' := \zeta_{P,\lambda}(R)$ (◘ Abb. 10.7).

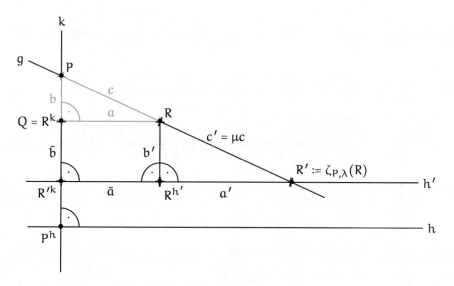

◘ **Abb. 10.7** Skizze zum Beweis, dass aus der Gültigkeit des Satzes von Pythagoras bereits das Parallelenaxiom folgt. (▶ Satz 10.2.3, Rückrichtung)

Unser Ziel ist es nun zu zeigen, dass dann für jede Wahl von μ gilt

$$R'^k = \zeta_{P,\lambda}(Q). \qquad (\star\star)$$

Dann können wir nämlich insbesondere μ so wählen, dass $\zeta_{P,\lambda} = P^h$ gilt, woraus wegen ▶ Proposition 5.4.15 sofort folgt, dass R' dann ein Schnittpunkt von g und h ist, also g nicht parallel zu h ist, wie gewünscht.

Den Rest des Beweises verwenden wir darauf $(\star\star)$ zu zeigen und führen dafür die folgende Notation ein (vgl. ◻ Abb. 10.7):

$$\tilde{a} := d\left(R'^k, R^{h'}\right), \quad a' := d\left(R^{h'}, R'\right), \quad \tilde{b} := d\left(R^k, R'^k\right),$$

$$b' := d\left(R, R^{h'}\right), \quad c' := d\left(R, R\right) = \mu c.$$

In dieser Notation bedeutet $(\star\star)$, dass wir $\tilde{b} = \mu b$ zeigen müssen.

Wir halten zunächst fest, dass wegen der Saccheri-Ungleichung (▶ Proposition 5.3.12) $b' \geqslant \tilde{b}$ und $a \geqslant \tilde{a}$ gilt $(\star\star\star)$. Damit erhalten wir

$$
\begin{aligned}
(c + c')^2 &\stackrel{(\star)}{=} (b + \tilde{b})^2 + (\tilde{a} + a')^2 \\
&\stackrel{(\star\star\star)}{\leqslant} (b + b')^2 + (a + a')^2 \\
&= b^2 + 2bb' + b'^2 + a^2 + 2aa' + a'^2 \\
&\stackrel{(\star)}{=} c^2 + c'^2 + 2(bb' + aa') \\
&\stackrel{\substack{\text{C.S.-Ungl} \\ \text{A.1.8}}}{\leqslant} c^2 + c'^2 + 2 \underbrace{\sqrt{a^2 + b^2}}_{=c} \underbrace{\sqrt{a'^2 + b'^2}}_{=c'} \\
&= (c + c')^2.
\end{aligned}
$$

Also sind die beiden „$\leqslant$" in der Rechnung tatsächlich „$=$". Dies erlaubt nun zwei Schlussfolgerungen:

1. Aus „$=$" in $(\star\star\star)$ folgt $b' = \tilde{b}$ und $a = \tilde{a}$.
2. Aus „$=$" in Cauchy-Schwarz-Ungleichung folgt mit Satz A.1.8, dass es ein $\nu \in \mathbb{R}$ gibt mit $a' = \nu a$ und $b' = \nu b$. Damit erhalten wir insgesamt

$$\mu^2 c^2 = c'^2 = a'^2 + b'^2 = \nu^2\left(a^2 + b^2\right) = \nu^2 c^2$$

und damit $\mu = \nu$, also $\tilde{b} = \mu b$, wie gewünscht. □

Serviceteil

Anhang A: Hintergründe zu metrischen Räumen

In diesem Anhang stellen wir verschiedene Beispiele für metrische Räume vor, bei denen die Anwendung der theoretischen Hintergründe aus Teil II interessante und instruktive Konsequenzen hat. Zuvor klären wir einige wesentliche mathematische Hintergründe.

A.1   Metrik – Norm –Skalarprodukt

A.1.1   Definitionen

Definition A.1.1 (Metrischer Raum)

Sei X eine Menge und $d : X \times X \to \mathbb{R}_{\geq 0}$ eine Abbildung mit folgenden Eigenschaften für beliebige $x, y, z \in X$:

(M1) $d(x, y) = 0 \iff x = y$,
(M2) $d(x, y) = d(y, x)$ *(Symmetrie)*,
(M3) $d(x, y) + d(y, z) \geqslant d(x, z)$ *(Dreiecksungleichung)*.

Dann nennen wir (X, d) einen **metrischen Raum** und d eine **Metrik** auf X.

Definition A.1.2 (Normierter Vektorraum)

Sei V ein reeller Vektorraum und $\|\cdot\| : V \to \mathbb{R}_{\geq 0}$ eine Abbildung mit folgenden Eigenschaften für beliebige $u, v \in V$ und $\lambda \in \mathbb{R}$:

(N1) $\|u\| = 0 \iff u = 0$,
(N2) $\|\lambda u\| = |\lambda| \cdot \|u\|$ *(Homogenität)*,
(N3) $\|u\| + \|v\| \geqslant \|u + v\|$ *(Dreiecksungleichung)*.

Dann nennen wir $(V, \|\cdot\|)$ einen **normierten Vektorraum** und $\|\cdot\|$ eine **Norm** auf V.

Definition A.1.3 (Euklidischer Vektorraum)

Sei V ein reeller Vektorraum und $\langle \cdot, \cdot \rangle : V \times V \to \mathbb{R}$ eine Abbildung mit folgenden Eigenschaften für beliebige $v, w \in V$:

(SKP1) $\langle v, v \rangle \geqslant 0$ und $\langle v, v \rangle = 0 \Leftrightarrow v = 0$ *(positive Definitheit)*,

(SKP2) $\langle v, w \rangle = \langle w, v \rangle$ *(Symmetrie)*,

(SKP3) $\langle \cdot, v \rangle, \langle v, \cdot \rangle : V \to \mathbb{R}$ sind linear *(Bilinearität)*.

Dann nennen wir $(V, \langle \cdot, \cdot \rangle)$ einen **euklidischen Vektorraum** und $\langle \cdot, \cdot \rangle$ ein **Skalarprodukt** auf V.

A.1.2 Beziehungen zwischen den Räumen

Satz A.1.4 (Induzierte Metrik)

Sei $(V, \|\cdot\|)$ ein normierter reeller Vektorraum. Dann ist (V, d) ein metrischer Raum, wobei $d : V \times V \to \mathbb{R}_{\geqslant 0}$ die **von** $\|\cdot\|$ **induzierte Metrik**

$$d(x, y) := \|y - x\|$$

ist.

Beweis Man verifiziert die Eigenschaften aus ▶ Definition A.1.1 direkt durch Nachrechnen unter Verwendung der Eigenschaften aus ▶ Definition A.1.3. □

Satz A.1.5 (Induzierte Norm)

Sei $(V, \langle \cdot, \cdot \rangle)$ ein eukldischer reeller Vektorraum. Dann ist $(V, \|\cdot\|)$ ein normierter Vektorraum, wobei $\|\cdot\| : V \to \mathbb{R}_{\geqslant 0}$ die **von** $\langle \cdot, \cdot \rangle$ **induzierte Norm**

$$\|x\| := \sqrt{\langle x, x \rangle}$$

ist.

Beweis Man verifiziert die Eigenschaften aus ▶ Definition A.1.2 direkt durch Nachrechnen unter Verwendung der Eigenschaften aus ▶ Definition A.1.3. □

Satz A.1.6 (Norm aus Metrik)

Sei V ein Vektorraum und d eine Metrik auf V mit den folgenden beiden Eigenschaften:

(H) Für alle $\lambda \in \mathbb{R}, v \in V$ gilt $d(0, \lambda v) = |\lambda| \, d(0, v)$ *(Homogenität)*,

(T) für alle $u, v, w \in V$ gilt $d(v, w) = d(v+u, w+u)$ *(Translationsinvarianz)*.

Dann wird durch $\|\cdot\| : V \to \mathbb{R}_{\geqslant 0}, v \mapsto \|v\| := d(0,v)$ eine Norm definiert, deren induzierte Metrik gerade d ist.

Beweis Seien $v, w \in V$ und $\lambda \in \mathbb{R}$. Wir rechnen zunächst die Normeigenschaften nach.

(N1) $\|v\| = d(0,v) = 0 \overset{(M1)}{\Leftrightarrow} v = 0$.

(N2) $\|\lambda v\| = d(0, \lambda v) \overset{(H)}{=} |\lambda|\, d(0,v) = |\lambda|\, \|v\|$.

(N3)

$$\|v\| + \|w\| = d(0,v) + d(0,w)$$

$$= |-1|\, d(0,v) + d(0,w) \overset{(H)}{=} d(0,-v) + d(0,w)$$

$$\overset{(M2)}{=} d(-v,0) + d(0,w) \overset{(M3)}{\geqslant} d(-v,w)$$

$$\overset{(T)}{=} d(0, v+w) = \|v+w\|.$$

Seien $v, w \in V$. Dann ist $\|v - w\| = d(0, v - w) \overset{(T),(M2)}{=} d(v,w)$, das heißt, d ist die von $\|\cdot\|$ induzierte Metrik. $\square$

A.1.3 Die Ungleichung von Cauchy-Schwarz

Proposition A.1.7
Sei $(V, \|\cdot\|)$ ein normierter Vektorraum. Dann gelten für normierte Vektoren $v, w \in V$ folgende Aussagen.
(i) $|\langle v, w \rangle| \leqslant 1$,
(ii) $|\langle v, w \rangle| = 1 \quad \Leftrightarrow \quad v = \pm w$.

Beweis Es gilt $|\langle v, w \rangle| \leqslant 1 \Leftrightarrow \langle v, w \rangle^2 \leqslant 1 \Leftrightarrow 1 - \langle v, w \rangle^2 \geqslant 0$. Außerdem gilt

$$\langle v - \langle v, w \rangle\, w, v - \langle v, w \rangle\, w \rangle = \langle v, v \rangle - \langle v, \langle v, w \rangle\, w \rangle$$
$$- \langle \langle v, w \rangle\, w, v \rangle + \langle \langle v, w \rangle\, w, \langle v, w \rangle\, w \rangle$$

$$= 1 - 2\langle v, w \rangle^2 + \langle v, w \rangle^2\, \langle w, w \rangle = 1 - \langle v, w \rangle^2.$$

Wegen der positiven Definitheit des Skalarproduktes ist der erste Term $\geqslant 0$. Damit folgt $|\langle v, w \rangle| \leqslant 1$, also (i).

Wir zeigen nun (ii). Wegen der positiven Definitheit des Skalarproduktes gilt

$$\langle v - \langle v, w \rangle\, w, v - \langle v, w \rangle\, w \rangle = 0$$
$$\Leftrightarrow \quad v - \langle v, w \rangle\, w = 0 \quad \Leftrightarrow \quad v = \langle v, w \rangle\, w.$$

Nach dem ersten Teil des Beweises folgt aus der Gleichheit $1 - \langle v, w \rangle^2 = 0$ also, dass v und w linear abhängig sind. Dies ist für normierte Vektoren aber wiederum nur für $v = \pm w$ der Fall. Umgekehrt folgt aus $v = \pm w$ sofort

$$|\langle v, w \rangle| = |\langle \pm w, w \rangle| = \langle w, w \rangle = 1.$$

$\square$

Satz A.1.8 (Cauchy-Schwarz-Ungleichung)

Seien $(V, \langle \cdot, \cdot \rangle)$ ein euklidischer Vektorraum und $\|\cdot\|$ die von $\langle \cdot, \cdot \rangle$ induzierte Norm (siehe ▶ Satz A.1.6). Dann gilt die **Cauchy-Schwarz-Ungleichung:**

$$\forall v, w \in V : \quad |\langle v, w \rangle| \leqslant \|v\| \, \|w\| \, .$$

Die Gleichheit gilt dabei genau dann, wenn v und w linear abhängig sind.

Beweis Ist einer der Vektoren der Nullvektor ist nichts weiter zu zeigen. Seien also $v, w \neq 0$ und somit normierbar.

Aus ▶ Proposition A.1.7 (i) folgt

$$\left| \left\langle \frac{v}{\|v\|}, \frac{w}{\|w\|} \right\rangle \right| \leqslant 1 \quad \Leftrightarrow \quad \frac{|\langle v, w \rangle|}{\|v\| \, \|w\|} \leqslant 1$$
$$\Leftrightarrow \quad |\langle v, w \rangle| \leqslant \|v\| \, \|w\| \, .$$

Nach ▶ Proposition A.1.7 (ii) gilt die Gleichheit genau dann, wenn $\frac{v}{\|v\|} = \pm \frac{w}{\|w\|}$ ist. Dann gilt aber $v = \pm \frac{\|v\|}{\|w\|} w$, was die lineare Abhängigkeit beweist.

Sei umgekehrt $w = \lambda v$. Dann ist $\frac{w}{\|w\|} = \frac{\lambda v}{|\lambda| \|v\|} = \pm \frac{v}{\|v\|}$ und wieder mit ▶ Proposition A.1.7 (ii) folgt $\left| \left\langle \frac{v}{\|v\|}, \frac{w}{\|w\|} \right\rangle \right| = 1$, also $|\langle v, w \rangle| = \|v\| \, \|w\|$.

$\square$

Korollar A.1.9

Seien $(V, \langle \cdot, \cdot \rangle)$ ein euklidischer Vektorraum und $\|\cdot\|$ die von $\langle \cdot, \cdot \rangle$ induzierte Norm (siehe ▶ Satz A.1.6). Gilt für $v, w \in V$ die Gleichheit in der Norm-Dreiecksungleichung, so sind v und w linear abhängig.

Beweis Mit $\|v\| + \|w\| = \|v + w\|$ gelten die folgenden äquivalenten Aussagen

$$(\|v\| + \|w\|)^2 = \|v + w\|^2$$
$$\Leftrightarrow \quad \|v\|^2 + \|w\|^2 + 2\,\|v\|\,\|w\|$$
$$= \langle v + w, v + w \rangle = \|v\|^2 + \|w\|^2 + 2\,\langle v, w \rangle$$
$$\Leftrightarrow \quad \|v\|\,\|w\| = \langle v, w \rangle.$$

Damit folgt die Behauptung aus ▶ Satz A.1.8.   □

A.2   „That's funny …" – Eine Auswahl interessanter Metriken

Die oben beschriebene Axiomatik eines metrischen Raums (▶ Definition 4.0.1) ist eng verknüpft mit aus dem Alltag bekannten Eigenschaften der Abstandsmessung über den Satz von Pythagoras. Allerdings gibt es verschiedenste Beispiele für mit Abstandsfunktionen ausgestattete Mengen, die ebenfalls Modelle metrischer Räume bilden, sich aber an verschiedenen Stellen in ungewohnter Weise anders verhalten als wir es von unserem euklidischen Denken her gewohnt sind. Dem Biochemiker und Schriftsteller Isaac Asimov (1920−1992) wird die Aussage zugeschrieben: *The most exciting phrase to hear in science, the one that heralds new discoveries, is not „Eureka" but „That's funny … "*. Dies ist ein gutes Motto für die folgende Sammlung an Beispielen, die man im Kontext des Studiums metrischer Räume aus elementargeometrischer Perspektive betrachten kann.

A.2.1   Die diskrete Metrik

Die *diskrete Metrik* stellt ein Minimalbeispiel für die Konstruktion eines metrischen Raums auf Basis einer beliebigen, nichtleeren Menge dar.

Definition A.2.1 (Diskrete Metrik)

Sei M eine beliebige nichtleere Menge. Dann wird die Abbildung $d_0 : M \times M \to \mathbb{R}$ mit

$$d_0(x, y) := \begin{cases} 0, & \text{falls } x = y, \\ 1, & \text{falls } x \neq y, \end{cases}$$

als die **diskrete Metrik** bezeichnet.

Satz A.2.2
Sei M eine beliebige nichtleere Menge. Dann ist (M, d_0) ein metrischer Raum.

Beweis (M1) folgt direkt aus der Definition und (M2) aus der Symmetrie der (Un-)Gleichheitsrelation. Für den Nachweis von (M3) seien $x, y, z \in M$. Wir zeigen die Dreiecksungleichung

$$d_0(x, y) \leqslant d_0(x, z) + d_0(z, y)$$

und unterscheiden dazu zwei Fälle:

1. Für $x = y$ ist $d_0(x, y) = 0$. Dann ist die Dreiecksungleichung erfüllt, da die rechte Seite als Summe zweier nichtnegativer Zahlen selbst nichtnegativ ist.
2. Sei nun $x \neq y$, also $d_0(x, y) = 1$. Dann ist z maximal identisch mit x oder y, niemals mit beiden. Also ist $d_0(x, z) + d_0(z, y) \geqslant 1$, wie gewünscht. $\square$

Bemerkung A.2.3 (Eigenschaften der diskreten Metrik)
Sei M eine beliebige nichtleere Menge, ausgestattet mit der diskreten Metrik d_0. Dann erfüllt der metrische Raum (M, d_0) die folgenden geometrischen Eigenschaften.

(1) Für $r > 0$ und $Z \in M$ ist der Kreis $K_r(Z)$ genau dann eine nichtleere Menge, wenn $r = 1$ ist. In diesem Fall gilt bereits $K_r(Z) = M \setminus \{Z\}$. Die offene Kreisscheibe $S_r(Z)$ besteht für $r \leqslant 1$ genau aus dem Punkt Z und für $r > 1$ aus der gesamten Menge M.
(2) In (M, d_0) gibt es keine metrischen Geraden. Denn nach ▶ Lemma 4.2.10 muss es auf einer metrischen Geraden zu jeder Zahl $d > 0$ zwei Punkte mit Abstand d geben. Dies ist bei der diskreten Metrik für alle $d \neq 1$ nicht der Fall, da es überhaupt keine Punkte mit diesem Abstand gibt.
(3) In (M, d_0) ist jede injektive Abbildung eine Isometrie. Sei dazu $\varphi : M \to M$ injektiv. Dann gilt für $x, y \in M$ wegen der Injektivität $\varphi(x) = \varphi(y)$ genau dann, wenn $x = y$ ist. Mit der Definition von d_0 folgt die Aussage.

A.2.2 Die Taxi- oder Manhattanmetrik

In diesem Abschnitt stellen wir eine Metrik vor, die auf dem Bild eines Taxifahrers in Manhattan aufbaut. Dessen Straßennetz kann man sich vereinfacht als ein Gitternetz aus senkrechten und waagerechten Straßen vorstellen. Befindet man sich nun an einer Straßenkreuzung A und möchte zu einem

Zielort B, kann das bestellte Taxi nicht den direkten Weg im Sinne der Luftlinie fahren (was der euklidischen Metrik entspräche). Stattdessen muss es sich entlang der senkrechten und waagerechten Straßen fortbewegen. Dadurch ergeben sich verschiedene kürzeste Wege, die aber offensichtlich alle gleich lang sind (◘ Abb. A.1). Wir haben mit dieser Situation bereits im Kontext von ▶ Beispiel 4.2.2 bei der Einführung metrischer Geraden gearbeitet.

Die Entfernung, die ein Taxi zwischen zwei Orten zurücklegen muss, ergibt sich also aus der Anzahl der Straßenabschnitte in waagerechte Richtung plus der Anzahl der Straßenabschnitte in senkrechte Richtung.

Abstrahiert man diese Idee von einem diskreten Manhattan auf den kontinuierlichen $\mathbb{R}^n$, so erhält man einen Abstandsbegriff, der als *Manhattanmetrik* bzw. *Taxi(fahrer)metrik* bezeichnet wird; Entfernungen zwischen zwei Punkten werden dabei als die Summe der Koordinatenbeträge gemessen.

Definition A.2.4 (Taxi- bzw. Manhattanmetrik)

Die Abbildung $d_1 : \mathbb{R}^n \times \mathbb{R}^n \to \mathbb{R}$ mit

$$d_1(x, y) := \sum_{i=1}^{n} |y_i - x_i|$$

wird als **Taxi-** oder **Manhattanmetrik** bezeichnet.

Satz A.2.5

$(\mathbb{R}^n, d_1)$ ist ein metrischer Raum.

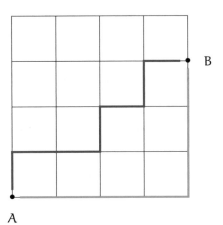

◘ Abb. A.1   Verdeutlichung der Grundidee der Manhattanmetrik

Beweis Seien $x, y, z \in \mathbb{R}^n$.

(M1) $d_1(x, y) = \sum\limits_{i=1}^{n} |y_i - x_i| = 0 \overset{|\cdot| \geqslant 0}{\Leftrightarrow} \forall i \in \{1, \ldots, n\}:$
$|y_i - x_i| = 0 \Leftrightarrow \forall i \in \{1, \ldots, n\}: y_i = x_i \Leftrightarrow x = y.$

(M2) Die Symmetrie gilt, da $|x_i - y_i| = |(-1)(y_i - x_i)| = |-1||y_i - x_i| = |y_i - x_i|$ für alle $i \in \{1, \ldots, n\}$ gilt.

(M3) Man muss sich zuerst überlegen, dass die Dreiecksungleichung für den Betrag $|\cdot|$ gilt. Dies erhält man entweder durch Nachrechnen der verschiedenen Fälle oder etwas eleganter, indem man konstatiert, dass der Absolutbetrag der euklidischen Metrik für den Fall $n = 1$ entspricht. Damit erhalten wir dann

$$
\begin{aligned}
d_1(x, y) + d_1(y, z) &= \sum_{i=1}^{n} |x_i - y_i| + \sum_{i=1}^{n} |y_i - z_i| \\
&= \sum_{i=1}^{n} (|x_i - y_i| + |y_i - z_i|) \\
&\geqslant \sum_{i=1}^{n} |x_i - z_i| = d_1(x, z).
\end{aligned}
$$

$\square$

Bemerkung A.2.6 (Strukturelle Einordnung der Taxi- bzw. Manhattanmetrik)

Die Metrik d_1 wird von der Norm $\|\cdot\|_1$ induziert. Dabei ist $\|v\|_1 := \sum\limits_{i=1}^{n} |v_n|$. Mithilfe z. B. der Polarisationsformel kann man nachweisen, dass $\|\cdot\|_1$ nicht von einem einem Skalarprodukt induziert wird.

In der Tat sind sowohl die Taxinorm $\|\cdot\|_1$ als auch die euklidische Norm $\|\cdot\|_2$ Spezialfälle der sogenannten p-Normen

$$
\|v\|_p := \left(\sum_{i=1}^{n} |v_i|^p \right)^{\frac{1}{p}}, \quad 1 \leqslant p < \infty.
$$

Dass auf diese Weise für jede Wahl von p tatsächlich eine Norm definiert wird, kann man z. B. bei Hilgert (2013, S. 97) nachlesen.

Bemerkung A.2.7 (Eigenschaften der Taxi- bzw. Manhattanmetrik)

Der metrische Raum $(\mathbb{R}^2, d_1)$ hat die folgenden geometrischen Eigenschaften (◙ Abb. A.2).

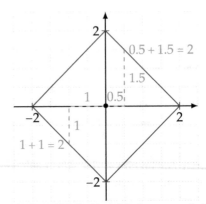

□ Abb. A.2   Kreise bezüglich der Taxi-/Manhattanmetrik. Hier: $K_2(0)$

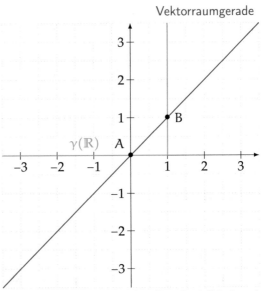

□ Abb. A.3   Durch die Punkte A und B gibt es bezüglich d_1 mehr als eine metrische Gerade

(1) Kreise haben bezüglich d_1 die Form von Quadraten mit achsenparallelen Diagonalen.

(2) Durch zwei verschiedene Punkte kann es mehr als eine metrische Gerade geben (insb. gilt also das Inzidenzaxiom 5.1.1 nicht). Wir betrachten dazu das Beispiel $A = (0,0)$ und $B = (1,1)$.

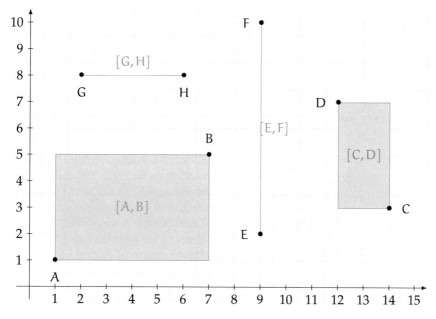

◘ Abb. A.4 Verschiedene Strecken bezüglich der Metrik d_1

Aus ► Beispiel 4.2.5 wissen wir, dass die Vektorraumgerade durch A und B eine metrische Gerade ist. Wir zeigen, dass auch die Vereinigung der Strahlen mit Ursprung $(1,0)$ durch A bzw. B (siehe ◘ Abb. A.3) eine metrische Gerade ist.

Zum Beweis betrachten wir die folgende Parametrisierung:

$$\gamma : \mathbb{R} \to \mathbb{R}^2, \quad t \mapsto \gamma(t) = \begin{cases} \begin{pmatrix} 1+t \\ 0 \end{pmatrix}, & t \leqslant 0 \\ \begin{pmatrix} 1 \\ t \end{pmatrix}, & t > 0 \end{cases}$$

und zeigen, dass es sich um eine Isometrie bezüglich d_1 handelt. Dazu seien $s, t \in \mathbb{R}$. Wir können drei Fälle unterscheiden:

1. $s, t \leqslant 0$:

$$\|\gamma(t) - \gamma(s)\|_1 = \left\| \begin{pmatrix} 1+t-1-s \\ 0 \end{pmatrix} \right\|_1 = |t-s|.$$

2. $s, t > 0$:

$$\|\gamma(t) - \gamma(s)\|_1 = \left\| \begin{pmatrix} 0 \\ t-s \end{pmatrix} \right\|_1 = |t-s|.$$

3. $s \leqslant 0 < t$:

$$\|\gamma(t) - \gamma(s)\|_1 = \left\|\begin{pmatrix} 1 - 1 - s \\ t \end{pmatrix}\right\|_1 = |s| + |t| = |t - s|.$$

(3) Zu betonen ist, dass – auch wenn durch die Motivation der Metrik über das Taxifahren in Manhattan dieser Eindruck entstehen kann – nicht alle metrischen Geraden bezüglich d_1 eine Treppenform haben. Das liegt daran, dass wir im $\mathbb{R}^2$ statt eines diskreten Gitters eine kontinuierliche Situation haben (quasi ein „infinitesimales Gitter"). Ein Beispiel ist, wie erwähnt, die Vektorraumgerade durch zwei Punkte.

(4) Die Tatsache, dass es durch zwei Punkte mehrere metrische Geraden gibt, hat eine interessante Konsequenz für Strecken: Betrachtet man Strecken entsprechend ▶ Definition 5.1.3 als alle Punkte, die *zwischen* zwei Punkten liegen, ergeben sich für d_1 Objekte wie in ◻ Abb. A.4: Die Strecke zwischen zwei Punkten kann eine Fläche sein, im Fall von d_1 definiert durch das achsenparallele Rechteck, dass die Punkte als diagonal gegenüberliegende Eckpunkte enthält.

Diese Beobachtung kann mithilfe der in (1) beschriebenen Kreisform erklärt werden: Seien $A, B \in \mathbb{R}^2$ verschieden und $C \in]A, B[$. Dann gilt nach ▶ Definition 5.1.3 die Gleichung $d(A, C) + d(C, B) = d(A, B)$. Wir können dies geometrisch

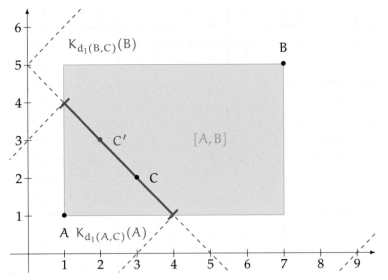

◻ **Abb. A.5** Strecken bezüglich d_1: Für jedes $C \in [A, B]$ liegen auch alle anderen Punkte C', die im Schnitt der Kreise liegen in $[A, B]$. Daraus ergibt sich, dass Strecken bezüglich d_1 die Form achsenparalleler Rechtecksflächen haben – solange A und B keine gemeinsame Koordinate haben

so interpretieren, dass C im Schnitt von zwei Kreisen um A bzw. B liegt, deren Radien sich um $d(A, B)$ summieren (■ Abb. A.5). Während sich zwei solche Kreise bezüglich der euklidischen Metrik in genau einem Punkt schneiden, sorgt die quadratische Form der d_1-Kreise in vielen Fällen für eine ganze „Schnittlinie" endlicher Länge. Jeder Punkt C' auf dieser Linie erfüllt $d_1(A, C') + d_1(C', B) = d_1(A, B)$ und ist damit ein Element der d_1-Strecke. Stimmen A und B in einer der beiden Koordinaten überein, ist die d_1-Strecke die normale euklidische Strecke.

A.2.3 Die Maximumsmetrik

Zur Einführung der in diesem Abschnitt vorgestellten *Maximumsmetrik*, betrachten wir die minimale Anzahl an Schritten, die die Schachfigur *König* von einem Start und einem Zielfeld benötigt (■ Abb. A.6).

Im Gegensatz zum Taxifahrer in der Motivation zu ► Abschn. A.2.2, kann sich der König auf dem Schachfeld innerhalb eines Schritts auch diagonal bewegen. Das führt dazu, dass die minimale Schrittanzahl dem Maximum von Zeilendifferenz und Spaltendifferenz zwischen Start- und Zielposition entspricht und dabei kleinergleich dem „Taxiabstand" ist.

Abstrahiert man diese Idee vom diskreten Schachfeld auf den kontinuierlichen $\mathbb{R}^n$, so erhält man einen Abstandsbegriff der als *Maximumsmetrik* bezeichnet wird; Entfernungen zwischen zwei Punkten werden dabei als das Maximum der Koordinatenbeträge gemessen.

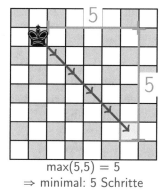

$$\max(5,5) = 5$$
$$\Rightarrow \text{minimal: 5 Schritte}$$

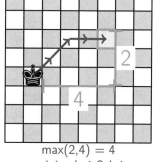

$$\max(2,4) = 4$$
$$\Rightarrow \text{minimal: 4 Schritte}$$

■ **Abb. A.6** Um die minimale Anzahl an Schritten zu bestimmen, die der König jeweils benötigt um das Zielfeld auf dem Schachbrette zu erreichen, ist – da die Figur auch diagonal gehen kann – entweder die Zeilendifferenz oder die Spaltendifferenz zwischen Start- und Zielposition relevant, je nachdem, welche größer ist

> **Definition A.2.8 (Maximumsmetrik)**
>
> Die Abbildung $d_\infty : \mathbb{R}^n \times \mathbb{R}^n \to \mathbb{R}$ mit
>
> $$d_\infty(x, y) := \max_{i=1,\ldots,n} |y_i - x_i|$$
>
> wird als **Maximumsmetrik** bezeichnet.

Satz A.2.9

$(\mathbb{R}^n, d_\infty)$ ist ein metrischer Raum.

Beweis Seien $x, y, z \in \mathbb{R}^n$.

(M1) Gilt, da das Maximum einer Menge nichtnegativer Zahlen genau dann 0 ist, wenn jede Zahl 0 ist.

(M2) Die Symmetrie gilt, da $|x_i - y_i| = |(-1)(y_i - x_i)| = |-1||y_i - x_i| = |y_i - x_i|$ für alle $i \in \{1, \ldots, n\}$ gilt.

(M3) Sei nun $i = k \in \{1, \ldots, n\}$ ein Index, für den $|x_i - y_i|$ maximal ist. Dann gilt mit der Dreiecksungleichung des Absolutbetrags

$$d_\infty(x, y) = |x_k - y_k| \leqslant |x_k - z_k| + |z_k - y_k|$$
$$\leqslant \max_{i=1,\ldots,n} |x_i - z_i| + \max_{i=1,\ldots,n} |z_i - y_i|$$
$$= d_\infty(x, z) + d_\infty(z, y).$$

$\square$

Bemerkung A.2.10 (Strukturelle Einordnung der Maximumsmetrik)

Die Metrik d_∞ wird von der Norm $\|\cdot\|_\infty$ induziert. Dabei ist $\|v\|_\infty := \max_{i=1,\ldots,n} |v_n|$. Mithilfe z. B. der Polarisationsformel kann man nachweisen, dass $\|\cdot\|_\infty$ nicht von einem Skalarprodukt induziert wird.

Wir hatten bereits in ► Bemerkung A.2.6 darauf hingewiesen, dass sowohl die Taxinorm als auch die euklidische Norm zur Familie der p-Normen gehören. Der entsprechende Summenausdruck ist für $p = \infty$ nicht definiert, aber mann kann zeigen, dass für $v \in \mathbb{R}^n$ gilt $\|v\|_\infty = \lim_{p \to \infty} \|v\|_p$. Somit kann auch die Maximumsnorm als Teil der Familie der p-Normen angesehen werden.

Bemerkung A.2.11 (Eigenschaften der Maximumsmetrik)

Der metrische Raum $(\mathbb{R}^2, d_\infty)$ hat die folgenden geometrischen Eigenschaften.

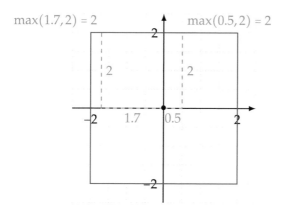

Abb. A.7 Kreise bezüglich der Maximumsmetrik. Hier: $K_2(0)$

(1) Kreise haben bezüglich d_∞ die Form von Quadraten mit achsenparallelen Kanten (■ Abb. A.7).

(2) In ▶ Beispiel 4.2.7 haben wir bereits erklärt, dass es durch zwei verschiedene Punkte mehr als eine metrische Gerade geben kann und damit insbesondere das Inzidenzaxiom 5.1.1 nicht gilt.

(3) Betrachtet man Strecken entsprechend ▶ Definition 5.1.3 als alle Punkte, die *zwischen* zwei Punkten liegen, ergeben sich für d_∞ Objekte wie in ■ Abb. A.4: Die Strecke zwischen zwei Punkten kann eine Fläche sein, die durch das Rechteck mit zu den Quadrantenhalbierenden parallelen Kanten definiert ist, das die Punkte als diagonal gegenüberliegende Eckpunkte enthält.

Diese Beobachtung kann wie bereits bei der Taximetrik (▶ Abschn. A.2.2) auf die geometrische Gestalt der Kreise zurückgeführt werden. Wieder sorgt die quadratische Form der d_∞-Kreise in vielen Fällen für eine ganze „Schnittlinie" endlicher Länge. Jeder Punkt C' auf dieser Linie erfüllt $d_\infty(A, C') + d_\infty(C', B) = d_\infty(A, B)$ und ist damit ein Element der d_∞-Strecke. Ist die Gerade durch A und B parallel zu einer der beiden Quadrantenhalbierenden, ist die d_∞-Strecke die normale euklidische Strecke.

A.2.4 Die französische Eisenbahnmetrik

Sowohl die bereits bekannte euklidische Metrik d_2 als auch die in den ▶ Abschn. A.2.2 und A.2.3 vorgestellten Metriken d_1 und d_∞ sind Metriken auf dem Vektorraum $\mathbb{R}^n$ und werden darüber hinaus jeweils von einer Norm induziert. In diesem Abschnitt stellen wir ein Beispiel für eine Metrik vor, die ebenfalls auf diesem Vektorraum definiert ist, für die es aber keine

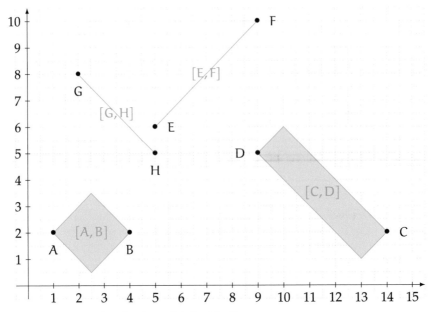

◘ Abb. A.8 Verschiedene Strecken bezüglich der Metrik d_∞

Norm gibt, die diese Metrik induziert. Wieder beginnen wir mit einer anschaulichen Motivation, die uns dieses Mal nach Frankreich führt.

Frankreich ist traditionell zentralisiert organisiert, mit einer starken Orientierung, insbesondere der Infrastruktur, auf die Hauptstadt Paris. Ein gutes Beispiel hierfür sind die Hauptstrecken im alten französischen Eisenbahnnetz: Große Städte waren mit Paris verbunden; eine direkte Verbindung zwischen zwei Städten gab es meist nur dann, wenn Sie an der selben Strecke Richtung Paris lagen. Dies führte dazu, dass beispielsweise bei einer Fahrt von Straßburg nach Lyon ein 400 km langer Umweg über Paris in Kauf genommen werden musste [1].

Auf dieser Idee aufbauend kann ein Abstandsbegriff auf dem $\mathbb{R}^n$ definiert werden, der tatsächlich eine Metrik darstellt. Dabei wir zunächst ein Punkt $P \in \mathbb{R}^n$ ausgezeichnet („Paris"). Liegen nun zwei Punkte auf der selben Vektorraumgeraden durch P, wird der Abstand euklidisch bestimmt. Andernfalls ergibt sich der Abstand aus der Summe der euklidischen Abstände der beiden Punkte zu P (es wird ein Umweg über Paris gefahren). Die so definierte Abstandsabbildung wird – entsprechend der geschilderten Motivation – als *französische Eisenbahnmetrik* bezeichnet (◘ Abb. A.9).

---

1   *Quelle:* Wikipedia, ▶ https://de.wikipedia.org/wiki/Franz%C3%B6sische_ Eisenbahnmetrik (Zugriff: 2.1.2023)

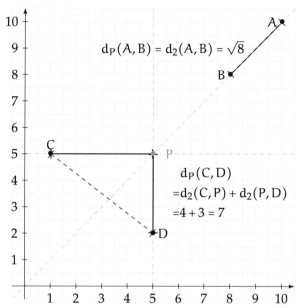

Abb. A.9 Beispiel zur Anwendung der französischen Eisenbahnmetrik. Die Punkte A und B liegen mit P auf einer gemeinsamen Vektorraumgeraden; deswegen wird der Abstand euklidisch gemessen. Bei C und D ist das nicht der Fall

---

Definition A.2.12 (Französische Eisenbahnmetrik)

Sei $P \in \mathbb{R}^n$ mit $n > 1$. Dann ist die *französische Eisenbahnmetrik* $d_P : \mathbb{R}^n \times \mathbb{R}^n \to \mathbb{R}$ definiert durch

$$d_P(x, y) := \begin{cases} d_2(x, y), & \text{falls } x, y, P \text{ auf einer} \\ & \text{Vektorraumgeraden liegen,} \\ d_2(x, P) + d_2(P, y), & \text{sonst.} \end{cases}$$

Satz A.2.13

$(\mathbb{R}^n, d_P)$ ist für jedes $P \in \mathbb{R}^n$ ein metrischer Raum.

Beweis Seien $x, y, z \in \mathbb{R}^n$.

(M1)

$$d_P(x, y) = 0 \Leftrightarrow d_2(x, y) = 0 \text{ oder } d_2(x, P) + d_2(P, y) = 0$$
$$\Leftrightarrow d_2(x, y) = 0 \text{ oder } (d_2(x, P) = 0 \text{ und } d_2(P, y) = 0)$$
$$\Leftrightarrow x = y \text{ oder } x = y = P$$
$$\Leftrightarrow x = y$$

(M2) Die Symmetrie folgt direkt aus der Symmetrie der euklidischen Metrik zusammen mit der Kommutativität der reellen Addition.

(M3) Wir halten fest, dass wegen der euklidischen Dreiecksungleichung für alle $a, b \in \mathbb{R}^n$ auf jeden Fall $d_P(a, b) \geqslant d_2(a, b)$ gilt. $(\star)$

Fall 1 x, z *liegen auf einer Geraden durch* P.
Mit der zweimaligen Anwendung von $(\star)$ haben wir dann mit einer weiteren Anwendung der euklidischen Dreiecksungleichung:

$$d_P(x, y) + d_P(y, z) \geqslant d_2(x, y) + d_2(y, z) \geqslant d_2(x, z) = d_P(x, z).$$

Fall 2 x, z *liegen nicht auf einer Geraden durch* P.
Dann liegen keinesfalls sowohl x und y als auch y und z auf einer Geraden durch P. Wir können also ohne Einschränkung annehmen, dass x und y nicht auf einer Geraden durch P liegen. Dann gilt

$$
\begin{aligned}
d_P(x, y) + d_P(y, z) &= d_2(x, P) + d_2(P, y) + d_P(y, z) \\
&\overset{(\star)}{\geqslant} d_2(x, P) + d_2(P, y) + d_2(y, z) \\
&\geqslant d_2(x, P) + d_2(P, z) = d_P(x, z).
\end{aligned}
$$

$\square$

Bemerkung A.2.14 (Strukturelle Einordnung der französischen Eisenbahnmetrik)
Die Metrik d_P ($P \in \mathbb{R}^n$, $n > 1$) wird nicht von einer Norm induziert. Gäbe es eine Norm $\|\cdot\|_P$, die d_P induziert, müsste d_P wegen

$$d_P(A+C, B+C) = \|B + C - A - C\|_P = \|B - A\|_P = d_P(A, B)$$

translationsinvariant sein. Für die Konstruktion eines Gegenbeispiels betrachten wir für $n = 2$ die Punkte $A = (-1, 1)$, $B = (1, -1)$, $C = (1, 1)$ und $P = (0, 0)$. Dann liegen A, B und P auf einer Vektorraumgeraden, aber nicht $A + C$, $B + C$ und P (◘ Abb. A.10).
Daraus ergibt sich

$$
\begin{aligned}
d_P(A + C, B + C) &= d_2(A + C, P) + d_2(P, B + C) \\
&= 2 + 2 = 4 \neq \sqrt{8} = d_2(A, B) = d_P(A, B).
\end{aligned}
$$

Das Argument lässt sich auf ein beliebiges $n > 2$ übertragen.

Bemerkung A.2.15 (Eigenschaften der französischen Eisenbahnmetrik)
Der metrische Raum $\left(\mathbb{R}^2, d_P\right)$ ($P \in \mathbb{R}^2$) hat die folgenden geometrischen Eigenschaften.

(1) Kreise bzw. Kreisscheiben haben bezüglich d_P unterschiedliche Gestalten. Diese sind abhängig davon, wieweit der Kreismittelpunkt in Relation zum Radius von P entfernt ist. (◪ Abb. A.11).

(2) Liegen A, B, P auf einer Vektorraumgeraden und P nicht zwischen A und B, gibt es unendlich viele metrische Geraden durch A und B. Diese bestehen aus dem Vektorraumstrahl mit Ursprung P durch A und B vereinigt mit einem beliebigen anderen Strahl mit Ursprung P. Das Inzidenzaxiom ist somit nicht erfüllt.

(3) Im Gegensatz zu Metriken auf Vektorräumen, die von einer Norm induziert werden (▸ Beispiel 4.2.5), sind die Vektorraumgeraden bezüglich der französischen Eisenbahnmetrik im Allgemeinen keine metrischen Geraden:
Wir betrachten den Fall $P = (0, 0)$. Seien außerdem $A, B \in \mathbb{R}^2$ mit $A = (1, 0)$ und $B = (0, 1)$. Dann ist die Vektorraumgerade $g = \mathbb{R}(B - A) + A$ durch A und B keine metrische Gerade. Zum Beweis wählen wir $C = (0.5, 0.5)^T$. Wäre g eine metrische Gerade, gäbe es eine isometrische Parametrisierung $\gamma : \mathbb{R} \rightarrow \mathbb{R}^2$ mit $\gamma(\mathbb{R}) = g$. Seien $a, b, c \in \mathbb{R}$ die Parameter von A, B, C. Dann müsste gelten:

$$\begin{cases} |a - b| = d_P(A, B) = 2 \\ |a - c| = d_P(A, C) = 1.5 \\ |b - c| = d_P(B, C) = 1.5 \end{cases} \Rightarrow \begin{cases} b = a \pm 2 \\ c = a \pm 1.5 \\ c = b \pm 1.5 = a \pm 0.5 \end{cases} \qquad \text{Widerspruch.}$$

Die Vektorraumgerade kann also bezüglich der französischen Eisenbahnmetrik keine metrische Gerade sein.

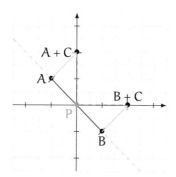

◪ **Abb. A.10** Skizze zum Argument, dass die französische Eisenbahnmetrik nicht von einer Norm induziert wird. Es wird ein Gegenbeispiel zur Translationsinvarianz konstruiert

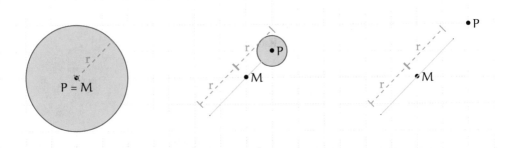

⬛ Abb. A.11 Kreise und Kreisscheiben mit Radius r bezüglich der französischen Eisenbahnmetrik in Abhängigkeit des euklidischen Abstand von Kreismittelpunkt M zu P: Links: $d_2(M, P) = 0$, Mitte: $0 < d_2(M, P) < r$, Rechts: $d_2(M, P) \geqslant r$

A.2.5 Die Hamming-Metrik

Die Idee der *Hamming-Metrik* ist, die Unterschiedlichkeit von Wörtern gleicher Länge durch die Anzahl der Positionen zu beschreiben, an denen sie unterschiedlich sind. Dementsprechend haben ZWEI und DREI den Abstand 2, weil sie sich in den ersten beiden Buchstaben unterscheiden; die Bitfolgen 101010 und 101011 unterscheiden sich nur an der letzten Stelle und haben somit den Abstand 1.

Zur Formalisierung dieses Abstandskonzepts müssen Wörter einer festen Länge $n \in \mathbb{N}$ über einem sogenannten *Alphabet* A (eine beliebige, nichtleere endliche Menge) betrachtet werden. Die Menge aller solcher Worte wird in der Regel als A^n notiert. Praktisch relevante Beispiele sind die Menge aller Bytes $\{0, 1\}^8$, die Menge aller Zahlen im Zehnersystem, die aus drei Ziffern bestehen $\{0, 1, \ldots, 9\}^3$ oder sechsstellige Zahlen im Hexadezimalsystem $\{0, 1, 2, \ldots, 9, A, B, C, D, E, D\}^6$. Diese Vorüberlegungen resultieren in folgender formaler Definition.

Definition A.2.16 (Hamming-Metrik)

Sei A eine endliche Menge (ein Alphabet). Wir betrachten für $n \in \mathbb{N}$ die Menge A^n aller Worte der Länge n. Die *Hamming-Metrik* $d_H : A^n \times A^n \to \mathbb{R}$ ist definiert durch die Anzahl der Stellen, an denen sich zwei Worte unterscheiden: Für $x, y \in A^n$ gilt

$$d_H(x, y) := \#\{j \mid x_j \neq y_j\} = \sum_{i=1}^{n} d_0(x_i, y_i).$$

Satz A.2.17
(A^n, d_H) ist für jedes Alphabet A und jedes $n \in \mathbb{N}$ ein metrischer Raum.

Beweis Seien $x = (x_1, \ldots, x_n)$, $y = (y_1, \ldots, y_n)$ und $z = (z_1, \ldots, z_n) \in A^n$. Wir weisen die Metrikeigenschaften nach und benutzen dabei, dass d_0 eine Metrik auf A ist (▸ Abschn. A.2.1).

(M1) $d_H(x, y) = \sum\limits_{i=1}^{n} d_0(x_i, y_i) = 0$ gilt – da d_0 nur nicht-negative Werte annehmen kann – genau dann, wenn für alle $i \in \{1, \ldots, n\}$ gilt: $d_0(x_i, y_i) = 0 \Leftrightarrow x_i = y_i$. Dann gilt aber schon $x = y$.

(M2) $d_H(x, y) = \sum\limits_{i=1}^{n} d_0(x_i, y_i) = \sum\limits_{i=1}^{n} d_0(y_i, x_i) = d_H(y, x)$.

(M3)

$$
\begin{aligned}
d_H(x, y) + d_H(y, z) &= \sum_{i=1}^{n} d_0(x_i, y_i) + \sum_{i=1}^{n} d_0(y_i, z_i) \\
&= \sum_{i=1}^{n} \left(d_0(x_i, y_i) + d_0(y_i, z_i) \right) \\
&\geqslant \sum_{i=1}^{n} d_0(x_i, z_i) = d_H(x, z).
\end{aligned}
$$

$\square$

Bemerkung A.2.18 (Eigenschaften der Hamming-Metrik)
Die Hamming-Metrik liefert eine Möglichkeit fehlererkennende und fehlerkorrigierende Codes zu formalisieren und umzusetzen (▸ Beispiel 4.1.4).

A.2.6 Über die Notwendigkeit der Metrikeigenschaft (M2)

Wir schließen dieses Kapitel mit einer Überlegung zur üblichen Definition metrischer Räume. In der Tat ist diese aus einer gewissen Perspektive heraus quasi redundant: Wir zeigen, dass eine leichte Abwandlung der Dreiecksungleichung die Forderung der Symmetrie obsolet macht, da diese dann aus den anderen beiden Eigenschaften gefolgert werden kann.

Satz A.2.19

Sei M eine nichtleere Menge und und $d : M \times M \to \mathbb{R}_{\geq 0}$ eine Abbildung, die die Metrikeigenschaft (M1) erfüllt. Wir definieren außerdem die folgende Abwandelung der $\triangle$-Ungleichung:

$$(M3a) \quad \forall x, y, z \in M \quad d(x, z) \leqslant d(x, y) + d(z, y)$$

Dann gelten folgende Aussagen:

a) (M3a) $\Rightarrow$ (M2) und (M3)
b) (M3) $\not\Rightarrow$ (M2)

Beweis

a) Seien $x, y, z \in M$. Es gilt mit (M3a) und (M1) bereits

$$d(x, y) \leqslant d(x, x) + d(y, x) = d(y, x)$$

$$d(y, x) \leqslant d(y, y) + d(x, y) = d(x, y).$$

Somit erhalten wir $d(x, y) = d(y, x)$, also (M2). Mit (M2) folgt (M3) direkt aus (M3a).

a) Wir konstruieren ein Gegenbeispiel. Dazu sei $M = \{A, B, C\}$ und d definiert durch die folgende Tabelle:

$d(\cdot, \cdot)$	A	B	C
A	0	1	2
B	2	0	1
C	1	2	0

Dahinter verbirgt sich die Idee, dass man sich immer nur von A nach B, von B nach C und von C nach A bewegen kann. Offensichtlich ist (M2) nicht erfüllt und (M1) erfüllt. Das auch (M3) erfüllt ist, sieht man durch Hinschreiben der verschiedenen Fälle.   □

Offenbar ist die Metrikdefinition wegen a) nicht minimal. Man sieht aber mit b), dass man bei einer knapperen Definition präzise auf die Reihenfolge der einzelnen Elemente in der Dreiecksungleichung achten muss, was weniger übersichtlich ist. Die in ▶ Definition 4.0.1 verwendeten Eigenschaften sind zwar redundant, aber dafür auch intuitiv. Dies ist ein Beispiel für eine Axiomatik, bei dem zwischen diesen beiden Forderungen an mathematische Begriffsbildung abgewogen werden muss.

Anhang B: Der euklidische Raum $\mathbb{R}^2$ als euklidische Ebene

In diesem Kapitel rechnen wir nach, dass der euklidische Raum $\mathbb{R}^2$ tatsächlich Inzidenz-, Spiegelungs- und Parallelenaxiom erfüllt.

B.1 Definition des euklidischen Raums $\mathbb{R}^2$

Der euklidische Raum $\mathbb{R}^2$ beruht auf dem Ansatz, Abstände mittels des Satzes von Pythagoras aus den Koordinatendifferenzen zu berechnen. In der Schule findet zweidimensionale Geometrie – ohne, dass es explizit erwähnt wird – immer im euklidischen Raum $\mathbb{R}^2$ statt.

Definition B.1.1 (Der euklidische Raum $\mathbb{R}^2$)

Den $\mathbb{R}^2$ versehen mit der Abbildung $d_2 : \mathbb{R}^2 \times \mathbb{R}^2 \to \mathbb{R}_{\geqslant 0}$, definiert durch

$$d_2(x, y) = \|y - x\|_2 \, ,$$

nennen wir den **euklidischen Raum $\mathbb{R}^2$**.

Satz B.1.2

$(\mathbb{R}^2, d_2)$ ist ein metrischer Raum.

Beweis Wir zeigen, dass für $v = (v_1, v_2)^\mathsf{T}$, $w = (w_1, w_2)^\mathsf{T}$ durch $\langle v, w \rangle = v_1 w_1 + v_2 w_2$ ein Skalarprodukt (▶ Definition A.1.3), nämlich das *euklidische Skalarprodukt* definiert wird. Dieses induziert dann nach ▶ Satz A.1.5 die *euklidische Norm* und diese wiederum nach ▶ Satz A.1.4 die euklidische Metrik.[2]

Seien $u, v, w \in \mathbb{R}^2$ und $\lambda \in \mathbb{R}$. Zunächst gilt $\langle v, v \rangle = v_1^2 + v_2^2 \geqslant 0$, weil Quadrate reeller Zahlen und Summen nichtnegativer reeller Zahlen nichtnegativ sind. Insbesondere folgt dann sofort $\langle v, v \rangle = 0 \Leftrightarrow v = 0$ und damit die positive Definitheit (SKP1). Die Symmetrie (SKP2) folgt aus der Kommutativität der reellen Multiplikation. Außerdem gilt

---

2 Alternativ könnte man auch direkt die Norm- bzw. Metrikeigenschaften nachweisen (Übung!).

$$\langle \lambda v + w, u \rangle = (\lambda v_1 + w_1)u_1 + (\lambda v_2 + w_2)u_2$$
$$= \lambda v_1 u_1 + w_1 u_1 + \lambda v_2 u_2 + w_2 u_2$$
$$= \lambda \langle v, u \rangle + \langle w, u \rangle$$

und damit die Linearität in der ersten Komponente. Die Linearität der anderen Komponente folgt dann aus Symmetriegründen (SKP 3).

$\square$

B.2   Nachweis des Inzidenzaxioms

Satz B.2.1 (Existenz metrischer Geraden im euklidischen Raum $\mathbb{R}^2$)
Seien $A, B \in \mathbb{R}^2$ verschiedene Punkte. Dann ist

$$g = \mathbb{R}(B - A) + A$$

eine metrische Gerade, die A und B enthält.

Beweis Wir definieren $\gamma : \mathbb{R} \to \mathbb{R}^2$ durch

$$k \mapsto k \cdot \frac{(B - A)}{\|B - A\|_2} + A.$$

Nach dieser Definition folgt sofort $\gamma(\mathbb{R}) = g$. Für $r, s \in \mathbb{R}$ gilt außerdem

$$d(\gamma(s), \gamma(t)) = \left\| s \cdot \frac{(B - A)}{\|B - A\|_2} + A - t \cdot \frac{(B - A)}{\|B - A\|_2} - A \right\|_2$$
$$= \left\| (s - t) \cdot \frac{(B - A)}{\|B - A\|_2} \right\|_2$$
$$= |s - t| \cdot \frac{\|B - A\|_2}{\|B - A\|_2} = |s - t|.$$

Also ist γ eine isometrische Parametrisierung von g und g somit eine metrische Gerade, die wegen $\gamma(0) = A$ und $\gamma(\|B - A\|_2) = B$ auch wie gewünscht die beiden Punkt A und B enthält.

$\square$

Satz B.2.2 (Eindeutigkeit metrischer Geraden im euklidischen Raum $\mathbb{R}^2$)
Seien $A, B \in \mathbb{R}^2$ verschiedene Punkte. Dann ist die in ► Satz B.2.1 angegebene metrische Gerade g die einzige metrische Gerade, die A und B enthält.

Beweis Sei $h \subset \mathbb{R}^2$ eine beliebige metrische Gerade, die A und B enthält. Wegen ▸ Bemerkung 4.2.9 können wir eine isometrische Parametrisierung $\gamma : \mathbb{R} \to \mathbb{R}^2$ von h mit $\gamma(0) = A$ wählen. Mit den ▸ Lemmata 4.2.10 und 4.2.11 können wir außerdem $\gamma(b) = B$ mit $b = d_2(A, B) = \|B - A\|_2$ setzen.

Wir zeigen zunächst, dass die metrische Gerade $h = \gamma(\mathbb{R})$ eine Teilmenge der in ▸ Satz B.2.1 definierten metrischen Geraden $g = \mathbb{R}(B - A) + A$ ist. Sei dazu $P \in h$. Nach Definition gibt es also $p \in \mathbb{R}$ mit $\gamma(p) = P$. Nach ▸ Satz 4.2.1 gilt für alle drei möglichen Lagen des Parameters p bezüglich 0 und b, dass in der Dreiecksungleichung die Gleichheit erfüllt ist. Mit ▸ Korollar A.1.9 folgt die lineare Abhängigkeit von $B - A$ und $P - A$. Es gibt also $\lambda \in \mathbb{R}$ mit $\lambda(B - A) = P - A$. Wir erhalten

$$P = A + P - A = A + \lambda(B - A) = A + (\lambda b) \cdot \frac{(B - A)}{b} + A \in g.$$

Damit ist $h \subset g$ gezeigt.

Wir zeigen nun noch die Gleichheit. Sei dazu $Q \in g \setminus A$. Es gibt also $\mu \neq 0$ mit $Q = \mu \cdot \frac{(B-A)}{b} + A$. Es gilt

$$\|Q - A\|_2 = \left\| \mu \cdot \frac{(B - A)}{b} \right\|_2 = |\mu|.$$

Sowohl auf g als auch auf h gibt es nach ▸ Lemma 4.2.10 genau zwei Punkte, die den Abstand $|\mu|$ von A haben. Wegen $h \subset g$ können dies auf g nur die selben Punkte sein, die es schon auf h gewesen sind. Somit muss $Q \in h$ gelten, was die Aussage beweist.

$\square$

Bemerkung B.2.3 (Andere Darstellungen)

Jede Menge der Form $\mathbb{R}v + w$ mit $v, w \in \mathbb{R}^2$ und $v \neq 0$ ist eine metrische Gerade der euklidischen Ebene. Eine zugehörige isometrische Parametrisierung ist immer gegeben durch

$$s \mapsto s \frac{v}{\|v\|_2} + w.$$

Korollar B.2.4 (Inzidenzaxiom in der euklidischen Raum $\mathbb{R}^2$

Die euklidische Ebene erfüllt das Inzidenzaxiom (Axiom 5.1.1).

Beweis Folgt direkt aus den ▸ Sätzen B.2.1 und B.2.2.

$\square$

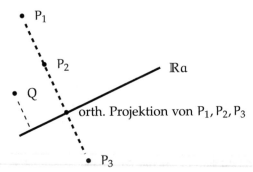

Abb. B.1   Heuristik: Die Punkte mit der selben orthogonalen Projektion bilden eine Gerade

B.3   Nachweis des Spiegelungsaxioms

Um den Nachweis für das Spiegelungsaxiom erbringen zu können, müssen wir eine Möglichkeit aufzeigen, die beiden Seiten einer Geraden zu beschreiben und zu unterscheiden. Hierfür nutzen wir das Skalarprodukt. Dieses liefert uns eine alternative Möglichkeit Geraden in der euklidischen Ebene darzustellen, wie folgende Überlegungen zeigen:

Die grundlegende Idee ist, dass alle Punkte, die dieselbe orthogonale Projektion auf eine Gerade haben, auf einer Geraden liegen (vgl. **▢** Abb. B.1).

Wir erinnern an die euklidische Orthogonalprojektion (▶ Definition 1.3.3). Für eine euklidische Ursprungsgerade $\mathbb{R}a \subset \mathbb{R}^2$ und einen beliebigen Punkt $P \in \mathbb{R}^2$ erhalten wir alle Punkte mit der selben orthogonalen Projektion wie P durch

$$G = \left\{ Q \in \mathbb{R}^2 \,\middle|\, \frac{\langle Q, a \rangle}{\|a\|_2} = \frac{\langle P, a \rangle}{\|a\|_2} \right\} = \left\{ Q \in \mathbb{R}^2 \,\middle|\, \langle Q, A \rangle = \langle P, A \rangle \right\}$$

Definiert man $\beta := \langle P, A \rangle$ erhält man

$$G = \left\{ Q \in \mathbb{R}^2 \,\middle|\, \langle Q, a \rangle = \beta \right\}.$$

Definition B.3.1 (Hyperebene in $\mathbb{R}^2$)

Seien $a \in \mathbb{R}^2 \setminus \{0\}$ und $\beta \in \mathbb{R}$. Dann definieren wir die **Hyperebene** $G(a, \beta)$ durch

$$G(a, \beta) = \left\{ Q \in \mathbb{R}^2 \,\middle|\, \langle Q, a \rangle = \beta \right\}.$$

Satz B.3.2

Seien $a \in \mathbb{R}^2 \setminus \{0\}$ und $\beta \in \mathbb{R}$. Dann ist die Hyperebene $G(a, \beta)$ aus ▸ Definition B.3.1 eine metrische Gerade im euklidischen Raum $\mathbb{R}^2$.

Beweis Wegen ▸ Bemerkung B.2.3 müssen wir $v \in \mathbb{R}^2 \setminus \{0\}$ und $P \in \mathbb{R}^2$ mit $G(a, \beta) = \mathbb{R}v + P$ finden. Aus der obigen Heuristik übernehmen wir $P := \frac{\beta}{\|a\|_2^2} \cdot a$. Dann gilt

$$\langle P, a \rangle = \left\langle \frac{\beta}{\|a\|_2^2} \cdot a, a \right\rangle = \frac{\beta}{\|a\|_2^2} \langle a, a \rangle = \beta.$$

Also gilt $P \in G(a, \beta)$.

Ebenfalls aus der Heuristik erhalten wir die Idee, dass $G(a, \beta)$ senkrecht auf $\mathbb{R}a$ stehen soll. Sei also $v \in (\mathbb{R}a)^\perp \setminus \{0\}$. Dann gilt

$$
\begin{aligned}
Q \in \mathbb{R}v + P &\Leftrightarrow \exists \lambda \in \mathbb{R}: \quad Q = \lambda v + P \\
&\Leftrightarrow \exists \lambda \in \mathbb{R}: \quad Q = \lambda v + \frac{\beta}{\|a\|_2^2} a \\
&\Rightarrow \exists \lambda \in \mathbb{R}: \quad \langle Q, a \rangle = \left\langle \lambda v + \frac{\beta}{\|a\|_2^2} a, a \right\rangle = \lambda \langle v, a \rangle + \beta = \beta \\
&\Rightarrow Q \in G(a, \beta).
\end{aligned}
$$

Sei umgekehrt $Q \in G(a, \beta)$. Wir definieren $P \in \mathbb{R}^2$ durch $Q = P + \frac{\beta}{\|a\|_2^2} \cdot a$ und zeigen, dass $P \in \mathbb{R}v$ ist: Es gilt nämlich

$$\beta = \langle Q, a \rangle = \left\langle w + \frac{\beta}{\|a\|_2^2} \cdot a, a \right\rangle = \langle w, a \rangle + \beta$$

$$\Leftrightarrow \langle w, a \rangle = 0 \quad \Leftrightarrow \quad w \in (\mathbb{R}a)^\perp \overset{\dim(\mathbb{R}a)^\perp = 1}{\Leftrightarrow} \exists \lambda \in \mathbb{R}: \quad w = \lambda v.$$

Damit ist die Aussage gezeigt.

$\square$

Korollar B.3.3

Sei g eine beliebige Gerade des euklidischen Raumes $\mathbb{R}^2$. Dann gibt es $a \in \mathbb{R}^2 \setminus \{0\}$ und $\beta \in \mathbb{R}$ mit $g = G(a, \beta)$.

Beweis Sei $g = \mathbb{R}v + P$ mit $v, P \in \mathbb{R}^2$ und $v \neq 0$. Wir wählen $a \in (\mathbb{R}v)^\perp \setminus \{0\}$ beliebig. Da v und A den $\mathbb{R}^2$ aufspannen, können wir ohne Einschränkung $P \in \mathbb{R}a$ annehmen. Dann gibt es $\lambda \in \mathbb{R}$ mit $P = \lambda a$. Wir definieren $\beta := \langle a, P \rangle$ und können $g = G(a, \beta)$ mithilfe von

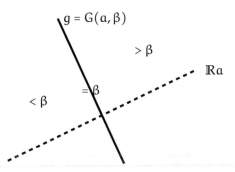

■ Abb. B.2   Unterscheidung der Seiten einer euklidischen Geraden

$$\beta = \langle a, P \rangle = \lambda \langle a, a \rangle$$
$$= \lambda \|a\|_2^2 \quad \Leftrightarrow \quad \lambda = \frac{\beta}{\|a\|_2^2} \quad \Leftrightarrow \quad P = \lambda a = \frac{\beta}{\|a\|_2^2} \cdot a$$

aus den Argumenten des Beweises von ▶ Satz B.3.2 ableiten.

$\square$

Bemerkung B.3.4
Im Fall $\|a\|_2^2 = 1$ ist $|\beta|$ genau der Abstand vom Ursprung zur Gerade $G(a, \beta)$.

Mit Hilfe der Darstellung euklidischer Geraden als Hyperebenen können wir nun auch die beiden Seiten einer Gerade über Ungleichungen (siehe. ■ Abb. B.2) definieren.

> **Definition B.3.5 (Die Seiten einer euklidischen Geraden)**
>
> Sei $g = G(a, \beta)$ eine metrische Gerade im euklidischen Raum $\mathbb{R}^2$. Dann definieren wir die **Seiten** g^+ und g^- von g durch
>
> $$g^+ = \left\{ Q \in \mathbb{R}^2 \big| \langle Q, a \rangle > \beta \right\} \text{ und } g^- = \left\{ Q \in \mathbb{R}^2 \big| \langle Q, a \rangle < \beta \right\}.$$

Satz B.3.6
Sei g eine metrische Gerade im euklidischen Raum $\mathbb{R}^2$. Dann sind g^+ und g^- die Zusammenhangskomponenten von $\mathbb{R}^2 \setminus g$ und außerdem konvex.

Beweis Seien $a \in \mathbb{R}^2 \setminus \{0\}$ und $\beta \in \mathbb{R}$ mit $g = G(a, \beta)$. Wir zeigen zunächst, dass g^+ konvex und damit insbesondere bogenzusammenhängend ist. Für $A, B \in g^+$ betrachten wir die stetige Funktion $\gamma : [0, 1] \to \mathbb{R}^2, \lambda \mapsto (B - A)t + A$, deren Bild die Strecke zwischen A und B ist. Sei $\lambda \in [0, 1]$ und $P := \gamma(\lambda)$. Dann gilt

$$\begin{aligned}
\langle P, a \rangle &= \langle \lambda(B - A) + A, a \rangle = \lambda \langle B - A, a \rangle + \langle A, a \rangle \\
&= \lambda \langle B, a \rangle + (1 - \lambda) \langle A, a \rangle \\
&> \lambda \beta + (1 - \lambda)\beta = \beta
\end{aligned}$$

und damit $P \in g^+$. Also liegt die Strecke in g^+, das heißt g^+ ist konvex. Analog zeigt man, dass auch g^- konvex ist.

Es bleibt zu zeigen, dass kein Punkt in g^+ durch einen stetigen Weg innerhalb von $\mathbb{R}^2 \setminus g$ mit einem Punkt in g^- verbunden werden kann. Wenn $\eta : [0, 1] \to \mathbb{R}^2 \setminus g$ ein solcher Weg wäre, dann wäre die Funktion $[0, 1] \to \mathbb{R}, t \mapsto \langle \eta(t), a \rangle$ stetig mit Werten in $\mathbb{R} \setminus \{0\}$ und $\eta(0) > 0 > \eta(1)$, was nach dem Zwischenwertsatz unmöglich ist.

$\square$

Satz B.3.7 (Euklidische Geradenspiegelungen vertauschen Seiten)

Sei $g = \mathbb{R}v + w \subseteq \mathbb{R}^2$ mit $v, w \in \mathbb{R}^2$ und $v \neq 0$ eine beliebige Gerade. Dann vertauscht die euklidische Spiegelung σ_g (▶ Definition 1.3.6) die beiden Seiten g^+ und g^- von g (vgl. ▶ Definition B.3.5).

Beweis Aus dem Beweis von ▶ Korollar B.3.3 folgt, dass für $a \in (\mathbb{R}v)^\perp \setminus \{0\}$ und $\beta := \langle w, a \rangle$ bereits $g = G(a, \beta)$ gilt. Sei nun $x \in g^+$, also $\langle x, a \rangle > \beta = \langle x, w \rangle$, das heißt $\langle x - w, a \rangle > 0$. Wegen $a \in (\mathbb{R}v)^\perp$ gibt es Koeffizienten $\lambda, \mu \in \mathbb{R}$ mit $x - w = \lambda v + \mu a$. Die Rechnung

$$0 < \langle x - w, a \rangle = \langle \lambda v + \mu a, a \rangle = \lambda \langle v, a \rangle + \mu \langle a, a \rangle = \mu \|a\|^2$$

zeigt $\mu > 0$. Außerdem liefert $\sigma_g(x) = \sigma_v(x - w) + w = \lambda v - \mu a + w$, dass

$$\begin{aligned}
\langle \sigma_g(x), a \rangle &= \langle \lambda v - \mu a + w, a \rangle = \lambda \langle v, a \rangle - \mu \\
\langle a, a \rangle &+ \langle w, a \rangle = -\mu + \beta < \beta,
\end{aligned}$$

also $\sigma_g(x) \in g^-$.

Analog zeigt man, dass für $x \in g^-$ auch $\sigma_g(x) \in g^+$ ist, das heißt die Spiegelung an g vertauscht die beiden Seiten von g.

$\square$

Korollar B.3.8 (Spiegelungsaxiom im euklidischen Raum $\mathbb{R}^2$)

Der euklidische Raum $(\mathbb{R}^2, d_2)$ erfüllt das Spiegelungsaxiom Axiom 5.1.7.

Beweis Nach Satz ▶ B.3.6 zerfällt für jede euklidische Gerade $g \subset \mathbb{R}^2$ das Komplement $\mathbb{R}^2 \setminus \{g\}$ in zwei Zusammenhangskomponenten. Außerdem gibt es mit der euklidischen Spiegelung aus ▶ Definition 1.3.6 eine bijektive Isometrie, die die beiden Zusammenhangskomponenten vertauscht (▶ Satz B.3.7) und g punktweise fixiert. Also ist das Spiegelungsaxiom erfüllt. □

Korollar B.3.9

Der euklidische Raum $(\mathbb{R}^2, d_2)$ ist eine neutrale Ebene (▶ Definition 5.1.9).

Beweis $(\mathbb{R}^2, d_2)$ ist ein metrischer Raum (▶ Satz B.1.2), der das Inzidenzaxiom (▶ Korollar B.2.4) und das Spiegelungsaxiom (▶ Korollar B.3.8) erfüllt. □

B.4 Nachweis des Parallelenaxioms

Satz B.4.1

Der euklidische Raum $(\mathbb{R}^2, d_2)$ ist eine euklidische Ebene.

Beweis Wir wissen, dass $(\mathbb{R}^2, d_2)$ eine neutrale Ebene ist (▶ Korollar B.3.9), müssen also nur noch zeigen, dass das Parallelenaxiom (▶ Axiom 8.2.1) erfüllt ist. Da es in jeder neutralen Ebene immer mindestens eine Parallele zu einem Geraden-Punkt-Paar gibt (▶ Proposition 8.1.2), müssen wir nur die Eindeutigkeit zeigen.

Seien $g = \mathbb{R}v + w \subset \mathbb{R}^2$ eine Gerade und $P \in \mathbb{R}^2$ ein Punkt. Ist $P \in g$, muss jede Parallele zu g durch P identisch zu g sein. Seien nun $h \parallel g$ mit $h \ni P \notin g$. Wegen $P \in h$ muss gelten $h = \mathbb{R}a + P$ mit $a \in \mathbb{R}^2 \setminus \{0\}$. Damit die Geraden parallel sind, dürfen g und h keinen gemeinsamen Punkt haben, also darf es keine $\lambda, \mu \in \mathbb{R}$ geben mit

$$\lambda v + w = \mu a + P.$$

Dann müssen aber v und a linear abhängig sein, also $h = \mathbb{R}v + P$. Damit ist die Eindeutigkeit gezeigt. □

Literatur

Agricola, I., & Friedrich, T. (2015). *Elementargeometrie*. Wiesbaden: Springer. ▶ https://doi.org/10.1007/978-3-658-06731-1

Behrends, E. (2019). Parkettierungen der Ebene. *Springer*. ▶ https://doi.org/10.1007/978-3-658-23270-2

Euklid. (1980). *Die Elemente. Buch I-XIII: Nach Heibergs Text aus dem Griechischen übersetzt* (C. Thaer, Hrsg.). Wissenschaftliche Buchgesellschaft.

Hartshorne, R. (2000). Geometry: Euclid and Beyond. *Springer*. ▶ https://doi.org/10.1007/978-0-387-22676-7

Henn, H.-W. (2012). *Geometrie und Algebra im Wechselspiel* (2. Aufl.). Vieweg+Teubner.

Hilbert, D. (1977). Grundlagen der Geometrie (12. Aufl.). Teubner.

Hilgert, J. (2013). Lesebuch Mathematik für das erste Studienjahr. *Springer*. ▶ https://doi.org/10.1007/978-3-642-34755-9

Hoffmann, M. (2020). Zirkel und Lineal ohne Parallelenaxiom: Ein konstruktiver Zugang zur hyperbolischen Geometrie. *Der Mathematikunterricht, 66*(6).

Hoffmann, M. (2022). *Von der Axiomatik bis zur Schnittstellenaufgabe: Entwicklung und Erforschung eines ganzheitlichen Lehrkonzepts für eine Veranstaltung Geometrie für Lehramtsstudierende.* ▶ https://doi.org/10.17619/UNIPB/1-1313

Iversen, B. (1992). *An invitation to geometry*. Aarhus Universitet, Matematisk Institut: Lecture Notes Series, 59.

MSW NRW (Hrsg.). (2008). *Richtlinien und Lehrpläne für die Grundschule in Nordrhein-Westfalen*. Deutsch Sachunterricht Mathematik Englisch Musik Kunst Sport Evangelische Religionslehre Katholische Religionslehre: Ritterbach Verlag.

MSW NRW (Hrsg.). (2014). *Kernlehrplan für die Sekundarstufe II Gymnasium/Gesamtschule in Nordrhein-Westfalen. Mathematik.*

MSW NRW (Hrsg.). (2019). *Kernlehrplan für die Sekundarstufe I Gymnasium in Nordrhein-Westfalen.*

Scriba, C. J., & Schreiber, P. (2010). *5000 Jahre Geometrie*. Berlin, Heidelberg: Springer. ▶ https://doi.org/10.1007/978-3-642-02362-0

Trudeau, R. (1998). Die geometrische Revolution. *Birkhäuser Basel*. ▶ https://doi.org/10.1007/978-3-0348-7829-6

Volkert, K. (Hrsg.). (2015). *David Hilbert. Grundlagen der Geometrie (Festschrift 1899)*. Springer. ▶ https://doi.org/10.1007/978-3-662-45569-2

Weigand, H.-G., Filler, A., Hölzl, R., Kuntze, S., Ludwig, M., Roth, J., . . . Wittman, G. (2014). *Didaktik der Geometrie für die Sekundarstufe I* (2. Aufl.). Springer. ▶ https://doi.org/10.1007/978-3-662-56217-8

Stichwortverzeichnis

Printed in the United States
by Baker & Taylor Publisher Services